I, MAMMAL
그래서 포유류
말캉말캉하고 복슬복슬한
포유류의 13가지 특성
Liam Drew 지음
고호관 옮김

그래서
포유류

어떤 동물들은 서로 모든 부분이 닮았고,

어떤 동물은 다른 부분도 있다.

아리스토텔레스

차례

서장

우리 가족, 그리고 다른 포유류들

그것은 지극히 현대적인 모습이었다. 크리스티나는 화장실로 향했고, 나는 거실을 거닐었다. 그달까지 우리는 다섯 차례 임신을 시도했지만, 시계처럼 정확한 크리스티나의 몸이 임신 테스트기를 꺼내 봐도 좋겠다고 암시한 건 처음이었다.

일곱 달 뒤, 이사벨라가 8주 이르게 태어났다. 다음 날 아침에 나는 지치고 충격을 받은 채로 크리스티나가 누운 침대 옆에 앉았다. 이사벨라는 처음에는 젖을 빨 수도 없을 정도로 미성숙했고, 크리스티나의 몸은 수유를 할 준비가 되어 있는지를 알 수 없었기에, 나는 크리스티나가 20분 동안 플라스틱 펌프를 쥐었다 폈다 하는 것을 보고 있을 수밖에 없었다. 마침내 아주 작은 플라스틱 주사기를 사용해 마침내 초유 몇 방울을 모을 수 있었다. 수술복에 날개를 감춰둔 것만 같던 우리의 간호사는 이사벨라가 잠을 자던 병동에서 그 주사기를 높이 치켜들며 크리스티나가 젖소 박람회에서 일등을 한 젖소인양 행동했다. 그는 초유 몇 방울을 준

비해두었던 분유와 함께 튜브를 통해 이사벨라에게 주었다.

곧, 그 휴대용 펌프는 무거운 전기 기구로 대체되었고, 이사벨라가 병원에 입원하고 첫 주 동안에 우리는 집에서 신생아의 통곡에 의해서가 아니라 수유라는 크리스티나의 결심이 기계적으로 빙빙 도는 소리에 깨곤 했다. 이사벨라가 태어난 지 한 달이 되고 나서야 비로소 조이라는 이름의 간호사가 젖병을 시도할 때가 되었다고 말했다. 기대감에 긴장한 우리는 조이가 튜브 없는 이사벨라의 입 쪽으로 고무 젖꼭지를 옮기는 것을 지켜보았다. 곧 우리는 숨을 헐떡이고, 환하게 웃었으며, 이사벨라가 처음으로 젖을 빨았을 때 불안의 매듭이 풀리는 것을 느꼈다.

그 이후 기계를 사용할 필요가 없어진 크리스티나는 이사벨라 앞에 직접 젖꼭지를 돌렸고, 또 다른 일주일이 지나자 가만히 앉아있어도 되었다. 그것은 순수한 환희의 순간이었다. 나는 경이와 행복, 안도감에 얼굴이 붉어진 채 딸의 뺨이 주기적으로 오목하게 들어갔다가 도로 나오는 모습에 푹 빠져 있었다.

당시 나에게 "내 아내와 딸이 포유류 특유의 행동을 하고 있는 모습을 봐!"와 같은 생각은 들지 않았다. 물론 이 순간이 그러한 순간이라는 것은 알고 있었지만, 아이가 태어난 그 몇 주간 나는 장기적이거나 지적인 생각을 거의 하지 않았음을 확신한다. 나는 그저 반응하고 대답했다. 그리고 느꼈다. 사물을 아주 예민하게 느끼곤 했다. 뇌의 다른 부분을 사용하고 있었던 것이다. 뭔가 새로운 게 나를 움직였다.

이사벨라는 두 달 동안 병원에 있었다. 첫 달은 우리 삶에서 가장 힘든 시간이었다. 하지만 동시에 가장 기쁜 시간이기도 했다. 신생아집중치료실에 머물다 가는 부모들은 부모가 되었다는 더없는 만족감과 혹시 잘못 되면 어쩌나 하는 시커먼 벽 같은 두려움 사이를 계속 왔다 갔다 한다. 그건 새로운 차원의 두려움이다. 그 두려움은 마치 행복을 짓밟는 데서 나오는 에너지를 먹고 사는 것 같다.

크리스티나와 나는 할 수 있는 한 자주 이사벨라를 온도조절이 되는 아기침대에서 꺼내 우리의 품에 안았다. 주로 크리스티나가 그랬다. 이런 것을 '캥거루 케어'라고 한다고 들었다. 그러나 그곳에 있는 동안 나는 주로 딸이 자고 있는 옆에 조용히 앉아 있었다. 말도 조금 걸어보고, 소독한 손을 플라스틱 구멍 안으로 넣어서 아빠가 곁에 있다고 알려주기도 하고, 온 힘을 다해 건강하기를 기원했다.

나는 딸의 몸이 자궁 안에서 해야 했을 일을 치료실에서 해내기를 간절히 빌었다. 내 관심은 그날 의사가 무엇을 가장 걱정스러워하는지에 온통 쏠려 있었다. 어떤 날은 소화관이었고, 또 어떤 날은 호흡이나 음식이었다…. 나는 그런 동작을 제어해야 할 딸의 폐나 신경의 모습을 마음속으로 그리며 그런 구조가 정상적으로 성숙하기를, 신경이 원래 목표에 도달해 달라붙기를 빌었다.

이사벨라의 예정일 하루 전날 우리는 병원을 떠났다. 우리 셋은 마치 두 번째 산도를 통과해 세상으로 완전히 나오는 것처럼 엘리베이터를 타고 내려왔다. 우리 딸은 연약했지만, 건강했다. 우리는 운이 좋았다.

이제 나는 더욱 감사할 줄 아는 사람이 되었다. 하지만 부작용은 그보다 컸다. 나는 임신과 출산, 모유 수유가 요구하는 육체적 대가를 목격했다. 우리 둘, 특히 크리스티나는 알 수 없는 불면증과 피로를 견뎌야 했다. 나는 크리스티나가 심리적으로나 육체적으로 엄마가 되는 모습을 지켜보았고, 그러는 동안에 나도 아빠가 되면서 심리가 달라지는 경험을 했다. 나도 변했다. 예전에 나는 나 자신을 본래 자유로운 두뇌, 정신, 의식의 흐름으로 여겼다. 나는 생각했다. 고로 나는 존재했다. 그런데 이제는 달랐다. 20년 동안 나는 생물학을 연구했다. 마침내 나는 나 자신이 생물학이라는 사실을 이해했다.

이 책의 첫 번째 장은 대다수의 수컷 포유동물이 왜 고환을 안전한 복부가 아니라 주름진 휴대용 케이스에 넣고 다니는지에 대해 다룬다. 이 장에서 다루는 내용은 우리가 부모가 되기 전에 이미 독립적인 기사로 써두었던 것이다(실제로, 임신에 실패할 때마다 우리는 이 이야기의 토대가 되었던, 축구공에 맞은 '공'이 느낀 충격에 대해 생각하곤 했다). 이사벨라가 태어나고 『슬레이트』가 이 기사를 발표했을 때는 그것으로 끝이라고 생각했다. 하지만 이사벨라를 잘 먹이는 것에 집착한 지 몇 달이 지난 후, 나는 진화생물학과 수유의 기원에 대해서 비슷한 조사를 계획하고 있는 자신을 발견했다.

모유는 음낭과 마찬가지로 포유류mammal에게서만 볼 수 있는 생물학적 특이점이다. 포유류와 같은 방식으로 어린 동물에게 먹이를 주는 동물은 없다. 또, 유선mammary gland은 포유류라는 이름에 영감을 주었다. 모유수유와 관련한 글이 향하는 지역은 아주 친숙하게 느껴졌고, 나는 고환과 음낭에 관한 앞선 글과 함께 이 글들에 어떤 테마가 생겨나고 있다는 것을 발견했다. 나는 고대 포유류 역사 속으로 다시 돌아가, 이 아주 특별한 유형의 동물이 어떻게 우리가 지금 살아가는 방식을 결정짓는 아주 특별한 새로운 특성을 진화시켰는지를 생각해 보게 되었다. 아버지가 되고 나서 나를 사로잡았던 것들에 대해 더 광범위하게 생각해보자, 그중 많은 것들이 본질적으로 포유류적 특성이었다는 것을 알 수 있었다. 우리 딸은 자궁에서 자랐고, 태반으로 영양분을 얻었다. 병원에서는 딸 아이의 체온이 주변보다 높도록 세심하게 신경 썼다. 그리고 부모가 되면서 생기는 감정의 동요도 상당히 포유류다운 일이 아니었던가? 애착과 불안과 싸우고, 모든 것을 경험적인 현실로 만드는 와중에 이런 변화를 일으킨 뇌가 포유류에만 존재하는 주름진 회색질로 둘러싸여 있다는 것도 분명하다.

과거의 내가 진화와 관해 조금 더 집중했던 부분이 있다면, 그건 유인원이 어떻게 인간이 되는 문턱을 넘어섰을까에 대한 궁금증이었다. 하지만 부모라는 과정을 통해 동물주의적 절박함에 밀리게 된 이제는 더 거슬러 올라가고 싶었다. 내가 경험한 일의 더 깊은 근원을 탐구하고 싶었다. 나는 이 모든 것들을 한데 모아 무엇이 나를 포유류로 만들어 주는지를 이해하고자 노력하고 싶었다.

세계의 포유류

땅돼지와 땅늑대, 알파카. 비버와 뉴트리아, 딕딕. 코끼리와 여우, 기린, 하이에나, 임팔라, 자칼, 캥거루, 표범, 매너티, 일각고래, 오랑우탄. 오포섬(주머니쥐)와 포섬. 쿼카와 코뿔소. 다람쥐와 맥. 우간다콥과 들쥐, 서

부로랜드고릴라. 빈치류Xenarthra. 야크와 얼룩말.[1)]

포유류는 150톤이 나가는 대왕고래와 2그램짜리 사비왜소땃쥐, 그리고 몸길이가 2.5센티미터인 뒤영벌박쥐와 6톤짜리 아프리카코끼리를 하나로 묶는 단어다. 호랑이의 자세와 두더지의 굴파기와 캥거루의 뜀뛰기를 잇는 단어다. 그리고 아르마딜로의 특이함과 고양이의 익숙함을 이어주기도 한다.

포유류는 이 지구의 모든 서식지에 살고 있다. 이들은 달리고, 뛰고, 걷고, 땅을 파고 들어가고, 활공하고, 헤엄치고, 하늘을 난다. 매우 폭넓게 번성했기 때문에 생물학자들은 흔히 공룡의 멸종 이후를 '포유류의 시대'라고 부르기도 한다.

2005년에 출간된 『세계의 포유류 종: 분류학적 및 지리학적 참조』 - 돈 윌슨Don Wilson과 디앤 리더DeeAnn Reeder가 편집한 2권짜리 책이다 - 3판에 따르면 현재 포유류는 5,416종이 있다.

그리고 곧 나올 4판에서 종의 수는 더 늘어날 전망이다. 3판 발행 이후 동물학자들은 콩고민주공화국에서 새로운 원숭이 종을, 파푸아뉴기니에서 새로운 꽃박쥐를, 호주에서 새로운 돌고래를, 키프로스에서 신기한 생쥐를, 인도네시아에서 이빨 없는 쥐를, 중국에서 스타워즈 긴팔원숭이를,

---

1) 땅늑대는 하이에나와 닮은 생명체이며, 딕딕은 작은 영양의 일종이다. 일각고래는 유니콘의 뿔을 가진 고래이고, 쿼카는 고양이만한 유대류인데 캥거루와 쥐, 토끼를 섞은 것처럼 생겼다. 우간다콥은 또다른 영양 종류인데, 이들의 수컷은 휘파람으로 영역을 표시한다.

(편집자주) 저자는 알파벳 A부터 Z까지 각 글자로 시작하는 동물 이름을 나열하고 있다.

그리고 말레이시아에서는 지금까지 모르고 있던 표범 종을 발견했다.[2)]

내가 찾아본 『세계의 포유류 종』 두 권은 서가에 육중하게 자리 잡고 있었다. 앞표지에 붙은 스티커에는 '도서관 밖으로 가지고 나가지 말 것'이라고 적혀 있었다. 나는 웹사이트를 딸깍거리는 것보다는 이렇게 무겁고 믿을 만해 보이는 책을 직접 만져보는 것이 좋았다. 1,400쪽짜리인 2권을 내려놓자 책상이 흔들렸다.

이 책은 사실상 길고 장대한 목록일 뿐이다. 표준 형식을 따르는 각 항목에는 그 종의 라틴어 학명과 보통 명칭이 있고, 그 뒤에 처음 발견한 사람과 이름을 붙인 사람(같을 수도 있고 다를 수도 있다), 그리고 발견 당시가 몇 년도였는지가 나온다. 이어서 5~20줄 사이로 그 종의 실체에 관한 확실한 분류학적 사실이 실려 있다. 사진은 없고, 그 동물의 실제 모습 묘사도 없다. 이 책의 방대함은 생물의 다양성과 그것을 설명하기 위해 들인 인간의 노력을 보여준다. 그러나 이 책은 그 둘을 드러내놓고 과시하지 않는다. 그저 독자가 이 사실을 미루어 짐작할 수 있으리라 믿을 뿐이다.

최상위에서 포유류는 서로 규모가 사뭇 다른 세 집단으로 나뉜다. 단공류와 유대류, 그리고 태반류다. 『세계의 포유류 종』은 단공류부터 다룬다. 오스트랄라시아의 오리너구리와 서로 매우 가까운 가시두더지(또는 바늘두더지) 네 종 등이다. 그다음은 유대류다. 여기에는 331종이 있다. 대

2) 때로는 완전히 새로운 종이 나타나고, 때로는 이전에 두 개의 아종으로 간주되었던 것이 사실 두 종으로 불릴 만큼 충분히 구별된다는 연구 결과에 의해 새로운 종을 구분하게 된다.

부분은 오스트랄라시아(호주와 뉴질랜드, 인도네시아 일부 등을 포함하는 오세아니아의 일부 지역)에서 단공류와 같은 지역에서 산다. 하지만 상당수는 남아메리카에서 살고, 버지니아 오포섬 한 종은 북아메리카에 터를 잡았다.

이제 남은 건 전 세계에 퍼져 사는 태반류 5,080종이다. 그중 1,116종은 포유류계의 비행사인 박쥐류이며, 2,277종은 설치류다. 사실 설치류는 『세계의 포유류 종』 2권 전체를 차지한다. 생쥐와 쥐, 들쥐, 다람쥐, 청설모, 사막쥐, 기니피그, 그리고 이들의 친척을 합하면 포유류 전체의 40%를 넘는다.

설치류와 박쥐류가 아닌 포유류의 수는 단 1,687가지다. 세렝게티 방문객에게 숨 막힐 듯한 광경을 보여주는 동물들도 여기에 속한다. 끊임없이 무리 지어 이동하는 영양, 가젤, 그리고 비가 오는 곳을 찾아 이들과 이동하는 얼룩말, 이들이 풀을 뜯는 동안 나무 꼭대기를 뜯어 먹는 기린, 어떤 녀석을 사냥할 것인지 살펴보는 치타, 썩은 고기를 찾아 어슬렁거리는 하이에나, 어제 잡은 먹이를 소화시키며 뿌듯하게 잠을 즐기는 사자 등이다. 저쪽 어딘가에는 털 없는 회색 거인들이 있다. 무리 지어 다니는 아프리카코끼리, 뚱뚱한 하마, 들이받는 코뿔소와 같은.

코뿔소와 코끼리는 아시아에도 산다. 코끼리는 아프리카에서 기원했지만, 코뿔소는 이곳에서 나타났다.

포유류는 땅 위에서 진화했지만 두 번에 걸쳐 서로 다른 혈통이 수중생활로 돌아갔다. 고래하목에 속하는 돌고래와 고래의 조상, 그리고 매너티와 듀공의 조상은 완전수생 후손들을 낳았다. 바다표범과 바다코끼리들 역시 이 방향으로 움직이는 중이다. 이들은 육상에서도 충분히 생활할 수 있지만, 수영할 때에 훨씬 더 아름답다. 대왕고래는 역사상 존재했던 동물 중 가장 크다. 혀만 해도 코끼리와 무게가 비슷하다. 그런데도 작은 새우처럼 생긴 크릴을 먹고 살아간다. 예전에 멕시코의 태평양 근해에서 내가 탄 보트 옆에서 헤엄친 고래가 어떤 종인지 알 수는 없었지만, 그와 비교해 내가 얼마나 시시해 보였는지는 절대 잊지 못한다. 바다소라고도 하는 매너티는 플로리다와 카리브해 근해에 모습을 드러내는데, 온화하면서도 사랑스러운 모습으로 인어 전설에 영감을 주었으며 위장에 찬 가스를 이용해 부력을 조절한다. 북극곰은 물 생활에 익숙한 포유류로 주로 바다표범을 먹고 산다. 북극권에서 살아갈 수 있는 또 다른 포유류이기도 하다.

북아프리카에서 쓰레기통을 뒤지고 다니고 있을 흑곰은 사람에게 직접적으로나 간접적으로 영향을 받는 여러 포유류 중 하나다. 늑대와 고양잇과 육식동물의 후손은 사람의 집에서 함께 산다. 양과 소, 돼지, 염소는 잡아먹을 수 있을 정도가 될 때까지 사육당한다. 소, 그리고 염소와 양의 젖은 커다란 산업이다.

각 대륙과 국가에는 제각기 고유한 포유류가 살고 있다. 우리 딸은 미국에서 태어났는데, 미국에는 약 500종의 포유류가 있다. 하지만 내 고향인 영국은 — 지금은 돌아왔다 — 비교적 한정되어 있다. 이곳에는 약 100종의 포유류가 산다. 여우가 종종걸음치고, 오소리와 고슴도치가 설렁설렁 걸어 다닌다. 사슴도 있고, 토끼가 풍부하고, 이따금 수달도 보인다. 붉은다람쥐는 갈수록 보기 힘들며, 빅토리아 시대에 북아메리카에서 온 회색다람쥐는 그득하다. 바다표범과 돌고래는 영국 근해에서 헤엄치며, 몇몇 고래도 찾아오곤 한다. 영국에는 사람에게 해를 끼치는 게 거의 없고 적당히 매력적인 게 대부분이다.

전 세계에서 좀 더 특이한 포유류를 찾아보자면, 아프리카 콩고 분지의 갑옷땃쥐가 있다. 갑옷땃쥐의 등뼈는 서로 들러붙어 있다. 갑옷땃쥐 한 마리가 한 발로 선 성인 남성의 무게를 등에 지고 버티고 있다가 도망쳐 버린 적도 있다. 목격자의 말에 따르면, "그런 말도 안 되는 일을 겪고도 멀쩡했다." 아프리카 중부와 남부의 땅돼지도 있다. 이들은 기다란 주둥이로 하룻밤에 곤충 5만 마리를 잡아먹지만, 예외적으로 일 년에 한 번씩 '땅돼지 오이'를 만끽한다. 땅속에서 자라는 이 과일은 생식을 전적으로 이 동물에 의존한다. 그런가 하면 새끼를 한 배에 30마리 이상 낳을 수 있는 여왕을 중심으로 사회적 곤충을 떠올리게 하는 지하 공동체에서 생활하는 벌거숭이두더지쥐도 있다. 이들은 수십 년을 사는데, 거의 나이를 먹지 않으며 절대 암에 걸리지 않는다.

『세계의 포유류 종』 182쪽에는 호모 사피엔스가 있다. 우리의 분포는 '세계적'으로 나와 있고, 보전 상태는 '전혀 위기에 처해 있지 않음'이다. 모든 종에는 '모식표본' — 다른 동물과 비교할 수 있는 고유한 표본 — 이 있고, 호모 사피엔스는 1758년 분류학자 칼 린네Carl Linnaeus가 우리에게 준 이름이기 때문에, 사람의 모식표본은 린네의 고향인 스웨덴 웁살라에 있는 것으로 되어 있다. 사람에 관한 내용은 19줄이다. 우리는 전혀 특별한 취급을 받고 있지 않다. 호모 사피엔스는 영장류 섹션 끄트머리에 있는 한 항목일 뿐이다.

포유류는 온 사방으로 흘러나갔다. 그리고 우리 사람은 이 거대한 생명의 나뭇가지에 달린 조그마한 잔가지 하나에 불과하다. 나무의 나머지 부분을 그린 손이 뻗어 나온 곳도, 이 나무가 커진 과정을 알아낸 지성이 생겨난 곳도 여기뿐인 것 같지만, 여전히 우리는 이 포유류라는 나뭇가지에 달린 잔가지일 뿐이다. 우리는 흔히 자연의 창조성과 다양성을 — 기린과 갑옷땃쥐, 대왕고래를 만들어낸 것을 — 찬양한다. 하지만 궁극적으로 자연은 보수적이다. 좋은 게 생겼으면, 그것을 고수한다. 우리 조상은 사람을 독특하게 만든 특성을 획득하고도 우리를 포유류로 만들어주는 성질을 하나도 버리지 않았다.

이 책은 그런 성질에 관한 내용이다. 사람과 같은 포유류의 삶을 정의하는 다양한 특징. 『세계의 포유류 종』의 각 장을 한 권의 책이 되도록 붙여 주는 특징.

그러나 이 책이 포유류, 특히 인간이 진화에서 영광의 정점에 있다는 사실을 보여주려는 빅토리아 시대 쇼비니즘chauvinism의 발현으로 의도한 책은 아니라는 점을 강조하고 싶다. 만약 5,416종이 많아 보인다면, 조류는 1만 종이 넘고 날지 않는 파충류의 수도 비슷하다는 사실을 기억하기 바란다. 양서류와 어류를 합하면, 척추동물은 약 6만 6,000종이 있다. 그리고 우리가 알고 있는 무척추동물 — 대부분이 곤충이다 — 은 약 130만 종이다. 대략 33가지인 동물의 기본 유형 중에서 척추동물은 한 가지 기본형에 불과하다. 우리 포유류는 이 지구에서 살아가는 단 한 가지 방식일 뿐이다. 그리고 내가 좀 더 잘 이해해보고 싶은 건, 그 존재 방식을 정의하는 특징이다.

포유류

포유류라는 집단의 존재를 인식한 건 1758년부터(사실 포유류의 존재 자체는 2억 1,000만 년 전으로 돌아가야 하지만, 그 이야기는 나중에 하기로 하자)였다. 칼 린네가 사람에게 호모 사피엔스라는 이름을 붙인 책 『자연의 체계Systema Naturae』의 10판이 나왔을 때였다.

『자연의 체계』는 1735년에 커다란 11쪽짜리 책으로 처음 나왔는데, 이 야심찬 젊은 스웨덴의 식물학자 겸 분류학자는 여기에 지구의 모든 식물과 동물, 광물 목록, 즉 "이 지구의 모든 산물과 서식 동물"을 담으려고 했다. 린네는 평생 이 책을 갱신해 죽기 전에 12판까지 만들어냈다. 1768년에 완성된 마지막 판본은 2,400쪽이었다.

그러나 10판이 가장 주목할 만하다. 린네는 여기서 식물에 이름을 붙였던 것처럼, 두 가지 이름을 붙이는 이명법 체계를 이용해 동물에 이름을 붙이기 시작했다. 호모와 같은 첫 번째 이름은 그 종이 속한 속의 이름이다. 사피엔스와 같은 두 번째 이름은 종을 나타낸다. 호모 사피엔스는 라틴어로 '슬기로운 사람'이라는 뜻이다. 린네가 대담하게 사람을 동물의 한 종으로 분류했기 때문에 인간은 새로운 이름을 가지게 되었다.[3)]

3) 린네는 사적인 자리에서 인간을 동물로 보는 데 더욱 적극적이었고, 1747년에는 동료에게 이렇게 쓰기도 했다: '자연사의 원리에 부합하는 인간과 유인원의 차이점에 대해 당신과 전 세계에 요청합니다. 나는 확실히 아는 것이 없습니다.' 그는 나중에 인간을 유인원이라고 부르는 것이 '내 머리 위에 있는 모든 신학자들을 끌어내릴 것'이라 불평하기도 했다.

하지만 이 판본에서 린네는 동물계를 전과 다른 방식으로 나누기도 했다. 포유류와 관련하여 린네는 단호하게 고래와 돌고래를 어류에서 — 9판까지는 그렇게 되어 있었다 — 빼내 쥐와 말, 그리고 자신이 호모 사피엔스라 이름 붙인 종과 함께 두었다. 사실 이게 왜 그렇게 오래 걸렸는지는 알기 어렵다. 아리스토텔레스 이래로 사람들은 고래와 돌고래가 지상의 털 난 온혈동물과 비슷하다는 사실을 알고 있었다. 해부학적 구조가 놀라울 정도로 비슷한 데다가 공기로 호흡했고 새끼를 낳아 돌보았다. 실제로 린네 이전에 가장 영향력이 있었던 분류학자 존 레이John Ray가 1692년에 고래와 돌고래를 다른 포유류와 함께 분류하자고 제안했지만, 그렇게 되지는 않았다. 그러나 린네의 재분류는 그대로 이어졌다. 서로 확실히 비슷하면서 다른 유형의 동물과는 명백하게 다른 동물 184종류가 훌륭하게 하나로 엮여 분류되었다.[4]

이 새로운 집단에는 새로운 이름이 필요했다. 이전까지 수생이 아닌 포유류는 '쿼드러피디아quadrapedia(네발동물)'이라고 불렀다. 박쥐와 사람, 바다표범은 다리가 넷이 아니며 원숭이는 손이 넷이라고 보아야 한다는 사실을 생각하면 이 용어는 애초에 무리였다. 그리고 이제 고래와 돌고래가 눈에 띄는 신입으로 들어왔으니 네 다리를 강조하는 건 아예 부적절했다.

린네의 다른 다섯 집단도 명칭에 특별한 규칙이 없었다. 어류와 조류

---

4) 184종의 대부분은 유럽의 생물들이었다. 재미있는 것은 린네가 스스로 대부분의 생물종을 기록하는 데에 성공했다고 믿었으며, 다음 세대쯤에는 모든 생물을 분류하는 일을 마칠 것이라고 생각했다는 것이다.

는 옛 라틴어 이름인 'Pisces'와 'Aves'였다. 양서류(당시에는 오늘날 파충류라고 부르는 동물도 포함했다)를 뜻하는 'amphibian'은 이들의 육생과 수생 양서 생활을 의미하는 'amphibious'에서 나왔다. 곤충insect은 '나뉘어 있는in sections'에서 유래했다. 그리고 벌레와 연체동물을 비롯한 잡다한 무척추동물은 벌레의 적갈색 색을 따서 'vermes'라고 불렀다.

존 레이는 자신이 묶은 집단을 그냥 태생동물vivipara이라고 불렀다. 모두가 새끼를 낳아 키우기 때문이었다. 하지만 린네는 생각이 달랐다. 이 스웨덴인은 자신이 새로 만든 집단을 정의하는 다른 특징을 가지고 이름을 고안했다. 그렇게 한 이유나 해명 같은 건 전혀 남기지 않았다. 린네는 단순히 "포유류Mammalia. 이들 외에 다른 어떤 동물도 젖mamma을 갖고 있지 않다."[5] 라고 말했다.

『자연의 체계』에는 동물과 식물, 광물의 각 분류 집단 맨 앞에 그 집단의 뚜렷한 특징이 목록으로 실려 있다. 포유류의 경우 그 목록은 이렇다. 방이 네 개인 심장, 허파, 덮여 있는 털, 젖꼭지, 다섯 가지 감각기관, 털로

5) 린네가 포유류의 개념을 정의한 이후로 포유류의 개념은 본질적으로는 안정적으로 유지되었지만, 이 새로운 이름이 일상화되기까지에는 수십 년이 걸려 19세기 초까지도 포유류를 '네발동물'로 부르는 문헌을 찾아볼 수 있다. 린네의 분류명이 일관되지 않았다며 포유류의 명칭을 재정립하려는 시도들도 이어졌다. 1816년, 양서류와 파충류가 서로 다른 분류로 나뉘어진다는 것을 확립하는 데 기여한 프랑스의 앙리 드 블랭빌Henri de Blainville은 포유류가 털을 가지고 있다는 이유로 필리페라Pilifera라고 부르기를 바랐다. 그는 또한 조류와 파충류는 각각 깃털과 비늘을 따서 각각 페니페라Pennifera와 스쿼미페라Squammifera라고 명명하고자 했다. 6장에서 만날 존 헌터는 '네 개의 방이 있는 심장'을 이유로 테트라코일리아Tetracoilia라는 이름을 붙이고자 했지만, 이것은 포유류가 새와 공유하는 특징이다.

덮여 있음("따뜻한 기후에서는 털이 적고, 수생포유류에는 거의 없다"), 네 발("수생포유류 제외"), 그리고 "대부분 꼬리가 있음. 지상에서 걸으며 말을 함" 등.

어쩌면 내가 포유류다움을 연구한 방식에도 어딘가 린네와 비슷한 면이 있을지도 모른다. 음낭의 자연사를 쓰고 모유 수유에 관해서도 비슷한 탐구를 한 뒤 나는 린네와 비슷하게 포유류의 고유한 특징을 모으기 시작했다. 털로 체온을 보존하는 온혈동물이라는 것과 같은 몇 가지 특징은 익히 알려져 있었지만, 어떤 특징은 놀라웠다. 예를 들어 우리 포유류는 비강과 구강을 분리하는 뼈로 된 판이 있어 먹으면서 동시에 숨을 쉴 수 있는 특별한 능력이 있다.

이렇게 모든 특징 일부는 혼자서 한 장을 차지했고, 나머지는 몇몇씩 묶었다. 그렇게 해서 마침내 이 책의 틀이 잡혔다. 음낭, 포유류의 X와 Y 염색체, 생식기, 태반, 젖샘, 새끼 양육, 뼈와 이, 털이 있어 가능해진 온혈성, 대뇌피질로 덮인 뇌. 앞으로 이야기하겠지만, 모든 포유류가 이 모든 특징을 갖는 건 아니다. 하지만 나는 우리가 이런 특징을 통해 포유류의 본질을 파악할 수 있기를 기대한다.

원래는 진화한 순서에 따라 특징을 다루는 게 맞다고 생각했다. 그러나, 앞으로 이야기하겠지만, 그건 순진한 생각이었다. 포유류는 새로운 특징을 하나씩 순서대로 덧붙여가면서 생겨난 게 아니다. 나의 이런 노력이 덜렁거리는 남성의 생식기에 관한 탐구에서 시작되었으며 내 첫딸의 탄생으로 공고해졌다는 사실을 고려해 나는 순서를 바꾸었다. 외부로 나오게 된 정자 생산에서 시작해 길고 미묘한 포유류의 생식 과정을 거쳐 성체의 몸과 뇌의 성질로. 그러면 포유류가 겪는 삶의 궤적을 어느 정도 따라갈 수 있을 것 같았다.

각각의 특징에 접근하는 내 전략은 지금 이사벨라와 그 동생 마리아나가 세상에 다가가는 방식과 크게 다르지 않다. 바로 "왜요?"다. 아이들은 정말 많은 질문들을 한다. "소는 왜 우유를 만들어요?", "우리는 왜 다리를 가지고 있어요?"와 같은. 크면서 그 질문의 형태가 바뀐다거나, 언제나 명확한 답이 있는 건 아니라는 사실을 알게 된다거나, '어떻게?'나 '뭐가?', '언제?'처럼 좀 더 재미없는 질문을 하는 것 역시 중요하다는 사실을 알게 된다고 해도, '왜?'는 여전히 우리가 가장 좋아하는 질문이다.

"진정한 분류학은 모두 계보학이다"

"신이 창조했고, 린네가 분류했다." 린네가 이런 식으로 즐겨 말했던 건 분명해 보인다. 린네는 자신감이 없는 사람이 아니었다. 그러나 『자연의 체계』가 출간된 시기는 자연을 고차원의 누군가가 만든 것으로 생각하던 시절이었음에도 불구하고, 린네가 사는 동안 생명체가 시간이 흐르며 진화했을지도 모른다는 가능성은 점점 논란의 대상이 되고 있었다. 말년의 린네 자신도 신이 어디까지 창조했을지에 관해 생각하다가 결국 코끼리 같은 속은 신의 피조물이고 아프리카코끼리나 아시아코끼리 같은 종은 저절로 생겨날지도 모른다는 의분을 품었다.

과학이 급속히 발전하고, 유럽의 탐험가가 지구의 생물학적 다양성을 '구세계'에 더욱더 많이 알려주면서, '종이 변할 수도 있다'는 추측이 점점 강해졌다. 포유류가 처음 분류된 이후로 101년 동안 이러한 논쟁은 계속 되었다. 그리고 마침내 『종의 기원』이 출간되자 과학계는 망치로 얻어맞은 듯한 충격을 받았다. 『종의 기원』은 생물학을 다윈 전과 이후로 분명하게 나누어 놓았다.

찰스 다윈Charles Darwin의 이 위대한 저작이 안겨준 충격은 두 가지였다. 첫째, 다윈은 생명체가 정말로 지질학적 시간에 걸쳐 변한다는 사실을 ― 과거의 그 누구보다도 더 ― 세상이 깨닫게 했다. 이 추측을 뒷받침하기 위해 다윈이 쌓아올린 증거는 어마어마했다. 둘째, 다윈은 진화가 일어나는 이유에 관한 그럴듯한 설명을 제시했다. 다윈의 자연선택 이론은 주변 환경에서 살아남아 번식하기 가장 적합한 특징을 지닌 개체가 그렇지 않은 특징을 가진 이들보다 더 많은 자손에게 그 특징을 전달한다고 설명한다. 이러한 방법을 통해 유용한 특징은 적응력이 떨어지는 특징보다 더 잘 증식하고, 수많은 세대에 걸쳐 이러한 특징을 지닌 유기체가 형태를 크게 변화시키게 되는 것이다.

게다가 다윈은 성선택에 관해 논의하며 수컷과 암컷이 잠재적인 짝짓기 상대의 어떤 특징을 바람직하게 여기는지에 따라서도 다음 세대로 이어지는 특징이 달라질 수 있음을 보였다.

이 책을 통해 갑자기 이 세계는 시대와 무관하게 항상 똑같이 살아가는 동식물로만 가득 차 있지 않게 되었다. 대신에 들려줄 수 있는 이야기가 생겼다. 오래된 가족 앨범을 휘리릭 넘겨본다고 생각해 보자. 이제 출발점까지 조금씩만 다르게 생긴 사람들만 보이는 게 아니라 사람이 점점 유인원처럼 변하다가 원숭이 같은 특징을 보일 것이다. 그렇게 무수히 많은 과거의 포유류를 거쳐 양서류가 보이고, 이어서 어류와 어류의 조상이 스쳐 지나갈 것이다. 만약 그런 앨범이 존재한다면, 얼마나 두껍고 얼마나 빠르게 종이를 넘겨야 할지는 상상밖에 할 수 없다. 아마 책상에 올려놓으면 책상도 부서지고 말 것이다.

포유류가 존재하게 된 전체 과정을 살펴보려면, 37억 년 전 지구에 첫 생명체가 탄생했을 때부터 시작해 지구에 오로지 단세포 생물만 있었던 25억 년의 시간을 지나야 한다. 그 단세포 생물의 역사에서 중기에서 말기 어느 때쯤 동식물의 몸을 이루는 세포를 닮은 세포 복합체가 등장했다. 그리고 포유류로 가는 여정을 따라 8억~6억 년 전쯤 이런 세포 복합체가 한데 모여 최초의 다세포 동물이 되었다. 약 5억 2,500만 년 전에는 최초의 척추동물이 등장했고, 이후 등뼈가 있는 물고기가 융성했다. 그리고 3억 5,000만 년 전쯤 그런 물고기의 몇몇 후손이 — 포유류의 역사에서 핵심적인 동물이다 — 마른 땅으로 나설 수 있는 최초의 네 다리 생물이 되었다.

이 모든 역사는 포유류의 존재를 이야기하기 위해 반드시 필요한 내용이다. 하지만 나는 4장에서 물고기가 물 밖으로 나와 오늘날 땅에 사는 모든 척추동물의 조상인 지상 동물이 되는 과정을 간단히 살펴볼 때를 빼고는 대부분을 당연하게 여기고 지나갈 것이다. 그 대신 이 책은 포유류와 포유류 전 단계의 조상에게만 있는 특징의 생물학적 역사에 초점을 맞출 것이다. 따라서 이 책은 약 3억 1,000만 년의 시간을 나룬다.

이것은 즉 1쪽당 약 100만 년, 혹은 1글자당 800년이다. 이런 시간의 흐름을 어떻게 정당화할 수 있을지 모르겠다. 그런 수치를 인간이 진정으로 이해할 수 있는 방법이 있는지도 잘 모르겠다. 흔히 말하길 빨리 돌린 영상을 상상해 보라고 한다. 3억 1,000만 년을 영화로 만들어서 1초에 한 세기가 지나가게 재생한다고 해도 길이가 5주나 되는 영화를 보아야만 한다.

3억 1,000만 년 전에 여러분과 크로커다일의 마지막 공통 조상이 살았다. 즉, 바로 그때 포유류 계통이 현존하는 우리의 가장 가까운 친척인 파충류로 이어지는 계통에서 갈라져 나왔다는 뜻이다. 그때 갈라진 뒤로 파충류는 나름대로 진화해 도마뱀과 뱀, 거북, 크로커다일, 공룡, 그리고 살아있는 공룡의 후손인 새가 되었다.[6] 한편 포유류는 독자적으로 진화해, 음…, 포유류가 되었다.

포유류 전 단계의 동물과 포유류의 역사는 크게 세 덩어리로 나누는 게 가장 좋다. 첫 번째 시기는 3억 1,000만 년 전에서 2억 1,000만 년 전까지의 포유류 전 단계다. 최초의 진정한 포유류의 등장으로 이어진 이 1억 년의 진화는 우리와 크로커다일의 공통 조상 — 도마뱀처럼 생긴, 포유류보다는 파충류에 훨씬 더 가까운 — 과 함께 시작했으며, 포유류와 닮았다는 것을 부정할 수 없게 생긴 동물로 끝이 났다.

초창기의 포유류는 전혀 포유류와 비슷하지 않았다. 그들의 화석은 두개골에 있는 특정한 구멍으로만 파충류와 구분될 뿐이었다. 이러한 초창

6) 새는 이러한 가계도 때문에 파충류이다. 깃털이 돋아나는 것을 배우고 날 수 있게 된 혈통이 파충류의 가계도에 완전히 둥지를 틀고 있다. 그러나 그들은 다른 파충류와 구별되는 특징이 너무 많이 진화했기에, 파충류와 새를 구분해서 부르는 일상적인 습관을 유지하도록 하겠다.

기의 포유류 중 가장 유명한 것은 바로 디메트로돈Dimetrodon이다. 아마 여러분은 등에 거대한 돛을 단 커다란 도마뱀처럼 생긴 디메트로돈의 이미지나 모형을 본 적이 있을 것이다. 어렸을 때 나는 고무로 된 오렌지빛깔의 디메트로돈 모형을 가지고 있었는데, 이를 공룡들과 함께 보관하곤 했다. 나는 당시 내가 포유류 조상과 공룡을 혼동한다는 아주 흔한 실수를 저지르고 있는지 전혀 몰랐다. 디메트로돈이 척추동물 가계도에서 공룡과는 아주 다른 위치에 자리하고 있고, 이 포유류 조상이 공룡이 세상을 지배하기 수백만 년 전부터 살아있었다는 사실은 나중에야 알게 되었다.

최초의 포유류가 2억 1,000만 년 전에 살았다고 하는 건 진정한 포유류와 포유류 전 단계의 조상을 구분하는 데 가장 널리 쓰이는 특징 때문이다. 바로 두개골과 특정한 관절을 형성하는 하나의 아래턱뼈다. 이 특징은 포유류 계통이 오늘날 포유류를 정의하는 골격의 다른 특징을 발전시키던 시기에 나타났다. 또한, 이것은 포유류가 풍부한 에너지로 온혈동물의 삶을 살고 있었다는 것을 암시하기도 한다.

최초의 포유류가 있었다고 하면, 일단 포유류의 진화 과정은 끝난 것이다. 모든 포유류를 정의하는 기본적인 특징은 이미 자리를 잡았다. 우리가 닮은 건 모두 이 첫 포유류의 후손이기 때문이다. 그렇기에 이 1억 년이 가장 중요하다고 이야기하는 것이다. 그 뒤로 벌어진 일은 자연의 변주일 뿐이다.

두 번째 단계는 2억 1,000만 년 전부터 6,600만 년 전까지 거슬러 올라간다. 초기 포유류는 최초의 공룡이 출현한 지 얼마 되지 않아 진화했는

데, 이는 포유류가 등장한 이후 전체 존재 기간의 3분의 2에 해당하는 시간 동안 공룡과 함께 — 혹은 밑에서 또는 위에서 또는 도망다니며 — 살았다는 것을 의미한다. 이건 포유류의 생태적 기회에 상당히 심각한 영향을 끼쳤다. 공룡이 살아있었을 때는 어떤 포유류도 오소리보다 크지 않았다. 그러나 지난 20여 년 사이에 발견된 화석을 보면 조그만 우리 조상들도 사실은 옛날 생각보다 훨씬 더 다양했다는 것을 알 수 있다. 모두 곤충만 잡아먹고 살았던 게 아니라 활공하기도 하고, 헤엄치기도 하고, 땅을 파거나 기어오르며 포유류의 가능성을 탐구하고 있었던 것이다.

턱관절을 이용하여 포유류를 분류하는 방법의 대안으로는 현대에 사는 모든 포유류의 공통 조상의 후손을 찾는 방법이 있다. 단공류와 유대류, 태반류가 공유하는 마지막 조상이 언제 살았는지에 대해서는 아직 정해진 바가 없어 1억 6,100만 년부터 2억 1,700만 년 전까지를 이야기한다. 책에서는 편의상 단공류가 유대류와 태반류에서 갈라졌다고 보는 가장 최근의 추정치인 1억 6,600만 년 전을 기준으로 하겠다.

2장에서 논의하겠지만, 생물학자들은 단공류 — 오리너구리와 가시두더지 — 를 보며 최초의 포유류가 어떤 모습이었을지 추측하곤 한다. 현존하는 포유류 중에서 단공류 다섯 종만이 알을 낳는다. 아마도 최초의 포유류와 그 조상도 그랬을 것이다. 태생의 진화는 포유류가 등장한 뒤인 5,000만 년 전쯤에 일어났지만, 지금은 다섯 종을 제외한 나머지 모든 포유류가 사용하는 아주 특징적인 번식 방법이 되었다. 따라서 이에 대해서는 이 책의 5장과 6장에서 중점적으로 다룰 것이다.

오늘날의 관점에서 단공류가 아닌 포유류의 계통이 이후에 유대류와

태반류로 나뉜 건 가장 눈에 띄는 분기점이다. 이 두 집단은 1억 4,800만 년 전쯤에 갈라졌다.[7)]

오늘날에는 설치류, 박쥐, 육식동물(고양이와 개, 곰 등), 영장류, 고래(고래와 돌고래), 코끼리, 아르마딜로, 물개와 바다사자 등 19가지 유형의 태반류가 있다. 19세기 중반에 진화론적 분류법을 도입한 뒤로 1990년대에 이르기까지 이들 집단 사이의 관계는 육체적인 유사함을 바탕으로 추측해왔다. 하지만 9장에서 다루겠지만, 1990년대에 DNA 분석은 포유류의 가계도를 완전히 새로 그렸다. 이 새로운 계보학은 충격적이었지만, 지금까지 누구도 반박하지 못했다. 그리고 사실 새로운 가계도는 유전학과 지리학을 비교적 우아하게 결합하고 있어 진화가 판의 움직임과 비슷한 시간 규모에서 맞물려 일어난다는 사실을 일깨워준다.

그러다 6,600만 년 전 운명의 소행성이 멕시코만에 떨어져 공룡의 시대가 종말을 맞이하면서 포유류 삶의 제2장이 끝났다. 공룡이 죽어 사라지면서 세상은 갑자기 포유류가 살아가고 진화하기에 훨씬 더 넓게 열린 곳이 되었다. 그리고 포유류는 그런 세상을 충분히 이용했다. 우리는 이제 공룡과 동시대에 살았던 포유류가 다양한 생활 방식을 가지고 있었다는 것을 알지만, 거대한 도마뱀이 사라지자 포유류의 다양성은 훨씬 폭발적으로 커졌다. 공룡의 멸종을 나타내는, 소행성 먼지층 바로 위에 쌓

7) 유대류와 태반 포유류가 분리된 시기에 대한 추정치 역시 다른 많은 생물학적 과거에 묻힌 사건과 마찬가지로 상당히 다양하다. 1억 4,300만 년 전부터 1억 7,800만 년 전까지를 이야기하곤 하지만, 이 책에서는 다른 가능성에 대한 논의 없이 가장 인기 있는 추정치를 사용하도록 하겠다.

인 바위층 속에는 포유류의 화려한 창조성이 담겨 있다. 마치 능력은 있지만 심심한 아마추어 음악가가 셀로니어스 몽크나 존 콜트레인에게 악기를 넘겨준 것과 같다. 그리고 짜잔! 포유류의 시대가 열렸다.

1장

위아래로 덜렁이는 주머니의 유래

축구 팬들이 '용감한 방어'라고 부르는 행동이 있다. 골문을 향해 강슛을 날리려는 공격수 앞에서 큰 대大 자로 팔다리를 활짝 벌리는 동작이다. 운동장에서 눈물을 쏟으며 몸을 웅크린 채 어기적거리면서 사타구니의 무지막지한 충격이 평범하게 괴로운 고통으로 잦아들기를 기다리는 동안, 내 머릿속에는 이게 멍청한 짓이었다는 생각밖에 떠오르지 않았다. 하지만 팀 동료가 "이제 자식 보기는 글렀네"라고 하면서 으레 하듯이 등을 네 번 정도 두드려준 뒤 내 머릿속에는 멍청한 고환 생각밖에 없었다.

포유류의 앞다리는 자연선택에 따라 말의 앞다리나 돌고래의 지느러미, 박쥐의 날개, 축구공을 막아내는 내 두 팔 등으로 바뀌었다. 그런데 포유류가 진화하면서 소중한 남성 생식 기관을 밖에 노출된 예민한 주머니에 담아 놓게 된 이유는 도대체 뭘까? 그건 마치 은행이 금고 대신 도로 위에 쳐 놓은 텐트에 돈을 보관하기로 한 것과 같다.

여러분 중 몇몇은 간단한 답이 있다고 생각할지도 모른다. 바로 온도다. 고환을 시원하게 유지하려고 이런 식으로 진화했다는 것이다. 나도 그렇게 생각했다. 정자가 따뜻한 온도에 예민한 생물학적인 이유를 밝힌 논문을 슬쩍 훑어보고 바로 넘어갈 수 있을 것이라 믿었다. 그러나 내 눈에 띈 건 연구 인생을 음낭의 존재 이유에 관해 숙고하는 데 바친 일군의 과학자들이 이 소위 '냉각 가설'을 두고 극명하게 나뉘어 있는 현실이었다.

수많은 데이터에 따르면 우리의 것을 포함한 음낭 속의 정자 공장은 심부 체온보다 몇도 낮은 온도에서 가장 효율적이다. 그리고 오늘날의 음낭은 화물을 들어 올렸다 내려놓았다 할 수 있는 인대와 수축 가능한 피부로 이루어진 정교한 장치로, 이 두 기능을 이용해 고환의 온도를 심부 체온보다 약간 낮게 유지한다(인간의 경우 그 차이는 섭씨 2.7도다). 문제는 이러한 사실이 고환이 아래로 내려온 이유가 무엇인지를 입증하지 못한다는 점이다. 닭이 먼저냐 달걀이 먼저냐 하는 문제다. 고환은 뜨거운 걸 못 참아서 밖으로 나오게 된 걸까, 아니면 몸 밖으로 나올 수밖에 없었기 때문에 시원한 곳에서 가장 잘 작동하게 된 걸까?

내 다른 주요 장기는 모두 섭씨 37도에서 가장 잘 작동한다. 그리고 대부분은 뼈로 보호를 받는다. 뇌와 심장은 두개골과 갈비뼈가 막아주고, 내 아내의 난소는 골반이 보호해 준다. 뼈의 보호가 없으면 위험하다. 그러나 남성의 생식샘은 마치 샹들리에처럼 부드러운 관과 인대에 매달려 있기 때문에 매년 수천 명의 남성이 고환 파열이나 비틀림으로 병원을 찾는다. 하지만 노출된 고환을 가진 성인으로서 살아간다는 것도 우리 인간 남성의 생식기관 위치에서 가장 위험한 점은 아니다.

음낭의 발달 과정이란 위험으로 가득 차있다. 임신 8주가 된 인간 태아에게는 나중에 고환이나 난소가 될 남녀 공통 구조가 있다. 여아의 경우 이 구조는 처음 위치인 신장 근처에서 크게 멀어지지 않는다. 그러나 남아의 경우 초기 생식샘은 7주에 걸쳐 근육과 인대로 이루어진 도르래를 타고 뱃속을 가로질러야 한다. 그리고 근육이 체계적으로 수축하며 샅굴(사타구니)을 통해 고환을 밖으로 밀어내기를 몇 주 동안이나 기다리는 것이다.

이 여행이 이렇게 복잡하다는 것은, 결과가 잘못될 확률이 굉장히 높다는 뜻이다. 남아의 약 3퍼센트는 잠복 고환 상태로 태어난다. 대개는 저절로 정상이 되곤 하지만 1살짜리 남아의 1퍼센트는 여전히 상태가 그대로이며, 이는 보통 불임으로 이어진다.

샅굴에 구멍이 나니 복벽에도 커다란 약점이 생긴다. 이 구멍을 통해 내부 장기가 빠져나오는 것이다. 미국에서는 샅굴 탈장을 고치기 위해 매년 60만 건의 수술이 이루어진다. 환자의 대다수는 음낭이 있는 성별이다.

이렇게 탈장이나 불임이 될 수 있는 사고가 생길 위험이 커지는 건 '적자생존'이라는 진화 이론과 그다지 맞아떨어지는 것 같지 않다. 자연선택이라는 말은 생물이 살아남게 해주는 — 죽음이 번식 성공의 필수 요소가 되는 게 아니라 — 속성의 중요성을 담고 있다. 음낭처럼 온갖 불리함을 안고 있는 특성이 어떻게 이 틀에 맞아떨어질 수 있을까? 그 이야기가 치타의 다리 근육 진화에 관한 이야기보다 간단하지 않으리라는 건 분명하다. 대부분의 연구자는 이런 기묘한 해부학적 배열의 장점이 번식력 향상에 있는 게 분명하다고 생각할 것이다. 그러나 이는 전혀 입증된 바 없다.

음낭이 왜 있냐는 커다란 의문을 넘어, 정자와 고환의 생리에는 동물의 생활 양식에 적응한 상당히 합리적인 사례가 넘쳐날 정도로 많다. 예를 들어 정자 경쟁을 벌이는 수컷을 보자. 그런 — 포유류 중에 수없이 많다 — 종의 암컷은 다수의 수컷과 관계를 맺으며, 어떤 정자가 헤엄치기 경쟁에서 이기느냐에 따라 아버지가 정해진다(물론 승자가 언제나 한 마리인 건 아니다. 땃쥐의 경우 한 배에서 태어난 새끼의 아버지가 서로 다를 수 있다). 침팬지가 이런 식으로 짝짓기를 한다. 반면 고릴라는 수컷 지배자 한 마리가 혼자서 암컷을 차지하는 시스템이다. 결과는? 첫째, 침팬지의 정자는 고릴라의 정자보다 상당히 빠른 속도로 헤엄친다. 둘째, 침팬지의 고환은 크기가 고릴라의 조그마한 고환의 네 배다.

그러나 침팬지과 고릴라는 최초의 음낭이 나타난 뒤 불과 1억 4,000년 만에 등장했다. 진화로 나타난 특징에 관해 생각할 때면 가장 먼저 지금 그런 특징이 있는 게 누구이며, 결정적으로 누구에게 처음으로 그런 특징이 생겼는지를 묻는 게 좋다. 음낭의 경우, 후자의 질문에 답하려면 당연히 추측에 의존할 수밖에 없다. 살은 화석으로 남지 않기 때문이다. 오늘날에 찾아볼 수 있는 다양성과 이들 동물의 과거, 특히 유전학에 관해 알고 있는 내용을 바탕으로 모든 것을 짐작해야 한다.

음낭은 고환의 기원과 아무 관련이 없다. 성은 매우 오랫동안 생명의 일부였다. 동물과 식물이 나뉘기 전까지도 거슬러 올라간다. 개코원숭이든 푸른박새든 대구든 크로커다일이든 개구리든 초파리든 모든 동물은 수컷에게 씨앗을 생산하는 정소 한 쌍이 있다.[1] 그러나 조류, 파충류, 어

---

1) 몸무게 대비 정소의 비중이 가장 큰 건 덩어리여치로, 정소 무게가 수컷 몸무게의 14%를 차지한다. 인간의 경우에는 약 0.06%다.

류, 양서류, 곤충은 수컷의 생식샘이 귀중한 장기를 보관하기에 좋은 체내에 있다.

음낭은 포유류에게만 있는 진기한 존재다. 따라서 고환을 중심으로 포유류의 가계도를 관찰해야 한다. 다행히 2010년에 프라하의 한 연구팀이 포유류의 계통을 최신으로 재구축한 뒤 그 위에 거시기 부위를 연구한 해부학자들에게서 얻은 데이터를 — 나무에 달린 과일처럼 — 붙였다. 여기서 드러난 사실은 기념비적인 고환 하강이 포유류의 진화에서 꽤 이른 시기에 일어났다는 점이었다. 게다가 음낭은 얼마나 중요했던지 단 한 번이 아니라 두 번 진화했다.

우리는 최초의 포유류가 2억 1,000만 년 전에 살았으며 현존하는 가장 원시적인 포유류 — 오리너구리와 가시두더지 — 가 약 1억 6,600만 년 전에 포유류의 주요 계통에서 떨어져나왔다는 사실을 알고 있다. 그 결과 이들은 온혈이나 털가죽, 젖 분비 같은 포유류의 핵심적인 특징을 지니고 있지만, 그 각각은 조금씩 다르다. 예를 들어 오리너구리와 가시두더지의 평균 체온은 비교적 낮은 편이고 젖꼭지가 없어 젖을 땀처럼 분비한다. 게다가 포유류와 파충류의 공동 조상처럼 여전히 알을 낳는다는 사실도 있다. 이에 관해서는 나중에 더 추가하겠다. 지금 중요한 건 오리너구리와 가시두더지의 고환이 처음에 태어난 곳, 그러니까 신장 옆에 그대로 — 모든 초기 포유류의 고환이 거의 확실하게 그랬을 것처럼 — 안전하게 놓여 있다는 사실이다.

그리고 오리너구리와 가시두더지의 조상이 자기 갈 길로 가고 약 2,000만 년 뒤에 포유류는 다시 두 가지 부류로 나뉘었다. 태반류와 유대류다. 그리고 우리가 찾아낸 최초의 음낭 소지자는 포유류 가계도에서 유대류쪽 가지에 있다. 그 동물의 부모가 음낭을 보고 무슨 생각을 했을지는 결코 알 수 없을 것이다.

오늘날의 거의 모든 유대류는 음낭이 있다. 따라서, 논리적으로, 캥거루와 코알라, 태즈메이니안 데빌의 공통 조상이 최초의 음낭을 갖고 있었을 것이다. 유대류는 우리 태반류 포유류와 상관없이 독자적으로 음낭을 진화시켰다. 우리는 여러 가지 전문적인 이유 덕분에 이 사실을 알게 되었는데, 그중에서 가장 확실한 건 방향이 거꾸로라는 점이었다. 유대류의 고환은 음경 앞쪽에 매달려 있다.

유대류 분리 이후 약 5,000만 년 뒤에는 음낭을 기준으로 볼 때 태반류 포유류의 가계도에서 가장 흥미로운 녀석이 등장한다. 이 가계도에서 유대류가 분리되기 이전에 갈라진 동물들을 찾아보자. 그러면 코끼리, 매머드, 땅돼지, 매너티, 바위너구리, 그리고 고슴도치나 두더지, 아프리카 땃쥐를 닮은 동물들이 있다. 그러나 이들에게서 음낭을 볼 수는 없을 것이다. 이들은 전부 오리너구리처럼 생식샘을 신장 근처에 보관한다(땅돼지만이, 흥미롭게도, 복부 아래쪽에 고환을 달고 있다). 역시 초창기에 갈라져 나온 남아메리카의 나무늘보, 개미핥기, 아르마딜로에게서도 음낭을 찾아볼 수 없을 것이다.

그러나 1억 년 전의 갈림길에서 오른쪽으로 꺾어 가계도의 인간 쪽 방향으로 가면 어디서나 아래로 처진 고환을 찾을 수 있을 것이나. 무슨 이유에서인지는 몰라도 고양이와 개, 말, 곰, 낙타, 양, 돼지의 뒷다리 사이에 덜렁이고 있다. 물론 우리와 우리의 원시인 형제 모두 마찬가지다. 이는 이 가지의 밑동에 독자적으로 음낭을 만들어 낸 두 번째 포유류, 고맙게도 우리의 덜렁거리는 부위가 다른 곳이 아닌 음경 뒤에 오도록 해준 존재가 있다는 뜻이다.[2)]

그러나 이 가지의 사이를 보면 점점 더 재미있어진다. 이곳에는 정소가 신장에서 멀어졌지만 복부를 빠져나오지는 않은 수많은 집단이 — 고환이 아래로 내려왔지만, 음낭은 없는 친척이 — 있기 때문이다. 이런 동물은 정소가 외부에 있던 조상으로부터 진화한 게 거의 확실하다. 그건 어느 시점에서 음낭이 다시 들어가 뱃속에서 새로운 생식샘으로 진화했다는 뜻이다. 온갖 잡다한 동물이 여기 속한다. 고슴도치, 두더지, 코뿔소와 맥, 하마, 돌고래와 고래, 일부 바다표범과 바다코끼리, 천산갑 등이다.

물로 돌아간 포유류 입장에서 보면, 모든 걸 다시 집어넣는 건 합리적이다. 덜렁거리는 음낭은 물살을 헤치기에 좋지 않고 아래쪽에서 공격하는 물고기의 손쉬운 간식이 될 것이다. 내가 간식이라고 하긴 했지만, 참고래는 하나의 무게가 0.5톤이 넘는 고환으로 세계신기록을 보유하고 있다.[3)]

이보다 음낭의 기능을 이해하는 데 꼭 필요할지도 모를 더 까다로운 질문은 이렇다. 고환을 담는 주머니의 매력은 왜 지상의 고슴도치, 코뿔소, 천산갑에게 통하지 않았을까?

---

2) 기이하게도, 토끼는 유대류처럼 음낭이 성기 앞에 있다. 흥미로운 해부학적 특징으로, 토끼가 사실은 유대류의 가까운 친척이라는 주장의 근거로 쓰였다(실제로는 아니다). 그리고 이왕 말이 나왔으니 이야기인데, 노랑배집박쥐는 음낭이 항문 뒤에 있다고 한다.

3) 대왕고래 — 몸무게가 참고래의 두세 배 정도다 — 는 보통 모든 게 가장 크다. 하지만 고환만큼은 참고래의 10분의 1도 되지 않는다. 참고래의 생식샘이 터무니없이 큰 건 아마도 아주 난잡한 생활 방식과 관련이 있을 것이다.

냉각이라는 아이디어

음낭의 존재 이유를 설명하기 위한 과학 연구는 1890년대 영국 케임브리지대학교에서 시작되었다. 조셉 그리피스Joseph Griffiths는 불쌍한 테리어들을 데려다가 고환을 다시 뱃속으로 밀어넣은 뒤 나오지 못하게 봉합했다. 일주일 정도 지나고 나자 고환이 퇴화했다. 정자 생산이 일어나던 관은 쪼그라들었고, 사실상 정자가 없었다. 그리피스는 뱃속의 온도가 더 높기 때문에 일어난 일이라고 생각했고, 그렇게 냉각 가설이 탄생했다.

이 가설이 마주한 첫 번째 문제는 고환의 퇴화가 뱃속의 온기 때문에 일어난 것이 아닐지도 모른다는 점이었다. 어쩌면 그 안에 있는 모종의 화학물질 같은 다른 게 원인일 수도 있었다. 이 문제는 고환 연구의 황금시대라 할 수 있는 1920년대에 깔끔하게 풀렸다. 일본의 후쿠이Fukui 박사는 그리피스의 실험을 재현하면서 봉합선 위쪽의 복벽에 작은 냉각 장치를 달았고, 그 결과 퇴화가 일어나지 않았다.

역시 1920년대에 시카고의 칼 무어Carl Moore가 이끈 연구진은 빠른 속도로 성숙하고 있던 세포생물학 분야의 기법을 이용해 높은 온도가 정자 생산을 방해하는 기본적인 원리를 설명했다. 다윈의 자연선택이라는 아이디어가 생물학을 휩쓸고 있던 이 시기에 지식으로 무장한 무어는 최초로 진화론의 관점으로 냉각 가설의 기틀을 세웠다. 포유류가 냉혈에서 온혈로 바뀌고 얼마 지난 뒤 체온을 30도 중후반으로 끊임없이 유시하는 일이 정자 생산에 심각한 방해가 되었고, 음낭을 만들어 시원하게 만든 최초의 포유류가 더 성공적으로 번식했다는 주장이었다.

열은 매우 효과적으로 정자 생산을 방해하기 때문에 생물학 교과서와 의학 논문에서도 음낭이 있는 이유를 냉각으로 설명한다. 문제는 동물 진화에 관해 진지하게 생각하는 많은 생물학자는 이 이론을 별로 좋아하지 않는다는 점이다. 반대론자는 고환이 시원한 곳에서 가장 잘 작동하는 건 밖으로 쫓겨난 뒤에 그렇게 진화했기 때문이라고 말한다.

만약 포유류가 2억 1,000만 년 전쯤에 온혈동물이 되었다면, 그건 음낭이 등장하기 전까지 거의 1억 년 동안 생식샘을 안에 넣고 다녔다는 뜻이 된다. 이 두 사건은 시기 차이가 꽤 난다.

그러나 냉각 가설의 가장 큰 문제는 가계도의 주머니가 없는 모든 잔가지다. 고환의 배열이 어떻든 간에 모든 포유류는 심부 체온이 높다. 만약 음낭이 없는 포유류가 이렇게나 많다면, 근본적으로 따뜻한 곳에서 정자를 만들지 못할 이유는 없다. 코끼리는 고릴라나 대부분의 유대류보다 심부 체온이 높다. 포유류 외의 동물까지 따지면 문제는 더 커진다. 포유류 외의 유일한 온혈동물인 새는 일부 종의 경우 심부 체온이 42도나 되지만 고환이 내부에 있다. 만약 냉각이 그렇게 중요하다면, 어째서 그렇게 많은 동물이 내부에 있는 고환을 갖고 잘 살아가는 걸까? 새 문제에 관한 냉각론자의 유일한 반격은 새와 포유류는 너무 달라서, 계통적으로 너무 멀리 떨어져 있어서 새를 근거로 삼을 수는 없다는 것뿐이다. 아니면, 새의 몸 안에 있는 공기주머니가 고환을 식히는 데 도움이 될 수도 있다거나. 돌고래와 일부 물개에는 다시 안으로 들어간 생식샘을 위한 내부의 특별한 냉각 시스템이 있는 것 같다는 사실을 알게 되면 상황은 재미있어진다. 고환으로 들어오는 피는 꼬리와 지느러미에서 오는 차가운

피가 흐르는 복부 정맥과 뒤섞이는 정소 동맥에서 시원해진다. 이 두 계통의 포유류는 음낭이 있어 고환이 낮은 온도에 적응했을 수도 있는 조상으로부터 진화했다.

오랫동안 여러 생물학자가 음낭에 든 고환을 따뜻하게 하면 제대로 작동하지 않는다는 사실을 관찰했다. 하지만 신장 근처에 있는 코끼리의(혹은 좀 더 다루기 쉬운 아프리카 황금두더지의) 고환을 시원한 곳에 꺼내 놓으면 더 잘 작동한다는 사실을 보이지는 못한 것 같다. 아마 그렇지 않을 가능성이 크다. 정자를 만드는 데 필요한 단백질의 상당수는 몸 안의 다른 여러 세포도 사용하는 것이다. 보통 간, 신장, 다리 등 모든 조직은 똑같은 유전자를 이용해 단백질을 만든다. 하지만 단백질의 기능은 온도에 크게 의존한다. 그리고 고환에서 사용하는 단백질을 만드는 유전자에 관해 연구해 보니 그중 상당수의 경우 유전자에 두 가지 형태가 있다는 사실이 있었다. 하나는 몸에서 사용하는 것으로 37℃에서 최적의 기능을 하는 단백질을 만들고, 다른 하나는 좀 더 시원한 음낭에서 작동하는 데 특화된 단백질을 만들었다. 그건 초기의 음낭이 엉성한 도구 — 심부 체온에서 작동하게 되어 있는 단백질 — 에 의존할 수밖에 없었다는 사실을 강력하게 시사한다. 고환에서만 사용할 단백질이 서서히 진화했다는 건 외부로 나온 고환이 시원한 삶에 적응하도록 바뀌어야 했다는 증거다.

그러나 포유류의 고환 위치와 정확한 체온을 분석한 최근 연구는 냉각 가설을 강력하게 지지하는 것으로 보일 수 있다. 더반의 배리 러브그로브Barry Lovegrove는 2014년 공룡이 떠난 뒤로 포유류가 진화하는 과정에서 심부 체온이 마지막으로 치솟으면서 음낭이 진화할 필요성이 생겼을지도 모른다고 주장했다. 이 시나리오에 따르면, 포유류는 1억 5,000만 년 동안 온혈동물이었지만 체온은 좀 더 낮은 34℃ 정도였고, 음낭 속의 고환은 계속 원래의 온도에서 작동하다가 체온이 더 오른 직후에야 몸 밖으로 나갔다. 모든 데이터가 맞아떨어지지는 않지만(그런 일은 별로 없어 보인다), 상당히 말이 된다. 고환이 내려오지 않는 포유류는 대부분 음낭이 있는 포유류보다 체온이 살짝 낮다.

하지만 냉각 가설의 또 다른 큰 문제는 음낭이 아주 다면적인 발달 과정에 의해 만들어지는 복잡한 기관이며, 그런 기관의 진화는 어느 순간 '갑자기' 일어나지 않는다는 점이다. 어떤 매너티가 갑자기 음낭이 있는 아들을 낳는 일은 없다. 그런 일은 점진적으로 일어난다. 다윈의 반대자들은 흔히 어떻게 눈이 진화할 수 있었느냐고 주장한다. 생기다 만 눈이 무슨 소용이 있겠냐는 말이다. 그런 주장을 반박하기 위해서 생물학자는 — 다윈이 시도했던 것처럼 — 모든 중간 단계가 왜 바람직한지를 설명해야만 한다.

눈의 작동 원리에 관한 지식이 풍부한 오늘날에는 빛에 민감한 피부 조각이 점진적으로 우리 얼굴 앞에 놓인 놀라운 기관으로 진화하는 과정을 설명할 수 있다. 그 모든 중간 단계가 누구에게나 유용했다는 사실 역시 설득력 있게 풀어내는 것이 가능하다. 이와 마찬가지로, 고환이 음낭 속으로 내려오는 과정도 비슷하게 설명할 수 있어야만 한다. 적어도 우리는 음낭이 있는 포유류의 조상 중에 고환이 아래로 내려왔지만 음낭은 존재하지 않는 동물이 분명히 있었다는 사실을 알고 있다. 그렇다면, 현존하는 이런(고환은 아래로 내려왔지만 음낭은 존재하지 않는) 동물의 경우가 그렇듯이, 냉각 효과를 전혀 얻을 수 없는데도 이것은 왜 유리하게 작용했던 걸까? 처음에 고환이 움직인 건 냉각으로 설명할 수 없다. 어떤 이유로 이런 일이 일어났고 그 뒤에 냉각의 필요성 때문에 음낭이 생겼다고 할 수 없다는 건 아니다. 다만 한 가지 이유로 두 단계가 모두 일어났다면 아마도 더 재미있을 것이다.

뿐만 아니라, 냉각이 왜 정자에 더 좋은지 그 이유도 정확하게 설명해야 한다. 좀 덜 뜨거우면 정자의 DNA가 돌연변이를 덜 일으킨다는 아이디어도 나왔다. 최근에는 정자를 시원하게 유지하면 질의 온기가 추가적인 활성화 신호로 작용한다는 주장도 나왔다. 하지만 이런 아이디어는 아직 냉각 가설에 대한 핵심 반론을 극복하지 못하고 있다.

코넬 의과대학의 마이클 베드퍼드Michael Bedford는 고환에 냉각 가설을 적용하는 것을 좋아하지 않는다. 하지만 정자가 고환 속의 탄생지를 떠나서 자리 잡는 관인 부고환이 시원한 게 과연 중요한 일인지 궁금하게 여기고 있다(고환을 떠난 정자는 아직 무력하며, 부고환에 머무는 동안 마지막으로 몇 가지 조정을 필요로 한다). 베드퍼드는 고환이 뱃속에 있는 일부 동물은 부고환이 피부 바로 아래까지 늘어나 있으며, 어떤 음낭은 털로 덮였지만 이 저장용 관 바로 위에는 열을 방출하기 위해 털이 없는 부분이 있다는 사실에 주목했다. 하지만 부고환이 시원해지는 게 목적이었다면, 왜 고환까지 밖으로 내던진 걸까?

대안을 찾아서

만약 음낭의 목적이 포유류의 번식에 핵심적인 기관을 식히는 게 아니라면, 무엇일까? 이 주제에 관한 논문을 읽어나간다 해도 누더기가 된 냉각 가설처럼 직관적으로 다가오는 아이디어를 찾지 못할 수 있다. 그리고 어디에나 문제가 있는 건 마찬가지일 수 있다. 하지만 몇 가지 흥미로운 가능성도 있다.

음낭이 정자에 이롭다는 이론에 대한 한 가지 대안은 비록 음낭이 연약하기는 해도 사실은 음낭의 소유주에게 이롭다는 것이다. 이런 의견은 스위스의 동물학자 아돌프 포트만Adolf Portmann이 1952년에 처음 제시했다. 최초로 냉각 가설을 본격적으로 공격한 뒤였다. 그 대신 포트만이 제안한 건 '전시 가설'이었다. 포트만은 생식샘을 바깥쪽에 둠으로써 수컷이 젠더 간 의사소통에 중요한 성적 신호인 자신의 '생식용 막대기'를 분명하게 보여줄 수 있었다고 주장했다. 음낭의 색이 화려한 구세계의 원숭이 몇 종이 가장 훌륭한 증거였다.

이 이론은 널리 받아들여지지 않았다. 그렇게 눈에 띄는 주머니 전시가 드물며(음낭은 대부분 잘 보이지 않는다), 화려한 색은 원래의 음낭이 등장하고 오랜 시간 뒤에 진화했기 때문이다. 일부는 음낭이 1억 년 동안 존재하면서 소수의 동물에게 성적 유인물로 쓰인 건 놀라운 일이 아니라고 말한다.

내가 전시 가설을 포기하려던 참에 두 가지 일이 벌어졌다. 첫째, 탄자니아에 신혼여행을 갔다가 돌아온 동료가 흥분해서는 보겠다는 사람 아무나 붙잡고 음낭 사진을 보여주고 다녔다. 음낭의 주인은 — 걱정 마시라 — 포트만이 말한 구세계의 원숭이 중 하나였다. 바로 버빗원숭이인데, 음낭이 깜짝 놀랄 정도로, 마치 거짓말처럼 밝은 파란색이었다.

좋아. 기껏해야 원숭이 하나잖아. 나는 생각했다. 하지만 그때 리처드 도킨스Richard Dawkins를 만났다. 책 사인회에서 이 저명한 진화생물학자와 3분 동안 이야기할 수 있었는데, 이때 나는 음낭에 관한 의견을 물어보았다. 도킨스는 진지하게 냉각 가설에 의구심을 표하더니 진화생물학의 불이익 원리와 관련이 있을지도 모른다고 말했다.

불이익 원리는 만약 암컷이 다른 경쟁자를 모두 물리친 구애자 두 마리 중 하나를 선택해야 할 때 만약 어느 한쪽이 불이익을 안고서 그렇게 해냈을 경우 그쪽을 선택한다는 것을 말한다. 불이익을 안고 해낸 쪽이 더 강한 게 분명하기 때문이다. 논란이 있지만, 수컷 새의 화려한 깃털과 포식자를 불러들일 수 있는 노래와 같은 여러 가지 골치 아픈 생물학적 현상을 설명할 수 있다. 만약 불이익 이론이 옳다면 음낭의 존재는 이렇게 말하고 있는 셈이다. "난 능력이 충분해. 이런 것도 밖에 내놓고 다닐 수 있다고!"

이 이론은 지지자가 많은 건 아니지만, 아직 죽지 않았다. 예를 들어 대초원들쥐에 관한 최근 연구에 따르면, 암컷 대초원들쥐는 실제로 고환이 더 큰 수컷을 선호하며, 대초원들쥐는 음낭의 모습이 아주 수수한 편이다.

흥미롭게도, 처음으로 일반적인 불이익 이론을 제안했던 이스라엘 생물학자 아모츠 자하비Amotz Zahavi는 이 이론을 음낭에 적용하는 것을 좋아하지 않았다. 그 대신 '훈련 가설'을 떠올렸다. 훈련 가설은 스코트 프리먼Scott Freeman이라는 동료와 비공식적으로 이야기하다가 말한 아이디어에 불과했지만, 1990년에 프리먼이 『이론생물학 저널』에 그에 관한 글을 실으면서 공개적으로 알려졌다.

이 발상에 따르면, 혈액 공급을 충분히 받지 못하는 음낭이 고환을 산소가 결핍된 환경에 두어 결국 정자를 강하게 만들 수 있다. 필수적인 기체를 충분히 얻지 못한 정자가 다양한 방법으로 이에 대응하면서 질과 자궁 경부, 자궁, 나팔관을 따라 올라가는 고된 과업을 위한 준비를 더 충실히 할 수 있다는 것이다.

프리먼은 수많은 종의 '보석' 크기를 조사하는 데 큰 노력을 기울였고, 고환의 크기와 사정 시의 정자 수 사이에 놀라운 상관관계가 있다는 사실을 알아냈다. 게다가 더욱 놀라운 것은, 전반적으로 내부에 있는 고환이 아래로 내려온 고환보다 크다는 사실이었다. 여기서 알 수 있는 핵심은 '훈련'으로 인해 질과 양의 교환이 이루어졌다는 것이다. 음낭이 있는 동물은 더 질이 좋은 정자를 만들 수 있기에 정자를 더 적게 만들 수 있었다.

이런 흥미로운 관계를 보여준 건 프리먼의 업적이 분명하다. 하지만 훈련 가설의 문제는 고환이 빠져나왔다는 사실보다 고환의 불충분한 혈액 공급에 관해 주로 다룬다는 점에 있다. 아무래도 고환을 몸 안에 둔 상태로 생식샘의 혈관 구조를 허접하게 진화시키는 게 더 쉽지 않았겠냐는 생각을 하지 않을 수 없다.

몇 년 뒤인 1990년대 중반 영국 버밍엄대학교의 동물행동학 교수 마이클 챈스Michael Chance는 신문에서 옥스퍼드대학교과 케임브리지대학교의 보트 경주에 관한 기사를 읽고 고환에 관해 흥미를 갖게 되었다. 경주가 끝난 뒤 노를 저은 선수의 오줌에 전립샘액이 들어 있었다는 내용을 접했던 것이다.

노를 저으며 주기적으로 복부에 힘을 준 결과 전립샘액이 요도에 쌓였다. 생식관에는 괄약근이 없기 때문이다. 밸브 역할을 할 게 없는 상황에서 그 안의 주머니나 관을 쥐어짜면 내용물이 섞이기 쉽다. 1996년 챈스는 이른바 '달리기 가설'을 내놓으며 포유류가 복부에 갑작스러운 압력을 주는 방식으로 움직이기 시작하면서 고환을 외부로 내보내야 했다고 주장했다.

포유류가 어떻게 움직이는지를 조사하면 그 결과는 매우 다양하다. 챈스가 고환이 내부에 있는 동물의 목록을 작성해 보니 달리는 동물은 많지 않았다. 코끼리와 땅돼지, 그리고 고환이 내려가지 않은 포유류 계통에 속한 이들의 친척은 펄쩍펄쩍 뛰어다니지 않는다. 반대쪽에 있는 두더지나 고슴도치처럼 번식용 도구를 재흡수한 포유류는 내부를 교란하는 움직임과는 거리가 멀게 진화한 것처럼 보인다. 바다로 돌아간 포유류 중에서 음낭을 유지하고 있는 건 코끼리물범처럼 육지에서 번식하며 발정기에 영토를 방어하기 위해 격렬하게 싸우는 종뿐이다.

당연히 괄약근 한두 개나 모종의 내부 방어막 같은 게 진화했을 거라고 주장할 수도 있지만, 사정이 작동하는 방식이 그런 것들과 충돌할 가능성도 있는 데다가 또 다른 주장이 챈스의 생각을 뒷받침했다. 1991년 독일 프라이부르크대학교의 롤란드 프레이Roland Frey는 더욱 일정한 압력을 확보할 수 있는, 어쩌면 달리는 동안 비정상적으로 피가 흘러나오지 않게 하기 위한 음낭 속 고환의 혈관이 지닌 다양한 특징을 다룬 논문(챈스는 읽지 않은 게 분명했다)을 썼다. 유대류와 우리 나머지 사이의 특정한 적응 방식은 제각각이지만, 목표는 똑같아 보였다.

달리기 가설은 진화 과정에서 이루어지는 타협의 사례라고 할 수 있다. 새롭고 귀중한 움직임 방식이라는 커다란 이익을 얻기 위해 어쩔 수 없이 음낭이라는 위험을 감수한 것이다. 게다가 만약 유연하고 신축성 있는 척추에서 멀어지는 게 압력을 완화하는 데 도움이 된다면, 그것만으로도 내려왔지만 아직 음낭까지는 가지 않은 배열이 이익이 될 수 있다는 생각을 하게 한다.

진화생물학에는 많은 이론이 있다. 흔히 탐정처럼 손에 들고 있는 불완전한 증거를 모아 일관된 이야기로 만드는 일이 매우 즐겁기는 하지만, 이 분야에서 가장 큰 어려움은 그런 아이디어를 시험하는 것이다. 관련 자료를 제공해 줄지도 모르는 최근의 흥미로운 발견 중 하나는 신장 근처에 있던 고환이 처음에 아래로 내려가도록 제어하는 신호를 확인한 것이다.

초기의 고환과 난소는 이른바 현수인대에 의해 자리를 잡고 있으며, 길잡이라고 부르는 미미한 다른 인대에 느슨하게 붙잡혀 있다. 롤러코스터를 출발시키기 위해 고환은 신호 물질을 분비해 현수인대가 퇴화하고 길잡이가 자신을 복부 아래쪽으로 이끌 수 있게 만든다.

놀랍게도, 각각 독일과 텍사스에 있는 두 연구진이 동시에 고환의 '와

서 날 좀 데려가' 신호의 정체를 알아냈다. 인슐린과 비슷해 '인슐린 같은 호르몬 3' 혹은 INSL3(그다지 창의적이지는 않다)라고 불리는 분자다. 이 두 연구진이 이 신호 물질을 만드는 유전자를 제거하자 고환은 난소와 마찬가지로 신장 근처에 머물렀다.

그러면 난소는 INSL3를 만드는 스위치가 꺼진 상태라 그 자리에 머무는지를 알아보기 위해 다소 징그러운 실험이 이어졌다. 몇몇 암컷 쥐의 유전자를 조작해 생식샘의 INSL3 농도가 높아지게 만들었고, 놀랍게도 그것만으로 난소가 복부 아래쪽으로 끌려 내려왔다.

고환을 내려보내는 INSL3의 역할과 관련된 유전자가 포유류의 특징인 젖 분비에 역할을 한다는 사실에 끌린 스탠퍼드대학교의 테디 쉬[Teddy Hsu]와 동료들은 오리 같은 부리가 있는 오리너구리에 주목했다. 이들은 2008년에 오리너구리에게 있는 유전자 하나가 그 신호 물질의 원형을 담당하고 있으며, 이후 등장하는 포유류에서 이 유전자의 복제 유전자 하나가 고환을 내려보내는 기능을 갖도록 진화했고 다른 하나는 젖꼭지 발달에 관여하도록 진화했다는 사실을 알아냈다. 그건 생물의 역사에서 포유류만의 특징을 만들어내는 데 일조한 유전학적 사건의 아름다운 사례다.

거기에 더해, INSL3의 역할과 이 화학 메신저가 활성화하는 세포 수용체(RXFP2라 한다)의 역할을 파악하게 되며 진화 유전학자들은 어떻게, 그리고 왜 아래로 내려온 고환이 진화하게 되었는지를 설명할 수 있는 단서로 실험할 수 있는 두 개의 유전자를 갖게 되었다. 이 실험의 결과는 다소 놀라웠다.

독일 드레스덴에 위치한 막스플랑크 세포분자생물학 및 유전자 연구소의 마이클 힐러Michael Hiller와 그 연구진은 2018년에 70여 종에 달하는 태반 포유류의 INSL3 및 RXFP2 유전자를 조사한 결과를 출간했다. 그들은 조사한 모든 태반 포유류에게서 INSL3와 RXFP2 유전자를 찾았지만, 음낭이 없는 코끼리나 땅돼지, 매너티, 바위너구리, 고슴도치와 닮았거나 두더지를 닮은 동물들을 들여다보자 상황은 아주 흥미롭게 돌아갔다. 힐러의 연구진은 아래로 내려갔지만 음낭이 없는 고환을 지닌 땅돼지에서는 두 유전자 모두가 활성화되어 있음을 확인했지만, 고환이 신장 근처에 위치한 네 종의 동물에게서는 고장난 유전자가 있다는 것을 알아냈다. INSL3와 RXFP2의 배열을 가진 DNA가 있었지만, 이 DNA 서열들은 일련의 돌연변이를 통해 더이상 기능하지 않게 되었다. 따라서, 이 동물들 역시 한때 작동하는 INSL3 유전자를 가지고 있었으며, 그들도 한때 아래로 내려온 고환을 가지고 있었지만 이제는 그렇지 않다는 가능성을 강하게 시사하는 것이다.

이 아프리카 포유류들은 오리너구리와 같은 고환 상태를 진화의 과정에서 계속 유지하기보다는, 어떠한 이유에서인지는 몰라도 이들 유전자의 손실을 통해 '재진화'하게 되었다. 이러한 해석은 매너티나 케이프코끼리땃쥐, 케이프황금두더지, 작은고슴도치텐렉에서 찾은 이 유전자들이 모두 다르다는 것을 확인하며 더 유력한 가설이 되었다. 이들의 유전자는 각각의 가계도에서 고환이 자리 잡는 시간이 각각 달랐다는 것을 뜻한다.

힐러는 이러한 발견들이, 적어도 맨 처음의 태반 포유류들이 최소한 복부 하단(그러니 더 시원한 곳이라고 할 수만은 없다)까지는 아래로 내려온 고환을 가지고 있었음을 시사한다고 믿는다. 한 가지 의문점은, 약간만 내려온 고환을 가지고 있는 남아메리카의 아르마딜로와 나무늘보가 온전한 INSL3와 RXFP2 유전자를 가지고 있다는 사실이다. 그리고, 이 책의 뒷부분에서 보게 되겠지만, 정확히 어떻게 태반류 가계도의 첫 주요 가지들이 갈라졌는지는 여전히 뜨거운 논쟁의 대상이다. 그럼에도 불구하고, 이 연구는 진화가 어떻게 동물의 해부학적 구조보다 동물의 DNA에 구별할 수 있는 흔적을 남기는지를 보여주는 아름다운 예라고 할 수 있다.

매우 중요한 다음 단계는 샅굴과 음낭을 만드는 데 필요한 유전자를 확인하는 것이다. 아마도 가장 살펴보기 좋은 대상은 고환의 외부화를 되돌린 포유류로, 이런 유전자가 아마도 변했을 것이다.

우리 몸의 이런 기본적인 면이 아직도 수수께끼라는 점을 생각하면 겸손해진다. 그런 우스꽝스러운 부속물이 두 번 진화했다는 건 분명히 우리가 그걸 이해할 수 있어야 한다는 뜻이다. 그러나 이렇게 더 많은 지식이 쌓이고 있는 지금, 어느날 고환의 외부화에 관한 모든 것을 설명할 수 있는 이론 ― 완전한 음낭론이라고 해야 할까 ― 이 나타날 리가 없다는 데에 건다는 것은 아주 용감한 사람이나 할 만한 일인 듯하다.

성공적인 이론이라면 음낭의 존재만이 아니라 포유류의 다양한 고환 위치까지 모두 설명할 수 있어야 한다. 나는 챈스와 프레이의 달리기 가설을 좋아하지만, 정말 음낭'만'이 커졌다 작아졌다 하는 복부 압력에 대처하는 유일한 방법이었을까? 그리고 러브그로브의 최근 조사는 실제로 온도 민감성에 대한 역할을 뒷받침한다. 성적 신호는 아직 가능성이 희박하다. 하지만 만약 음낭이 정말로 성선택을 받아 진화했다면, 공작과 같은 포유류는 어디 있는가? 축구공만 한 것 두 개를 들고 다니는 종이 있어야 하지 않을까?

말이 나왔으니 말인데, 완전한 음낭론을 기다리는 동안 우리 축구 골키퍼들은 진화가 준 선물인 커다란 뇌와 마주 보는 엄지를 활용해 보호 장구를 착용하는 크리켓과 야구 선수를 본받아야만 할 것 같다.

2장

포유류 경계의 삶

오리너구리는 이동을 잘 하지 못한다. 내가 가장 잘 아는 오리너구리 한 마리는 박제된 채로 영국 박물관에 놓여 있다. 수컷이다. 뒷다리에 독침이 있기 때문에 알 수 있는 일이다. 오리너구리가 살아서 영국에 가장 가까이 왔던 건 1943년의 일으로, 당시 윈스턴 처칠Winston Churchill은 전시의 사기를 높이기 위해 런던으로 한 마리 보내달라고 요청했다. 호주 정부는 다 자란 수컷 한 마리를 보냈지만, 리버풀항에 도착하기 4일 전에 MV포트필립 호가 잠수함 공격에 대응해 수중 폭탄을 터뜨렸을 때 사육장 안에서 죽었다.

최초로 영국에 도착한 죽은 오리너구리도 뉴캐슬항에서 오리너구리가 들어있던 술통을 나르던 여인의 머리 위에서 술통이 열리는 바람에 땅에 철퍼덕 떨어졌다는 소문이 있다. 그건 호주가 놀라운 신개척지였던 1799년의 일이었다. 술통을 보낸 사람은 새로 생긴 시드니 유형지의 두 번째 총독이었던 존 헌터John Hunter 선장이었고, 그 안에는 호주를 떠난 최초의 웜뱃도 들어있었다. 헌터는 온전한 오리너구리를 보낼 생각이었지만, 뉴사우스웨일즈에서 이례적으로 따뜻한 날씨를 겪은 표본은 냄새를 뿜어내기 시작했다. 헌터는 어쩔 수 없이 내장을 제거하고 가죽만 구세계로 보내며, 살아있을 때의 모습을 그린 스케치와 "두더지 종류 같은 작은 양서류"라는 글이 적힌 종이를 첨부했다. 그리고 이 한 마리의 동물을 이해하고자 하는 오랜 여정이 시작되었다.

거의 한 세기 가까이 이어진 논쟁의 결과 포유류의 정확한 정의가 모습을 갖추었다. 오늘날에도 오리너구리는 포유류의 등장으로 이어진 진화의 여정에 관한 귀중한 통찰을 안겨주는 존재다.

1799년에 먼 곳에서 보낸 새로운 표본이 유럽에 도착하는 일은 특별할 게 없었다. 수 세기에 걸쳐 탐험가가 흥미롭고 새로운 존재를 고향에 보냈지만, 1770년 제임스 쿡James Cook 선장이 호주 동부 해안에 도착하면서 수입품의 종류는 크게 달라졌다. 런던 사람들은 처음 본 캥거루를 좋아했다. 새로운 동식물을 조사하고 싶은 박물학자와 경이감을 갈망하던 대중 모두 호주의 진귀한 표본을 마음에 들어 하게 되었다.

그러나 눈이 작고 외부로 보이는 귀가 없으며 물갈퀴가 있는 발에 오리의 부리를 지닌 물두더지는 정도가 지나쳤다. 게다가 오리너구리는 어부들이 원숭이 몸통에 물고기 꼬리를 꿰맨 뒤 그걸 인어라고 사기를 치고 다니던 중국해를 거쳐서 들어왔다. 오리너구리에 관한 최초의 학술적 설명에 그게 가짜인지 아닌지를 의심하는 내용이 있었다는 사실은 유명하다. 조지 쇼George Shaw는 "속이기 위해서 인공적인 수단으로 만든 것 같다는 생각이 자연히 들 수밖에 없다"며 "매우 세심하고 엄밀한 조사 뒤에야 그게 진짜 부리 또는 네발짐승[1]의 주둥이라는 사실을 납득할 수 있었다"고 결론 내렸다.

---

1) 이때까지만 해도 '네발짐승'은 포유류를 나타내는 말이었다.

하지만 더 많은 표본으로 오리너구리가 진짜임을 확인하자 당대의 가장 저명한 박물학자들은 이 동물을 설명하기 위해 애를 썼다. 오리너구리는 린네가 오랜 세월 동안 설명해 놓은 깔끔한 분류 체계를 대놓고 공격하는 것 같았다. 널리 읽혔던 자신의 책 『네발짐승의 전반적 역사』에 오리너구리 그림을 그려 넣은 토머스 뷰익Thomas Bewick은 오리너구리가 "물고기와 새, 네발짐승의 세 가지 특성을 지녔으며, 우리가 지금까지 본 어떤 동물과도 관련이 없다"고 말했다.

이후 내장까지 완전한 표본이 도착하자 문제는 정말로 복잡해졌다. 1802년 외과의사이자 왕립학회 회원이었던 에버라드 홈Everard Home은 처음으로 오리너구리 수컷과 암컷을 자세하게 묘사한 내용을 출간하면서 몇몇 형질은 완전히 포유류지만 다른 수많은 면에서 오리너구리가 새나 파충류를 닮았다고 적었다.

특히 성가셨던 부분은 암컷 생식기의 해부학적 구조였다. 분류에 관한 한 분류학자는 동식물이 어떻게 번식하는지를 아주 중요하게 여기기 때문에 이건 핵심적인 문제였다. 고래와 돌고래는 다리와 털가죽이 없지만 포유류 안에 들어올 수 있었다. 새끼를 낳고 젖을 분비하기 때문이었다. 특정한 성질에 따라 생물을 분류하는 시스템 안에서 오리너구리를 분류하려면 자손을 낳는 방식이 어떤지와 젖샘을 갖고 있는지를 반드시 알아야만 했다.

간단한 문제로 들릴지 모르겠지만, 이 논쟁이 벌어진 곳은 오리너구리가 조용히 살아가던 호주 동부의 민물 서식지에서 15,000km 떨어져 있었다. 오리너구리는 일 년에 딱 한 번만 짝짓기할 뿐만 아니라 암컷은 강둑의 굴속 깊은 곳에서 아주 은밀하게 새끼를 낳았다. 이 논쟁에 참여하고 있는 주요 인물 중 누구도 새끼의 탄생은 고사하고 살아있는 오리너구리 한 마리조차 본 적이 없었다.

젖 분비에 관해서는 명확해 보였다. 홈은 자신이 본 암컷에 젖꼭지가 없으며, 그건 젖샘이 없다는 뜻이라고 말했다. 오리너구리의 털가죽을 생각하면 놀라운 일이었지만, 홈은 확고했다. 그러나 아래쪽 몸을 조사하던 홈은 정말로 난처해졌다. 암컷의 생식관이 그때까지 본 그 어떤 것과도 달랐던 것이다. 홈이 본 관으로는 알을 낳는지 새끼를 낳는지 구분하는 게 불가능했다.

생식은 매우 중요했기에 홈은 연구가 덜 된 다른 여러 동물을 모아 비슷한 것을 찾아보려고 했다. 그는 이내 기묘한 오리 주둥이 동물과는 달리 아무런 환영도 받지 못한 채 10여 년 전에 호주에서 도착한 가시두더지의 생식기가 오리너구리의 생식기와 닮았다는 사실을 알아냈다. 이 둘의 해부학적 근연도를 바탕으로 홈은 이 두 종이 "새로운 동물 무리"를 나타낸다고 말했다.

하지만 그렇다고 해서 그 시스템이 어떻게 작동하는지 알 수는 없었고, 홈은 더 먼 영역까지 살펴보았다. 결국 홈은 이 새로운 무리가 알에서 새끼가 태어나지만 알이 깨기 전까지 어미의 몸 안에 머무르는 일부 뱀과 도마뱀을 매우 닮았다고 주장했다. 난태생이라는 소리였다. 그러면 오리너구리는 포유류처럼 껍데기 없이 태어날 수 있었다.

홈은 오리너구리를 날카롭게 관찰하고 조예가 깊은 결론을 다수 끌어냈다. 하지만 젖 분비와 탄생에 관해서는 모두 틀렸다. 얼마 뒤 저명한 프랑스의 박물학자 에티엔 조프루아 생틸레르Étienne Geoffroy Saint-Hilaire가 논쟁에 끼어들었다. 알려져 있다시피 조프루아는 이 '새로운 무리'를 특이한 생식기에 따른 이름을 붙였고, 오리너구리와 가시두더지는 단공류monotreme가 되었다. 그리스어로 모노mono는 하나를 뜻했고, 트레메treme는 구멍을 뜻한다. 이들은 새와 파충류처럼 뒤쪽의 구멍 하나로 대소변을 보고 번식한다(홈이 혼란스러워했던 이유의 하나였다)는 사실에 기반한 이름을 얻었다.

내가 처음 이 이야기를 들었을 때 낄낄거리며 잠깐 우월감을 느꼈다는 사실을 고백해야겠다. 하지만 곧 구멍 두 개짜리 포유류가 그렇게 잘난 척을 하는 건 좀 어처구니없다는 생각이 들었다. 그렇다면 세 가지 기능 각각에 전용 구멍이 있는 정교함이야말로 여성의 우월함을 보여주는 또 다른 사례가 아닌가. 만약 내가 술집을 연다면, 화장실 문에 이공류와 삼공류라고 쓸 생각이다.

조프루아는 두 가지에 관해 단호했다. 오리너구리가 젖을 분비하지 않는다는 홈의 생각에 동의했지만, 알은 낳는다고 확신했다. 조프루아는 생식 방법에는 단 두 가지 방법만 있다고 말했다. 새끼를 낳아 젖을 먹이는 포유류식 방법과 알을 낳고 젖 같은 건 없는 방식. 오리너구리는 후자의 방식으로 번식했으므로 조프루아가 보기에 단공류는 포유류가 아니었던 것이다.

장 바티스트 라마르크Jean-Baptiste Lamarck 역시 젖샘이 없는 오리너구리는 포유류가 될 수 없다고 생각했다. 오늘날 라마르크는 획득 형질이 유전된다는 진화 이론(용불용설)으로 비난받고 있지만, 사실 그는 진화로

인한 변화를 가장 먼저 옹호했다는 점에서 찬사를 받아야 한다. 이런 관점에 따라 라마르크는 기꺼이 오리너구리를 파충류와 포유류의 중간 단계로 간주했다.

조프루아와 라마르크에 반대하는 여러 저명한 과학자는 오리너구리가 포유류라고 주장했다. 몇몇이 보기에 단공류는 포유류다움의 사다리에서 가장 아래쪽에 있었다. 바로 그 위에 유대류가 있었고, 유대류 위에는 태반류가 있었다. 태반류 중에서도 영장류가 그 정점에 있었다.

이 논쟁을 해결하고 오리너구리가 번식하는 방법을 확실히 알아내기 위한 여정은 놀라울 정도로 쓰라린 일이 되었으며, 실제로 사람의 가장 나쁜 면을 끌어내었다. 처음에는 가설에 불과했던 생각이 다시 사실로 밝혀지곤 했다. 예를 들어, 홈은 자신의 원래 논문에서는 불분명하게 주장했던 것과 달리 1819년에는 단공류가 난태생이 분명하다고 주장했다. 하지만 더 골치아프게도 실제 관찰 결과가 새롭게 나오자 연륜 있는 인물들은 그것을 자신이 확신했던 바를 뒷받침하는 — 종종 기묘한 — 방식으로 해석했다.

1824년 독일의 해부학자 요한 메켈Johann Meckel이 자신의 책에서 오리너구리의 젖샘을 보았다고 언급하자, 조프루아는 그게 냄새 신호나 털가죽의 상태를 조절하는 물질을 분비하는 샘일 것이라 주장했다.

2년 뒤 메켈이 오리너구리의 유방을 자세히 묘사한 내용을 출간하자 조프루아는 동물은 '포유류, 단공류, 조류, 파충류, 어류'로 나뉜다고 다시 주장했으며, 홈은 호주에서 온 새로운 표본을 입수해 자신과 조프루아가 옳다는 사실을 확인하려 했다. 홈은 조수로 하여금 젖샘이 정말로 없다는 사실을 확인하고, 메켈이 오리너구리가 젖을 분비한다고 너무 확신한 나머지 젖샘을 상상해 냈다고 비난했다.

공정을 기하기 위해 언급하자면, 이런 의견의 불일치는 적어도 부분적으로는 오리너구리의 젖샘이 계절과 사용량에 따라 엄청나게 커졌다 작아졌다 한다는 사실 때문일 수 있다. 적절할 때를 맞추는 일이 매우 중요했다. 그러므로 1831년 영국군 제39연대가 오리너구리의 번식기에 뉴사우스웨일스에 주둔했던 건 행운이었다.

아마도 군대 일이 크게 바쁘지 않았던 것 같은 론더데일 몰Lauderdale Maule 중위는 둥지에 있던 오리너구리 어미와 새끼 두 마리를 데려와 벌레와 빵, 우유를 주며 키워보려고 했다. 하지만 2주 뒤에 알 수 없는 사고로 어미가 죽었고, 몰은 곧바로 어미의 가죽을 벗겼다. 그 과정에서 젖꼭지가 없는 복부에서 젖이 스며나오는 모습을 보았다. 오리너구리는 젖을 분비했던 것이다.

몰은 바로 런던에 편지를 써서 이 사실을 알렸고, 군대 장교의 증언은 본국의 박물학자들이 결론을 내기에 충분했다. 오랜 시간에 걸친 추측과 싸움 끝에 젖을 분비하는 포유류라는 오리너구리의 지위는 애완동물을 기르는 데 형편없었던 한 장교 덕분에 확실해졌다.

젖샘으로 단공류가 포유류라는 사실이 분명해진 뒤 관심은 포유류가 알을 낳을 수 있는지로 옮겨갔다. 조프루아는 — 몰의 관찰 결과를 듣고 "그게 젖이라면, 버터를 만들어 보시지!" 라고 씩씩거렸다 — 1844년 죽을 때까지 오리너구리가 알을 낳는다고 확신했다. 그러나 자연히 오리너구리의 젖샘 발견은 많은 사람으로 하여금 오리너구리가 새끼를 낳는 게 틀림없다고 결론 짓게 했다.

그런 사람 중 한 명이 리처드 오웬Richard Owen이라는 젊은이였다. 오웬은 단공류의 젖샘이 진짜라는 사실을 확인하는 데 일조한 솜씨 좋은 해부학자로, '공룡dionsaur'이라는 단어를 만들었으며, 런던 자연사박물관을 설립했고, 진화가 일어나지 않는다고 다윈을 설득하려 했던 인물이었다. 오웬은 흥미로운 삶을 살았다. 그리고 오리너구리가 알을 낳지 않는다고 확신했기에, 다른 사람이 직접 관찰한 사실을 자신의 주장을 위해 이상하게 설명하는 조프루아의 역할을 태연자약하게 떠맡았다.

예를 들어 몰 중위가 오리너구리의 둥지에서 알껍데기 조각을 보았다고 주장했을 때 오웬은 그 주장의 불확실한 면을 공격했고, 다른 회의론자 한 사람은 알껍데기가 아마도 배설물이었을 거라고 설명했다. 1864년 호주에서 임신 중에 포획된 암컷 한 마리가 알 두 개를 낳았다는 내용의 편지가 도착하자 오웬은 그게 자연스러운 사건이 아니라 암컷이 두려움 때문에 임신을 중단한 게 틀림없다고 말했다.

1884년에 들어서야 80세가 된 오웬은 호주에서 일하는 케임브리지 대학 출신의 젊은 동물학자 윌리엄 칼드웰William Caldwell로 인해 마지못해 마음을 돌렸다.

칼드웰은 거의 한 세기 동안 이루어진 논쟁을 끝냈다. 하지만 칼드웰을 좋아하기란 어렵다. 칼드웰은 이를 위해 호주 원주민 수십 명에게 돈을 주고 오리너구리와 가시두더지를 사냥하게 했는데, 그 결과 '환상적인 학살'이 벌어졌다. 그리고 원주민이 동물을 더 많이 가져올수록 칼드웰은 자신이 원주민에게 판매하는 음식의 가격을 올렸다. "딱 반 크라운이면 이 게으른 흑인들을 배고픈 상태로 유지할 수 있을 만큼의 음식을 살 수 있다." 칼드웰은 이렇게 기록했다.

1,400마리 이상의 단공류가 목숨을 잃고 난 뒤, 칼드웰은 알을 낳고 있는 중이었던 암컷 오리너구리 한 마리를 직접 총으로 쏘았다. 어미의 시체 옆에는 먼저 낳은 알이 있었고, 두 번째 알은 아직 팽창한 자궁 안에 들어있었다.

칼드웰은 의기양양하여 곧 몬트리올에서 열릴 대영 학술 협회의 모임을 위해 "단공류 난생, 부분할란"이라고 전보를 쳤다. 오리너구리는 알을 낳으며, 알 안의 세포가 포유류가 아닌 조류처럼 분열한다는 뜻이다.

우연히 칼드웰의 전보가 캐나다에 전해진 바로 그날, 호주 애들레이드의 자연사박물관장 윌헬름 하케Wilhelm Haacke는 남호주 왕립학회에 자신이 가시두더지의 주머니 안에서 찾아낸 알껍질 조각을 보여주었다. 그리하여 1884년 9월 2일 일부 포유류는 알을 낳는다는 사실이 이중으로 확인되었다.

제멋대로 뻗은 가는 가지

이 기나긴 일련의 사건이 한창이던 1836년 1월 19일, 찰스 다윈은 아침에 일어나 캥거루 사냥에 나섰다. 갈라파고스 제도를 떠나 태평양을 가로질러 온 비글 호는 시드니 만에 정박 중이었다. 26살의 다윈은 블루마운틴으로 가는 길에 뉴사우스웨일스 왈러라왕의 한 작은 농장에 머물고 있었다. 시드니는 흥미로웠지만, 그곳을 떠날 수 있어서 기뻤다. 다윈은 여행기에서 번잡스러운 식민지 수도보다 호주의 풍경을 훨씬 더 즐겨 묘사했다.

그날 다윈은 캥거루를 한 마리도 보지 못했다. 하지만 뛰어다니는 게 즐거웠고, 그레이하운드가 나무 구멍까지 추적한 캥거루쥐를 조사했다. 외국에서 들어온 개가 현지 동물에게 위협이 되겠다는 걱정도 했다.

이어서 이른 저녁에 강둑에 누워 햇빛을 받으며 "다른 곳과 비교해 이 땅의 동물이 가진 기묘한 특징에 관해 생각했다"고 적었다. 일반적인 인식과 달리 다윈은 자연선택에 의한 진화라는 아이디어를 갈라파고스 제도에서 떠올린 건 아니었다. 호주에서는 모든 게 유동적이었다.

젊은 박물학자는 강둑에 누워 호주의 동물이 보여주는 독특한 형태에 관해, 그럼에도 이곳의 동물들이 다른 지역의 동물과 닮았다는 사실에 관해 숙고했다. 다윈은 어떤 창조의 과정이 이렇게 다른 형태를 만들 수 있었을지 궁금했고, 잘 알려져 있다시피 신의 창조에 의문을 품었다.[2)]

그리고 "어스름할 무렵" 다윈은 "길게 늘어선 연못들"을 따라 걸으며 "그 유명한" 호주의 오리너구리 몇 마리를 관찰했다. "물 위에서 놀고 잠수하는" 모습을 보자 영국의 물쥐가 떠올랐다. 이 장면의 분위기는 상당히 목가적이다. 캥거루 사냥을 안내하던 사람이 자세히 보라며 한 마리를 쏘아 죽일 때까지는.

2) 다윈의 여행기를 모은 『비글 호의 항해』 초판에는 이 의문에 관한 부분이 적혀 있었지만, 다윈은 2판에서 그 부분을 뺐다.

23년 뒤 『종의 기원』에서 다윈은 그날 햇빛이 비치던 강둑에서 자신에게 던졌던 의문에 관한 답을 제공했고, 책에는 그날 어스름 속에서 관찰했던 동물이 몇 군데 등장한다.

다윈 이전의 엄밀한 — 오리너구리를 어디에 넣어야 할지 몰랐던 — 분류법은 다윈이 유사성에 따라 동식물을 정리하는 데 큰 도움이 되었다. 서로 다른 종은 몇몇 형질을 공유하며 서로 다른 정도가 다르다는 점을 분명히 해주었다. 하지만 다윈은 가차 없었다. 자신의 이론을 제시하며 이전의 분류법의 바탕이 된 철학을 싹둑 잘라내 버렸다. 다윈은 이렇게 썼다. "진정한 분류학은 모두 계보학이다. 그리고 후손들의 집단은 모종의 알 수 없는 창조 계획이 아니라 박물학자들이 무의식적으로 찾아온 숨은 연대다."

『종의 기원』에 유일하게 실린 그림은 이 점을 강조한다. 펼쳐 볼 수 있게 된 페이지에 오늘날 우리가 계통수라고 부르는 그림이 있다. 그림 속의 종은 가설적이었지만, 메시지는 명확했다. 모든 생명체는 어느 정도 서로 연관되어 있으며 이런 유형의 표가 앞으로 모든 분류법의 바탕이 되어야 한다는 것이다.

다윈은 어떤 특징을 공유하고 공유하지 않는지를 관찰해 종 사이의 관계를 추측할 수 있다고 주장했다. 어떤 종들이 서로 공유하는 특징은 그들의 공통 조상으로부터 함께 물려받은 것이다. 그리고 만약 그런 형질이 종에 따라 다르다면, 그건 두 종이 갈라진 뒤로 변했다는 사실을 뜻했다. 그런 차이의 정도는 아마도 두 종이 갈라진 뒤로 흐른 시간의 길이와 관련이 있을 터였다.

특히 다윈은 몇몇 핵심 특징의 유용성에 대해 주장했다. 생활 방식에 따라 달라지는 정도가 덜한 특성들이 그것이다. 그는 모든 포유류가 비슷한 턱의 각도와 번식 방법을 가지고 있고, 털가죽이 있다는 점에서 관계가 있을 것이라고 제안했다. 이러한 특성은, 가령, 강바닥에서 먹이를 찾기 위해 새처럼 부리가 진화한다거나 하더라도 계속 남아있을 형질이라는 것이다.

오리너구리를 처음 본 사람들이 이 동물이 조류와 파충류와 닮았다는 사실에 소름이 끼쳤다면, 다윈은 전율했을 게 분명하다. 생명체가 점진적으로 진화한다는 생각을 하던 중이었으니. 하지만 이렇게 서서히 변하는 방식에는 문제가 있었다. 다윈은 왜 생명체가 단계적으로 변하는 형태로 이루어진 게 아니라 불연속적이고 뚜렷이 구분되는 종 혹은 유기체의 더 큰 분류 단계가 있는지를 설명해야 했다. 예를 들어 포유류와 파충류는 분명히 다르다. 많은 특징이 둘을 나누고 있으며, 둘 사이의 중간에 있는 형태는 거의 없다.

다윈은 궁극적으로 한 형태가 다른 형태를 완전히 대체하게 되는 진화 과정에 그 해답이 있으며, 따라서 지질학적 시간 규모에 걸쳐 연속적인 유형이 있었다고 주장했다. 모든 중간 형태가 존재했지만, 보통 다 멸종했다는 것이다.

당연히 중간 형태를 찾기 위해 찾아봐야 할 곳은 오래전에 쌓인 퇴적암 속의 화석이었다. 그러나 다윈은 화석 기록이 완전히 남아있다는 데 회의적이어서 다른 대상을 고려했다. 다윈은 그중에서 오리너구리와 폐어가 "오늘날 세계에 알려진 가장 이례적인 형태"이며 "고대 생명체의 그림을 그리는 데 도움이 될 수 있는 살아있는 화석이라고 멋지게 부를 수 있을지도 모른다"고 썼다.

다윈이 보기에 이 두 동물은 고대서부터 살아남은 뜻밖의 존재였다. 폐어는 어류와 양서류의 중단 단계고, 오리너구리는 파충류와 포유류 사이의 연관성을 보여주었다. 둘은 완벽한 사례였다. 둘의 희소성은 대부분의 중간 형태가 멸종했다는 다윈의 주장을 뒷받침했다. 그 둘의 실제 존재는 중간 형태가 있었다는 살아있는 증거였다. 가지를 따라 종의 계통을 따라 선을 그릴 수 있는 완전한 생명의 나무를 그려야 한다고 다시 주장하면서 다윈은 다음과 같이 썼다.

> 우리는 제멋대로 자란 가느다란 가지가 이 나무의 아랫부분에 있는 분기점에서 튀어나오는 것을 여러 군데에서 볼 수 있다. 이 가지는 어쩌다가 우연히 좋은 조건을 만나 꼭대기에서 여전히 살아남아 있다. 이러한 경우를 우리는 오리너구리 또는 폐어 같은 동물에서 볼 수 있다. 이들은 자신과 비슷한 두 개의 거대한 생명의 가지를 조금이나마 연결하고 있다…

제멋대로 뻗어 있다는 가느다란 단공류 가지의 특성은 오리너구리를 이 책의 충실한 단골로 만들었다. 오리너구리는 거의 모든 장마다 나온다. 단공류가 살아남을 수 있게 해준 행운은 포유류의 역사에 관심이 있는 사람에게도 행운이다. 포유류의 어떤 성질이 진화한 역사를 알아내고 싶을 때, 대체로 단공류를 조사하면 그 실마리를 찾아낼 수 있다고 할 수 있다.

유대류와 태반포유류는 1억 4,800만 년 전쯤에 살았던 공통 조상으로부터 진화했다. 반면 단공류 — 현존하는 포유류 중 나머지 다섯 종 — 는 그보다 약 2,000만 년 앞서 포유류의 주류에서 튕겨져 나간 혈통의 유일한 생존자다. 따라서 오리너구리와 가시두더지(를 포함한 단공류)는 과거의 포유류가 현존하는 다른 포유류 모두에게 물려준 형태에 이르기 2,000만 년 전에 어떤 모습이었을지를 보여준다.

오리너구리에 관한 다윈의 설명에서 굳이 트집을 하나 잡자면, 그건 "살아있는 화석"이라는 표현이다. 이 말은 현재 살아있는 표본이 아주 오랫동안 변하지 않았다는 사실을 의미한다. 그런데 그런 일은 거의 일어나지 않는다. "때때로 오래된 중간 단계의 부모 형질이 거의 변하지 않은 채로 오늘날의 후손에게 전달된다."는 다윈의 말은 사실인 경우가 거의 없다. 생물은 진화한다. 오리너구리도 제 나름대로 헤엄치고, 잠수하고, 굴을 파고, 새끼를 낳으며 살아왔다. 그러면서 자신만의 특징이 진화했다. 오리너구리가 가시두더지와 얼마나 다른지만 — 엉덩이 부근의 해부학적 구조는 공통적이지만 — 봐도 이 가느다란 포유류 혈통의 끄트머리 각각이 고유한 환경에 적응했다는 사실을 알 수 있다. 모든 포유류가 오리 같은 부리가 있는 물두더지의 후손인 건 아니다.

그보다 오리너구리와 가시두더지의 외양을 보면 포유류가 어떻게 오늘날과 같은 특징을 갖게 되었는지 추측할 수 있다. 앞으로 나올 단공류에 관한 놀라운 사실을 미리 말해서 김이 새게 하고 싶지는 않으므로 일단 19세기 박자학자들의 주목을 받았던 알과 젖꼭지 없는 젖샘에 관해서만 이야기해 보자.

이 세상에 동물이라고는 오로지 오리너구리와 토끼밖에 없다고 상상해 보자. 그리고 우리는 이 둘의 마지막 공통 조상이 알을 낳았는지 새끼를 낳았는지를 알고 싶다고 해보자. 그걸 알아낼 방법은 거의 없다. 공통 조상은 알을 낳았고, 토끼가 태생으로 진화했을 수도 있다. 공통 조상은 새끼를 낳았고, 오리너구리가 난생으로 진화했을 수도 있다. 이 두 가지 시나리오가 옳을 가능성은 똑같다. 어느 한쪽만 진화로 변화를 겪으면 된다(그림 2.1의 위쪽을 보라).

그러나 만약 이 가상의 세계에 거북이 있고 수많은 차이점을 바탕으로 토끼와 오리너구리가 갈라지기 전에 알을 낳는 거북이 먼저 갈라져 나왔다는 사실을 알고 있다면, 실마리가 하나 더 생긴다. 한 시나리오는 이 세 종의 마지막 공통 조상이 알을 낳았으며, 토끼만 태생으로 진화했다는 게 될 것이다. 다른 한 시나리오는 공통 조상이 새끼를 낳았고, 거북과 오리너구리가 독립적으로 알을 낳도록 진화했다는 게 된다. 첫 번째 시나리오에서는 한 종만 진화하면 되고, 두 번째에서는 두 종이 진화해야 한다(그림 3.1의 아래쪽을 보라). 따라서 후자가 불가능한 건 아니지만, 전자가 좀 더 간단하다. 논리를 훨씬 더 절약하는 셈이다.

이 절약의 원리는 오랫동안 진화론적 추론의 핵심이었다. 그리고 충분히 제 역할을 해냈다. 기본적으로 가장 단순한 설명을 선택한다는 원리다.

또, 특징이 더 뚜렷한 집단을 비교해야 할수록 자신의 추론을 더 확신할 수 있다. 현실 세계의 예를 들자면, 파충류는 난생이다. 그리고 파충류와 포유류의 마지막 공통 조상이 알을 낳았다는 건 사실상 확실하며, 단공류는 이 결론을 아주 잘 보여주고 있다.

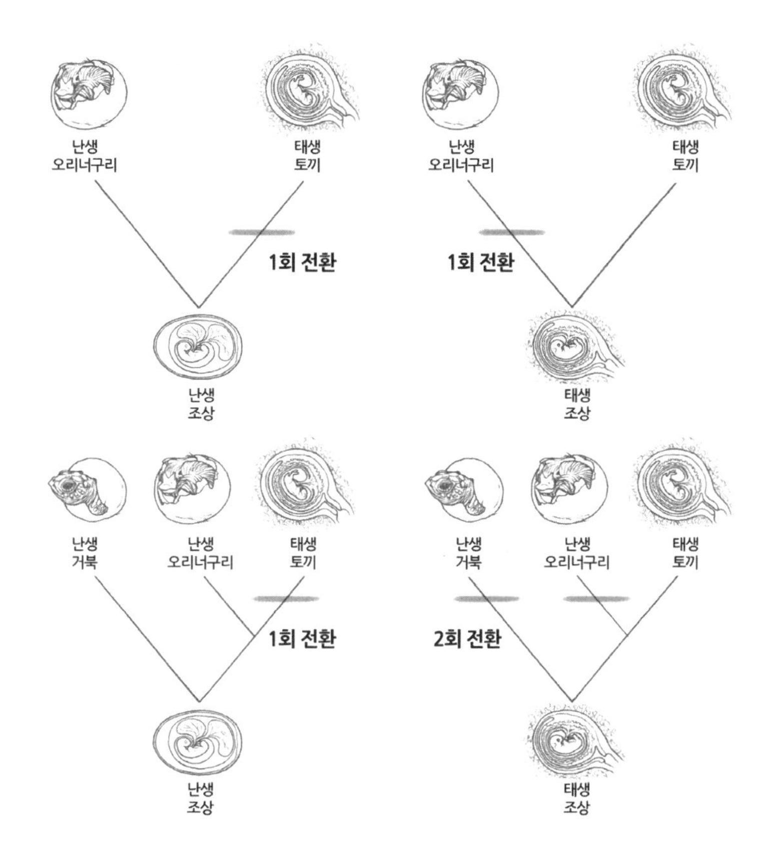

그림 2.1 최대 절약의 원리에 따르면 형질이 가장 적게 변할수록 최선의 진화론적 설명이 된다.

게다가 단공류가 난생이라는 사실은 태생의 진화에 시간 도장을 찍어 서로 비교할 수 있게 해준다. 오리너구리의 다른 특징 덕분에 우리는 포유류가 껍질 없이 새끼를 낳기 전에 이미 털가죽과 젖, 온혈성을 비롯한 다른 많은 포유류의 특징이 진화했다는 사실을 알 수 있다.

다시 포유류의 젖샘 이야기를 해 보자. 파충류와 조류, 혹은 다른 어떤 척추동물도 젖을 분비하지 않는다. 따라서 우리는 젖이 포유류 혈통에서만 진화했다고 확신할 수 있다. 포유류와 유대류, 그리고 — 그렇습니다, 조프루아 씨 — 단공류에 젖샘이 있다는 사실은 이 세 혈통이 갈라지기 전에 젖샘이 진화했다는 사실을 알려준다.

이것은 포유류 전체에 걸친 젖샘의 분비선, 젖의 성분, 기저에 깔린 유전 정보의 유사성으로 강력하게 뒷받침되는 결론이다. 가장 단순한 설명은 이 세 혈통이 모두 과거에 진화한 공통 조상으로부터 새끼를 먹이는 방법을 물려받았다는 것이다.

그런데 단공류는 젖꼭지가 없다는 문제가 있다. 단공류가 어떤 특징이 진화한 경로의 일면을 보여준다는 게 바로 이런 것이다. 젖꼭지 없이 젖을 분비한다는 건 수아강(유대류와 태반류 포유류를 가리키는 분류)이 나타나기 전에 젖샘은 존재했지만, 초창기의 젖은 넓게 퍼져서 스며 나왔다는 사실을 가리킨다. 예를 들어, 새끼 오리너구리는 젖이 따라 흐르는 털을 빤다.

젖샘이 생기기 전에는 젖꼭지가 진화하지 않았다는 건 당연히 말이 된다. 그러나 젖이 넓게 퍼져서 흘러나왔다는 건 애초에 젖샘이 진화한 방식과 이유에 관한 흥미로운 실마리가 될 수 있다.

이와 비슷하게 단공류는 알을 낳지만, 그 알은 조류와 파충류가 낳는 알과 흥미로운 차이가 있다. 난생 대 태생을 완전한 이분법으로 보는 경향이 있지만, 단공류의 알은 포유류가 낑낑거리는 새끼를 낳도록 변하는 과정에 관한 흥미로운 사실을 알려준다. 알과 태반 사이의 틈을 어떻게 건너갔는지 그 실마리를 제공해주는 것이다.

이 두 가지 이야기는 6장과 7장에서 다시 이어가겠다.

포유류 정의하기

우스갯소리지만, 털과 우유가 있는 게 포유류라면 코코넛도 포유류라는 말이 있다. 이게 낡고 오래된 린네식 사고방식의 습관에 대한 노골적인 비평인지는 모르겠지만, 코코넛에는 젖꼭지나 튀어나온 귀, 귓속뼈가 없다는 등의 다양한 이유로 코코넛이 포유류일 수는 없다며 이 아이디어를 (신기할 정도로 진지하게) 반박하는 모습을 보면 재미있다. 게다가 19세기 중반에서 온 시간여행자 같은 몇몇 사람은 코코넛이 새끼를 낳지 않는다고 항변하기도 했다. 그러나 코코넛이 포유류가 될 수 없는 이유가 야자수와의 계통학적 관계나 기린 또는 혹멧돼지와의 계통학적 관계 때문이라고 떠들고 다닌 사람은 없었다. 21세기에도 린네식 사고방식은 멀쩡하게 살아남아 있다.

누가 온라인에서 끼적거린 글 말고 제대로 된 근거를 보고 싶다면, 주요 사전에서 포유류의 정의를 찾아보라. 아직도 털과 젖샘이 있는 동물이라고 나올 것이다. 어쩌면 사전에 따라 한두 가지 특징이 더 있을 수도 있다. 이런 사고방식은 우리의 감수성과 맞아떨어지는 부분이 있다. 물론 그렇다 보니 이 특정한 포유류는 포유류에 관한 책을 쓰면서 반쯤은 린네식 틀 위에 전체를 쌓아 올리기로 결정했다. 이 장이 끝나는 대로 다시 포유류를 정의하는 특징을 하나씩 늘어놓게 될 거라는 사실을 아는 지금은 스스로 불편한 기분을 느끼게 하는 사실이나. 다만 이게 한 번에 하나에만 초점을 맞추게 해주는 효과가 있다고 생각할 수밖에 없다.

다윈과 린네를 섞을 때, 그러니까 린네의 형질 기반 방법을 현대생물학의 계보 기반 분류에 덧입히려고 할 때 생기는 자명한 문제 하나는 어떤 진화적 계통도 물려받은 형질을 유지해야 할 의무는 없다는 사실이다. 고래의 조상은 다리가 네 개라 우리가 네발동물이라고 부르는 집단에 속해 있었지만, 이들의 다리가 점점 짧아지다가 결국 뒷다리는 사라지고 앞다리는 지느러미가 되도록 진화하는 일을 막을 수는 없었다. 생물학적으로 볼 때 걷는 것보다 헤엄치는 게 생태학적으로 더 나은 기회를 제공한다면 린네식 이상에 충실하기 위해 굳이 네 다리를 유지할 필요는 없는 것이다. 진화하는 계통은 환경에 따라 새로운 형질을 얻고 예전 형질을 버린다.

돌고래는 또한 포유류를 분류할 때 '털이 있다'는 가장 뚜렷한 특징으로 정의하는 일의 정당성을 아주 강하게 압박하는 동물이다. 코끼리와 아르마딜로, 사람 모두가 전신 털가죽이 꼭 있어야 할 필요까지는 없다는 사례가 될 수 있지만, 돌고래는 그보다 더 심하다. 돌고래를 털의 범주에서 논하려면, "포유류는 사는 동안 일정 시기만이라도 털이 조금은 있다."라고 해야 한다. 돌고래는 태어난 이후 첫 몇 주 동안에만 입 근처에 수염이 몇 가닥 있을 뿐이기 때문이다(아마도 어미의 젖꼭지를 찾는 데 도움이 되는 것 같다).

또, 별개의 두 혈통에서 독자적으로 똑같은 형질이 진화하는 것도 막을 수는 없다. 온혈성은 포유류가 지금의 모습이 되는 데 결정적인 계기가 되었지만, 나중에 다른, 깃털이 달린 온혈동물도 나타났다. 따라서 온혈성은 더이상 포유류만의 것이라고 할 수 없다. 린네식 접근법이라면 포유류와 조류의 단열 방식 차이를 강조하겠지만, 솔직히 말해서, 중요한 건 온혈동물이 되었다는 것이다. 그리고 포유류와 조류는 그 외에도 많은 점이 닮았다. 조류는 포유류와 비슷하게 자녀 양육과 사회 집단, 커다란 뇌, 2심방 2심실로 된 심장 등을 만들어냈다. 반대로 포유류는 날아다니는 박쥐를 낳았으며, 오리너구리의 조상은 오리처럼 부리를 길러냈다. 수렴 진화는 놀라울 정도로 비슷한 특징을 만들어내 육체적인 특징을 바탕으로 계통을 정리하려는 시도를 몹시 혼란스럽게 만든다.

다윈 분류학은 형질로 정의하는 대신 계통군에 관해 이야기한다. 계통군은 한 공통 조상의 후손인 모든 종으로 이루어진 집단을 말한다. 예를 들어, 이건 바로 조류가 파충류인 이유가 된다. 조류는 공룡으로부터 진화했고, 진화는 파충류 가계에서 진화한 게 분명하다. 다른 파충류와 다르게 발달한 조류의 특징이 아무리 많다고 해도 조상은 달라지지 않는다. 좀 더 반직관적이지만, 계통군에 기반한 분류에 따르면 양서류와 파충류, 포유류는 모두 특이한 경골어류다. 마찬가지로 우리가 식별할 수 있는 모든 경골어류는 한 조상으로부터 나왔다. 그리고 그 후손을 모두 그려 보면 갑자기 튀어나온 혈통 하나가 바닷가로 향하더니 결국 모든 육상 척추동물을 낳는다.

포유류는 분기학적으로 흥미로운 존재다. 포유류의 조상은 3억 1,000만 년 전에 파충류 조상으로부터 갈라졌다. 하지만 현존하는 모든 포유류는 불과 1억 6,600만 년 전에 살았던 한 공통 조상에게서 유래했다. 고유한 포유류 혈통이 기원한 뒤 단공류와 수아상 포유류가 갈라진 1억 6,600만 년 전에 이르기까지 이 진화의 실험에서 갈라져 나간 가지 중에 살아남은 건 전혀 없다.

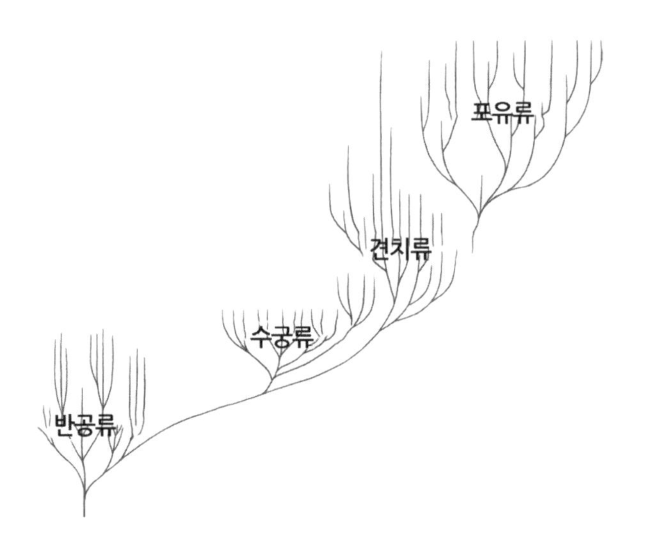

그림 2.2 시간의 흐름에 따른 포유류와 그 조상의 방산

이 둘 사이의 시간은 커다란 간극이다. 그동안 무슨 일이 벌어졌는지를 이해할 수 있다면 초기 포유류 역사의 특징에 관한 흥미로운 사실을 알 수 있을 것이다. 화석 기록은 다양한 계층의 포유류 조상의 연속적인 '방산radiation'이 있었음을 암시하고 있다. 여기 반룡류Pelycosaurs와 수궁류Therapsids의 그림이 있다. 포유류 이전 조상의 첫 번째와 두 번째 물결이다. 그리고 세 번째 물결인 견치류Cynodonts도 있다.

여기서 방산은 동물의 모든 종류가 나타났다는 것을 뜻한다. 등에 돛이 달린 디메트로돈은 첫 번째 물결의 수많은 육식동물 중에서도 최상위 포식자였다. 그리고 식물과 곤충을 먹는 반룡류도 있었다. 언뜻 생각하면 초식동물이 미래의 초식동물을 낳고, 육식동물은 미래의 사냥꾼을 낳는 식으로 진화하며 모든 계통이 나란히 미래를 향해 흘러가는 게 그럴듯해 보인다. 하지만 진화는 그런 식으로 이루어지지 않는다. 반룡류로부터 새로운 유형의 포유류 조상이 나타났고, 자연은 그 한 계통으로부터 새로운 육식, 초식, 곤충 포식자 수궁류의 방산을 이루었다. 이들은 결국 각각 그에 상응하는 반룡류를 모두 대체했다. 그리고 그 수궁류로부터 또 다른 계통이 나와 견치류의 방산을 초래했고, 거기서 모든 포유류의 마지막 공통 조상이 포함된 계통이 탄생했다.[3)]

다시 파충류를 돌아보면 흥미롭다. 파충류는 거북, 도마뱀, 크로커다일 등 초기에 분화한 수많은 종류가 함께 살아남는 데 성공했다. 이는 파충류가 서로 다른 생태적 지위를 찾아낸 반면 연속적인 물결로 나타난 포유류의 조상은 비슷한 생활 방식을 영위하느라 서로 경쟁하다가 결국 새로운 종류가 옛 종류를 멸종으로 몰아넣었음을 암시한다.

새로운 방산이 과거의 것들을 대체한 이유에 관해 이야기하자면, 가장 명백한 답은 새로운 종류가 경쟁 우위에 있었다는 것이다. 그리고 이런 우위의 성질을 생각하면, 우리는 다시 포유류를 정의하는 구체적인 특징에 관해 생각하게 된다. 핵심적인 특징의 진화가 수궁류에게 반룡류를 넘을 이점을 주었을까? 고유한 포유류의 어떤 형질 덕분에 포유류가 견치류의 뒤를 잇게 되었을까?

답은 "그렇기도 하고 아니기도 하다"일 것 같다. 이 책의 주제인 '새로운 특징'이 그 특징이 진화한 동물에게 모종의 이점이었다는 점에서는

3) 이 반룡류-수궁류-견치류-포유류 순서는 단순화한 것이다. 이 주요 방산 외에도 더 작은 방산이 여러 차례 겹쳐 있었다. 오늘날도 마찬가지인데, 대표적으로 유대류와 태반류는 동시에 이루어지고 있는 두 산을 나타낸다.

'그렇다'다. 하지만 새로운 형질을 얻는 건 시간이 오래 걸릴 뿐더러, 이러한 형질을 진화시키는 것은 스마트폰에 새 앱을 설치하는 것과는 전혀 다르다. 한순간에 전체적인 특징이 어떤 생물에게 떡 하고 생기지는 않는다. 그러니까 반룡류가 X라는 특징을 얻고, 그다음에 수궁류가 Y라는 특징을 얻고, 포유류가 Z를 얻는… 식은 아니다. 동물의 몸 일부분은 따로 존재하거나 진화하지 않는다. 앞으로 나는 포유류의 특징을 하나하나씩 다룰 텐데, 여기서 다룰 특징들이 항상 여러 특징이 동시에 생겨나고 변화해오는 중에 있었다는 것을 염두에 두기를 바란다. 한 번에 하나씩 생기는 것이 아니다. 우리가 개별적인 특징이라고 정의하는 것들은 항상 서로 엮여 있다. 그리고 이런 연대 안에서 포유류가 된다는 것의 의미를 찾을 수 있다. 전체는 부분의 합보다 크다.

오리 부리에 관한 마지막 이야기

안내자가 쏘아서 잡아준 오리너구리를 조사하던 다윈은 그 유명한 부리가 영국의 박물관에 있던 말라서 단단해진 표본과는 다르다는 사실을 눈치챘다(실제로 오리너구리의 부리는 단단한 새의 부리와 구성 물질이 많이 다르다). 그리고 마땅히 공로를 인정하자면, 에버라드 홈이 오리너구리 앞쪽 끝에 있는 이 기괴한 구조를 훌륭하게 잘 설명해냈다. 홈은 부리에서 뇌로 가는 신경이 "보기 드물게 크다"라고 기록했고, 부리가 "손의 역할을 하며, 느낌으로 대상을 잘 식별할 수 있다"고 주장했다. 하지만 부리는 "대상을 잘 식별할 수 있을" 뿐만 아니라 손에게는 없는 능력도 있다.

오늘날 우리는 오리너구리가 강바닥에서 갑각류 같은 먹이를 찾을 때 눈과 귀가 자리 잡고 있는 홈을 단단히 여미고, 콧구멍의 피부도 닫는다는 사실을 안다. 이 동물은 사실상 앞이 안 보이고 아무것도 안 들리고 냄새도 맡지 못하는 상태에서 먹이를 찾는다. 머리를 좌우로 흔들며 강바닥을 헤집는 동안 먹이를 찾는 데 쓰이는 건 부리뿐이다.

1980년대 초 부리의 신경 말단을 자세히 분석한 결과 오리너구리가 물속에서 전기장을 감지할지도 모른다는 주장이 등장했다. 곧 독일과 호주 과학자로 이루어진 연구진이 물속에 배터리를 넣고 오리너구리가 그에 반응하는지 실험했다. 실제로 오리너구리는 배터리를 공격했다. 게다가 대전된 장애물은 피해갔고 그렇지 않은 것에는 부딪혔다. 연구진은 오리너구리가 6만 개의 촉각 수용체 외에 4만 개의 전기수용체를 갖고 있다는 사실을 알아냈다. 그리고 부리에서 오는 신호가 들어오는 뇌의 커다란 영역이 기계적인 정보와 전기적인 정보를 번갈아 받을 수 있도록 정교한 줄무늬로 배열되어 있다. 가시두더지에도 이 감각기관의 자취가 남아있는 듯하지만, 오리너구리의 부리는 다른 어떤 포유류에게서도 볼 수 없는 놀라운 감각기관이다. 진화가 항상 보존과 혁신 사이에서 균형을 잡는다는 사실을 떠올리게 해준다.

나는 바보처럼 보일 정도로 오리너구리를 좋아하게 되었다. 런던의 박물관에 있는 박제도 여러 번 찾아가 보았을 정도다. 독특한 생리를 떠나 나는 오리너구리가 자신이 일으킨 온갖 혼란과 놀라움을 전혀 모른 채 호주 동부에서 헤엄쳐 다니고 있다는 사실이 마음에 든다. 사람들이 흔히 자신의 해부학적 구조와 생리를 가리켜 과도기적이라고 부른다는 것을 전혀 모른 채 말이다. 오리너구리는 그저 물에서 첨벙거리고 굴을 파고, 잠수해 먹이를 찾고, 전기로 감지하는 세상을 경험하며, 암컷은 일 년에 한 번 알 몇 개를 낳는다. 지난 수백만 년 동안 해왔던 대로 계속 그렇게 살아간다.

3장

수컷은 와이(Y)

수컷 오리너구리는 부리로 암컷의 꼬리를 물어 자신의 욕구를 전한다. 이렇게 문 채로 둘은 물속에서 온갖 곡예를 부린다. 때로는 암컷이 헤엄쳐 가는데, 수컷이 꼬리를 물고 끌려가기도 한다. 암컷이 한 바퀴 돌면 수컷도 뒤에 매달려 빙글빙글 돈다. 이 시시덕거리는 커플은 털 난 코르크스크류처럼 물속을 돌아다닌다. 교미 행위 자체가 수컷이 상대방의 꼬리를 문 채로 이루어진다는 보고도 있다. 그게 사실이든 아니든 꼬리에 털이 벗어진 자국을 보면 최근에 '활발하게' 살았던 암컷을 구분할 수 있다.

이런 과정이 끝나면 암컷은 임신한다. 강둑 속으로 20미터를 파고 들어가 특별한 둥지를 만든 뒤 잎을 깔고 알을 낳는다. 보통 두 개를 낳는다. 17일(정확한 기간은 아직도 불확실하다) 동안 알을 몸속에 넣고 있다가 10일 동안 품으면 새끼가 깨어나고, 암컷은 자신의 '강아지들'에게 서너 달 동안 젖을 먹인다.

이와 달리 수컷은 수중 에로 행위가 끝나자마자 떠나 버리고 암컷 또는 자신의 새끼를 전혀 상관하지 않는다.

사람의 경우 그 정도까지는 아니다. 하지만 아기를 만든다고 할 때 나는 나의 세포마다 존재하는 Y염색체 덕분에 X염색체 한 쌍을 가진 누군가와 짝을 지어야 한다. 그리고 내가 Y염색체를 나의 자손에게 전달하지 못한다면, 그건 내가 배우자와 딸을 가진 가정의 유일한 남성이라는 뜻이 된다. 나는 아빠요, 아비요, 아버지요, 가장이다. 나의 포효를 들으라!

대충 그런 식이다. 한 가지 고백을 해야겠다. 내가 병원에 앉아 우리 딸이 처음으로 젖을 빠는 모습에 사로잡혀 있을 때 나를 둘러쌌던 기쁨과 깊은 안도감에 뭔가 다른 게 더 들어왔다. 또 다른 차원의, 예상하지 못했던 기묘한 감정. 그 순간 나는 이 삶에서 내가 절대 할 수 없는 일이 있다는 사실을 알게 되었다.

그런 생각이 생식 과정에서 더 먼저 — 가령 크리스티나가 뱃속에 사람을 품고 있었던 7개월 동안에 — 떠오르지 않은 이유를 나는 절대 알 수 없을 것이다. 굳이 말하자면, 크리스티나가 임신 중이었을 때는 모든 게 너무 추상적이었다. 딸이라는 존재는 실체가 아니었다. 그러나 병원에서 젖을 먹는 이사벨라는 사람이었다. 강인함과 존엄성으로 나를 매일같이 겸손하게 만드는 사람. 딸이 젖을 빠는 모습을 보며 나는 나도 크리스티나처럼 딸을 도울 수 있다면 정말 좋겠다고 생각했다.

하지만 이 말을 너무 강조해서는 안 될 것 같다. 그 뒤로 두 딸이 배고파 우는 소리가 부모의 소중하고 평화로운 잠을 방해하면 나는 으레 이불 속에 파고들며 딸이 엄마를 원한다고 중얼거렸다. 크리스티나가 집에 없을 때만 나는 다시 아기를 먹이고 평화롭게 해줄 기관이 내 몸에 없다는 사실에 탄식하곤 했다.

남성과 여성의 차이와 관련된 이야기를 할 때면 나는 신경이 곤두선다. 하지만 이러니저러니 해도 포유류에 관해, 그리고 포유류가 특별한 이유에 관해 이야기하려면 포유류의 번식 방법에 관해 이야기해야만 한다. 그리고 번식 방법에 관해 이야기하려면, 수컷과 암컷에 관해 이야기해야 한다.

이 책이 존재하는 건 축구공이 엉뚱한 곳에 부딪히면서 남성 특유의 취약성을 떠올리게 했기 때문이지만, 포유류가 새끼를 낳는 방법의 핵심에 들어서면 이야기는 암컷의 몸을 주로 다루게 된다. 오리너구리의 본성을 연구했던 사람 중 누구도 수컷에 관해서는 크게 신경 쓰지 않았다. 오리너구리의 번식 방법에 관한 흥미의 초점은 '암컷'에게 있었다. 포유류의 생식은 정자와 난자가 '암컷'의 몸 안에서 만나면서 이루어진다. 그로 인해 생기는 수정란을 '암컷'이 몸 안에 품어서 기르며, (알껍데기 안에 있게 되는 단공류를 제외하면) 수정란은 '어미'와 역동적인 관계를 맺는다. 그리고 그런 관계는 새끼가 태어난 뒤에도 계속 이어진다. 미성숙한 새끼는 스스로 먹이를 구할 필요 없이 '어미'의 젖샘을 통해 필요한 영양분을 섭취한다.

따라서 포유류의 생식 이야기에서 핵심이 되는 것은 포유류 암컷과 그 조상이 영겁의 시간 동안 단지 난자를 난소에서 넓은 바다로 내보내기만 하던 단순한 관을 어떻게 나팔관과 자궁, 자궁 경부, 질의 연속체로 바꾸어 놓았는가 하는 것과, 어떻게 이들이 젖을 생산하는 능력을 발달시켰냐는 것이다. 이런 혁신은 포유류의 삶에 정말로 커다란 영향을 끼쳤다.

그러면 이 모든 일이 벌어지는 동안 수컷은 무엇을 했을까? 이들은 자신의 단순한 관을 이용해 정자를 생식샘에서 밖으로 날랐으며, 조준을 잘 해보고자 끄트머리에 막대기를 달았다.

이게 그렇게 놀라운 일은 아니다. 오리너구리를 포함해 포유류의 90% 이상에서 아버지가 할 일은 사정하는 순간 끝난다. 그 90%의 아버지가 자식이 잘 살 수 있도록 해주는 거라고는 염색체 몇 개를 난자에 넣어주는 게 전부다. 그리고 자식의 성장을 돕는 수컷이라고 해도 진화가 바꾸어 놓은 건 몸이 아니라 행동이다. 수컷의 몸은 주로 수정 후가 아니라 수정 전의 과제, 즉 정자를 수정 상태로 만들어 놓는 일에 적합하게 되어 있다. 앞으로 이어질 장에서는 이런 다양한 생식의 혁신이 어떻게 존재하게 되었는지를 다룰 것이다. 하지만 여기서는 포유류가 어떻게 수컷 또는 암컷이 되는지에 초점을 맞추겠다.

X와 Y

나의 남성성은 난자가 Y염색체를 지닌 정자와 수정한 결과다. 나는 XY다. 내 두 자녀는 X염색체를 지닌 내 정자에 의해 만들어졌다. 내 두 딸은 모두 XX다. 사람의 성을 결정하는 건 동전 던지기다.

기초적인 내용을 다시 살펴보자. 가끔 다른 경우가 생기기도 하지만, 거의 모든 사람에게는 23쌍을 이루고 있는 46개의 염색체가 있다. 각 염색체 쌍에는 엄마에게서 온 염색체 하나와 아빠에게서 온 염색체 하나가 있다. 1~22번 쌍의 경우 짝을 이루는 염색체는 정상적으로 생기는 유전 변이를 제외하고는 똑같다. 마지막 두 개는 X염색체 한 쌍이거나 X와 Y 염색체 하나씩이다. 만약 X가 두 개라면, 그 사람은 보통 여성이다. X와 Y가 하나씩이라면, 그 사람은 으레 남성이다. 난자와 정자는 각각 염색체를 23개씩 — 각 쌍에서 한 개씩 — 갖는다. 그리고 XX는 여성이고, XY는 남성이므로 여성이 난관으로 보내는 난자는 모두 X를 갖고, 정자는 X를 갖고 있는 것과 Y를 갖고 있는 게 50대 50으로 섞여 있다. 따라서 인간 수정란의 성별은 난자를 수정시키는 데 성공한 정자가 X염색체를 가졌는지 Y염색체를 가졌는지에 따라 정해진다. 다음 세대의 반은 수컷, 반은 암컷을 만드는 번식 방법은 효과적이면서 단순하다.

사실 너무나 단순하고 효과적인 데다가 X와 Y염색체는 너무 유명하기 때문에 그 사실을 알게 된 뒤로 나는 모든 동물들의 수컷과 암컷이 되는 방법이 이것과 같을 것이라고 생각했다. 그러나 이 얕은 생각은 잘못된 것이었으며, 그것도 꽤 큰 오류였다. 사람을 남성이나 여성으로 만드는 X염색체와 Y염색체는 전적으로 포유류가 이룬 혁신이었다.

유성생식은 아주 오래되었다. 십억 년도 더 된 이 방식의 정확한 기원은 알기 어렵지만, 무성생식과 비교한 유성생식의 근본적인 장점은 한 종의 유전 변이를 섞어준다는 점이다. 유성생식으로 태어난 자손은 어머니와 아버지가 가진 유전자를 새로운 방식으로 조합하는 시도를 하게 된다. 적응할 기회를 주는 것이다.

그러나 이런 생식 방법에 꼭 성이 두 가지 필요한 건 아니다. 사실 곤충(100만 종이 넘는다)을 빼면 모든 동물의 약 3분의 1은 자웅동체다. 어떤 종의 모든 개체가 '수컷'과 '암컷' 생식세포(성세포)를 둘 다 만드는 기관을 갖는 것에는 분명한 장점들이 있다. 일단 그런 동물은 예비 계획을 가질 수 있다. 만약 유전자를 섞을 짝을 만나는 데 실패한다고 해도 멸종하지 않을 수 있다. 스스로 수정하면 된다. 그러나 여기에 의존하기 전에도 애초에 짝을 찾을 가능성이 두 배다. 자웅동체 동물에게는 같은 종의 모든 개체가 잠재적인 짝짓기 대상이기 때문이다. 수컷과 암컷이 따로 있다는 건 실제로 짝짓기 상대가 종의 절반밖에 안 된다는 뜻이다. 이건 상당한 대가다.

그러면 굳이 왜 그렇게 하는 걸까? 아무래도 생식세포 자체의 성질 때문인 것 같다. 정자와 난자는 서로 매우 다르다. 정자는 그저 DNA와 외부의 운동기관, 꼬리가 전부지만, 난자는 DNA에다가 수정란이 초기 발달 단계에서 사용할 에너지와 세포 기관을 담고 있다. 따라서 이 두 유형의 세포는 서로 정반대의 생식 전략을 보여주고 있는 것이다. 정자는 작고 저렴하고 흩뿌리기 쉽다. 생산자가 자손을 볼 확률을 높여준다. 반대로 커다랗고 비싸며 자원을 잔뜩 가진 난자는 가장 잘 자랄 가능성이 큰 수정란을 만든다. 성세포 역사의 초기에 진화 과정은 어중간한 크기와 전략이 뒤떨어진다고 보았고, 그 결과 중간에 있던 것들은 모두 사라져 버린 모양이다.

아빠도 되고 엄마도 되는 자웅동체 동물은 '제너럴리스트'인 게 분명하다. 하지만 동물은 점차 '스페셜리스트'가 되어 난자 또는 정자를 생산하기 시작했고, 정자를 퍼뜨리거나 고품질 난자를 갖고 신중하게 선택하는 방향으로 행동이 발달했다. 이렇게 되면 우리는 수컷과 암컷이 따로 나뉘게 된다. 몇몇 자웅동체 물고기와 도마뱀을 제외하면 척추동물의 삶은 태어날 때부터 이렇다.

한 종의 번식 가능성을 절반으로 낮추는 것 말고도 유성생식에는 고혹적인 문제가 하나 있다. 유전체 하나를 가지고 두 가지 종류의 동물을 만들어야 하는 것이다. 자라는 몸이 두 갈래 길 중 하나를 따라가도록 지시하는 발달 스위치가 어딘가 있을 게 분명하다. 포유류의 경우 그건 X염색체와 Y염색체와 관련이 있다.

나는 X와 Y염색체가 생물 전체에서 수컷과 남성을 만드는 표준 방식이라고 오해했을 뿐만 아니라, X염색체가 X자처럼 생겼고 땅딸막한 Y염색체는 얼핏 땅딸막한 Y를 닮아서 그런 이름이 붙었다고 생각하기도 했다. 이 용어는 헤르만 헨킹Hermann Henking이 별노린재의 정자를 조사하기 위해 새로 개발된 염색 기법을 도입했던 1891년부터 쓰였다.

당시 염색체는 수수께끼 같은 존재였고, 눈으로 보기 매우 어려웠다. 헨킹이 사용한 염색 기법은 그것을 보이게 해주었다(염색체는 말 그대로 '색이 있는 몸체'라는 뜻이다). 그 전에는 염색체를 거의 볼 수 없었고, 유전의 물리적인 기반은 수수께끼였다. 그리고 왜 별노린재인지 궁금할 수 있는데, 수가 상당히 더 많고 작게 구겨져 있는 포유류의 염색체보다는 커다란 곤충의 염색체가 훨씬 더 잘 보인다. 포유류의 염색체는 빅토리아 시대의 현미경으로는 제대로 판독할 수 없었고, 수십 년 동안 숙제로 남아있었다.

어쨌든 헨킹이 조사한 별노린재의 정자는 모두 같지 않았다. 절반에는 작은 염색체처럼 생겼지만 다른 염색체와 행동이 다른 희한한 작은 입자가 있었다. 이 불가사의한 성질 때문에 헨킹은 거기에 'X 요소'라는 이름을 붙였다.

이 용어는 널리 퍼져서 1905년 펜실베이니아 브린모어 칼리지의 네티

스티븐스Nettie Stevens가 갈색거저리 수컷에게 서로 다른 염색체 한 쌍이 있고 암컷에게는 짝이 맞는 한 쌍이 있다는 사실을 발견해 염색체와 성 결정 문제를 해결하자 그때부터 이 염색체가 각각 X와 Y로 불리기 시작했다.

스티븐스의 정자 관찰은 두 가지 이유에서 중요하다. 첫째, 성 결정을 직접적으로 설명할 수 있다. 둘째, 유전학에 더욱 폭넓은 함의가 있다. 20세기는 그레고르 멘델Gregor Mendel이 완두콩을 기르며 알아낸 법칙 — 전체적인 형질의 유전에 관여하는 유전 입자가 희석되지 않고 세대를 따라 이어진다는 법칙 — 의 재발견과 함께 시작되었고, 생물학자들은 이 법칙을 인간을 비롯한 다른 유기체에 적용하는 데 열심이었다. 그러나 스티븐스 이전까지만 하더라도 유전자는 여전히 물리적 기반이 필요한, 순수한 가설적 존재였다. 세포 내에서 염색체의 위치나 성관계와 수태가 이루어지는 동안의 움직임으로 보면 염색체는 이미 유전자를 담고 있거나 나르는 구조물이 될 수 있는 가장 유력한 후보이긴 했지만, 동물의 성별이 몸 안에 지닌 유전자와 정확한 상관관계가 있다는 발견이야말로 이 이론을 뒷받침하는 강력한 증거였다.

게다가 노린재, 그리고 초파리에서 볼 수 있었던 XY 체계는 사람의 특정 유전병이 유독 남성에게만 영향을 끼치는 혼란스러운 현상을 완벽하게 설명해 주었다.[1] 이런 일련의 사고는 모두가 사람의 성별도 똑같은 X, Y염색체에 의해 정해진다는 사실을 믿도록 이끌었다.

1) 혈우병과 색맹 같은 특정 질환은 X염색체에서 일어나는 돌연변이 때문에 생긴다. 하나밖에 없는 X염색체를 돌연변이 유전자가 있는 것으로 물려받은 남성은 항상 유전병에 걸리게 된다. 반면 여성은 보통 다른 X염색체가 막아줄 수 있다.

그리고 1920년대에는 상황이 좋게 돌아갔다. 뉴욕 컬럼비아대학교의 유명한 파리 연구실 — 싹이 트고 있는 유전학 분야의 허브였다 — 에서 초파리의 XY 체계가 어떻게 작동하는지 밝혀졌다. 파리의 성별은 지니고 있는 X염색체의 수에 따라 달라졌다. X가 하나면 수컷이고, 두 개면 암컷이었다. X염색체는 있지만 Y염색체가 없는 돌연변이 파리 — 이른바 XO 파리 — 가 수컷이라는 사실을 보면 알 수 있었다. 그런 초파리는 불임이었지만, 성별을 결정하는 데 Y염색체는 아무 역할을 하지 않았다. X가 하나면 수컷이고, X가 하나 더 있으면 암컷으로 변했다.

같은 시기 텍사스대학교의 테오필루스 페인터Theophilus Painter는 관심을 곤충의 염색체에서 포유류의 염색체로 돌렸다. 페인터는 주머니쥐에게 X와 Y염색체가 있다는 사실을 확인했다. 하지만 그는 사람의 데이터로 연구를 완성하기를 원했다. 포유류의 염색체는 아직도 눈으로 보는 게 어려웠다. 그리고 관찰할 세포를 고르는 일뿐만 아니라 그런 세포를 고품질의 표본으로 만드는 일도 매우 중요했다. 그 결과 텍사스의 주립 시설에서 '과도한 자위'로 거세당한 환자들의 고환 조직을 재빨리 처리한 뒤 관찰해서 사람에게도 Y염색체가 존재한다는 사실을 확인했다. 포유류에 X염색체와 Y염색체가 있다는 사실을 발표한 논문에서 페인터는 자신이 고환을 얼마나 빠르게 특수한 고정액에 넣었는지를 자랑스럽게 떠벌였다.[2)]

---

2) X와 Y염색체에 대해서는 페인터가 옳았다. 하지만 한편으로는 사람의 염색체가 48개라는 초기 주장을 강화하기도 했는데, 이 수치는 교과서에 들어가 여러 과학자로 하여금 당시에 볼 수 있었던 희미한 사람의 염색체 사진 속에 염색체가 한 쌍 더 있다고 상상하게 했다.

모든 게 꽤 멋지게 맞아떨어지고 있었다. 사람과 주머니쥐를 비롯한 다른 모든 포유류의 성별을 결정하는 게 초파리처럼 X염색체와 Y염색체라고 생각한 사람들을 누가 비난할 수 있을까?

호르몬과 염색체

암컷은 X염색체가 두 개고 수컷은 한 개라는 사실은 이 조그만 구조물이 성별을 결정한다는 강력한 증거였다. 하지만 그건 한편으로 염색체 하나가 어떻게 운명을 결정할 수 있냐는 의문을 제기했다.

네티 스티븐스를 비롯한 과학자들이 유전학의 발견을 이어가는 동안, 다른 생물학자들은 쌍둥이 암컷 소의 생식기 구조를 연구했다. 수컷 소와 쌍둥이인 암컷 소 중에 일부는 '프리마틴freemartins'이라 불리는데, 이들은 수컷과 닮은 생식기를 지녔다. 발달 수준은 자궁 안에서 공급되는 혈액을 형제와 얼마나 공유했는지에 따라 달라지는 것으로 보인다. 이를 통해 새끼 수컷이 함께 태어난 암컷 형제의 발달에 변화를 가하는 화학 신호를 방출한다는 추측이 커졌다.

여기에서 영감을 얻은 알프레드 조스트Alfred Jost는 1940년대 후반 파리에서 성별 결정 연구의 역사에서 가장 중요한 실험을 수행했다. 조스트는 암컷-수컷 쌍둥이에서 수컷 쌍둥이의 호르몬이 그의 암컷 남매의 웅성雄性(수컷의 형질) 특성을 자극할 수 있을 뿐만 아니라 수컷 자신의 웅성을 만드는 것도 이 호르몬에 달려 있을 것이라고 추측했다. 만약 조스트가 옳다면, 유전자가 수컷이라고 해서 당연하게 수컷의 특징이 나오는 것이 아니라는 것을 밝히게 될 터였다. 수컷의 형질 발달은 남성 호르몬의 작용에 달려 있는 것이 된다.

이런 호르몬이 나올 수 있는 만한 곳을 생각해 보면 자연스럽게 할 수 있는 실험 하나가 떠오른다. 조스트는 몇몇 수컷 태아를 거세한 뒤 어떤 일이 벌어지는지 살펴보았다. 토끼로 가장 쉽게 실험할 수 있겠다고 생각한 조스트는 두 가지 문제에 직면했다. 첫째, 토끼를 구해야 했다. 평소라면 간단한 일이었겠지만, 전후에 굶주리고 있던 프랑스에서는 대부분이 토끼를 실험실보다는 냄비 속에 넣기를 원했다. 둘째, 토끼 몇 마리를 구한 조스트는 아주 서투른 수술 솜씨를 가다듬어야 했다. 아직 중성이라고 할 수 있을 정도로 미성숙한 토끼 태아의 고환을 제거하고, 이 고환 없는 새끼를 다시 아무 손상 없이 어미의 자궁 속에 집어넣는 건 결코 평범한 묘기가 아니었다.

그러나 그렇게 할 만한 가치가 있었다. 한 배에서 건강하게 태어난 새끼들을 본 조스트는 이들의 겉모습이 전부 완전한 암컷이라는 사실을 알아냈다. X와 Y염색체를 지닌 토끼에서 고환의 분비물이 사라지자, 자연은 그 몸을 암컷으로 만들었던 것이다.[3)]

1950년대에 조스트가 고환이 정확히 무엇을 분비해 수컷을 수컷으로 만드는지를 알아보고 있을 때 유전학 역시 중대한 도약을 맞이했다. 대표적으로 1953년 프랜시스 크릭[Francis Crick]과 제임스 왓슨[James Watson]이

3) 조스트는 토끼를 이용해 실험했지만, 이렇게 호르몬이 수컷의 성적 형질을 유도하는 현상은 포유류에만 한정되지 않는다. 다른 여러 척추동물도 그렇다.

DNA의 구조를 발표했고, 이 화학적으로 별것 없는 분자가 유전의 기반이 되는지를 알아내기 위한 여정이 시작되었다. 유전학자들은 마침내 안정적으로 포유류의 염색체를 조사할 수 있는 방법도 알아냈다.[4)]

마침내 의학유전학자들은 유전학의 기초를 마련해 준 초파리 실험을 모방할 수 있게 되었다. 1959년 하나도 아닌 세 가지 인간의 질환이 비정상적인 염색체 유전 때문이라는 사실을 확실하게 밝혀졌다. 첫 번째는 다운증후군이었다. 21번 염색체가 세 개일 때 생기는 결과였다. 두 번째와 세 번째는 성적 정체성에 영향을 미치는 질환이었는데, 상당히 놀라운 발견이었다. 사람은 파리와 다르다는 사실이었다.

XO인 사람은 남성이 아니라 — 초파리의 경우에는 수컷이었다 — 여성이 된다는 사실이 드러났다. 그리고 X염색체 두 개와 Y염색체를 물려받은 사람은 X염색체가 두 개임에도 남성이었다. 결론은 확실했다. Y염색체가 있으면 그 사람은 생물학적으로 남성이 된다.[5)]

조스트의 발견과 이 놀라운 유전학적 결과를 결합하면, 포유류 수컷은 'Y염색체'와 정상적으로 기능하는 '고환'의 결과로 만들어지는 것 같다. Y

---

4) 사람 염색체의 수가 46개로 정정된 건 1956년에 들어서였다. 30여 년 동안 유전학자들과 교과서는 사람에게 염색체가 48개 있다고 했다. 페인터가 텍사스의 환자들에게서 얻은 고환을 관찰해 주장한 수였다. 그렇지만 총 46개라는 사실이 널리 인정받은 뒤 수많은 연구자가 원래 46개인 것을 세어보고 알고 있었지만 아니라고 말하기를 원치 않았다고 주장했다.

5) 이 둘을 각각 터너 증후군과 클라인펠터 증후군이라고 부른다. 이 질환은 다양한 건강 문제와 관련이 있는데 심각도는 경우에 따라 다르다. 대표적으로 각 질환은 불임과 성기의 해부학적 문제가 있다. 하지만 두 경우 모두 개인의 성별은 분명하다.

염색체가 고환 한 쌍의 구성을 유도함으로써 수컷의 발달을 시작하게 하는 식으로 성별이 결정된다고 간단히 이야기할 수 있을 것처럼 보인다.

유전학이 새롭게 얻은 능력으로 어떤 포유류의 염색체를 관찰하든 똑같은 패턴이 보였다. 암컷은 XX, 수컷은 XY였다. 한 예외만 빼고.

1970년대 초 오리너구리 세포 안쪽을 들여다 본 연구자들은 이 동물이 여기서도 괴상하다는 사실을 발견했다. 오리너구리의 성염색체 쌍은 결코 — 오, 맙소사 — 간단하지 않았다. 오리너구리는 X염색체가 다섯 개에 Y염색체가 다섯 개였다. 바로 이런 것 때문에 내가 오리너구리를 좋아하는 것이다. 암컷 오리너구리는 $X_1X_1X_2X_2X_3X_3X_4X_4X_5X_5$이고, 꼬리를 물고 늘어지는 수컷은 $X_1Y_1X_2Y_2X_3Y_3X_4Y_4X_5Y_5$다.

이런 체계가 정확히 어떻게 작동하는지가 발견된 건 2004년에 이르러서였다. 호주국립대학교의 유전학자 제니 그레이브스Jenny Graves가 이끄는 연구진은 오리너구리가 정자와 난자를 만드는 동안 Y 다섯 개와 X 다섯 개가 사슬처럼 나란히 놓여서 일종의 초염색체처럼 집단적으로 행동한다는 사실을 보였다. 그레이브스는 유대류와 단공류 유전학의 전문가로, 그레이브스와 이들 동물은 모두 포유류의 성별 결정에 관한 유전 현상을 해독하는 데 중요한 역할을 했다. 하지만 약 30년 동안 오리너구리의 $X_1X_1X_2X_2X_3X_3X_4X_4X_5X_5$와 $X_1Y_1X_2Y_2X_3Y_3X_4Y_4X_5Y_5$에 관한 연구는 단공류의 또 다른 특이점 하나로 치부된 채 방치되어 있었다. 어쨌든 이 부리 달린 녀석도 포유류의 표준인 XY 체계를 따른다는 것이다.

염색체에서 유전자로

1980년대에 이르자 유전학은 Y염색체가 정확히 어떻게 수컷을 만드는지 진지하게 알아내 볼 준비를 갖추었다. 관심은 XXY나 XO와 같은 사람에게서 염색체가 훨씬 더 수수께끼 같은 더욱 희귀한 사람에게 옮겨갔다. 2만 명 중 1명꼴로 태어나며, XY인데 여성이거나 XX인데 남성인 사람들이었다.

이를 설명하기 위해 Y염색체에 태아의 생식샘이 고환이 되게 하는 딱 하나의 유전자가 있을 것이라는 가설이 등장했다. XY인 여성의 경우에는 그 유전자가 없어졌거나 그 기능을 잃었을 것이다. XX인 남성의 경우에는 Y염색체에 있던 이 중요한 유전 정보가 X염색체 중 하나로 넘어가게 되었을 것이다.

보스턴의 MIT 소속 데이비드 페이지David Page가 이끄는 연구진은 오랫동안 Y염색체에 있는 이 핵심 열쇠를 추적했다. 그리고 어떻게 그것에 접근하고 있는지를 설명하며 주목을 받은 수많은 논문을 발표한 끝에 결국 1987년, 남성을 결정하는 사람의 유전자 하나를 발견했다고 발표했다. 이 유전자는 보통 Y염색체에 있지만, XX 남성의 경우 아버지에게 물려받은 X염색체에 있었다. XY 여성의 경우 그 유전자는 Y염색체에서 빠져 있었다. 페이지는 그것을 ZFYZinc Finger Y-chromosomal protein(아연 집게 Y염색체 단백질)라고 불렀고, 『셀』에 실린 그 논문은 뛰어난 유전학적 성취로 인정받았다.

이쯤에서 두 성으로 나뉜 종의 자성雌性(암컷의 성질)과 웅성이 나의 경우처럼 X와 Y염색체로 정해진다는 순진한 가정으로 돌아가 볼 만하다. 이건 그냥 틀린 말이 아니다. 완전히 틀린 말이다. 몸이 수컷이나 암컷이 되는 데는 여러 가지 이유가 있다. 유전자 스위치 둘 중 하나를 물려받는 게 가장 보편적인 과정이지만, 꼭 그렇지는 않다. 성을 결정하는 요인이 환경인 사례도 드물지 않다. 예를 들어, 거북이나 크로커다일이 수컷 또는 암컷이 되는 건 알 주변의 온도에 따라 달라진다.

그리고 그 스위치가 유전일 때도 거기에 쓰이는 유전자는 절대 같지 않다. 성을 결정하는 유전 원리 전체를 살펴보려면 우리는 식물과 곤충을 비롯해 수컷과 암컷으로 나뉘는 모든 무척추동물을 다 살펴보아야 한다. 하지만 척추동물만 봐도 다양한 방식이 있다. 수많은 동물 집단은 포유류처럼 수컷에게 다른 염색체가 있고 암컷에게는 그와 짝을 이루는 염색체가 있다. 하지만 계통발생적으로 이들은 공통 조상에서 유래한 단일 집단으로 묶이지 않는다. 이들은 척추동물의 나무 위 이곳저곳에 놓여 있으며 오늘날 우리는 이들이 서로 다른 유전자와 서로 다른 전략으로 성을 구분한다는 사실을 알고 있다. 어떨 때는 수컷을 만드는 마스터 스위치가 있는(포유류처럼) 반면, 어떨 때는 초파리처럼 양에 따라 달라지기도 한다.

그러나 어떤 종의 경우에는 성염색체가 짝이 안 맞을 때 암컷이 되고 짝이 맞을 때 수컷이 된다. 새와 뱀을 비롯한 몇몇 동물은 암컷이 ZW고, 수컷이 ZZ다. Z와 W라는 이름은 단지 이런 식이라는 것을 나타내기 위해서 쓰는 것으로, 염색체 자체와는 아무런 상관이 없다.

동물 생리의 근본적인 측면이다 보니 성 결정의 원리가 완전히 정해져 있고 바뀌지 않는다고 생각하기 쉽지만, 그건 놀라울 정도로 바뀌기 쉽다. 이에 관해 더 많은 증거가 필요하다면, 일본에 가 보라. 그곳에는 지리적으로 고립된 여러 옴개구리 집단이 있는데, 이들은 제작기 XY 또는 ZW 체계를 이용한다.

주로 사람과 태반포유류의 유전학에 바탕을 둔 ZFY 논문을 발표한 뒤 페이지는 이 유전자가 모든 포유류의 성 결정에 있어 핵심 스위치라는 사실을 확실히 하고 싶었다. 이런 노력의 일환으로 페이지는 ZFY가 유대류의 Y염색체 위에 있다는 사실을 확인하려고 했다. 이건 꽤 안전한 도전으로 보였다. 유대류는 다른 태반류보다 Y염색체가 조금 작다는 사실을 제외하면, 성 결정 방식이 거의 비슷한 것으로 보였다. 페이지는 멜버른에 있는 제니 그레이브스에게 유대류의 유전체 속 어디에 있을지 모르는 ZFY에 달라붙을 짧은 DNA 조각(ZFY 표시자)을 보냈다.

같은 시기에 런던에서 성 염색체 연구를 하고 있던 피터 굿펠로우Peter Goodfellow도 이게 흥미로운 질문이라고 생각했고, 독자적으로 그레이브스에게 ZFY 표시자를 보냈다.

그레이브스는 DNA 표본 두 개를 박사과정 학생인 앤드루 싱클레어Andrew Sinclair에게 주었고, 깔끔하게 염색한 캥거루의 Y염색체 이미지를 가져오기를 기다렸다. 그런데 싱클레어가 돌아와 한 말은 기대와 어긋났다. ZFY가 성 염색체가 아닌 평범한 5번 염색체에 있다는 것이었다. 그레이브스는 기이한 결과를 마주한 지도교수가 할 법한 일을 했다. 싱클레어에게 다시 해보라고 말한 것이다.

하지만 이 지시에도 불구하고 싱클레어는 오히려 ZFY가 Y염색체에 없다는 더욱 확실한 증거만 가져왔다. 성을 결정하는 유전자가 성 염색체가 아닌 곳에 있을 수는 없었다. 그레이브스와 싱클레어, 굿펠로우는 — 페이지가 공동 저자로 참여하여 — 논문을 써서 『네이처』에 보냈다. 곧 『네이처』의 표지를 장식한 논문은 ZFY가 실수였다는 사실을 세상에 알렸다.

박사학위를 받은 싱클레어는 호주를 떠나 런던에 있는 굿펠로우의 연구소로 갔다. 진짜 성 결정 유전자가 무엇인지 찾아내고 싶었다. 마찬가지로 페이지도 새롭게 출발했다. XX인 남성에 올라탄 유전자를 찾는다는 기초가 탄탄했기 때문에 탐색에는 오랜 시간이 걸리지 않았다. 1990년 싱클레어와 굿펠로우는 로빈 러벨-배지Robin Lovell-Badge와 공동으로 SRYSex Region of the Y(Y염색체의 성별 구역)이라는 유전자에 관한 논문 두 편을 — 이번에도 『네이처』에 — 발표했다. 이번에는 실수가 아니었다. 태반류와 유대류 포유류의 Y염색체에 있는 SRY는 포유류의 고유한 유전자로, 포유류 수컷을 만든다.

때때로 한 가지 발견이 수많은 멋진 연구로 이어지기도 한다. 이게 바로 그런 발견이었다. 오늘날 파악한 바에 따르면, 성이 결정되는 방식은 다음과 같다. 초기에 분화되지 않은 포유류 태아의 생식샘이 완전한 Y염색체를 갖고 있으면, SRY의 스위치가 켜진다. SRY는 고환을 만들어내는 유전자를 활성화하는 다른 유전자 네트워크의 발현을 활성화한다. 이러한 과정을 통해 생식샘이 수컷의 것이 되게 한다는 것이다. 이 과정에 관여하는 유전자 중 약 30개의 정체는 현재 파악이 되어 있다. 하지만 더 많은 수는 아직 알려지지 않았다. 인간의 이러한 성 결정 유전자와 포유류가 아닌 척추동물이 사용하는 성 결정 유전자 사이에는 많은 유사점이 있다. 진화가 이루어지는 동안 스위치는 바뀌었을지 몰라도, 고환을 만드는 더 폭넓은 네트워크는 잘 보존이 되어 있는 듯하다.

SRY의 DNA 서열은 포유류 안에서도 놀라울 정도로 다양하지만, 각각의 종에서는 같은 역할을 한다. 예를 들어, 쥐 유전학자들이 인위적으로 염소의 SRY를 XX인 쥐에 삽입하고 (쥐 크기만한) 고환의 발달을 관찰했는데, 고환은 알프레드 조스트가 연구했던 호르몬을 통해 XX인 쥐를 수컷으로 만들었다.

그레이브스의 연구실은 오리너구리의 Y염색체 다섯 개 중에 어디에 단공류의 SRY가 있는지를 알아내는 당연한 작업에 착수했다. 포유류의 성 결정 유전자와 관련한 이야기를 완결짓는 데에는 꼭 필요한 작업이다. 그레이브스의 이전 연구는 오리너구리의 X염색체 조각들이 사람의 X염색체와 아주 비슷하게 생겼다는 증거를 찾은 바 있었다. 누구도 어떤 문제가 있을 거라고 예상하지 못했다.

그런데 오리너구리에게는 SRY가 없었다. 십여 년 동안의 탐색 끝에 그레이브스는 오리너구리에는 SRY가 존재하지 않으며 가시두더지에게도 없다고 인정했다.[6)]

---

6) 가시두더지는 X염색체가 5개지만, Y는 4개밖에 없다. Y_5는 다른 Y염색체와 융합했다.

그레이브스의 연구실에 있었던 프랭크 그루츠너Frank Grützner와 프레데릭 베이룬스Frédéric Veyrunes가 동물의 전체 유전체 서열을 파악하는 데 쓰이는 기법을 이용해 오리너구리의 성염색체를 들여다보자, 이런 결론은 공고해졌다. 그러나 SRY가 없다는 건 별로 놀라운 일도 아니었다. 그 결과는 또 다른 충격을 가져왔다. 오리너구리의 X염색체가 사람의 X와 비슷하게 생겼다는 초기의 생각이 틀렸던 것이다. 유전체 서열을 분석해 보니 오리너구리의 6번 염색체 — 성 염색체가 아닌 보통 염색체다 — 가 포유류의 X와 가장 비슷했다. 만약 오리너구리의 성 염색체와 닮은 게 있다면, 그건 새의 Z와 W 염색체였다!

그레이브스는 이것이 충격적인 일이라고 설명했다. 첫째, 그것은 무엇이 오리너구리를 수컷이나 암컷으로 만드는지 우리가 전혀 모른다는 뜻이었다. 앞서 언급했듯이, 새의 경우 포유류와 정반대였다. 수컷은 Z염색체가 두 개고, 암컷은 Z와 W염색체가 있었다.[7] 오리너구리의 성 염색체가 이들과 닮았지만 반대로 작용한다는 사실은 혼란스러웠다. 오늘날에도 오리너구리가 어떻게 알을 낳는 암컷이 되는지 꼬리를 물고 늘어지는 수컷이 되는지는 아무도 모른다. 현재 가장 유력한 후보는 물고기의 성을 결정하는 유전자다.

둘째, 이 발견은 단공류가 포유류의 나무에서 갈라져 나가고 유대류와 태반류의 마지막 공통 조상이 나타나기까지의 짧은 시간 안에 SRY가 포

7) 새는 완전히 다른 유전자로 성을 결정한다. 그리고 이 유전자가 두 배로 있을 경우 수컷이 된다는 점에서 초파리와 비슷하다.

유류의 성별 결정권을 낚아챘다는 사실을 뜻했다. SRY에 의한 성별 결정은 수아강 포유류의 고유한 특징이었다. 게다가 이 발견은 SRY과 Y염색체가 태어난 시기를 알려주었다. 1억 6,600만 년 전에서 1억 4,800만 년 전 사이의 어딘가였다.

역사 기록으로서의 DNA

DNA의 구조를 풀어낸 크릭과 왓슨은 그 구조가 눈을 뗄 수 없을 정도로 우아하며 솔직히 말해서 단순하다는 사실을 보였다. 그 우아함은 두 가닥이 서로 다른 방향으로 서로를 휘감고 있다는 데 있었다. 단순함은 DNA가 사실 단 네 가지 화학 염기 — 유전학의 알파벳으로, A와 C, G, T다 — 가 길게 이어진 사슬이라는 사실을 확인한 데 있었다.

두 가닥에 놓인 염기가 항상 똑같은 방식으로 짝을 짓는지에 관한 결정적인 원리는 몰랐고, 이런 염기가 어떤 순서로 엮이게 되는지에 관한 규칙도 없어 보였다. 그러나 어떻게 해서인지 이 순서와 여기에 담긴 정보는 세대에서 세대로 바통을 이어받고 있었다. 곧 의문이 떠올랐다. 1차원인 DNA 서열이 어떻게 3차원인 생명체를 만들어 낼 수 있을까? 곧 A와 C, G, T의 서열이 단백질 안에서 아미노산의 순서를 지시한다는 합의가 이루어졌고, 그 기저에 깔린 부호를 해독하기 위한 활발한 여정이 시작되었다.

프랜시스 크릭은 이 부호의 해독을 도왔다.[8] 하지만 이 새로운 유전학을 이해하게 되면 다음에는 또 무엇이 튀어나올지에 관해서도 깊이 생각했다. 유기체 사이의 차이가 DNA에, 그러니까 단백질 서열에 있는 게 분명하다는 사실을 생각한 크릭은 (평소에 자주 그랬듯이) 그 의미를 완전히 깨달았다. 1957년, 시대를 크게 앞서나간 한 강의에서 크릭은 "오래지 않아 우리에게는 유기체가 가진 단백질의 아미노산 서열과 종과 종 사이의 서열 차이를 연구하는 학문인 '단백질 분류학'이 생길 것이다."라고 했다. 그는 또한 이런 서열이 "진화에 관한 엄청난 양의 정보"를 제공할 수 있다고 예측하기도 했다.

그는 DNA 서열의 변화야말로 진화가 새로운 생명체를 만들어내는 방식이라는 것을 이해했다. 따라서 종 사이의 서열을 비교하면 생명체의 역사를 확률에 근거해 추론할 수 있다. 이빨 따위의 모양이 어떻게 변했는지를 살펴보는 대신 유전자 서열의 차이를 보면 시간의 흐름에 따라 혈통이 어떻게 갈라졌는지를 알 수 있는 것이다. 그 결과 구조가 밝혀진 지 몇 년 되지도 않아 DNA는 이미 인상적인 자신의 이력서에 '진화의 기록을 볼 수 있다'는 능력까지 추가했다(1장에서 INSL3와 그 수용체에 대해 들여다보며 보았던 것처럼 말이다).

그렇지만 과학에서 좋은 아이디어를 떠올리는 것과 그것을 실현하는 것은 별개다. 크릭과 같은 해에 에밀 즈커캔들Emile Zuckerkandl — 뚜렷한 중

8) 단백질 안에서 20개의 아미노산 중 정확히 어떤 것이 다음에 나오게 될지를 결정하는 건 세 개씩 이어진 DNA 염기서열이다.

요 성과 없이 떠돌며 연구했던 프랑스 생물학자였다 — 은 파리의 한 호텔에서 라이너스 폴링Linus Pauling을 만나 일거리를 달라고 요청했다. 폴링은 크릭과 왓슨이 DNA의 구조를 알아내는 데 도움이 된, 화학결합과 단백질 구조에 관한 연구로 노벨상을 받았고, 이제 생명과 질병의 분자적 기초를 연구하는 데 전념하고 있었다.[9)]

1959년 폴링은 캘리포니아공과대학(칼텍)에서 즈커캔들에게 서로 다른 영장류 종에서 추출한 헤모글로빈의 차이를 정밀하게 알아내는 연구를 시켰다. 폴링은 헤모글로빈에 관해 잘 알았다. 그는 이미 겸상 적혈구 빈혈증이 산소를 나르는 단백질의 능력에 결함이 생겨서 발생한다는 사실을 밝혀낸 바 있었다. 어느 날 헤모글로빈의 아미노산 서열 변이를 조사하던 즈커캔들에게 한 가지 아주 간단한 아이디어가 떠올랐다. 즈커캔들과 폴링은 만약 두 종의 헤모글로빈의 차이가 얼마나 큰지, 그리고 화석 기록에 근거해 두 종의 마지막 공통 조상이 살았던 시기 이후로 시간이 얼마나 흘렀는지를 알아낸다면, 분자의 진화가 진행되는 속도를 계산할 수 있을 것이라고 주장했다. 만약 1억 년 전에 갈라진 두 종의 헤모글로빈을 비교했는데 아미노산 10개가 달랐다면, 아미노산 하나의 차이는 1,000만 년이 흘렀다는 것과 같다는 뜻이었다. 두 사람은 '분자 시계'를 발견한 것이다.

이 시계의 묘미는 바늘이 얼마나 빨리 움직였는지를 알면 화석 증거가 없어도 종이 갈라진 시기를 알 수 있다는 점에 있었다. 아미노산 세 개 차

9) 그리고 평화와 핵무장 해제를 위해 활발히 활동하고 있었다.

이? 그렇다면 갈라진 지는 3,000만 년이다. 생명체의 복잡한 형태와 달리 1차원인 DNA 서열은 나란히 놓고 비교할 수 있었고, 그 차이는 간단하게 정리할 수 있었으며, 그것을 바탕으로 근연도를 추측할 수 있었다.

그건 모든 것을 바꾸어 놓은 아이디어였다. 다윈 이후 한 세기 동안 살아있던(그리고 죽은) 종 사이의 계통적 관계는 해부학적 구조와 형태를 비교해 신중하게 추론해야만 했다. 이제는 그게 DNA 표본만 채취하면 가능해진 것이다.

몇몇 형태학자는 이 새로운 방법을 매우 귀중한 보조 기법으로 보고 반겼다. 하지만 상당수는 의심의 눈길을 보냈다. 솔직히 말하자면, 그게 얼마나 이상했을지 충분히 상상할 수 있다. 3차원 형태에 따라 종을 비교하려면 연구자는 그 종에 관해 광범위하고 정확하게 알고 있어야 한다. 그런데 어디선가 이런 동물을 본 적도 없을 법한 분자생물학자가 나타난 것이다. 플라스틱 시험관 몇 개에 들어 있는 투명한 DNA 분자 조각을 들고. 그러고서는 이 병이 동물에 대한 방대한 지식보다도 더 많은 정보를 가지고 있다고 주장한다.

훌륭하게도, 즈커캔들과 폴링은 이 방법과 관련된 문제와 주의 사항도 신중하게 고려했다.[10] 그러나 그렇다고 해서 이들이 분자적 증거를 진화

10) 한 논문에서 두 사람은 이렇게 썼다. "이 방법을 만든 데 대한 최선의 변명을 하자면, 이건 우리에게 왜 아마도 그게 틀렸을지를 알아낼 기회를 제공하기 때문이다." 실제로 분자 시계는 확실히 훨씬 더 복잡해서 아미노산 두 개가 다르면 계통 분리가 일어난 지 몇백만 년이 지난 것이라는 식으로 간단히 말할 수는 없다. 오늘날에도 서열 변화의 속도와 서로 다른 종 또는 더 큰 집단이 갈라진 시기를 계산하는 데 가장 좋은 DNA 서열 분석 방법을 놓고 자주 광범위한 논쟁이 뜨겁게 펼쳐진다.

연구에 적용할 수 있을지를 알아내고자 하는 생물학자들의 열기를 가라앉힐 수는 없었다.

우상파괴를 즐기던 순진한 분자생물학자들에게 수치스러웠던 최악의 시기는 1990년대 초에서 중반까지였다. 이 시기에만 기니피그의 DNA를 분석하니 설치류가 아니었다는 주장이 두 번 나왔다. 그 주장은 형태학자들을 분노케(그리고 웃게) 했으며, 결국 이것은 작은 데이터세트를 잘못 해석한 결과라는 사실이 드러났다. 하지만 1990년대 말이 되자 발전한 기술로 수많은 A, T, G, C를 새로 분석한 결과 포유류의 역사는 완전히 다시 쓰였다. 이 이야기는 9장에서 다시 하겠다.

당분간은 주커캔들과 폴링의 또 다른 중요한 통찰에 초점을 맞추기로 하자. 그건 서로 다른 종에게 있는 같은 유전자에 관한 것이 아니라 똑같은 종에게 있는 다른 유전자에 관한 것이었다.

포유류의 헤모글로빈은 한 종류가 아니다. 네 가지가 있다. 그리고 사람의 서로 다른 헤모글로빈을 비교한 주커캔들과 폴링은 서로 공통점이 없는 이 단백질들이 하나의 헤모글로빈 조상으로부터 진화한 게 거의 확실하다는 사실을 알아냈다. 두 사람은 그 유전자가 스스로 복제하는 과정에서 각각의 변이가 자유롭게 독자적으로 진화한 게 분명하다고 주장했다.

오늘날 우리는 새로운 유전자가 무에서 생겨나지는 않는다는 사실을 알고 있다. 유전자가 돌연변이를 일으키며 단백질의 유선사 서열을 점증적으로 바꾸기도 하며, 더 큰 DNA 조각이 복제되거나 재배열되기도 한다. 이렇게 만들어진 새로운 조합에서는 유전자 덩어리 전체가 사라지거

나 합쳐지기도 한다. 그 결과 생겨나는 새로운 가능성이 자연선택이라는 체를 통과하며 걸러진다.[11)]

그렇다면 SRY는 어디서 왔을까? 1994년 그레이브스와 그 제자인 제이미 포스터Jamie Foster는 X염색체 위에 SRY를 닮은 유전자 하나가 있다고 밝혔다. 이름은 SOX3이었다. 두 사람은 SRY가 SOX3의 변종에서 기원했다고 주장했다. 이 돌연변이가 SOX3를 몸이 수컷이 되도록 이끄는 유전자로 바꾸어 준 게 분명했다. 이 일은 현재의 X와 Y염색체의 조상이었던 염색체가 그저 평범한 상동염색체 한 쌍이었을 때 일어났을 것이다. 이 운명의 돌연변이가 일어나고 나서야 SOX3/SRY의 조상을 품고 있던 염색체가 진정한 성 결정 염색체가 된 것이다.

성별을 결정할 때 염색체에는 기묘한 일이 벌어질 수 있다. 암컷에게는 (이 경우에) 수컷을 결정하는 염색체가 아예 없기 때문이다. 한 종의 절반에게 이 염색체가 없어도 생명은 살아갈 수 있다. 포유류에게 있는 Y염색체의 역사는 쇠퇴와 상실의 연속이다. 먼저 Y염색체의 일부가 뒤집어지면서 X염색체와 상호작용할 수 없게 되었다. 오늘날 사람의 Y염색체에는 원래의 X/Y염색체 조상에게 있던 유전자가 단 네 개만 있다. Y염색체의 주요 기능은 SRY를 전달하고, 아마도, 정자를 만드는 데 관여하는 몇몇 유전자를 제공하는 데 있는 것 같다. 그리고 최근 연구에 따르면, 생식 능력이 있는 수컷 쥐를 만드는 데는 Y염색체의 유전자 단 두 개만 필요했다.

---

11) 그리고 당연히 이런 복제 또는 재배열을 추적하는 것 또한 생물학 역사에 새로운 창문을 열어 준다.

이런 퇴화를 고려할 때 사람의 Y염색체가 불가피하게 소멸의 길을 가고 있는지에 관해서는 현재 논란의 여지가 있다. 그레이브스는 그렇다고 생각하는 반면, 다른 이들은 영장류 연구에서 나온 증거를 인용하며 이제 안정적인 고지에 도달했다고 주장한다.

그럼에도 현재 포유류의 두 혈통이 SRY를 포기했다. 둘 다 설치류로, 두더지들쥐에게는 Y염색체 전체가 없는 반면, 류큐가시쥐는 Y염색체 유전자 다발을 X염색체에 부착했지만 SRY는 그렇게 하지 않았다. 이들이 어떻게 수컷이 되고 암컷이 되는지를 알아내는 연구가 진행 중이지만, 아직은 밝혀지지 않았다. 현재까지는 수컷의 1번 염색체에 있는 한 유전자가 이 기능을 물려받았을지도 모를 주요 후보로 알려져 있다.

여기서 아주 흥미로운 건 표현형 — 수컷과 암컷이라는 존재 — 은 보통 그 표현형을 만드는 데 핵심적인 것으로 보이는 유전자가 없어져도 그대로라는 사실이다. SRY의 진화 이전에도 생물은 수컷과 암컷으로 나뉘었다. SRY는 성의 이⁻형성을 만들어내지 않았다. 단지 수아강 포유류가 그것을 얻어내기 위한 수단이 되었을 뿐이다(이 유전자는 딱 알맞은 시기에 딱 알맞은 동물에서 생겨나 포유류 방산의 바람을 타고 퍼져나가 포유류의 성 결정을 유전적으로 독특하게 만들었다). 이것은 표현형의 우선순위와 특성이 그 근간에 있는 특정 유전자들과는 독립적으로 생명을 가지고 있다는 것을 뜻한다. 표현형은 다른 유전적 수단을 통해서도 생겨나고 유지될 수 있다. 아주 오랜 시간이 걸릴 테지만 말이나. 너 중요한 것은 매 세대마다 DNA에 있는 네 가지 반복되는 화학적 구조물로부터 생물이 생긴다는 것이다.

두 가지 성으로 나뉜 포유류의 경우 이 과정은 자손을 잉태하기 위해 — 말하자면 그렇다는 것이다 — 어떻게든 수컷과 암컷이 염색체를 섞는 과정을 겪는 것에서부터 시작한다.

4장

포유류 성교육

아프리카줄무늬족제비는 한 시간 이상 걸린다. 사자는 10~15초 걸린다. 하지만 그 시기가 오면 하루에 20~40번 한다. 사람은 평균 4~5분 걸린다. 개는 서로 몸을 꼭 끼우고 한다. 짧은꼬리땃쥐도 그렇게 하는데, 평소에 활동적이지 않은 수컷은 약 25분 동안 끌려다닌다. 너무 오랫동안 하지 않으면 암컷 패럿은 죽을 수도 있다.

섹스. 성교. 삽입. 번식을 위해 암컷의 난자 근처에 수컷의 생식세포를 풀어놓는 행위. 사랑 나누기 기술.

로빈슨주머니쥐는 수컷이 꼬리만으로 나무에 매달린 상태로 거사를 치른다. 수컷 짧은꼬리마카크 원숭이는 일을 마친 직후에 다른 마카크 원숭이에게 공격받을 확률이 높다. 호저는 기대에 찬 수컷이 암컷에게 오줌을 뿌리고, 암컷이 그것을 받아들일 때만 할 수 있다. 1년에 한 번 나무 속 빈 공간에서 집단으로 번식하는 쥐 같은 유대류도 있다. 이 난교는 너무나 지독하고 수컷 사이의 경쟁이 심해서 모든 수컷의 면역 체계가 무너진다. 어떤 수컷도 살아서 첫 번째 생일을 맞이하지 못한다.

이렇게 말하긴 했지만, 대부분의 포유류는 아직도 '네발 자세'로 일을 치른다. 암컷이 네 발로 서고 — 라마의 경우에는 엎드리고 — 수컷은 으레 뒷다리로만 서서 뒤에서 올라타는 자세를 말한다. 인간 세상에서도 고대 로마인은 이 자세를 "야생동물 자세"라고 불렀고, 카마수트라에는 "소의 모임"이라고 나와 있다. 그리고 여러분은 아마 개라는, 인간과 가장 친한 동물이 들어간 표현으로 알고 있을 것이다. 이 단일문화적인 체위에 대한 잘 알려진 예외로는 하고 싶은 대로(적어도 젊었을 때는 이런저런 체위를 시도해 본 뒤에 결국 두세 가지로 정착한다) 하는 우리 인간이 있다. 보노보도 대단히 뛰어난 체위 다양성을 보여주며 섹스를 인사나 긴장된 상황을 해소하는 수단, 그리고 일견 시간을 보내는 즐거운 방법으로 활용한다. 오랑우탄은 종종 정상위를 선호하며, 돌고래와 고래는 다시 수중 생활로 돌아가면서 바뀐 해부학적인 구조 때문에 정면에서 마주 보는 짝짓기 자세를 다양하게 도입했다. 그러나 포유류의 성교에서 가장 흥미로운 것은 우리가 몸을 맞대는 부위의 해부학적 특이성이다.

난 이 장에서 개인적 일화를 자세하게 다룰 생각이 없지만 — 아무래도 그게 모두를 위한 최선인 것 같다[1] — 이것만은 말해야겠다. 성적 행위를 시작한 뒤로 첫 18년 동안 나는 세 가지 규칙을 지켰다.

1. 병에 걸리지 않는다.
2. 아무도 임신하게 만들지 말자. 그리고…,
3. 1번과 2번을 지키는 선에서 즐기자.

2번 규칙을 포기하기로 결정한 건 보통 일이 아니었다. 그러면 3번 규

1) 그 두세 가지 체위가 무엇인지는 알아서 생각하시길.

칙에 대한 제약이 완화되는 게 아니냐고 생각할지도 모르겠지만, 오히려 내 인생의 번식 단계에서 '전희'는 때때로 내가 TV 볼 때 귀찮게 뜨는 알림과 다를 바 없었다. "너무 방심하지 마. 난 배란 중이라고!"

우리 인간은 유희 활동으로 섹스하는 데 너무 익숙해서 그게 얼마나 심각한 일인지를 잊는다. 대부분의 유기체에 있어 섹스의 유일한 규칙은 이렇다.

1. 번식

친밀함과 유희란 몇몇 가계에만 허락된 보너스와도 같은 것이다. 바람으로 수분이 이루어지는 식물의 수컷은 꽃가루가 바람을 타고 암컷이 있는 쪽으로 날아가게 하는 장치만 있으면 된다. 불쌍한 것들. 포유류의 직접적인 조상인 어류는 서로 익숙해질 시간도 없었다. 오늘날의 어류가 그러듯이 우리의 조상도 산란으로 번식했다. 수컷과 암컷은 물속에 정자와 난자를 뿌렸다. 수정은 바다를 떠도는 성 세포가 무작위적으로 충돌하며 이루어졌다. 이것이 동물 섹스의 원래 형태다. 그 뒤로 어류에서 포유류로 이어지는 긴 여정이 이루어지면서 섹스는 점점 친밀한 행위가 되어갔다. 먼저 체내수정이 등장했다. 이건 중요하지만 특별히 드문 건 아니다. 많은 동물이 이런 방식을 찾아냈다. 심지어는 상당수의 물고기까지. 하지만 결국 포유류는 음경을 질에 삽입하는 방식으로 교미하는 유일한 동물이 되었다.

이런 형태의 섹스가 유일무이한 건 암컷들 덕분이다. 엄밀한 해부학적인 관점에서 질은 전적으로 포유류의 발명품이기 때문이다. 전에 나는 이 사실에 완전히 사로잡힌 사람을 만난 적이 있었다. 그 여성은 '포유류에게만 질이 있다네'라는 노래를 만들고 싶어했다. 나는 그게 아주 정확하고 엄밀한 질의 정의에 따를 때만 참이며 다른 동물의 암컷에게도 기능이 비슷한 기관이 있다고 설명했다. 하지만 그분은 그게 인기 있는 노래가 될 거라고 확신했다.

질이 특별한 건 질의 — 생물학적으로 말해서 — 유일한 목적이 생식이기 때문이다. 질이 있기 전에는 배설강이 있었다. 배설강은 배설과 성적인 기능을 모두 수행하는 몸 뒤쪽의 구멍이다. 배설강을 뜻하는 영단어인 cloaca는 하수구를 뜻하는 라틴어에서 유래했다. 배설강은 파충류와 조류, 그리고 당연하게도, 오리너구리의 뒤쪽에 있다. 오리너구리와 가시두더지가 단공류라고 불린 게 배설강 하나밖에 없었기 때문이라는 사실을 기억할 수 있을 것이다. 유대류도 여러 관이 모이는 목에 배설강에 가까운 게 있다는 게 드러나긴 했지만.

포유류 암컷의 생식기에 관해 생각하다 보면 우리는 동물의 엉덩이가 기능적으로 나뉘어 있는 정도와 그 동물이 결과적으로 단공류인지 이공류인지 삼공류인지를 확인하는 것으로 다시 돌아가게 된다. 그리고 우리는 또한 초기 포유류의 배설강으로 알을 전달하던 초기의 난관oviduct이 어떻게 포유류 생식에 기본적인 다면적 구조로 진화했는지로도 돌아가게 된다.

처음에는 수컷의 성기에 대해 이야기할 것이다. 이를 위해서는 포유류 이전으로 돌아가야만 한다. 포유류의 음경 역시 뛰어난 구조를 지니고 있다. 예를 들어 다른 수컷은 생식 부속기를 통해 소변을 보내지 않는다. 그러나 상당수의 동물에게는 음경 또는 똑같은 일을 하는 뭔가가 있다.[2] 그러나 척추동물 중에서 포유류만이 음경을 무無에서 만들어냈는지 아니면 포유류 초기의 조상으로부터 기본적인 음경을 물려받은 뒤 자기 것으로 만들었는지에 관해서는 오랫동안 논쟁이 이어지고 있다.

음경은 어디서 왔을까

하버드 박물관에는 1909년에 만든 현미경 슬라이드가 여러 개 있다. 여기에는 투아타라 수정란을 매우 얇게 자른 것이 담겨 있다. 투아타라는 뉴질랜드에서만 사는 파충류로 최대 80cm까지 자라며, 성체는 정말 드래곤처럼 생겼다. 한때는 도마뱀, 뱀과 가까운 친척 관계라고 생각했지만, 지금은 투아타라가 2억 년 전에 다른 파충류에서 갈라져 나온 혈통의 유일한 생존자라는 사실을 알고 있다. 문득 이들이 비늘 달린 오리너구리와 같다는 생각이 든다. 수컷 투아타라에게는 음경이 없다. 포유류 음경의 기원에 관한 논쟁에 기름을 부은 사실이다.

산란에는 음경이 필요 없다. 물고기에는 음경이 없다. 체내수정을 하는 물고기 중 일부는 변형된 지느러미를 이용해 일을 치른다. 진정한 음

2) 남성의 특정한 '연장'은 일반적으로 수컷이 암컷에게 정액을 옮겨야 할 때 진화한다. 앞장에서 이야기한 이유 — 난자는 작고 움직이는 정자보다 훨씬 크고 자원이 많이 든다 — 때문에 체내수정은 거의 암컷의 몸 안에서 이루어진다. 해마가 가장 잘 알려진 예외로, 해마의 암컷은 수컷의 주머니에 알을 낳는다.

경은 척추동물이 지상에 진출한 뒤에야 진화했다. 포유류, 파충류, 조류[3] 에게는 음경이 있지만, 이런 다양한 육상 동물 혈통이 독립적으로 성적인 용도의 돌출 부위를 진화시켰는지 아니면 음경이 일단 진화한 뒤 집단별로 분화했는지는 명확하게 밝혀지지 않았다.

각각의 가계에서 독자적으로 자신의 음경을 만들었다는 주장의 근거는 다양한 종류의 음경에서 찾을 수 있다. 거북과 크로커다일, 포유류는 모두 일자의 중앙을 가로지르는 음경을 가지고 있지만, 이들의 기관은 근본적으로 다르다. 뱀목에 속하는 도마뱀과 뱀은 V자 모양으로 돌출된 일종의 이중 음경을 지녔다. 아쉽게도 관계를 할 때는 한 번에 한 쪽만 사용하지만 말이다. 그리고 조류도 있다. 새의 97%는 남성기가 없지만, 남성기를 가진 소수의 종도 있다. 이중에는 몸보다 긴 코르크스크루처럼 구부러진 음경을 가진 오리들이 유명하다. 이러한 다양성을 보면, 육지 척추동물의 생식 부속기가 단일 발명의 단순한 변종이라고 생각하기란 쉽지 않다.

게다가 투아타라와 조류의 97%가 '배설강 키스'라는, 암수의 엉덩이를 잠시 마주하는 행동만 가지고 효율적으로 짝짓기한다는 사실은 음경의 기원이 하나가 아니라는 설을 더욱 뒷받침한다. 배설강 키스의 효율성은 음경이 생각만큼 체내수정에 필수적인 건 아니라는 것을 보여준다. 초기의 육상 척추동물이 툭 튀어나온 교미 보조기관 없이도 번식할 수 있었고, 다양한 육상 동물 혈통이 나중에야 음경을 발달시켰을 수도 있었다

3) 일부 양서류에게도 음경이 있다. 다음 주석을 참조.

는 것이다. 이 경우 오리너구리가 알을 낳는 원시 포유류의 특징을 간직하고 있는 것과 마찬가지로 투아타라도 조상의 상태를 그대로 유지하고 있는 것이 된다.

한편, 음경의 구조 발달을 조사한 결과는 음경이 육상 동물의 가계도에서 초기에 진화한 뒤에 다양화하거나 아예 사라져 버리기도 했다는 또 다른 가설을 뒷받침했다. 성체에게는 음경이 없는 조류의 태아도 성숙한 음경을 갖는 다른 동물과 마찬가지로 생식기를 발달시켰다. 다만 성장이 멈추고 조직이 퇴화할 뿐이었다. 또한, 포유류와 파충류, 조류의 음경은 초기 성장 단계가 서로 비교할 만하며, 비슷한 유전자가 이 과정을 지시한다. 이러한 공통 메커니즘은 아마도 초기의 음경 개발자 때부터 보존이 되어 왔을 것이며, 이는 음경의 기원이 하나라는 직접적인 증거다. 하지만 이 아이디어를 확인하려면 수컷 투아타라가 음경이 없는 게 생식기 발달 과정을 취소했기 때문인지를 알아야 한다.

만약 투아타라가 초기 음경 발달을 겪는다면 그건 투아타라의 조상에게는 음경이 있었다는 뜻이며, 전혀 발달이 일어나지 않는다면 그건 조상에게도 음경이 전혀 없었다는 게 더 말이 된다. 그래서 플로리다대학교의 음경 연구자들은 이런 결정적인 이야기를 나누었다. 투아타라의 태아를 좀 얻을 수 있다면 정말 좋지 않겠어?

생식기 발달의 유전을 연구하는 마틴 콘Martin Cohn 교수는 박사후연구원 톰 생어Thom Sanger, 대학원생 마리사 그레들러Marissa Gredler와 이런 이야기를 나누었는데, 투아타라의 태아를 얻는다는 건 완전히 허무맹랑한 일이었다. 투아타라의 성체는 1895년부터, 그 알은 1898년부터 엄격하게 보호받았기 때문이다. 음경에 얽힌 진화의 수수께끼를 풀겠다고 보호 조치를 회피해 실험을 허가받는 건 절대 가능해 보이지 않았다.

하지만 생어는 동료들을 깜짝 놀라게 했다. 예전에 하버드에서 근무할 때 박물관 큐레이터 한 명이 오래된 상자를 발로 툭툭 차면서 이렇게 말한 적이 있었다. "여기에 관심이 있을지도 모르겠군요. 파충류 태아가 잔뜩 들어 있거든요." 도마뱀 전문가인 생어는 상자를 뒤져보았고, 뒤쪽 오른쪽 구석에서 투아타라의 라틴어 이름이 적힌 슬라이드를 발견하고 기뻐했다. 1895년 투아타라가 보호종이 된 직후에 ― 이런 일 때문에 3년 뒤에 알까지 보호하게 된 게 분명하지만 ― 아서 덴디Arthur Dendy라는 영국인이 투아타라의 발달을 연구하기 위해 뉴질랜드로 가서 투아타라의 태아 170(!)개를 배양하고 해부해 놓았던 것이다. 덴디는 그중 네 개를 하버드 태아 보관소로 보냈고, 태아는 그곳에서 썰려서 슬라이드 표본이 되었다. 그리고 한 세기 이상 방치 상태에 놓였다. 생어는 정말로 그 슬라이드를 활용하고 싶었는데, 이제 이유가 생긴 것이다.

음경 발달에 관한 세계적인 전문가였던 콘의 연구진은 태아의 생식기가 언제 부풀어 오를지 정확하게 알고 있었다. 하버드대학교 표본 중 하나는 너무 어렸고, 둘은 너무 나이가 들었다. 하지만 하나는 딱 알맞은 나이였다. 연구진은 슬라이스 표본 하나하나를 스캔해서 3D 디지털 모형으로 재구성했다. 생어는 어떤 결과를 보게 될지 예상할 수 없었다. 태아 아래쪽에 애매모호하게 튀어나온 부분만 있어서 확실한 결론을 내리지 못할까 걱정스러웠다. 하지만 그렇지 않았다. 생어의 눈에 보인 건 부풀어

오른 생식기 한 쌍이 명확했고, 생어가 아주 잘 알고 있는 발달 중인 도마뱀의 것과 소름 끼칠 정도로 비슷했다. 이 흥미로운 파충류도 다른 모든 육상 척추동물과 마찬가지로 음경을 만드는 초기 단계를 거치고 있었다.

여기에 새와 뱀목 파충류, 그리고 포유류가 지닌 생식 돌기의 유전적 프로필을 결합하면, 이 오래된 현미경 슬라이드는 포유류의 음경이 자체 발명품이 아니라 3억 1,000만 년 전에 생겨난 음경에서 유래했다는 가장 강력한 증거가 된다.[4)]

나, 네발동물

쉬지 않고 포유류의 섹스에 관한 재미있는 이야기를 할 거라고 기대했던 독자들에게는 미안한 이야기지만, 지금은 먼저 음경을 발명한 고대의 동물 조상에 관해 이야기해보고 싶다. 왜냐하면 이들이야말로 최초로 자신들이나 그들의 파트너의 다리 사이에서 성적인 무언가가 일어나고 있다는 것을 보게 된 동물들이기 때문이다. 그 이전의 어떤 동물도 이런 경험을 한 적이 없었다. 그들은 척추동물 역사상 가장 큰 전환기의 결과물이었다. 바로 물고기에서 육지동물이 된 것이다.

---

4) 생어는 내게 말하길 여기에는 한 가지 주의해야 할지도 모르는 게 있다고 한다. 발없는영원이라고 하는 뱀처럼 생긴 특이한 양서류에게도 음경이 있다는 것이다. 그렇다면 척추동물의 음경은 더 오래전으로 거슬러 올라갈 가능성도 있다. 양막류와 양서류의 공통 조상에게 음경이 있었고, 발없는영원이 아닌 양서류는 투아타라와 대부분의 새가 그런 것처럼 음경을 잃어버린 것이다. 현재 양서류의 생식기에 관해서는 확실히 알려진 게 부족하다.

사람들은 때로 척추동물이 육지를 침공했다고 이를 표현하지만, 이러한 전환은 일반적으로 '침공'이라고 부를 만한 요소가 전혀 없다. 한 물고기 계통이 제한된 시간을 물밖에서 보낼 수 있게 되는 데에는 약 4억 년 전에서 3억 4천 년 전까지, 거의 6천만 년이 걸렸다. 이러한 일이 왜 일어났는지는 불확실하지만, 어떤 물고기도 자의로 육지에서 살기 위해 떠나지는 않았을 것이다. 이 물고기들 중 일부가 점차 더 얕은 물로 밀려나는 과정에서 특정한 특징들을 얻게 되었다. 훗날 그 후손들이 조상의 수중 서식지를 완전히 벗어날 수 있게 하는 특징들 말이다.

이러한 특징 중 가장 주목할 만한 하나는 육상의 척추동물에게 그들의 이름을 부여하게 되었다. 포유류, 파충류, 조류와 양서류는 모두 네 다리를 일반적으로 가지고 있기에 네발동물이라고 불린다. 네발동물의 다리는 지느러미가 변형된 것인데, 이러한 변형은 육지를 걷는 것의 장점을 위해 진화된 것이 아니다. 이들의 지느러미 — 일반적으로, 주축을 따라 전달되는 근육 수축의 파동에 의해 밀려나가는 몸을 조절하는 연약한 돌출부 — 는 얕은 물로 밀려난 동물의 특정 움직임을 만들어내기 위해 진화했다. 이들은 물 속에서 갑작스럽게 공격해오는 포식자를 피해 물의 바닥에서부터 뛰어올라야 했는데, 이러한 움직임이 지느러미를 강하게 만든 것이다.

자연이 어떻게 지느러미를 다리로 변형시켰는지에 대해서는 수많은 연구가 이루어졌다. 발달생물학자들은 몸에서 이러한 부속을 만들어내는 여러 유전 프로그램을 비교해 지느러미를 만드는 유전자가 어떻게 조정되어 원래의 단순한 구조에 새로운 요소를 더하게 되었는지를 알아냈다.

이 작업은 초기 다리의 다른 부분들이 어떻게 미래의 다리가 될 부분의 유전 스위치를 켜는지와 관련되어 있다. 모든 부위를 만들기 위해서 필수적인, 우아한 연속적 유전자 스위치에 관한 이야기이다. 예를 들어, 특정 영역이 미래의 발목이 될 것이라면, 아직 별 특징을 갖지 않은 조직은 그 조직을 다리와 발 사이의 관절로 변환시키는 과정을 시작하는 추가 유전자가 활성화되기 전에 이미 특정한 유전자 스위치를 표현하게 될 것이다. 이것을 언급하는 이유는 다리처럼 음경도 동물의 몸에서 뻗어 나와야 하는 부속이기 때문이다. 게다가, 여성 생식기는 보기에 결코 다리와 유사하지는 않지만 상부, 중부 및 하부로 나뉘는 구성 요소를 역시 가지고 있다.

폐도 척추동물이 지상에서 살 수 있게 한 주요 혁신이었다. 다리와 마찬가지로 이 호흡 장치는 물을 떠나려는 노력의 일환으로 진화된 것은 아니다. 오직 아가미로만 산소를 모으려고 하지 않았던 첫 번째 물고기들은 그저 그들이 사는 물 바로 위에 산소가 넘치는 공기가 있다는 사실을 이용했을 뿐이다. 이들은 아마도 따뜻하고 산소가 부족한 물에서 생활하고 있었을 것이다. 그렇기에 하늘에 대고 끔뻑이며 산소를 얻는 것이 큰 이득이 되었을 것이다. 처음에는 이러한 물고기들의 입에서, 그리고 나중에는 진화한 더 복잡한 내부 표면에서 산소를 얻게 되었을 것이다. 여전히 아가미를 가진 물고기들에게서 발달한 선구자적 폐라고 할 수 있다. 물론, 실제 폐는 물고기의 아가미보다는 부레와 같은 기원을 가지고 있다.

그러나 폐와 다리는 물고기 조상이 해변으로 올라가게 하는 데에 충분하지는 못했다. 우선, 육지에서 다리가 작동하려면 동물이 아래로 쳐지지 않아야 한다. 물에는 부력이 있어 중력의 잡아당기는 힘을 상쇄할 수 있었다. 즉, 물에서의 물고기는 본질적으로 중량이 없었던 것과 마찬가지인 것이다. 하지만 공기에는 부력이 부족하기 때문에 초기 네발동물들은 중력과의 싸움에서 이기기 위해 더 강한 척추와 갈비뼈, 그리고 새로운 복근을 진화시켜야 했다.

생명이 살기에 지상, 더 정확하게는 공기에 둘러싸인 공간은 물과 아주 다른 환경이다. 그렇기에 물고기 조상은 지상에서 살기 위해 거의 대부분의 구조에서 최소한의 업데이트라도 해야만 했다. 몇 가지를 나열하자면 다음과 같다. 물과 함께 식사를 빨아들일 수 없었기에 새로운 턱과 삼키는 구조가 필요해졌다. 머리를 더 효율적으로 움직이기 위해 목이 진화했다. 네발동물의 감각 구조는 공기에서 다르게 작용하는 자극에 적응해야 했다. 이들의 순환계 역시 중력의 변화에 적응해야 했다. 그리고, 물보다 훨씬 더 빠르게 변화하는 온도에 대처하는 법을 익혀야 했다. 해변의 온도는 급격하게 변할 수 있지만, 인접한 바다의 온도는 거의 변하지 않는 것을 떠올려보라.

초기 네발동물의 희소하지만 매혹적인 화석 기록은 동물들이 전반적으로 변화하는 모습을 보여준다. 이들은 점점 더 납작한 코를 가지기도 하고, 더 적은 지느러미 꼬리를 가지기도 한다. 점점 더 얕은 물로 이동하며 이 동물들은 작은 호수나 갯벌과 같은 그들을 둘러싼 주변 환경에 적응해갔다. 미래를 위한 적응이란 여기에 없었다. 그러나 이들이 물가에 다다랐을 때, 식물과 무척추동물은 이미 건너편에 자리를 잡고 있었으며, 그렇기에 육지는 물에서 척추동물을 끌어당길 음식을 보유하고 있었다.

왜 이 이야기를 하게 되었을까? 첫째로, 이 장의 맥락에서 보자면, 육상 척추동물이 곧 우리가 아는 섹스를 발명하기 때문이다. 둘째로, 육상화는 2장에서 우리가 포유류에 대해 이야기했던 것을 다시 상기시킨다. 새로운 유형의 동물이 등장했다는 것을 확실하게 알리는 단일한 특징이란 없다는 것 말이다. 셋째로, 최초의 진정한 육상동물들은 포유류와 파충류의 공통조상에 가까웠기 때문이다. 이들은 포유류성에 대해 이야기하는 이 책의 시작점에 있다. 그리고 마지막이자 가장 중요한 것으로, 네발동물의 진화 과정에서 일어난 그 수많은 일들에도 불구하고, 최초의 육상 네발동물은 육상생활의 달인이 아니었기 때문이다.

척추동물은 물에서 약 5억 2,500만 년 전에 발생했다. 생명은 그보다도 30억 년 전부터 삶을 보내왔다. 물이야말로 생명의 본질이었다. 초기 식물과 무척추동물을 따라 땅으로 올라온 네발동물들은 완전히 새로운 일을 하고 있는 것이었다. 이들이 육지에서 생활할 능력을 가지고 있었다고 하더라도, 이들은 육지의 지배자와는 거리가 멀었다. 육지동물들에게 호흡, 사냥, 먹이 획득, 이동, 온도 변화에 대한 대처, 그리고 번식은 모두 큰 혁신이 일어날 수 있는 영역들이었으며, 이 모든 것들이 우리 포유류의 조상들이 마주한 도전이자 포유류적 방식으로 대응하게 된 것들이다.

나, 양막류

네발동물이 기능적인 네 다리를 갖게 된 지 얼마 되지 않아 이들은 두 혈통으로 나뉘었다. 하나는 물과 밀접한 관련이 있는 양서류로 이어졌으며, 다른 하나는 파충류와 조류, 포유류, 즉 '양막류'가 되었다.

콘과 생어는 초기의 양막류가 이후 모든 육지 척추동물이 물려받게 될 기본적인 음경을 만들었다고 추측하지만, 이것은 양막류와 관련한 수많은 생식 혁신 중 하나에 불과하다. '양막류'라는 단어는 생소할지 몰라도 자궁 속에서 아기가 들어있는 양수는 익숙할 것이다. 태아 주변의 막 안에 양수를 채우면서 초기의 양막류는 지상에 낳을 수 있는 새로운 종류의 알을 만들었다. 이미 육지에서 대부분의 일을 처리할 수 있게 된 양막류는 이제 번식하기 위해 물을 찾아야 하는 일에서 자유로워졌다. 오늘날의 작은 도마뱀처럼 생긴 초기 양막류는 약 3억 1,200만 년 전 그들이 살던 축축한 숲속에 이러한 알들을 낳았다. 이 시기에 지상의 생태계는 복잡성 면에서 빠르게 성장하고 있었다. 지상에서 자라는 식물은 빠른 속도로 풍부해졌고, 이를 통해 초기의 절지류와 곤충 역시 다양해졌다. 이들은 다시 양막류의 훌륭한 먹이가 되어주었다.

양막류는 척추동물의 번식 방법을 개편하는 것 외에도 몇 가지 중요한 신체적 개선을 이루어냈다. 수많은 신체의 업데이트 중에서 두 가지를 언급할 만하다. 초기 양막류는 피부를 방수가 되게 만들었고, 새로운 호흡법을 발전시켰다.

물은 공기 중에서 증발한다. 피부에서 물이 잘 새어나가는 육상 동물은 귀중한 생필품을 증발로 잃어버리고 탈수 상태에 빠지기 쉽다. 최초의 네발동물은 조상의 물고기 피부를 좀 더 두껍게 만들었다. 하지만 양막류는 한발 더 나아가 몸을 감싼 봉투 전체를 더 복잡하고 물이 통하지 않게 만들었다. 양막류는 죽은 세포로 이루어진 단단한 외피와, 여기에 방수가 되는 지방을 가득 채워 물이 통과하지 못하게 하는 여러 층의 피부를 진화시켰다.

피부는 자주 주목받는 부위가 아니지만, 포유류의 생물학에는 필수적이다. 파충류의 피부는 질겨지고 비늘이 — 훗날 한 혈통에서는 깃털이 — 생긴 반면, 포유류는 더 부드러웠으며 조상 때부터 있던 분비샘을 유지했다. 이 분비샘에서 포유류의 가장 뚜렷한 특징들이 자라났다. 털은 말할 것도 없고, 땀[5]과 향, 유난히 영양분이 많은 하얀 액체를 분비하는 분비샘도.

양서류의 피부 — 역시 분비샘을 갖고 있다 — 는 방수 처리가 된 적이 없다. 피부로 호흡하기 때문이다. 산소는 축축한 피부에 녹아 몸속으로 들어간다. 물속에서 호흡하기에 편리하지만, 양막류처럼 강력하지 못한 양서류의 1차 기체 교환 방식에 유용한 보충 수단도 된다. 양서류는 초기 양막류가 그랬듯 볼과 입을 사용해 공기를 폐에 불어넣었다 뱉는 방식으로 호흡한다. 이러한 방식이 3억 년 이상이나 이어졌다는 건 이 방식이 충분히 잘 작동한다는 뜻이지만, 양막류는 더 강력한 호흡 방식을 만들었다. 양막류는 직접적으로 폐가 들어있는 가슴 공간을 팽창시켜서 내부 압력을 낮추어 공기를 끌어들였다. 처음에는 갈비뼈를 들어 올리기만 해서 하던 동작이었다. 강력한 호흡은 나중에 산소를 더 많이 필요로 하는 대사를 진화시킨 포유류에게 필수적이었다. 그러나 이들에게

---

5) 땀은 몸이 필요로 할 때 엄격한 조절에 의해 능동적으로 물을 배출하는 행위다. 새는 게 아니다. 역설적으로, 땀은 수분 증발을 저주가 아니라 축복으로 만들어 주었다.

는 여전히 호흡 방식을 더 개선할 필요가 있었다. 가슴 호흡 방식의 진화는 부가적으로 흥미로운 이점까지 안겨주었다. 강력한 호흡을 통해 폐를 입에서 더 멀리 위치시키게 되자, 앞다리로 가는 더 큰 신경이 흐를 수 있게 되었다. 이를 통해 양막류는 양서류보다 훨씬 더 정교한 앞다리를 만들 수 있게 되었다. 다시 말하지만, 어떤 신체 부위도 독립적으로 진화하지 않는다.

좋다, 이제 다시 번식 이야기로 돌아가자. 초기의 네발짐승은 어류 조상이 그랬던 것처럼, 그리고 그 후손인 양서류가 그러는 것처럼 산란을 통해 번식했다. 번식과 유생 단계를 유지하기 위해서는 물이 필요했다. 이 올챙이 같은 유생이 변태할 수 있을 정도로 충분한 칼로리를 섭취한 뒤에야 성체 네발짐승이 되어 물 밖으로 나올 수 있었다.

양막류가 진화시킨 알은 개인 호수에 비유할 수 있다. 알은 충분한 물과 에너지, 알이 독립적인 생명체로 발달하는 데 필요한 물질을 담은 껍질로 알 세포를 담고 있는 엄마와 같다.

양막란은 진화 과정에서 껍질뿐만 아니라 세 가지 새로운 막이라는 부산물의 발달을 낳았다. 태아가 액체로 가득 찬 알 속에서 생존하는 데 필수적인 구조였다. 막 하나는 태아와 난황을 둘러싼다. 다른 하나 — 양수를 담고 있는 양막 — 는 자라나는 태아만을 둘러싸고, 세 번째는 태아의 복부에서 뻗어 나오는데, 태아의 질소 폐기물을 처리하고 호흡을 담당하는 기이한 한 쌍의 기능을 한다. 이 세 번째 막이 바로 우리 포유류에게 배꼽이 있는 이유다. 언젠가 이들 막은 포유류의 태반으로 변한다(더 자세한 내용은 6장에서 다루겠다).

새가 진화하기 전에 1억 년 동안 양막류의 알이 진화했다는 사실은 생물학자를 웃게 한다. 알이 닭보다 먼저인 게 분명하기 때문이다. 그러나 생물학자 역시 알이 진화한 이유에 관해서는 확실히 알지 못한다. 보통은 건조한 땅에도 알을 낳을 수 있으니 양막류가 좀 더 완전한 육상 생물이었다는 가정을 뒷받침한다고 생각한다. 이건 분명히 알의 이점 중 하나다. 하지만 현존하는 상당수의 양서류와 무척추동물이 땅에 양막이 없는 알을 낳을 수 있다. 어쩌면 양막란이 무게를 좀 더 지탱할 수 있어 더 커질 수 있고, 따라서 더 큰 자손을 낳을 수 있게 했을지도 모른다. 어미가 더 적지만 더 큰 알을 낳기 시작한 것일 수도 있다. 양보다 질로 가는 것이다.

그러나 한 가지 확실한 것은 이런 알이 이미 체내수정을 하는 동물에게서 진화했다는 사실이다. 양막란은 껍질에 싸이기 전에 암컷의 생식관 안에서 정자를 만나야 한다. 이는 곧 닭chicken보다 알이 먼저일 수 있는 반면, 음경cock은 거의 확실히 알보다 먼저라는 뜻이다.

자연선택은 미래를 내다보지 못하기 때문에, 초기의 양막류가 미래에 새끼를 낳는 방식을 통째로 정비하려고 음경과 체내수정을 진화시키지는 않았을 것이다. 이들은 물속이나 물 근처에서 번식하고 있었고, 따라서 삽입 섹스는 다른 이유로 진화했을 게 분명하다. 물고기의 체내수정 획득을 연구하는 사람들은 으레 암컷이 알을 낳으면 그 위에 정자를 뿌리는 것보다 수정 비율이 높고 부성이 좀 더 확실하기 때문에 수컷이 산란보다 삽입을 선호했다고 생각한다. 그러나 지느러미의 용도를 정자를 전달하는 것으로 바꾼 물고기와 달리, 지느러미가 없는 양막류는 그 일에만 필요한 기관을 새로 만들어 내야 할 필요가 있었다.

어떻게 이 목적을 달성했는지를 알아보다 보면 우리는 다리로 돌아가게 된다. 사지의 진화에 관한 흥미에서 번진 연구에서 마틴 콘 — 톰 생어를 보내 투아타라 태아의 몸통을 조사하게 했던 — 은 발달유전학의 교훈을 음경에 적용했다. 사지와 마찬가지로 음경도 왼쪽과 오른쪽, 앞과 뒤의 발달을 조절해야 하는 3차원 부속물이다. 2000년대 초반 콘은 사지를 만들 때 이런 역할을 하는 신호 분자와 유전자 상당수가 음경을 만드는 데도 쓰인다는 사실을 알아냈다. 양막류는 어느 한 부분의 용도를 바꾸지 않았다. 하지만 부속물을 만드는 데 쓰던 기존 유전자 도구의 용도를 바꾼 것이다.

다리와 생식기 사이의 연관성은 2014년에 발표된 연구결과에 의해 더욱 강해졌다. 하버드대학교 클리프 타빈Cliff Tabin의 연구실에 있던 패트릭 쇼프Patrick Tschopp와 동료들이 음경이 어떤 태아 조직에서 자라는지를 보였던 것이다. 초기 발달 단계에서 특정 세포에 형광 표시를 하면, 그 세포의 모든 자손이 형광을 띠도록 할 수 있다. 그러면 나중에 좀 더 성숙한 동물의 몸 안에서 표시된 세포에서 나온 세포가 어디 있는지를 찾을 수 있다. 쇼프와 생어를 포함한 동료 연구진은 도마뱀 태아에서 다리를 만드는 세포에 형광 물질을 주입했고, 얼마 뒤 발생 초기에 있는 도마뱀의 음경이 초록색으로 빛나고 있는 것을 발견했다. 도마뱀의 생식기는 다리를 만든 세포의 자손 세포로 만들어졌던 것이다. 도마뱀과 뱀이 끝이 두 가닥으로 갈라진 음경을 갖고 있다는 사실을 충분히 이해할 수

있게 해주는 관찰 결과였다.[6)]

초기 양막류에게 음경이 생기면서 훗날 어떤 지적인 유인원 한 종은 농담하고 안달복달하기도 하고, 공공장소에서는 감추기도 할 거리를 하나 얻었다. 하지만 음경 탄생에 있어 핵심적인 건 오늘날 우리에게 부부 욕조 대신 부부 침대가 있게 되었다는 것이다. 음경은 양막류의 섹스 방법을 바꾸어 이들이 번식하는 방식 역시 바꾸었다. 최초의 수정에 이은 발달은 더 이상 드넓은 세계에서 일어나는 일이 아니었다. 그 대신 어미의 몸 안에서 벌어지는 드라마가 되었다.

다시 포유류로

쥐를 대상으로 음경 발달의 기원을 조사한 쇼프와 동료들은 포유류 혈통이 다리의 전구세포로 음경을 만들다가 꼬리의 전구세포를 이용하는 방식으로 전환했다는 사실을 알아냈다. 놀랍게도, 포유류의 진화 과정에서는 생식기를 조직하던 세포 집단이 다른 곳으로 이동하고 대신 다른 세포로 하여금 음경을 만들게 하는 것으로 보인다. 왜 이렇게 됐는지는 불확실하다. 하지만 이 뜻밖의 변화는 포유류의 음경에 소소하지만 눈에 띄는 특징 몇 가지를 추가했다.

6) 도마뱀의 다리와 생식기 돌기의 스위치를 켜는 정확한 유전자를 비교하면 둘 사이에 놀라울 정도로 겹치는 부분이 드러난다. 게다가 뱀의 음경은 도마뱀의 다리와 닮았다. 뱀은 비록 다리를 잃어버렸지만, 태아의 다리 조직은 유지하고 있어 이것으로 생식기관을 만든다.

앞서 언급했듯이 포유류 수컷은 세상에서 유일하게 음경을 오줌 누는 데 쓴다. 오리너구리가 그렇게 하지 않는 것으로 보아 이건 상당히 늦은 시기에 이루어진 발달이다. 오리너구리의 오줌은 방광을 떠날 때는 음경을 향해 가는 것처럼 보이지만, 마지막 순간에 늘어진 음경 아래쪽의 통로로 방향을 바꾼다. 흥분한 수컷이 암컷의 꼬리를 물고 있을 때만 오리너구리의 발기 메커니즘이 이 앞서 있는 출구를 차단한다. 이 수력학적 메커니즘은 음경이 원래 자리하고 있는 배설강에서 튀어나오게 하는 동시에 정자가 음경 전체를 지나가도록 한다. 암컷 표본을 놓고서는 혼란스러워했던 에버라드 홈은 1802년 수컷 표본을 가지고 정자와 오줌이 나오는 길을 정확하게 추론해냈다.

이렇게 음경을 통해 소변을 내보내는 특징이 밤늦게 만취해 있는 인간 남성에게는 분명한 이점이 되지만, 실제 생물학적인 이유는 알아내기 힘들다. 만약 음경으로 오줌을 누는 게 생물학적으로 커다란 이점이라면, 아마 포유류 암컷도 그렇게 했을 것이다. 몇몇 포유류 암컷의 요도는 클리토리스를 통과하지만, 음경에 해당하는 암컷의 신체 부위가 커다란 경우는 드물다.[7)]

소변 이야기를 하니 말인데, 포유류는 애초에 많은 양의 오줌을 만드

---

7) 대표적으로 가짜 음경이라고도 알려진 점박이하이에나 암컷의 클리토리스는 18cm에 이른다. 이 기관이 과도하게 발달하는 이유로는 보통 이 매우 공격적인 동물의 혈액을 순환하는 테스토스테론 농도가 높다는 사실이 꼽힌다. 놀랍게도, 하이에나의 실은 이곳을 통과한다. 수컷이 진짜 음경을 가짜 음경에 삽입하는 식으로 성교한다는 뜻이다. 게다가 더욱 인상적인 건 그곳을 통해 새끼를 낳는다는 점인데, 그건 새끼, 특히 처음 태어나는 새끼에게 위험하다.

는 유일한 양막류다. 파충류는 질소 폐기물을 하얀 요산으로 — 새똥을 떠올려보자 — 배출하는 방법을 진화시켰다. 대가가 좀 더 큰 암모니아 제거법이지만, 포유류가 어류 시절부터 유지해 온 요소 기반 체계보다는 물을 보존하는 데 더 유리하다.

음경으로 오줌을 누는 포유류에 관한 또 다른 사실 하나로는 포유류가 음경 안에 밀폐형 요도가 있는 유일한 양막류라는 것이 있다. 다른 양막류는 모두 음경 옆쪽에 나 있는 홈(때로는 꽤 밀폐되어 있기도 하다)에서 배출한다. 발달 중인 포유류의 음경에는 개방형 요도가 뚜렷하게 나타나지만, 태어나기 전에 사라진다.

마지막으로, 포유류가 발기하는 방식도 상당히 독특하다. 거북도 비슷하게 피를 모아서 강직도를 얻는 방식을 쓰고 있긴 하지만 말이다. 다른 척추동물은 림프액만 사용하거나 림프액과 피를 함께 사용한다. 고대 그리스인과 중세 시대 이전의 모든 사람은 사람의 음경에 공기가 모여서 발기한다고 생각했다. 솔직히 말도 안 되어 보이는 이런 생각에 제동을 건 사람의 이력서에는 빈칸이 없을 정도라서 이 성과가 언급되는 일은 드물다.

1477년 피렌체에서 레오나르도 다빈치Leonardo da Vinci는 얼마 전에 교수형을 당한 범죄자의 해부 광경을 지켜보았다. 다빈치에 따르면, 이런 방식으로 처형된 남성은 종종 발기된 상태로 죽었다. 범죄자의 남근이 피로 가득 차 있는 모습을 직접 본 다빈치는 혈류역학적 발기 이론을 썼다. 온몸이 공기로 가득 차 있더라도 음경을 '나무처럼 단단하게' 만드는 데는 부족하다는 점을 지적하며, 다음과 같은 말로 자신의 관측을 보충했다. "게다가 발기한 음경의 귀두가 빨개지는 것을 볼 수 있다. 그건 피가 흘러들었다는 징후다."

모든 포유류의 음경이 비슷하게 생겼다고 생각한다면, 그건 오산이다. 나는 인생의 상당 기간을 훌륭한 골키퍼로 살아오면서 남성 탈의실에서 많은 시간을 보냈는데, 그 안의 수줍음과 노출증, 그리고 말로 할 수 없는 기묘한 예의범절 속에서 음경의 다양성에 관해 배웠다. 하지만, 오 맙소사.

으레 매기는 순위에 따르면, 포유류의 음경은 5mm인 땃쥐의 것에서부터 너무 커서 위키피디아 항목까지 따로 있을 정도인 대왕고래의 것까지 다양하다. 위키피디아에는 대왕고래의 음경은 길이가 2.4~3m지만, "성교 중에는 측정하는 게 거의 불가능하다"라는 고개를 끄덕거리게 되는 내용이 적혀 있다. 그러나 사이즈에 대해서만 이야기한다면, 남성 포유류의 허리 아래에 진화가 어떤 일을 저질렀는지를 충분히 설명할 수 없을 것이다.

나는 최근 포유류의 음경에 대해 공포 영화를 보듯 연구해왔다. 계속 다른 곳을 보고 싶은 생각을 하며 말이다. 이 연구 과정에서 나는 음경에 관한 재미있는 사실을 많이 수집했는데, 아무래도 여기서 공유하지 않고서는 견딜 수 없을 것 같다. 수고양이의 음경은 가시로 덮여 있다. 고양이의 가시는 설치류와 침팬지 음경에 있는 것보다 크다. 가시는 암컷의 배란을 유도할지도 모르며, 암고양이는 성교가 끝난 뒤에야 배란한다. 한편, 숫양의 음경에는 거꾸로 된(안팎이 뒤집힌) 요도가 튀어나와 있어 암양의 몸 안에 정액을 흩뿌린다. 돼지의 발기한 음경은 크기가 서로 다른 두 발기방 때문에 구불거리는 꼬리처럼 나선 모양이다. 바다코끼리의 음경에는 길이가 60cm인 음경뼈baculum가 들어있다. 알래스카 토착민은 이런 음경뼈를 모아 장식용 칼 손잡이 따위를 조각하곤 했다. 이상해 보이긴 하지만, 사실 포유류는 대부분 — 영장류 대부분을 포함해 — 그런 뼈를 갖고 있어 오히려 우리에게 뼈가 없다는 사실이 놀랍다.[8)]

나중에 살펴보겠지만, 유대류와 오리너구리의 음경은 귀두가 두 개다. 가시두더지는 귀두가 두 개가 아니라 네 개다. 그래서 장미꽃잎이라고 불린다. 아주 기이해 보이지만, 가시두더지가 발기하면 머리 두 개는 수축하고, 두 개만 기능한다.

마지막으로는 맥에 대해 이야기해야겠다. 우선 내가 본 맥 음경 영상에 사로잡혀 있기 때문이다. 그건 맥의 몸집에 비해 길었는데, 그게 문제가 아니었다. 그건 마치 독립적인 생명체처럼 보였다. 영화 <에어리언>에서 존 허트의 가슴을 뚫고 나온 생물이 떠오를 정도였다. 그리고 얼마 뒤 나는 샌프란시스코 동물원에 살았던 수컷 맥 잭에 관해 알게 되었다. 잭은 자신의 음경 위에 서 있곤 했다. 있는 힘껏 애를 썼지만, 사육사는 이렇게 보고할 수밖에 없었다. "그것은 보라색이 되었다가 까매진 뒤 위축되어 버렸다. 그리고 떨어져 나왔다. 그러자 잭은 그것을 먹었다."

이걸 어떻게 받아들여야 할까? 내가 포유류 올스타 축구팀의 골키퍼

8) 코끼리와 고래도 이러한 뼈를 가지고 있지 않아, 음경뼈 크기로는 바다코끼리가 가장 큰 편에 속한다. 신기하게도 음경뼈는 포유류의 진화 역사에서 여러 번 진화했다가 사라지곤 했는데, 이 때문에 음경뼈의 역할에 관하여 현재까지도 지난한 논쟁이 계속되고 있다.

를 맡지 않아서 다행이라는 점을 빼고는? 하나는 포유류의 음경이 포유류의 다른 많은 특징과 마찬가지로 폭넓게 그리고 멋지게 적응하고 있다는 것이다. 음경은 동물계 전체에서 가장 빠르게 진화하는 구조라고 한다. 중요한 것은 왜 그런가 하는 것이다. 이 다양성이 예전에는 경쟁자보다 더 나은 음경을 갖기 위한 무기 경쟁 때문이라고 여겨졌지만, 지금은 우리의 이해가 그보다 더 깊어졌다. 유성생식은 번거로운 과정이다. 두 참가자 모두 만족해야만 하는 과정이다. 오늘날 과학은 암컷이 사람들이 생각했던 것처럼 수동적이지 않다는 사실을 잘 알고 있다.

질

질과 관련해서는 문제가 하나 있다. 연구가 충분하지 않다는 것이다. 2014년 당시 스웨덴 웁살라대학교에 있던 말린 아킹Malin Ah-King과 동료들은 생식기의 진화에 관한 연구가 수컷, 암컷, 또는 양쪽 모두에게 초점을 맞추고 있는지를 체계적으로 조사했다. 결과는 충격적이었다. 동물의 생식기에 관한 연구 364개 중에 44%는 수컷과 암컷을 다루었다. 하지만 49%는 수컷만 조사했고, 불과 8%만이 암컷을 살펴보았다.[9] 저자들은 나태함이 이유가 될 수 없다고 했다. 그 대신 이러한 결과가 성적 교환에서 수컷이 주도적인 역할을 하며 암컷의 생식기는 대동소이하고 관심을 가

9) 27개 연구만이 포유류를 다루고 있었지만, 그 안에서도 치우침은 여전히 더 강했다. 나는 포유류의 질에 관한 재미있는 사실 목록을 갖고 있지 않다. 연구 자체가 없다.

질 필요가 없다는 잘못되었지만 끈질기게 남아있는 믿음을 반영하고 있다고 보았다. "이 분야에 꾸준히 남아있는 남성 위주의 편견은 해부학적 구조 차이가 성기에 대한 접근성에 영향을 끼친다는 것만으로는 설명할 수 없다."

하지만 암컷은 그냥 아무 수컷이나 자신의 난자를 수정시켜 주기를 바라지 않는다(어떤 말은 써 놓고 보면 너무 당연해 보인다). 그리고 성교의 역사와 생식기 진화의 동역학은 수컷과 암컷 사이의 복잡한 상호 작용이며, 적응과 역적응의 역사이자 동역학이다. 물론, 음경은 빠르게 진화한다. 하지만 그건 무슨 탈의실에서 일어나는 경쟁 때문에 일어나는 것이 아니다. 그보다는 암컷이 음경을 자신에게 유리한 방식으로 발전시키기 때문이라고 할 수 있다. 암컷은 난자가 가능한 한 가장 좋은 품질의 정자를 만나 수정될 수 있는 방식을 찾아낸다.

1990년대 「암컷은 수컷이 난자를 수정시키는 것을 왜 그렇게 어렵게 만들었을까?」와 같은 제목이 달린 논문에서는 성에 관한 새로운 관점이 나타났다. 수컷은 암컷을 얻기 위해 서로 경쟁할지 모르지만, 암컷의 몸에도 자기 자손의 아버지가 누가 될지를 어느 정도 정할 수 있는 — 성교 이후에 작동하는 — 메커니즘이 흔히 있다는 것이다. 성교를 하는 것만으로는 아버지가 되는 데 충분하지 않다. 사정 이후 정자의 운명이 성공적이라는 보장이 절대 없는 것이다. 암컷이 방출된 정자의 성공을 조종하는 다양한 방법에 대해 너무 자세하게 다루지는 않겠다. 이러한 방법은 많은 동물들에게서 찾아볼 수 있는데, 예를 들어, 암컷은 수컷의 정자를 저장해 수컷 사이의 경쟁을 심화할 수 있다. 이렇게 하면 암컷은 수태가 되는 시기를 조절할 수도 있다. 쥐와 햄스터가 그러듯이 자궁이 착상 준비를 하지 않게 할 수도 있다. 정자와 난자 사이의 물리적인 상호 작용을 조정하는 분자들이 좋은 짝을 확보하기 위해 정자와 싸움을 벌일 수도 있다. 면역 체계가 정자에게 적대적일 수도 있다. 설치류 암컷과 비비의 가까운 친척인 겔라다개코원숭이는 새로운 수컷의 등장이 현재 태아의 미래 안전을 위협할 경우 임신을 중단하는 모습을 보인 적이 있다.

실제로 초기 양막류에서 암컷은 수정이 이루어지는 장소를 더 몸 안쪽으로 가져와서 정자가 생식관 안쪽으로 더 깊이 헤엄쳐 들어오도록 만들었다. 이것은 양막란의 발달에 중요한 역할을 했다. 수정을 거친 후에 알을 낳기 위해 산모의 몸이 준비하려면, 생식기관의 높은 곳에서 착상이 이루어져야 했던 것이다.

암컷의 신중함은 난자와 정자의 차이에서(앞선 장에서 이야기했듯이) 온다. 암컷은 수컷보다 자신의 생식세포에 상당히 더 많은 자원을 들인다. 이어지는 장에서 자세히 이야기하겠지만, 포유류 암컷이 자식을 기를 때 투자하는 자원은 막대하다. 성의 어떤 측면이 수컷과 암컷의 욕구 사이의 기본적인 불일치에 영향을 받지 않고 진화하는 일은 거의 없다.

이제 연구 측면에서는 분기점을 넘어선 듯하다. 다행이다. 그리고 오늘날의 연구는 점점 더 이런 동역학에 따라 성을 연구하고 있다. 지금은 수컷의 부위만 가리키며 쳐다보는 것만으로는 충분하지 않다는 인식이 퍼져 있다. 이제 알아내야 할 것으로는 암양의 생식관이 숫양의 해부학적으로 기괴한 사정 방식에 어떻게 적응했는지 — 혹은 양의 뒤집힌 요도가 암컷의 혁신에 대한 반응인 것인지, 암퇘지가 몸을 고정하기 위한 코르크스스크루 같은 수퇘지의 음경 끄트머리에 어떻게 반응하는지, 암코양이의 배란이 수컷의 가시 있는 음경에 의해 일어난다면 수고양이가 마음에 들지 않을 때는 배란이 일어나지 않을 수도 있는지 — 등이 있다. 나는 암컷 맥이 상대방의 괴물 같은 물건과 어떤 관련이 있는지 전혀 알지 못한다. 하지만 무슨 관계가 있을 건 분명하다….

하지만 좀 더 뒤로 돌아가 포유류의 독특한 질이 애초에 어떻게 진화했는지 질문을 던져 보자. 이 문제에 답하기 위해서는 이 구조가 발달하는 과정을 다시 살펴보는 게 도움이 된다. 그리고 이런 관점이 제일 먼저 드러내는 건 질이 단일 구조가 아니라는 사실이다. 질은 발달의 기원이 서로 다른 윗부분과 아랫부분이 한데 합쳐진 구조다. 윗부분은 난관이 변형된 것인데, 아랫부분은 배설강에서 유래했다.

그렇다… 외부 배관이 있는 수아강 포유류가 배설강이 있는 동물보다 훨씬 더 정교하다고 그렇게 잘난 척을 했지만, 남성을 포함한 우리 모두는 아주 초기 어느 시점에서는 배설강이 있었던 것이다. 간단히 말해, 포유류 배아의 엉덩이 끝 쪽에는 직장과 요도, 생식관이 끝나는 저장소가 있다. 다행히도, 이 시기에는 태아가 성적 활동을 하지도 않고, 뭔가 먹지도 않으며, 태반이 질소 폐기물을 처리해 준다. 원래는 소변과 대변, 생식세포가 모두 배출해야 하는 생성물이었다는 점을 염두에 둔다면 이 구조는 더욱 말이 된다. 산란으로 번식하는 동물의 생식관은 뭔가를 받아들이는 구조가 아니다.

태아의 배설강은 중요한 발달에 중요한 구조다. 구멍이기도 하며 동시에 수컷과 암컷의 외부 생식기 발달을 조절하는 조직과 신호의 근원이기도 하다.[10] 질 아랫부분의 형성에서 핵심적인 사건은 배설강이 앞부분과 뒷부분으로 분리된 것이다.

털공이 달린 털모자가 하나 있다고 상상해 보자. 이게 배설강이다. 모자 뒤에는 커다란 관이 달려 있다. 이게 뒷창자다. 앞에는 요도와 난관이 이어져 있다(아마 이 모자를 쓰고 싶지는 않을 것이다. 사실 이 사고실험의 다음 부분부터는 쓸래야 쓸 수도 없다). 진화는 모자 안으로 손을 뻗어 털공을 잡은 뒤 아래로 잡아당겨 모자의 내부 공간을 둘로 나누었다. 그리고 뒷부분과 앞부분이 서로 통하지 않게 했다. 모종의 생물학적 실과 바늘로 이 둘을 나누는 칸막이를 만들어 물이 새지 않게 만들었다. 이렇게 하면 뒷부분은 뒷창자의 확장이 되고, 앞부분은 오줌과 아기가 세상으로, 그리고 정액이 생식관으로 나가는 통로가 된다. 이것을 비뇨생식동이라고 부른다.

이제 우리는 구멍이 두 개인 암컷에 도달했다. 하지만 구멍은 세 개여야 한다. 그렇지 않은가? 음, 사실 그렇기도 하고 아니기도 하다. 사실 인간 여성은 이런 면에서 특이한 존재다. 포유류 암컷의 대부분은 구멍이 세 개가 아니다. 대부분은 생식관이 둘로 나뉘는 수준에서 더 나아가지 않는다. 배뇨와 번식용 관 하나 그리고 고체 폐기물을 버리는 관 하나로 나누는 정도면 충분하다. 추가로 요도와 질까지 나누어서 각각 다른 출

10) 음경의 기원이 사지 조직에서 꼬리 조직으로 바뀐 건 배설강의 위치 변화 때문으로 보인다.

구로 사용하는 건 몇몇 설치류와 영장류에게만 일어나는 일이다.

질의 윗부분 — 사람의 경우 위쪽 약 3분의 1 — 은 난관의 끝부분으로 이루어져 있다. 난관은 한 쌍의 난소에서 난자를 모아 외부로 나르는 오래된 관이 진화한 것이다. 사람의 경우 두 관 — 나팔관 — 이 중간에서 합쳐져 자궁이 생기면서 거기서 끝나며, 단일한 자궁경부가 하나로 된 질의 윗부분 위에 오게 된다. 그러나 사실 난관이 어디서 합쳐지는지는 포유류 안에서도 다양하다. 사람은 아주 위에서부터 붙는 편이다. '더 고도로 발전한' 영장류의 특징이다. 다른 포유류 대부분의 자궁은 쌍을 이룬 난관에서 유래했다는 사실을 비교적 명확하게 보여준다. 설치류와 토끼의 경우 난관 두 개에 각각 별개의 자궁과 자궁경부가 있다. 그리고 사슴과 말, 고양이는 별개의 두 자궁이 자궁경부 하나를 공유한다. 코끼리와 개, 고래는 자궁이 하나지만, 왼쪽과 오른쪽 위에 뿔 모양으로 분명하게 쑥 들어간 부분이 있다.[11] 이런 다양함을 보면 아마 가장 완벽한 사람의 형태로 이어지는 중간 단계의 융합 형태가 연속적으로 있다고 생각할 것이다. 하지만 그건 빅토리아 시대의 프록코트만큼이나 낡은 개념이다.

설치류와 마찬가지로 유대류도 별개의 자궁이 두 개 있다. 여기서 끝이 아니다. 유대류는 질이 세 개다. 둘은 정자를 받아들이는 용도고, 하나는 새끼를 내보내는 용도다. 앞의 둘은 진화 역사의 우발성을 다시 떠올리게 하지만, 세 번째는 완전히 수수께끼다.

11) 이런 '쌍각자궁'을 가진 여성도 있다.

태반류의 경우 요관 — 신장에서 방광으로 이어지는 관 — 이 발달 중인 난관을 바깥쪽으로 둘러 간다. 즉, 난관이 중간에서 자유롭게 융합할 수 있다는 뜻이다. 하지만 유대류는 요관이 두 난관의 가운데를 지나가므로 난관이 융합할 수 없다. 따라서 유대류의 질 두 개는 각각 한 쪽으로 굽어 있어 배설강에서만 만날 수 있다. 이런 쌍둥이 구조는 유대류 수컷의 귀두가 두 개인 이유를 거의 확실하게 설명한다.

아버지의 유전적 기여가 들어간 것과 똑같은 구멍으로 새끼가 빠져나오지 않는 이유는 불분명하다. 확실한 건 임신한 유대류 암컷이 새끼를 낳기 위해 중앙에 세 번째 질을 발달시킨다는 사실뿐이다. 이 가운데 질을 발견한 사람은 에버라드 홈이었다. 계몽주의 시대에 호주의 놀라운 생식관을 탐구하던 그 말이다. 홈은 1795년 캥거루를 해부하는 과정에서 이 사실을 밝혀냈다. 하지만 복잡한 오리너구리와 마찬가지로 유대류 암컷의 아랫도리에 관한 문제가 완전히 풀리는 데는 거의 한 세기가 걸렸다. 그 100년 동안 일부 해부학자는 홈에게 동의했고, 일부는 홈이 멋대로 상상했다고 생각했다. 하지만 1881년 조셉 제임스 플레처Joseph James Fletcher와 조셉 잭슨 리스터Joseph Jackson Lister가 생식 상태를 알고 있는 캥거루 여러 마리를 조사한 결과 가운데 질이 새끼를 낳기 위한 용도로만 생겨난다는 사실을 보였다. 일부 캥거루 종에서는 첫 번째 새끼가 지나간 뒤에도 가운데 질이 열려 있었고, 나머지는 매번 새끼를 낳을 때마다 생겼다가 닫혔다. 후자가 유대류의 표준 작동 방식이다.

유대류의 생식에 관해서는 다음 장에서 더 이야기할 것이다. 지금은 마지막으로 질의 난관 부분에 관해, 그리고 발생학에게 감사의 인사 한 마디만 하겠다. 가장 근본적인 형태의 과거의 난관은 한쪽 끝에 난자를 잡기 위한 깔때기가 있고 반대쪽 끝에 난자를 배출하기 위한 출구가 있는 관이다. 양막류의 경우 이 관의 진화는 지역적인 변화에 관한 이야기다. 난관의 서로 다른 부분이 처음에는 난자에 알부민을 제공하다가, 이후에는 껍질로 코팅하는 데 특화되었다. 포유류에서는 그 껍질샘이 자궁과 자궁경부가 되었고, 독특한 질 조직이 진화했다. 각 영역이 구별되기 훨씬 전의 초기 발달 과정에서는 다리와 음경을 만들어내는 것과 밀접하게 연관된 소수의 유전자가 켜졌다. 서로 다른 각각의 유전자가 각각의 영역을 밝히며 말이다.

3장에서는 DNA를 유기체를 만드는 기본 설계도이자 진화적 변화의 기록으로 보았다. 그 뒤의 발달 과정은 유기체가 만들어지는 방법이자 형태와 기능의 진화적 변화가 어떻게 일어났는지를 생물학자가 볼 수 있는 수단이다.

5장

이어지는 생명의 고리

길고 뜨거웠던 1976년의 여름에 — 생각보다는 조금 이르게 — 우리 아버지의 몸에서 나온 작은 운동성 세포 하나가 21살인 어머니의 나팔관으로 흘러나온 난자에 달라붙었다. 그 정자는 난자의 껍질을 뚫고 들어가 그 안에 염색체 23개를 풀어 놓으면서 긴 여행을 마쳤다. 그와 함께 임무도 마쳤다. 수정된 난자는 2개, 4개, 8개, 16개…로 나뉘다가 마침내 수조 개의 세포가 생겼다. 세포가 16개일 때는 하나하나의 차이점이 거의 없었다. 하지만 수조 개 되었을 때는 내가 되었다.

성인 인간은 약 37.2조개의 세포로 이루어져 있다. 정자와 난자의 만남은 기념비적인 사건이지만, 사람을 만드는 데는 훨씬 더 많은 작업이 필요하다. 세포가 37.2조 개가 되려면 적어도 37.2조 빼기 1번의 세포 분열이 필요하며, 실제로 그 난자와 그 후손들은 상상하기 어려울 만큼 많이 분열한다.[1] 그리고 세포는 분열하면서 많은 변형을 거친다. 서로 상호 작용하고, 종류가 바뀌고, 이동하고, 제각기 다른 조직을 구성하고…. 궁극적으로 음경과 질부터 머리, 어깨, 무릎, 발끝까지 모두 세포로 만든다.

---

1) 사실 필요한 것보다 더 많은 세포를 만들었다가 제때 제 위치에 있지 않은 세포를 없애는 방식으로 발달하기 때문에 분열은 훨씬 더 많이 일어난다.

동물을 만드는 건 이루 말할 수 없을 정도로 복잡한 과정이다. 그 과정이 끝나자마자 그 과정을 처음부터 다시 시작하는 게 성숙한 동물의 첫 번째 목표가 된다는 건 우스울 지경이다. 난자가 정자를 만나서 동물이 태어난다. 동물이 성적으로 성숙하고, 난자가 정자를 만난다…. 이 탄생의 고리는 항상 돌고 돈다.

어쩌면 생명이 얼마나 오래되었는지를 이해하려는 부질없는 시도보다도 더 어이없는 건 우리에게 얼마나 많은 조상이 있었을지를 생각하는 것이다. 이 고리가 도대체 얼마나 많이 돌고 돌았을지.

인류 역사의 대부분은 동물이 어떻게 발생하는지 전혀 모른 채 지나갔다. 1660년대에 안토니 판 레이우엔훅Antonie van Leeuwenhoek은 현미경을 발명해 정자를 발견한 뒤로[2] 각 정자의 머리에 작은 동물이 들어 있어서 자라기만 하면 된다고 생각했다. 어떤 이들은 난자에 비밀이 있다고 생각했다. '정자가 들어가고, 새끼가 나온다'는 건 마치 연금술과도 같다. 그렇지 않은가?

오늘날 발생생물학은 과학 전체에서도 손꼽힐 정도로 정밀하고 놀라운 분야다. 세포 뭉치에서 동물이 생겨나는 자기조직은 정말 놀라운 일이다. 우리는 이제 이런 일이 벌어지는 과정의 윤곽을 상당히 자세하게

2) 나는 현미경을 발명한 사람이 정자를 발견했다는 사실이 아주 마음에 든다. 레이우엔훅이 "이걸로 이걸 봐야겠군"이라고 생각하기까지 얼마나 걸렸을까? 아니, 너무 무례하게 굴지는 말아야겠다. 당시에 정액의 성질은 대단한 수수께끼였으며, 사실 레이우엔훅은 자신이 외부에 어떻게 보일지 걱정스러웠을 게 분명하다. 게다가 이 연구를 하기 위해 일부러 몸을 비운 게 아니고 항상 부부 관계에서 자연스럽게 생기는 부산물을 이용했다고 주장했다.

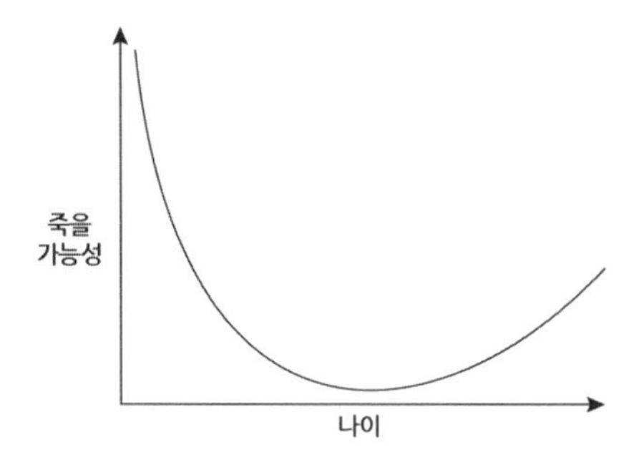

그릴 수 있다. 그리고 이 지식은 비교적 최근에 발생을 진화생물학의 중심부에 다시 가져다 놓았다. 사지와 생식기의 구성에 관한 지식은 그 진화의 역사를 추측하는 데 특별히 유용하지 않다. 발생을 이해해야 진화를 더 잘 이해할 수 있다. 몸이 어떻게 만들지는지를 알면 몸이 어떻게 서로 다르게 만들어지는지를, 그리고 현재의 몸이 이전의 몸에서 어떻게 나타났는지를 알 수 있다. 유전 변화와 최종 형태 사이의 간극을 메워 주는 것이다.

그러나 발생 단계에 있다는 — 어리다는 — 건 위험하기도 하다. 새끼는 불완전하고 경쟁력이 떨어진다. 연약하고, 쉽게 목이 마르고, 금세 배가 고프고, 순식간에 춥거나 덥다. 아무거나 먹지도 못하고, 잡아먹히기도 쉽다. 미성숙은 위험하다. 만약 나이에 따른 사망 가능성을 그래프로 그린다면 사망률이 아주 어린 나이와 아주 많은 나이에서 가장 높다는 사실을 볼 수 있다. 비교적 생존이 수월한 시기를 중심으로 미성숙과 노쇠의 취약함을 보여주는 구간이 좌우에 놓인다.

그러므로 발생의 최종 산물이 아무리 화려하다고 해도 그것만으로는 충분하지 않다. 코끼리든 호랑이든 토끼든 큰가시고기든 데이지꽃이든 마찬가지다. 어떤 종이든 계속 이어지고 싶다면 진화는 반드시 모든 발생 단계를 성공적으로 지나갈 수 있는 수단을 마련해야 한다.

나, 다세포 유기체

발생은 다세포 유기체만이 겪는 문제다. 박테리아가 둘로 나뉘면, 이 둘은 각자 갈 길을 간다. 다세포 생명의 출현이 그럴 만한 주목을 — 가령 생명의 궁극적 기원이나 인간의 출현에 대한 관심만큼 — 받고 있는지는 잘 모르겠다. 다세포성은 진정으로 근본적인 혁신이었다. 지구에 생명체가 등장한 이후 25억 년 동안은 오로지 단세포 유기체밖에 없었다. 유기체는 곧 세포였고, 세포는 곧 유기체였다. 다시 말해, 지구 생물의 역사에서 처음 3분의 2가 지날 때까지 세포는 서로 뭉칠 이유를 찾아내지 못했다. 공동생활의 이점을 깨닫는 게 너무 어려웠거나, 그때의 삶이 매우 달랐다는 결론을 내릴 수밖에 없다. 어쨌든 간에 시베리아 호랑이와 대장균을 비교한다면, 그 둘은 매우 다르다. 어떤 단세포도 사슴의 목을 꺾을 수 없다. 그리고 커다란 고양이는 절대 사람의 장 속에서 살 수 없다. 하지만 이런 건 피상적인 차이다. 생물학은 핵심적인 메커니즘에 단단히 묶여 있고, 다세포 유기체든 단세포 유기체든 반드시 똑같은 기본 행위를 해야 한다. 세균과 호랑이 둘 다 산소를 흡입해 먹이를 태워야 한다. 둘 다 수분의 균형을 맞추어야 하고, 둘 다 신진대사의 부산물을 배출해야 한다. 모두 생명을 위협하는 상황을 회피하거나 그에 반응해야 하고, 모두 번식을 해야 한다.

큰 차이는 단세포 생물인 세균은 이런 일을 전부 스스로 해야 하고, 호랑이는 특정한 일을 아주 잘하는 여러 세포로 이루어져 있다는 사실이다. 호랑이의 창자 세포는 사슴고기에서 영양분을 흡수하는 데 뛰어나지만, 망막에 창자 세포가 깔린 호랑이는 앞을 볼 수 없을 것이다. 생명이 다세포로 진화한 일은 근본적인 변화였다. 공동체 안의 세포는 분화하기 시작했고, 각각의 세포는 서로 다른 일에 종사하며 공동의 이익을 향해 움직였다. 협력이 경쟁을 몰아낸 것이다.

가장 먼저 의미 있는 방식으로 뭉치게 된 세포 무리를 상상해 보자. 특별한 형태라고는 없는 덩어리였을 테고, 함께 있음으로써 모종의 단순한 이익을 얻었을 것이다. 그 상황에서 구성 세포들이 서로 다른 일을 하기 시작했을 거라고 상상할 수 있다. 아마 외부에 있는 세포는 안쪽에 있는 세포보다 좀 더 튼튼해졌을 것이다. 그러고 나서 튼튼해야 할 필요가 없어진 안쪽의 세포는 그 대가로 바깥쪽 세포에 이익이 되는 뭔가를 했을 것이다. 어쩌면 어떤 신진대사 기능을 좀 더 효율적으로 수행했을 수도 있다.

처음에 이런 덩어리는 아마 상당히 무질서했을 것이다. 세포는 처음부터 바깥쪽에 있도록 만들어진 게 아니라 단지 어쩌다 바깥쪽에 있게 되었기 때문에 튼튼해졌을 것이다. 그러나 시간이 지나면서 점차 정확한 발생 양식이 진화했다. 세포의 정체성은 — 모두 똑같은 DNA를 갖고 있는 복제지만, 어떤 유전자 스위치가 켜지고 꺼지냐에 따라 특성이 달라진다 — 더 확고해졌을 것이다. 세포끼리 신호를 주고받으면서 서로 다른 종류의 세포가 좀 더 정형화된 배열을 갖추기 시작했을 것이고, 연이은 세대는 점점 더 닮기 시작했을 것이다. 그렇게 성장과 발생은 다세포 유기체가 거치는 과정이 되었다.

오늘날 우리는 동물의 몸이 여러 부위로 이루어져 있다는 사실을 당연하게 여긴다. 하지만 그런 부분은 모두 존재하지 않던 상태에서 진화한 것이다. 심장과 뇌, 신장, 눈…, 모두 과거에 아무것도 없던 상태에서 생겨났다. 이런 부위가 진화한 이유를 간단히 생각해 보는 건 흥미롭다. 일부는 단순한 기능의 분배로 생각할 수 있다. 분화된 세포가 각기 특정한 일을 하는 것이다. 감각기관은 뭔가를 감지하는 데 놀라울 정도로 효율적이다. 세포 하나가 할 수 있는 것보다 훨씬 더 뛰어나다. 피부는 뛰어난 외부 장벽이다. 밀폐된 장은 먹이를 가두어 놓고 그 안의 영양분을 빼내는 일을 잘한다. 하지만 처음부터 다세포 생물이 되는 데 적응하기 위한 것으로 보이는 혁신도 있다. 세포 하나는 순환계가 필요하지 않다. 세포가 산소가 있는 외부 세계와 접촉하지 못할 때만 산소를 가져다주면 된다. 또, 만약 혈액이 폐기물 투기장이 된다면, 혈액을 거르고 독성을 없애줄 기관이 필요하다. 마지막으로, 실제로 새로운 기능을 수행하는 특성이 나타나는 것들도 있다.

진화생물학과 발생생물학을 융합한 분야인 '이보디보evo-devo'는 어떻게 동물의 형태가 유전자와 세포 프로그램의 변화를 통해 진화했는지를 연구한다. 그리고 우리가 포유류 고환의 발생 과정에 관해서, SRY에 의해 생식샘이 고환으로 변한 것에 대해서, 음경과 질이 생긴 것에 대해서 이야기했듯 이것은 이 책 전체에 걸쳐 계속 다룰 주제다.

이보디보는 흔히 신체 기관이 어떻게 진화했는지에 관한 질문에 답한다. 엄밀히 말해 그건 그 구조가 진화한 이유와는 관련이 없다. 어떤 새로운 형태는 유지되고 다른 형태는 그렇지 않게 만드는 선택압은 자연에 다양성을 만드는 과정과 별개다.

이보디보의 선구자로는 예일대학교의 귄터 바그너Günter Wagner를 들 수 있다. 바그너는 기존 구조의 적응과 새로운 구조의 발명 사이의 차이에 큰 관심이 있다. 적응은 가령 젖샘의 형태가 소유자 특유의 생리에 따라 변하는 과정이라든가 이 젖샘이 새끼의 필요에 따라 제각기 다른 젖을 만들게 되는 과정과 관련이 있다. 한편 발명은 젖샘의 기원과 관련이 있다. 다른 어떤 동물에게도 이렇게 새끼에게 필요한 음식을 공급하는 분비샘은 없다. 젖샘이 없는 상태에서 젖샘을 만드는 건 일단 생겨난 젖샘의 적응과는 아주 다른 도전이다.

혁신에 가장 중요한 건 새로운 종류의 세포를 만드는 것이다. 바그너가 "형질 정체성 네트워크"라고 즐겨 부르는 새로운 유전자 네트워크의 출현이 필요한 일이다. 바그너는 세포의 정체성을 특정하는 유전자와 세포가 기능을 수행하기 위해 사용하는 유전자를 구분한다. 예를 들어 4장의 사지를 만드는 예시에서 언급했던 유전자들은 발달 중인 다리나 생식기의 다른 영역에서 켜지거나 꺼지며 해당 영역의 미래 운명을 지정하곤 했다. 이러한 유전자들이 형질 정체성 네트워크를 구성한다. SRY와 마찬가지로, 이러한 유전자들은 추가적인 정체성 유전자들을 켜고 끄면서 발현된 유전자의 패턴이 발목이나 자궁과 같은 발달 중인 영역의 고유한 세포 유형을 생성하도록 돕는다.

일단 정체성이 확립되면, '효과기effector 유전자'로 알려진 추가 유전자 집합이 켜지면서 세포가 자궁이나 발목 세포처럼 행동하게 만드는 일에 착수한다. 이것은 어떤 사람이 처음에는 앞치마와 모자(정체성 네트워크)를 착용하고 요리사인 척하다가 얼마 뒤 칼과 프라이팬, 스토브(효과기 유전자)가 생기면 제대로 된 요리사가 되는 것과 조금 비슷하다.

바그너는 "혁신에 대한 연구는 그 특성을 소유한 계통에 새로운 기능적, 형태학적 가능성을 열어주는 것이다."라고 썼다. 그는 새로운 특성이 완전히 새롭게 나타나는 일은 아주 드물다고 지적한다.[3] 그러나 '발명'이 어떻게 생겨나는지를 설명하는 일이 얼마나 힘든지는 차치하고라도, 그의 말에서 가장 흥미로운 것은 젖샘이나 털과 같은 혁신이 나타났을 때 이것이 이를 얻게 된 동물들에게 새로운 기회를 제공한다는 생각에 있다. 우리가 4장에서 봤듯 체내수정은 하나의 이유로 진화했을 수 있지만, 이를 통해서 태아를 돌보고 동물이 발달하는 새로운 방식이 열리게 되었다.

새로운 기회를 열어준 새 특성에 대한 또다른 예는 바그너 본인이 그의 동료인 빈센트 린치Vincent Lynch와 함께 연구한 세포에서 찾아볼 수 있다. 탈락막기질세포, 혹은 DSCDecidual Stromal Cell라고 불리는 이 세포는 태

3) 물론, 어떠한 특성이 완전히 새로운 것인지, 혹은 기존에 있던 특성의 극단적인 적응의 결과인지를 엄밀하게 정의하는 일에는 기술적인 접근이 필요하다.

반류의 자궁벽에서만 찾아볼 수 있는 세포로, 이들의 임신에 아주 중요한 역할을 수행한다. 이 세포는 태반이 자궁에 너무 깊이 침투하지 않도록 제한하여 어미의 면역 체계가 태아를 공격하는 것을 막는다. 태아가 수컷의 외래 유전자를 포함하기 때문에 면역체계가 이를 막는 것은 자연스럽다. 바그너와 린치는 DSC가 오늘날 유대류의 자궁에서 관찰되는 한 세포 유형에서 프로게스테론 호르몬에 대한 반응으로 유래했음을 발견했다. 얼마간의 놀라운 유전적 재구성 후에, 프로게스테론은 이제 DSC에서 독특한 유전자 배열을 활성화하여 유대류에서 발생하는 것보다 더 길고 복잡한 임신을 허용하는 세뵤를 생성하게 되었다. 바그너는 이 세포 유형의 기원을 계속해서 연구하고 있다. 그는 이제 DSC의 선조 세포들이 태아에 대한 자궁의 염증 반응을 규제하는 데 중요한 역할을 했으며, 이후에는 이러한 염증 반응을 현재 우리가 볼 수 있는 임신 과정으로 변환하게 되었다고 생각한다.

생식세포계열

한 동물의 세포 사이에서 생기는 가장 근본적인 분업은 그 동물을 '만드는' 일과, 정자나 난자 세포를 만드는 것과 같이 미래의 동물을 '만들 가능성을 유지하는' 일 사이에서 일어나는 것이다. 생명이 다세포성을 획득하고 나서야 미래 세대를 만들 수 없는 세포도 존재할 수 있게 되었다. 이 개념은 19세기 독일의 생물학자 아우구스트 바이스만August Weismann에 의해 정식으로 자리를 잡았다. 1881년 바이스만은 '생명의 지속성'이라는 제목의 강의에서, 전 세대의 생리학자 요하네스 뮬러Johannes Müller의 말을 인용했다. "유기물로 이루어진 몸은 썩게 마련이다. 비슷하게 생긴 개체가 끝없이 이어지면서 생명은 불멸성이라는 겉모습을 유지하지만, 그 개체 자체는 사라진다."

바이스만은 유기체의 몸을 이루는 세포는 모두 필멸의 존재라고 설명했다. 동물이 죽으면 세포도 죽었다. 하지만 유기체의 번식에 쓰이는 세포는 사실상 불멸의 존재였다. 세대에서 세대를 거치며 계속 분열해나가는 것이다.

바이스만은 이 아이디어를 자신의 생식질germ-plasm 이론으로 확장했다. 생식세포의 혈통이 잇따라 태어나고 죽는 동물을 통해 이어지며, 이런 세포가 유전을 매개한다고 주장했던 것이다. 바이스만은 생식세포가 다른 모든 신체 세포와 완전히 나뉘어 있다고 생각했다. 따라서 새로운 생물학적 형질이 등장하려면 생식세포에(오늘날 우리가 이해하는 바에 따르면 그 안의 DNA에) 변형이 일어나야 했다. 이런 통찰은 부모가 살면서 얻은 형질이 자손에게 전해진다는 낡은 개념을 부정하면서 즉각적이고 커다란 영향력을 발휘했다.[4)]

하지만 썩어 사라지는 몸을 통해 이어지는 불멸의 세포 혈통이라는 개념은, 끊임없이 이어지는 생명의 행진에 깔려있는 것은 정확히 무엇이냐는 혼란스러운 개념을 제시하기도 했다.

---

4) 오늘날 생식세포의 DNA가 미래의 자손에게 쓰이는 방법이 달라지는 방식으로 바뀌는 — 후성유전학이라고 불리는 과정 — 가능성이 새로운 관심을 받고 있지만, 유전적 변이가 진화 과정의 근본이라는 기본 개념은 공고하다.

나는 거의 평생 생식세포계열germline이라는 용어를 들으면 그저 고환과 난소에서 나오는 정자와 난자와 같은 것이라고 생각했다. 하지만 반드시 그렇지는 않다. 생식세포계열은 물리적인 현실이다. 실제로 생식 능력이 있는 모든 동물의 몸을 따라 이어지면서 동물의 몸을 구성하는 데는 아무런 역할을 하지 않는 세포의 혈통line이 있다.

이 분야에 관한 연구가 가장 잘 이루어진 포유류인 쥐의 경우, 임신 초반에는 세포가 몰아치듯 생겨난다. 그 뒤 세포 대부분은 썩을 운명인 몸의 여러 부분을 만들러 이리저리 움직이기 시작하는데, 적은 수의 일부 세포는 조용히 그대로 남아있다. 이러한 세포들을 원시 생식 세포primordial germ cells라 한다. 바이스만이 말한 생식질을 보유한 세포들인 것이다. 실제 태아의 바깥에서 짧은 기간을 보낸 후, 이 세포들은 태아의 후장을 통해 이동하여 자신들의 생명 주기를 완료할 곳인 생식샘에 자리잡는다. 엄밀히 말하자면, 난소와 고환은 난자와 정자를 만들지 않는다. 이들은 생식세포계열의 주거지가 된다.

바이스만이 이해한 바에 따르면 유기체는 목적을 위한 수단이다. 우리의 몸, 우리의 정신은 앞으로 계속 생식세포가 분열할 수 있도록 호모 사피엔스의 생식세포계열에서 분리되어 나온 생물학적 구조의 여러 양상일 뿐이다. 우리는 불멸의 가능성이 있는 세포들이 잠시 머물다 가는 일시적인 탈것이다.

이 지구에서 생명을 이어 온 끊어지지 않은 세포의 실에 대해 발견한 것, 그러니까 생식세포가 주기적으로 몸을 만들었다가 버린다는 사실을 발견한 일은 내게 마치 생물학계의 코페르니쿠스 혁명이었어야 할 것처럼(혹은 실제로 그랬다고) 느껴진다. 태양이 우리 주위를 움직이는 게 아니라 사실은 지구가 태양 주위를 돌고 있다는 사실을 알아내고 인간을 우주의 중심에서 치워버린 천문학자처럼, 생식세포계열을 인정하는 건 우리가 정자와 난자를 갖고 있다는 일상적인 관념을 뒤집어 버린다. 우리가 생식세포의 몸인 것이다.

포유류의 길

1976년 두 생식세포가 만나서 나를 만들었을 때, 두 세포는 우리 어머니의 몸 안에서 융합했다. 그리고 어머니의 나팔관 안에서 분열하기 시작했다. 이들 세포가 만든 초기 구조는 포유류 고유의 것이다. 배반포가 형성되었다. 장래에 내 몸을 이룰 수 있는 잠재력이 속세포덩이라고 부르는 공처럼 뭉친 세포들 속에 자리 잡았다. 속세포덩이는 내 태반의 일부가 될 운명인 세포로 이루어진 좀 더 크고 속이 빈 공 속에 놓여 있다. 태반류 발생의 초기 단계는 나머지 다른 부분보다 이 태아의 구명 뗏목을 만드는 일과 훨씬 더 큰 관련이 있다.

자궁에 도착하면 배반포는 자궁벽에 착상하고, 그에 맞춰 태반이 만들어지기 시작한다. 일단 그 일이 확실히 끝나면 태반이 태아에 필요한 모든 것을 어미에게서 가져다주며 발생이 이루어진다. 이건 다음 장의 주제다. 핵심은 포유류는 자궁 안에서 자란다는 점이다. 나는 자궁 안에서 9달을 보냈다. 아프리카코끼리는 거의 2년 가까이 이런 식으로 새끼를 품는다. 작은 포유류에게는 어머니가 곧 세상이다.

길고 복잡한 임신이 끝나고 태어난 뒤에도 포유류 새끼는 젖꼭지에 매달려 어미의 몸을 통해 나온 영양분만 먹으며 산다. 나는 내 배우자가 이런 식으로 일 년 동안 딸을 먹이는 모습을 두 차례 보았다. 첫 6개월 동안 아기의 입속으로 들어가는 건 액체뿐이었다. 오랑우탄은 8년 동안 젖을 먹인다. 젖먹이 새끼는 엄마와 — 때로는 아빠와 — 지내는 동안 필수적인 생존 기술을 배우거나 포유류 사회를 규정하는 유대감을 배울 수도 있다. 이것이 포유류의 생식이다. 부모는 발생 단계의 어린 개체를 걱정한다. 이어지는 세대는 의미 있고 미묘한 방식으로 서로 겹친다.

정자와 난자를 물속에서 몸 밖으로 산란한 뒤 등을 돌리고 새끼들이 알아서 발생하게 내버려 두던 우리의 조상과 비교해 보자. 그런 동물 — 그리고 살아있는 대부분의 산란하는 동물 — 은 세대와 세대 사이에 분명하게 선을 긋는다. 산란하는 물고기에게 번식은 수 싸움이다. 바다에 사는 암컷 개복치는 알을 한 번에 3억 개까지 낳는다. 수많은 자손이 태어나고, 그중에서 극히 일부만 살아남는다.

사람 기준으로 새끼를 많이 낳는(토끼처럼) 포유류도 여전히 새끼 한 마리 한 마리에 상당한 투자를 한다. 부모, 주로 어미의 투자는 포유류 생식의 핵심이다.

크리스티나와 나는 우리 두 딸을 보면서 앞으로 자라서 무엇이 될지 궁금해 한다. 어른이 되면 어떤 모습일까? 무슨 일을 하게 될까? 무엇에 열정이 있을까? 어떤 사람이 될까? 어린이가 과도기적 형태, 실제화되어가는 과정에 있는 생물이라는 인식은 언제나 기본으로 깔려 있다.

인간의 영역 밖에서도 이런 관념은 그에 못지않게 강력하다. 우리는 미학적으로 그리고 동물학적으로 성체를 보며 놀라워한다. 새끼가 아니라 어른 사자를. 망아지가 아니라 말을. 애벌레가 아니라 나비를. 성체는 진화의 창조성을 나타낸다. 새끼는 단지 가진 잠재력을 발휘하기 위한 과정일 뿐이다. 하지만 이것은 잘못된 관점이다. 모든 발달 단계는 유의미하다. 하나의 종이 지속되려면 그 종은 언제나 번식적 순환을 완전히 돌아야 한다.

부모로서 우리가, 특히 내 배우자가 지금까지 투자한 것과 앞으로 투자할 것은 포유류의 양육 모형이 호모 사피엔스에 이르러 어떻게 극단적으로 확장되었는지를 나타낸다. 그러나 양육의 등장을 고려할 때 분명해지는 것은, 우리와 우리의 딸은 단지 한 종에서 이어지는 세대에 그치지 않는다는 점이다. 포유류의 진화는 우리를 낳았다. 가족이라는 단위를 빚었고, 우리 사이의 상호작용을 다듬었다. 한동안 우리는 모두 두 세대가 필수적으로 이루는 연합체의 일부분이다.

태반과 주머니

주머니에 포근하게 새끼를 넣고 있는 캥거루만큼 친밀한 모성을 떠오르게 하는 모습은 별로 없다. 이 주머니는 인간이 익숙한 방식으로 어린 포유동물을 운반하는 악세사리와는 거리가 멀다. 초기 포유류의 발달과 모성에 대해 이야기할 때, 우리는 현존하는 유대류와 태반류라는 포유류의 두 커다란 집단의 가장 분명한 이분법와 마주하게 된다.

지금까지 유대류에 관해 무슨 이야기를 했었는지를 기억하는가? 유대류에는 약 330종이 있다. 주로 호주에 살지만, 남아메리카와 중앙아메리카에도 있다. 버지니아주머니쥐는 천천히 북아메리카까지 올라갔다. 유대류는 음낭이 음경 앞에 있고, 음경은 귀두가 두 개다. 암컷은 한 쌍의 질과 별개로 산도가 하나 있다. 유대류는 X염색체와 Y염색체가 있지만, Y염색체는 좀 더 작고, 괜히 혼란만 가져왔던 ZFY 유전자가 없다. 나는 태반류와 유대류가 약 1억 4,800만 년 전에 갈라졌다고 말했다. 아, 그리고 1770년대에 영국에서는 캥거루 가죽이 상당한 구경거리였다는 사실 역시.

그러나 캥거루가 런던 시민을 열광시키기 이미 약 270년 전에 유대류는 유럽에 도착했다. 1492년 스페인 탐험가 비센테 핀존Vicente Pinzón은 아메리카 대륙으로 떠난 크리스토퍼 콜럼부스Christopher Columbus의 첫 번째 항해에 동행했다. 7년 뒤 핀존은 브라질에서 아마존강과 주머니쥐를 본 최초의 유럽인 무리를 이끌었다.

주머니쥐는 새끼를 주머니 안에 넣은 채로 돌아다니고 있었다. 핀존은 이 빌트인 유모차에 반해서 스페인의 이사벨라 여왕과 페르디난드 왕에게 바치기 위해 어미와 새끼를 잡았다.

이 이야기에는 두 가지 버전이 있다. 더 널리 퍼진 이야기는 핀존은 신중하게 새끼 두 마리와 어미를 데리고 대서양을 건넜고, 이사벨라 여왕이 어미의 주머니를 들락거리며 노는 새끼들을 즐겁게 구경했다는 내용이다. 그리고 여왕은 기쁜 나머지 그 동물이 진정으로 놀라운 어미라고 선언했다.

두 번째 버전에서도 핀존이 주머니쥐를 스페인에 가져간다는 부분은 똑같다. 하지만 핀존이 도착하기 전에 어미는 죽고 새끼는 사라졌다. 이사벨라 여왕은 어미와 새끼의 눈을 떼기 어려운 교감을 보지는 못하고, 주머니에 손가락을 넣어보며 큰 인상을 받았다.

어느 쪽을 믿을지는 여러분이 선택하시라. 다만 당시는 1500년경이었고, 대서양을 건너는 데는 한 달이 넘게 걸렸다. 그리고 주머니쥐는 보통 배 위에서 살지 않는다.

그 뒤로 여러 세기 동안 유럽의 여행자들은 산발적이지만 꾸준히 유대류와 조우했다. 17세기 이베리아 반도의 초강대국들이 세계를 나눈 양상으로 인해 스페인인은 아메리카의 유대류를 더 많이 만났고, 포르투갈인은 남쪽으로 내려가 호주의 유대류를 만났다. 쿡 선장은 사실 1770년에 호주를 발견한 게 아니었다. 호주의 동쪽 해안을 발견해 해당 지역에 대한 지도제작자의 이해를 도왔다. 또한, 구세계에 캥거루, 그리고 궁극적으로는 오리너구리 같은 호주의 동부 해안의 이국적인 토착동물을 소개했다.

새로 발견된 유대류의 주머니는 언제나 상상력을 자극했다. 유대류 marsupial라는 이름 자체가 주머니를 뜻하는 라틴어 marsupium에서 온 단어다.[5] 포유류와 마찬가지로 어미만의 특징에서 딴 이름이다. 전체의 50퍼센트에게는 없는(그리고 사실 유대류 암컷의 거의 50퍼센트에게도 없다. 새끼는 여전히 배에 달라붙어 있지만) 주머니 말이다. 특히 눈길을 끄는 건 주

5) 유대류의 한자 의미도 '주머니가 있다'는 뜻이다 - 역자

머니에 든 새끼가 매우 어리다는 점이다. 소중한 삶을 위해 어미의 젖꼭지에 달라붙어 있는 새끼는 작고, 털도 없고, 누가 봐도 태아처럼 보일 때가 많다.

17세기에는 일반적으로 유대류 태아가 젖꼭지에서 곧바로 자라난다고 생각했다. 네덜란드의 박물학자 빌렘 피소Willem Piso는 해부 결과 유대류는 자궁이 없다는 사실을 증명했다고 주장했다. 그리고 1648년에는 "주머니는 유대류의 자궁이며, 이 주머니로 정액이 들어가고 그곳에서 새끼가 생겨난다"고 썼다.

좀 더 자세히 해부하여 두 개의 자궁을 발견하고 나자 재미는 살짝 없어졌다. 그러자 태아가 자궁에서 몸을 통과해 젖꼭지로 태어난다는 추측이 나왔다. 터무니없는 소리 같다고 생각할 수 있다. 또 다른 추측을 보자. 좀 더 웃긴 버전으로는 유대류가 코에서 잉태된 뒤 어미가 재채기할 때 주머니로 들어간다는 게 있었다. 새끼가 눈에 띄기 전에 어미가 머리를 주머니에 넣고 있는 모습이 흔히 보이기도 했고, 귀두가 두 개인 수컷의 음경은 콧구멍 한 쌍 속으로 사정하기 딱 좋게 생겨서….

이런 기괴한 이론들이 등장한 배경을 이해하려면 이 주머니 속의 거주자가 얼마나 작은지를 알아야 한다. 현존하는 가장 큰 유대류는 붉은 캥거루로, 대략 사람만하다. 그리고 이 동물은 여러분의 새끼손가락 가장 위쪽 마디를 닮은 새끼를 낳는다. 실제로 갓 태어난 캥거루는 연분홍색에 가깝지만, 새끼손가락 끝마디와 마찬가지로 제대로 기능하는 눈이나 뒷다리가 없다. 갓 태어난 캥거루의 몸무게는 어미의 약 0.003퍼센트다. 더 작은 유대류로 가면, 갓 태어난 새끼의 크기는 더욱 더 어처구니

없어진다. 갓 태어난 꿀주머니쥐의 몸무게는 4밀리그램(1그램의 250분의 1)이다.

유대류 새끼가 어떻게 부모의 주머니에 도달하게 되는지에 관한 수수께끼는 1920년 텍사스대학교의 칼 하트만Carl Hartman이 처음으로 유대류의 탄생을 정확하게 설명하면서야 비로소 명확하게 풀렸다. 하트만은 임신한 야생 버니지아주머니쥐 — 얼굴이 하얀 커다란 쥐가 오소리 가죽 코트를 입고 있는 것처럼 생긴 동물이다 — 를 잡아 집 창문 밖에 놓았다. 당시는 1920년이었으므로 하트만은 새끼가 배설강에서 나올 것으로 제대로 예상했다(두 개의 자궁과 일시적인 산도는 이미 현실로 받아들여져 있었다). 그러나 하트만은 조그만 새끼가 어떻게 주머니까지 가는지를 알고 싶었다. 그와 그의 아내는 밤낮으로 주머니쥐를 관찰했다.

마침내 하트만은 새끼가 태어나기 직전에 어미가 코를 주머니에 넣는 모습을 보았다. 하지만 재채기로 태아를 내보내는 게 아니라 단지 주머니를 깨끗하게 핥고 있을 뿐이라고 생각했다. 때가 되자 어미는 앉는 자세를 취하더니 생식기를 핥았다. 하트만은 어미가 혀로 새끼를 주머니까지 날라줄지 궁금했다. 하지만 그때 어미가 창문 쪽으로 등을 돌렸다. 하트만 부부는 그 장면을 놓치지 않기 위해 재빨리 밖으로 뛰어나갔고, 간신히 마지막 태아가 태어나는 모습만 볼 수 있었다. 어미가 생식기를 핥았던 건 새끼가 자신을 뒤덮은 체액에서 빠져나올 수 있도록 하기 위해서였던 게 분명했다.

하트만은 "포유류라기보다는 벌레처럼 보이는 갓 태어난 새끼가 어미의 도움을 전혀 받지 않고, 스스로 주머니에 도달하기 위해 힘든 지형을 뚫고 3인치나 기어갔다"고 기록했다. 새끼는 머리를 좌우로 흔들며 조숙한 앞다리로 사실상 어미의 털가죽에서 헤엄치다시피 했다. 하트만은 태아의 본능을 시험하기 위해 주머니에서 새끼를 꺼내 다시 배설강에 가져다 놓고 주머니로 기어 올라가는지 확인했다. 새끼는 그렇게 했다.

하트만이 이어서 묘사한 내용은 유대류 생식의 삭막한 현실을 보여준다. "태아는 더한 일을 할 수 있다. 주머니에 도착한 뒤에는 무성한 털의 숲 속에서 젖꼭지를 찾을 수 있다. 반드시 이것을 찾아야 한다. 그러지 못하면 죽는다."

이건 모든 유대류 새끼에게 해당한다. 젖꼭지는 생명줄이며, 발생의 다음 단계가 이루어지는 현장이다. 하지만 다른 여러 유대류와 마찬가지로 주머니쥐에게도 젖꼭지 찾기는 자연선택이 감정이 없으며 실용적인 과정이라는 사실을 냉혹하게 일깨워주는 일이다. 하트만이 주머니 안에서 본 광경은 이랬다. "꿈틀거리는 빨간 태아 18마리 중 13마리까지는 수용할 수 있을 것 같았지만, 12마리만 달라붙어 있었다. 당연한 소리지만, 나머지는 굶어 죽을 운명이었다." 그는 본능적으로 처진 피부나 형제자매의 꼬리를 물고 늘어진 처참한 운명의 녀석들이 아무런 희망 없이 이를 빨아대는 모습을 보았다.

친척인 주머니쥐와 마찬가지로 갓 태어난 캥거루도 돌기 같은 팔이 있어서 주머니로 이동한다. 새끼 캥거루는 더 높이 올라가야 하지만, 주머니쥐와 달리 한 번에 한 마리만 태어난다. 그래서 여행이 끝나면 젖꼭

지 네 개 중에서 고를 수 있다.[6)]

유대류 새끼는 일단 젖꼭지에 달라붙으면 몇 주에서 몇 달 동안 그 상태로 지낸다. 유대류가 어미의 젖꼭지에서 태어나는 건 아니라 해도, 발생은 대부분 그곳에서 이루어진다.

갓 태어난 유대류의 작은 크기는 임신 기간이 매우 짧다는 사실을 반영한다. 붉은캥거루의 임신 기간은 불과 33일이고, 토끼를 닮은 반디쿠트는 12일로 포유류 중에서 임신 기간이 가장 짧다. 이 길고 역동적인 수유 과정은 이들의 부족한 자궁 발달을 보상해준다. 붉은캥거루는 주머니 안에서 젖을 빨며 발생하다가 6개월이 지나서야 마치 두 번째로 태어나듯 캥거루와 같은 모습을 하고 모습을 드러낸다. 그때가 되어서야 유대류는 갓 태어난 태반류와 발생 수준이 비교할 만해진다.

멜버른대학교의 유대류 전문가 마릴린 렌프리Marilyn Renfree는 "유대류는 사실상 탯줄과 젖꼭지를 바꾼 셈이다."라고 말했다. 탈락막기질세포(DSC)의 진화가 태반류 임신의 여러 가능성을 바꿔버리면서 태반류가 젖꼭지와 탯줄을 바꿨을 수도 있을 듯하다.

생식 전략 외에 유대류와 태반류를 구분하는 다른 특징은 좀 더 미묘하다. 순수주의자는 다양한 뼈와 이빨이 분명하게 다르다는 사실을 알고 있으며, 당연히 이건 화석을 해석할 때 반드시 필요하다. 또한, 유대류는

6) 젖꼭지가 13개인 주머니쥐는 젖꼭지 수가 홀수인 유일한 포유류다. 12개는 원형으로 늘어서 있고, 하나는 가운데 있다.

대부분의 태반류에 비해 심부 체온이 살짝 낮고, 태반류가 가진 뇌의 양쪽 절반을 잇는 신경 다발이 없다. 유대류의 이러한 특징은 유대류가 그들의 태반류 사촌만큼 똑똑한지 아닌지에 관한 긴 논쟁으로 이어졌다. 유대류의 뇌는 전체적으로 조금 더 작으며, 사회적 상호 작용과 전반적인 행동의 범위와 복잡성이 비슷한 태반류 종보다 제한적이다.

거두절미하고, 사실 오랫동안 유대류는 실험이 가능한 자신만의 대륙을 물려받은 행운의 2등급 포유류 정도로 여겨져 왔다. 태반류가 5,000종이 넘는 것에 비해 유대류는 330종뿐이기도 하다. 태반류는 전 세계에 퍼져 수많은 생태계를 지배하고 있는 반면, 유대류는 호주에서만 우두머리 노릇을 하고 있다.

확실히, 진화생물학 초기에 진보(보통 인간을 향한)라는 개념이 은연중에 깔려 있을 때 사람들은 태반류를 고등한 동물로 보았다. 토머스 헉슬리Thomas Huxley는 1880년에 포유류의 주요 집단의 이름을 바꾸면서 태반류를 '진수하강' 혹은 진정한 포유류, 단공류를 '원수아강' 혹은 최초의 포유류라고 불렀다. 유대류에게는 '후수하강'이라는 이름을 붙였다. 사실상, 반만 포유류라는 소리다.

주머니동물들은 그 무엇의 중간도 아니다. 이들은 그들만의 고유한 적응적 방산의 결과다. 이들을 '열등하다'고 부르는 것이 적당한가? 이것은 논란의 대상이다. 그렇다고 하는 사람들은 주머니동물들이 한 때 전 세계적으로 살았지만 결국 호주를 제외한 모든 대륙에서 태반류 동물에게 밀려났다는 것을 강조한다. 대안적인 견해는 주머니동물들이 그저 다르다는 것이다. 이들은 — 특히 생식에 관한 생물학적인 관점에서 — 더 어둡고 불규칙한 조건에서의 생활에 더 잘 적응되어 있다. 아웃백은 살기 어려운 곳이다. 그리고 이러한 조건에서 유대류의 번식 방식은 어머니들이 자신의 새끼에 대한 투자를 더 잘 조절할 수 있게 해주며, 자원이 너무 부족해지면 임신이나 수유를 더 쉽게 중단할 수 있게 한다.

하지만 차이점을 이야기하다 보면 유대류와 태반류에 관한 가장 놀라운 사실을 놓치게 된다. 그 둘이 대단히 비슷하다는 것이다. 실제로 유럽의 탐험가들이 계속해서 더 많은 유대류를 발견하면서 구세계의 비슷해 보이는 동물에서 이름을 따오는 게 일상적인 일이 되었다. 흔히 유대류의 라틴어 이름을 영어로 번역하면 익숙한 이름에 접두사만 붙은 게 된다. 주머니개, 주머니오소리, 주머니토끼, 주머니곰, 주머니영양 등.

이런 이름이 좀 게을러 ― 코알라 곰? ― 보이기는 하지만, 흥미로울 정도로 비슷한 유대류와 태반류 쌍이 많은 건 사실이다. 유대류 두더지와 아프리카황금두더지는 둘 다 모래에서 헤엄쳐 다니며, 바로 뒤에서 모래가 무너져 굴을 남기지 않는다. 날아다니는 유대류인 팔란저는 태반류인 날다람쥐와 비슷한 방식으로 나무 사이를 활공한다. 웜뱃은 우드척과 비슷하게 생겼다. '유대류 쥐'는 정말로 쥐와 아주 비슷하고, 귀가 토끼 같은 반디쿠트는 귀만 닮은 게 아니라 강력한 뒷다리로 뛰는 것까지 닮았다. 1936년 9월 7일 마지막 개체가 포획 상태에서 죽으면서 멸종한 태즈메이니아주머니늑대는 늑대로 불리며, 놀라울 정도로 울버린을 닮았다. 5만 년 전까지는 '유대류 사자'도 있었다.

첫눈에 닮아 보이지는 않을 때조차도 유대류와 태반류는 종종 각각 자신의 생태계에서 비슷한 역할을 한다. 주머니개미핥기는 태반류 개미핥기보다 활기차 보이지만 똑같은 먹이를 빨아들인다. 그리고 해부학적으로는 조금 다르지만, 캥거루는 영양과 사슴처럼 풀을 뜯는 대형 초식동물이 다른 곳에서 하는 것과 거의 비슷한 기능을 오지에서 수행한다. 심지어 이 두 집단은 먹이를 소화하기 위해 독립적으로 전방 발효foregut fermentation가 진화하기도 했다.[7)]

생물학자들이 '유대류와 태반류의 마지막 공통 조상'에 관해 이야기할 때, 그 종이란 추상적인 이론의 가설적 발상처럼 느껴질 수 있다. 추측해서 그린 계통도의 한 분기점에 불과한 것으로 말이다. 하지만 그 이론을 받아들인다는 건 그 동물이 실제로 존재했다는 사실을 받아들이는 것이다. 마지막 공통 조상으로부터 두 종이 태어났다. 이 한 쌍은 거의 분간이 되지 않았지만, 서로 다른 두 유형의 포유류가 널리 퍼져나가게 되는 출발점이었다.

이런 별개의 방산이 궁극적으로 수많은 수렴 형태를 — 완전히 독립적으로 — 만들어냈다는 건 경이로운 현상이다. 첫째로 이건 생태계의 특정 영역을 활용하도록 자연선택이 유기체를 얼마나 강력하게 뒤섞는지를 보여주는 증거다. 그리고 둘째로, 유대류와 태반류가 정말로 얼마나

---

7) 그렇지만 유대류에는 몇 가지 눈에 띄는 공백이 있다. 가장 대표적으로, 박쥐에 해당하는 유대류와 수중 유대류가 없다. 어떤 유대류도 진정한 의미에서 하늘이나 물속으로 가지 못했던 것이다. 가장 그럴듯한 설명은 유대류의 생식 방법이 진화 가능한 형태에 제한을 가한다는 것이다. 첫째, 어미의 몸 아랫쪽에서 끊임없이 젖을 빨아야 하는 동물은 물속에서 살아남기 어렵다. 둘째, 태아 수준의 갓 태어난 새끼가 배설강에서 젖꼭지까지 기어 올라가야 하기 때문에 앞다리 구조가 나중에 날개나 지느러미로 발달하기에는 부적합할 수 있다.

비슷한지 — 1억 4,800만 년 전 갈라지기 전에 포유류 생리의 근본적인 부분이 어떻게 자리 잡고 있었는지, 각 혈통 안에 놓인 잠재성이 얼마나 많이 겹치는지 — 더욱 강조하는 듯이 보인다.

34년 전 난자와 정자가 결합한 그 운명의 순간부터 내가 만들어지기 시작했다. 나는 생식세포계열이 이어지게 했다. 이 가엽고 오래된 생식세포계열이여, 그 오랜 시간 동안 생존하고, 진화하고, 나에게까지 왔는데, 과연 그 대가로 무엇을 얻는 것인가? 라텍스에 가로막히고, 생식세포가 생식샘에서 빠져나가지 못하게 약을 먹는 여성을 만나고…. 어쨌든, 우리는 여기까지 왔다. 또 다른 탄생의 고리다.

유대류에 관해 쓰다 보니 신생아실에서 아기침대에 누워있던 우리 딸을 들어 가슴 위로 안았던 일이 떠오른다. 그런 행위를 '캥거루 케어'라고 불렀다. 당시에 나는 우리에게 포근하게 안겨 있는 아기를 감싼 담요의 모습이 주머니 같아서 그런 이름을 붙였다고 생각했다. 알고 보니, 그런 행위를 처음 주창한 콜림비아의 의사가 갓 태어난 새끼 캥거루의 미성숙함과 그래서 그 새끼가 거쳐야 하는 발생 방식에 영감을 받아서 지은 것이었다.

6장

출산 ABC

크리스티나의 양수가 예정일보다 두 달 앞서 터지고 난 후 우리는 일어난 모든 일을 정리해보았다. 택시를 타고 간 일, 입원한 일, 첫 진찰 등은 순수하게 지각의 작용으로만 이루어졌다. 우리 뇌는 감정 중추 주위에 바리케이드를 쳤다. 우리는 개인실에서 가족과 친구들에게 전화를 돌리며 무슨 일이 일어났는지를 설명하면서야 겨우 우리의 현실을 받아들일 수 있었다.

초조하고, 때로는 겁이 나는 임신이었다. 두 번이나 우리는 크리스티나의 자궁이 과격하게 수축하는 바람에 병원으로 달려갔다. 그 때마다 검사를 받고 수분을 보충한 뒤 예후를 확인하지 못한 채 퇴원했다. 이번에는 아기가 태어날 때까지 퇴원할 수 없다는 말을 들었다. 우리는 크리스티나가 몇 주 동안 입원해 있기를 바라는 묘한 입장이 되었다.

병원에 도착한 뒤 출산이 임박해지기까지의 36여 시간 동안 우리는 뒤죽박죽으로 진찰과 간호를 받았다. 하지만 마침내 운이 따르는 듯했다. 계속 크리스티나를 봐주던 의사가 근무 중이라는 사실을 알게 되었고, 차분하고 능력이 있으며 무슨 일이 닥치든 끝까지 크리스티나를 돌봐 줄 간호사의 간호를 받게 되었다. 일이 본격적으로 진행될 조짐이 있다는 말을 들었을 때 간호사는 웃으며 이렇게 말했다. "잠시 뒤에 봐요."

나는 화장실로 가서 어깨를 돌리고 심호흡을 했다. 그리고는 거울을 보며 차분하고 강한 모습을 찾으려 노력했다. 우리는 여전히 우리의 딸이 어떻게 태어날지를 전혀 알지 못했고, 나는 아이를 낳는 입장이 아니었다. 나야말로 아무리 겁이 나더라도 정신을 바짝 차리고, 실제로 아이를 낳아야 할 사람에게 힘이 되어주어야 하는 사람이었다.

얼마 지나자 간호사가 돌아왔다. 비닐 앞치마와 라텍스 장갑, 마스크, 덧신을 착용하고 있었다.

"아." 크리스티나와 내가 동시에 말했다.

간호사는 그게 으레 입는 복장이라고 주장했지만, 이미 놀란 건 어쩔 수 없었다. 우리는 도대체 무슨 일이 일어날지 궁금했다.

이후 한 시간, 아니 얼마나 걸렸는지 모르겠을 시간 동안, 우리는 놀라움에 휩싸여 있었다. 우리의 의사는 상황을 완전히 통제하고 모든 것을 지시했다. 그러면서도 은근히 모든 일이 우리를 중심으로 돌아가게 했다. 딸이 태어났고, 나는 울었다. 진심에서 우러나온 행복한 흐느낌이었다. 몸무게는 1.8킬로그램밖에 안 나갔지만, 울음소리를 냈다. 우리는 비록 딸이 다른 병동으로 가긴 해도 건강하다는 사실을 알 수 있었다.

만약 크리스티나가 알을 낳았다면, 내가 그만큼 감동을 받을 수 있었을까? 상상이 되지 않는다. 어쩌면 그럴지도 모른다. 어쩌면 아주 기쁜 이중고였을지도 모른다. 일단 알을 낳고서 기뻐하고, 부화하면 정말 목이 메었을 것이다. 어찌 알겠는가?

온갖 감정을 느끼는 와중에 나는 우리 주변에서 이루어지고 있는 비교적 상당한 정리 작업에 거의 주의를 기울이지 않고 있었다. 간호사가 가지고 가는 플라스틱 쟁반만 잠깐 봤을 뿐이다. 그 위에는 파랗고 빨간 덩어리가 있었다.

얼마 뒤 나는 우리 아기를 받아 준 의사에게 감사의 인사를 전하려 했다. 의사는 다른 아기의 분만에 관해 끊임없이 이야기하며 건성으로 지나갔다. 하지만 우리 아기를 여기까지 데려다 준 건 플라스틱 쟁반 위에 있는 자주색 덩어리였다. 그 태반은 병리학자에게 넘어가 왜 임신이 예정보다 일찍 끝났는지 알아보기 위한 조사 대상이 되겠지만, 보통 이 대단히 놀라운 기관은 할 일이 끝나고 나면 그냥 버려진다. 혹은 많은 포유류는 이를 먹는다.

둘째인 마리아나가 태어날 때 나는 저번과 마찬가지로 기쁘고 지쳤지만, 훨씬 덜 혼란스러웠다. 거의 만삭에 태어났고, 산후에도 확실히 덜 위험했다. 곧바로 엄마의 젖꼭지를 찾아 무는 모습을 보는 것이 얼마나 경이로웠는지. 게다가 그때쯤 나는 포유류의 핵심 속성에 관한 책을 쓸 생각이 강하게 있었기 때문에 후산을 제대로 살펴보았다. 태반이 놓인 다른 플라스틱 쟁반을 쳐다보며 일시적으로 생기는 이 기관이 소각로로 가기 전에 충분히 관찰하려고 했다.

그건 아주 낯선 자주색이었다. 거의 라일락꽃과 같은 빛깔도 났다. 겉에는 혈관도 몇 가닥 도드라져 있었다. 혈관은 강처럼 갈라지고 구부러지며 지나갔다. 무작위로 작은 줄기도 보였지만, 더 큰 규모에서 보면 그 경로는 목적성이 있어 보였다. 그것만 아니면, 특별한 형태가 없었다. 겉모습만 봐서는 그 놀라운 기능을 알 방법이 없었다.

많은 생물 기관은 — 예를 들어, 심장이나 손 — 구조를 보면 기능을 이해할 수 있다. 작동하는 방식이 관찰할 수 있는 형태에 담겨 있다. 구조와 기능을 따로 떼어 놓고 볼 수 없다는 개념은 생물학 전체에서 참인 명제다. 하지만 많은 경우 조직을 현미경으로 조사해야만 그 관계가 분명해진다. 사람의 뇌를 손에 들고 보면 그 움직이지도 않고 거의 형태도 없는 살덩어리가 어떻게 한때 춤추고, 괴로워하고, 사랑했던, 그리고 생각과 아이디어와 감정을 가졌던 사람을 만들었었는지 상상하기 어렵다. 이 태반도 그랬다. 도무지 가늠이 되지 않았다. 나는 그것을 바라보는 동안 내가 감사함을 느낀다는 사실과 거기서 더 이상 이해의 불꽃이 튀어 오르지 않으리라는 사실만을 알 수 있었다. 게다가 또 다른 포유류 한 마리가 방금 세상에 나온 상황이었다. 나는 딸과 시간을 보내야 했다.

그날 밤 이후로 나는 그 플라스틱 쟁반을 멍하니 바라보던 내가 생각보다 태반에 대해서 아는 게 없다는 사실을 깨달았다. 이 책에서 다루는 내용을 고려할 때 내 가장 눈에 띄는 실수는 그 기관이 포유류만의 것이라고 생각했다는 사실이다. 실마리는 흔히 사용하는 용어에 있는 것 같았다. 그 방에 있던 세 사람 모두 '태반포유류'이지 않은가. 그 용어는 1) 플라스틱 쟁반 위의 내용물과 2)내 딸이 빨고 있는 분비샘을 바탕으로 만들어졌다. 나는 두 특징이 똑같이 포유류를 정의한다고 생각했다. 게다가 나는 새끼가 알껍데기를 벗고 태어나는 것도 드문 현상이라고 생각했다. 알 낳는 동물로 가득한 세상에서 사는 포유류의 또 다른 엉뚱함이었다.

그러나 사실 젖샘은 정말 특별한 게 맞지만, 태반과 태생은 그다지 그렇지 않다. 태생은 척추동물에게서만 약 150번 진화했다. 가장 대표적으로 도마뱀과 뱀에게서 태생은 독립적으로 약 115차례 진화했다.[1] 그러나 새와 크로커다일, 거북은 한 번도 그러지 못했다. 소수의 양서류와 경골어류, 그리고 여러 연골어류, 특히 상어는 새끼를 낳는다. 새끼가 어미의 몸 안에서 발생에 유리한 고지를 점한 뒤에 나오는 건 진화가 자주 선호한 방식이다. 1692년 존 레이가 포유류를 태생동물로 부르자고 제안한 건 끔찍한 아이디어였다.

태반은 어떤가? 그건 특별한 점일까? 음, 적어도 조금은 그렇다. 태생을 하는 종 안에서도 발생에 필요한 자원을 얻는 방식에 따라 중요하고 뚜렷한 구분이 이루어진다. 어미가 알 안에 넣어 주는 자원만으로 — 알(난자)이 부화할 때까지 난관 안에 머무르는 가장 단순한 유형의 태생의 경우 — 충분할 수도 있고, 새끼가 자라면서 어미의 자원을 먹을 수도 있다. 이런 '모체 영양 의존matrotrophy'은 다양한 방식으로 이루어진다. 어떤 태아는 특별히 분화된 모체의 분비샘에서 나온 양분을 흡수하고, 어떤 태아는 통상적인 방식으로 자궁 내벽이나 어미가 배란한 수정되지 않은 난자, 혹은 형제자매를 먹어서 소화한다! 상어가 마지막 방식을 쓰는데, 결국 최후의 승리자인 새끼 한 마리만 태어난다. 태반은 새끼를 먹이는 마지막 방법이다. 자라나는 태아의 특정 부분으로 이루어진 이 기관은

---

1) 2장에서 다루었던 오리너구리가 알을 낳는지 알아내기까지의 여정은 옛날이야기처럼 들릴지 모르겠다. 하지만 오늘날에도 박물학자들은 몇몇 도마뱀이 알을 낳는지 새끼를 낳는지 직접 목격하기 위해 애를 쓰고 있다.

모체의 생식관과 상호작용하며 태아가 자라는 데 필요한 자원을 모체에게서 얻어낸다.

척추동물의 경우 모체 영양 의존은 33차례 정도만 진화했다. 그리고 태반은 한 20번쯤 발달했다.

그러면 포유류는 왜 특별한가? 음, 일단 태생은 유대류와 태반류 포유류의 마지막 공통 조상이 갖고 있던 특징이다.[2] 따라서 모든 수아강 포유류는 이 특징을 공유한다. 둘째, 많은 자손이 어미의 자원을 소모하지만, 가장 처음에는 알의 난황에 있는 자원을 활용한다. 반면 수아강 포유류의 난세포는 크게 줄어들어 있다. 수아강 포유류는 만드는 데 필요한 거의 모든 게 태반을 통해 도착한다. 그리고 마지막으로, 포유류의 태반은 비할 데 없이 정교하다.

포유류의 태반은 태아의 혈관이 통과하는 어미의 자궁 조직과 태아의 조직이 서로 얽혀서 생겨난 기관으로, 탯줄을 통해 태아와 연결되어 자라나는 포유류의 첫 번째 삶의 단계를 유지하고 양분을 제공한다. 지난 장에서 말했듯이 초기의 진수하강 태아는 이 구조의 기초를 만드는 데 대부분의 힘을 쏟으며, 모체의 탈락막기질세포(DSC)가 필수적이다.

그날 분만실에서 내 순진함의 또 다른 핵심은 내가 바라보고 있던 태반이 모성의 자애로움을 직접적으로 상징한다고 상상했다는 데 있다.

2) 각각의 방산이 일어나던 초기에 독립적으로 진화했다는 설도 있긴 하다.

구조

1750년 겨울 죽은 지 얼마 안 된 젊은 여자가 코벤트 가든의 해부학 교실 뒷문을 통해 실려들어왔다. 거기에 특별할 건 없었다. 학교의 소유자였던 윌리엄 헌터William Hunter의 동생 존 헌터John Hunter는 그곳에서 12년 동안 일하면서 해부된 시신을 2,000구나 보았다고 밝혔다. 그가 만난 대부분은 존의 지하세계 협력자에 의해 무덤에서 파내어져 뒷문으로 들어온 시신이었다. 하지만 이번만큼은 특별했기에 존과 윌리엄은 흥분했다. 시신 안에 두 번째 시신이 있었던 것이다. 그 젊은 여성은 죽었을 때 임신 9개월차였다.

둘은 환상의 콤비였다. 윌리엄은 래너크셔의 농부 부모에게서 태어난 일곱째 자식이었고, 존은 10년 뒤에 태어난 열째이자 막내였다. 오로지 그 둘만 자라서 성인이 되었다. 부모는 윌리엄에게 할 수 있는 한 충분한 교육 기회를 제공했다. 14살에 글래스고대학교에서 신학을 공부하기 시작했지만 곧 의학에 뜻을 두었고, 부모님은 저명한 스코틀랜드 의사 두 명으로부터 수련할 수 있도록 주선했다. 23살에 런던으로 떠난 윌리엄은 명망 있는 두 의사 아래서 공부했다. 그 둘은 해부학과 산과학의 전문가였다. 런던에서 윌리엄은 "가발을 완전히 쓰고 다니기를 좋아했다." 달변이고, 수완이 좋고, 야망이 있는 사람이었다.

존은 거친 편에 속하는 사람이었다. 어린 시절의 그는 절대 책을 읽고 배우는 것을 좋아하지 않았다. 종종 학교를 땡땡이치고, 동네 숲을 돌아다니곤 했다. 형 윌리엄이 집을 떠난 뒤로는 아예 학교를 때려치우고 과부가 된 어머니를 돌보았다. 하지만 17살이 되자 어머니와 작별하고 형을 찾아 런던으로 떠났다.

존이 도착하자 윌리엄은 사람의 팔을 주면서 해부해 보라고 했다. 존이 래너크셔의 숲에서 동물 시체를 분해하며 시간을 보냈다는 사실을 윌리엄이 알았는지는 불확실하다. 깊은 인상을 받은 윌리엄은 존에게 팔을 하나 더 내주었다. 이번에는 혈관에 색이 있는 왁스를 주입한 것이었다. 존이 해야 할 일은 왁스만 남기고 살을 걷어내는 것이었다. 이번에도 존은 태연하게 그 일을 해냈다. 존과 윌리엄은 완벽한 상호 보완 관계였다. 형이 무대에서 강의하는 동안 존은 해부용 시신 안에 손을 집어넣고, 탐구하고, 발견하며 최상의 시간을 보냈다. 손톱 아래에 살점이 낀 채로.

1750년 임신한 여성의 시신이 들어오자 존은 곧바로 해부 작업을 시작했다. 존이 한 겹씩 벗겨낼 때마다 무엇이 드러날지를 그리기 위해 윌리엄이 고용한 네덜란드 화가 얀 반 림스딕Jan van Rymsdyk이 함께했다. 당시에는 사람의 임신에 관해 알고 있는 게 거의 없었기 때문에 새로운 통찰력을 제공함으로써 얻을 수 있는 게 많았다.

임신 9개월 된 태아를 그린 가장 유명한 그림은 놀랍다. 오늘날에는 초음파가 흔히 쓰이고 있어서 우리는 스스로 자궁 내부에 익숙하다고 생각한다. 하지만 초음파는 흐릿한 상만 보여줄 뿐이다. 그 영상을 보면 부모의 가슴은 뛸지 모르지만, 그건 그 영상에 나타난 존재 때문일 뿐이다. 반 림스딕의 그림은 마치 사진 같다. 처음에는 아름답다. 아기는 생명이 넘치는 모습이다. 부끄러운지 고개를 돌리고 있을 뿐. 이제 막 시작할 참이다. 이제 세상으로 들어올 참이다. 하지만 그러지 못할 것이다.

일단 그 사실을 알고 나면, 그 그림의 아름다움은 무너지고 고개를 돌리고 싶어진다.

그러나 형제는 결코 고개를 돌리지 않았다. 1750년에서 1754년 사이에 형제는 임신한 여성의 시신 다섯 구와 출산한 지 얼마 안 된 여성의 시신 한 구를 구했다. 존이 해부하고, 반 림스딕이 그리고, 윌리엄은 자신의 걸작으로 칭송받게 될 책을 구상했다. 1774년에 출간된 『임신 중인 인간 자궁의 해부학』은 만삭에 이른 아기부터 시작해 3개월 된 태아까지 거슬러 올라가는 멋진 그림 모음집이다.

사람의 태아가 어떻게 자라는지를 세상에 알린 것 외에도 헌터 형제는 사람의 임신과 태반에 관해 중요한 두 가지 통찰을 제공했다. 먼저 존은 가장 먼저 들어온 시신을 해부하며 색 있는 왁스를 자궁의 혈관에 주입했다. 그동안 윌리엄은 태반의 모체 부분에 해당하는, 두꺼워진 자궁 내벽을 묘사했다. 이 조직은 아기가 태어나면서 으레 떨어져 나오는데, 윌리엄은 이것을 '탈락막'이라고 불렀다.

좀 더 중요한 두 번째 발견은 1754년에 이루어졌다. 당시 코벤트 가든에 있던 존은 마찬가지로 임신을 이해하기 위해 노력하고 있던 콜린 맥킨지Colin Mackenzie의 부름을 받았다. 태아와 자궁의 혈관에 각각 노란색과 빨간색 왁스를 주입한 맥킨지는 존을 부르러 달려왔다. 존은 깜짝 놀랐다. 그렇게 왁스를 주입하자 존이 예전에 알아내려고 했다가 실패한 것을 밝힐 수 있었던 것이다. 두 사람은 두 순환계가 완전히 나뉘어 있다는 사실을 확인했다. 태아와 모체의 피는 전혀 섞이지 않았다.

훗날 존 헌터는 윌리엄이 처음에는 이 발견의 중요성 — 모체의 혈액이 태아의 몸을 순환하며 살 수 있게 해준다는 낡은 개념을 깨뜨려 아기의 근본적인 독립성을 입증한다는 사실 — 을 이해하지 못했다고 기록했다.

그러나 일단 이해하고 난 윌리엄은 그 발견에 대해 여기저기서 강의했고, 『임신 중인 인간 자궁의 해부학』에도 넣었다. 그 책에는 존 헌터가 단순한 조수로 나와 있었고, 반 림스딕은 이름조차 나오지 않았다. 책이 출간되었을 때 헌터 형제는 모두 왕립학회 회원이었다. 윌리엄은 해부학 교수이자 여왕의 주치의였다. 존은 이름 있는 외과의사였다. 관찰과 기초 해부학 지식으로 수술을 발전시키려는 존의 노력은 자신이 처음 보았을 때의 낡고 야만적이었던 수술을 현대적인 분야로 바꾸어 놓기 시작했다. 존의 의료 경력은 윌리엄이 돈을 내주어 의대를 다닐 수 있게 되면서 시작되었다. 하지만 윌리엄이 런던 사회의 상류층으로 올라가면서 존은 자신의 과학적 흥미에 계속 집중했다. 존은 수술 기법을 연구하고, 이식 실험을 했고, 기회가 닿는 데로 동물과 관련된 흥미로운 현상을 조사했다.[3)]

존은 지구의 역사 동안 어떤 종류의 진화가 일어났다고 확신하기까지 했다. 형제들 사이의 긴장이 고조되는 동안, 학생들은 존이 진화에 대해 추측하는 한편 윌리엄은 하나님의 전능함을 증명하는 인간의 몸을 찬양하는 강의를 한 주 안에 모두 들을 수 있었다.

하지만 1780년 1월 27일 왕립학회 정기 모임에서 존 헌터가 자신의 논문 「태반의 구조에 관하여」를 발표한다는 명목으로 무대에 올라가, 형을

3) 예를 들어 성별 발달에 끼치는 호르몬의 영향을 연구한 알프레드 조스트에게 영감을 주었던 자웅동체 소, 프리마틴의 해부학적 구조는 존 헌터가 처음 다루었다.

가리키며 표절자라고 부르리라고는 아무도 예상하지 못했다. 존은 태반의 혈액 흐름에 관해 자신이 26년 전에 발견한 내용에 대한 완전한 우선권을 주장했고, 형의 부정직함을 비난했다. 윌리엄은 왕립학회에 한 차례 항변하는 글을 보냈고, 존도 한 번 응답했다. 하지만 그날 이후 — 비록 존이 죽기 전의 윌리엄을 돌보았지만 — 둘의 관계는 끝났다. 그렇게 서로 돕고 각자 진전할 수 있도록 노력했지만, 경쟁심과 갈등으로 인해 둘은 영원히 소원해지고 말았다. 가족 관계란 정말 복잡하기 그지없다.[4)]

존 헌터가 에라스무스 다윈Erasmus Darwin과 진화에 관한 생각을 주고받았는지는 아무도 모른다. 불공평하게도 오늘날 에라스무스 다윈은 유명한 손자를 둔 것으로 가장 유명하다. 하지만 그 스스로도 뛰어난 의사이자 과학자였다. 그는 1753년에 코벤트 가든에서 수업을 들었고, 헌터와 아주 잘 지낸 게 분명하다. 헌터는 분명히 전 제자가 1794년에 낸 책 『주

---

4) 이 이야기에는 역설적인 각주를 두 개 달 수 있다. 첫째, 존 헌터는 몰랐지만, 빌헬름 노르트비크Wilhelm Noortwyck라는 이름의 네덜란드인이 헌터와 매킨지에 앞서 태아와 모체의 혈관계가 분리되어 있다는 사실을 보였다. 하지만 헌터의 증거가 더 강력했을지도 모른다. 그리고 둘째, 윌리엄이 동생의 연구를 빼앗아간 방식이 추잡했을지는 몰라도, 존의 뛰어난 연구는 사후에 또 다른 가족에 의해 훨씬 더 추악하게 표절당하게 된다. 이 도둑은 이 책에서도 익숙한 인물이다. 1771년 존은 앤 홈이라는 시인과 결혼했는데, 처남의 이름은 에버라드였다. 유럽에 처음 가져온 오리너구리와 가시두더지, 캥거루를 조사할 때 쓰였던 해부 기술은 존 헌터가 에버라드 홈에게 가르쳐준 것이었다. 홈에게 재능이 있었던 건 분명하지만, 엄청난 생상력과 폭넓은 통찰력은 혼자서 해낸 것만은 아니었다. 매형이 죽자 홈은 존 헌터의 미출간 원고를 훔쳐서 자신의 이름으로 발표했다. 그리고 의심이 커지자 자신의 범죄를 감추려고 원본을 불태웠다.

노미아』를 인정했을 것이다. 이 책에서 다윈은 생명이 진화 과정에 의해 만들어진다고 주장했다. 이 앞서나간 아이디어는 에라스무스 다윈이 유명한 두 번째 이유다. 하지만 『주노미아』에서 다윈은 태반에 관한 본질적인 통찰을 제공하기도 했다.

존이 모체와 태아의 혈관계가 분리되어 있다고 결정적으로 입증하면서, 태반은 일종의 인터페이스, 그러니까 엄마와 아기 사이의 교환을 매개하는 기관으로 받아들여졌다. 에라스무스는 1780년대에 발견한 산소에 매혹되어 있었다. 그리고 이 기체와 생명 사이의 밀접한 관계를 빠르게 탐구하는 과정에서, 피가 산소에 노출되면 검붉은색에서 선홍색으로 변한다는 사실이 드러났다. 색깔 변화는 피가 폐나 아가미를 통과할 때 일어났다. 에라스무스 다윈은 피가 태반을 통과할 때도 그런 현상이 일어난다고 밝혔다. 그리고 태반이 "물고기의 아가미처럼 태아의 혈액이 산소를 얻는 호흡기관으로 보인다"고 적었다.

그 발견으로 오랜 수수께끼였던, 자궁 속의 태아가 질식하지 않는 이유가 밝혀졌다. 그러나 『주노미아』는 오래전부터 잘못 알려진 사실을 더 퍼뜨리기도 했다. 태아가 양수에 들어있는 자양분을 흡수하며 자란다는 주장이었다. 양수는 새알의 흰자와 같다고 생각했다. 초기에는 풍부하지만 아기가 자라면서 줄어든다는 게 비슷했다. 분자가 세포 사이를 이동하는 방법에 관해 전혀 몰랐던 1794년에는 할 수 있을 만한 실수였다.

에라스무스의 손자는 신기할 정도로 태반에 거의 신경을 쓰지 않았다. 관심의 폭이 어질어질할 정도로 넓은 데다가 발생학에 진화의 근본적인 실마리가 있다고 확신했음에도 찰스 다윈은 태반에 관해 한 번도 제대로 논의하지 않았다. 그러나 태반은 『종의 기원』이 출간된 뒤에 일어났던 매우 격렬한 논쟁에 한 차례 두드러지게 등장했다.

뛰어난 비교해부학자로 진화와 알을 낳는 오리너구리에 완강히 반대했던 리처드 오웬을 기억하는가? 그는 뇌 표면이 구불거리는정도에 따라 포유류를 나누어야 한다고 생각했다. 그에 따르면, 뇌 해부 구조를 기반으로 포유류를 분류한다면 다른 포유류와 연결되지 않는 세 번째 집단이 생긴다. 오웬은 오로지 인간만이 뇌에 소小해마가 있다고 말했다.

다윈의 '불독'을 자처한 토머스 헉슬리는 뇌의 표면을 우선시하여 동물을 나눈다는 것은 어처구니없는 일이라고 말했다. 명백히 공통점이 없는 몇몇 집단이 하나로 묶이고, 가까운 관계에 있는 형태가 나뉘었다. 곧 헉슬리는 의기양양하게 오랑우탄의 뇌를 해부해 소해마를 찾았다.

1864년 헉슬리는 다른 분류법을 제안했다. 진화 원리에 기반한 포유류 분류법으로, 그는 태반 구조의 차이가 서로 다른 포유류 집단의 계통적 관계를 가장 잘 보여준다고 주장했다. 앞선 연구자들의 전통을 따라, 태반의 부재가 단공류와 유대류를 다른 포유류와 구분한다는 것이다. 후자는 나중에 유태반류라는 집단의 일원이 되었다.[5)]

---

5) 이 이야기는 다윈에 따라 처음으로 계통 관계에 따라 유기체를 분류했더니 예전에 진화가 아닌 방식으로 분류했을 때와 결과가 크게 다르지 않았다는 1930년대의 한 논평을 그럭저럭 잘 보여주고 있다. 오웬과 헉슬리처럼 집단을 묶는 것이 보기에는 다를 수 있지만, 두 경우 역시 린네 분류학과 마찬가지로 모두 형질의 유사성이 바탕이었다.

태반류 포유류를 더 세분화하기 위해 헉슬리는 1828년에 발표된 에세이를 살펴보았다. 이 에세이는 네 가지 형태의 포유류 태반을 묘사했는데, 특히 자궁 조직이 태반에 어떤 영향을 미쳤는지에 대해 특별한 주의를 기울였다. 이 모체의 요소란 윌리엄 헌터가 말한 탈락막으로, 태아의 구성물과 상호작용하기 위해 팽창한 자궁의 일부분이었다. 두 가지 태반은 출산 때 피를 흘리며 떨어져 나오는 뚜렷한 탈락막이 있었던 반면, 다른 두 가지 유형은 자궁이 명백하게 덜 발달해 있는 게 분명했다. 헉슬리는 이러한 유형을 기준으로 태반류 포유류를 오웬보다 더 만족스럽게 분류할 수 있었다.

그러나 이러한 만족감은 그리 길게 가지 못했다. 서로 다른 종에 걸친 적당한 수준의 변이는 관계를 추측하고 어떤 형질이 어떻게 서서히 진화했는지를 그리는 데 유용하다. 하지만 알고 보니 태반은 놀라울 정도로 변화무쌍했다. 지금은 태반이 포유류를 통틀어서 가장 폭넓게 변하는 기관이라는 사실이 알려져 있다.

헉슬리의 원래 제안 직후 수십 년 사이에 이런 상황은 점점 확실해졌지만, 사람들은 50~60년 동안, 그 뒤로도 산발적으로 한 세기 동안 태반에 기반해 포유류의 관계를 추측하려고 헛되이 노력했다. 왜 이게 헛수고였는지, 왜 태반의 유형이 그렇게 예측불가였는지는 태반의 기능을 더 많이 이해하고 난 뒤에야 알 수 있을 것이다.

진화론의 도래는 의심의 여지 없이 19세기 생물학의 이정표였지만, 이만큼이나 중요한 두 번째 혁명도 동시에 일어났다. 바로 세포이론이었다. 생물학자들은 모든 유기체가 세포로 이루어져 있다는 사실을 알게 되었다. 그리고 그에 관한 이해를 바탕으로 세포의 형태와 기능을 이해하는 게 기관과 유기체를 이해하는 데 필요한 일이라는 것이 점점 더 명확해졌다.

점점 강력해지는 현미경은 세포생물학의 발전을 이끌었다. 해부학자들은 현미경의 가능성을 탐구하면서 살아있는 조직의 미세한 구조를 전보다 훨씬 더 선명하게 볼 수 있게 되었다. 어떤 기관이든 그렇게 볼 만한 가치가 있었다. 하지만 뇌와 태반처럼 전체적인 형태가 꿍꿍이를 거의 알려주지 않는 구조의 경우에는 아예 판도를 바꾸어 놓았다.

태반에 초점을 맞춘 현미경은 애매모호한 다른 조직층 그리고 기이한 공간과 얽혀 있는 그물 같은 혈관을 보여주었다. 이 수렁의 어떤 부분이 태아에서 온 것이고 어떤 부분이 모체에서 온 것인지 알아내는 게 과제가 되었다. 수십 년 동안은 거의 추측에 의존할 수밖에 없었고, 엄마와 아기가 각각 무엇을 만드는지를 두고 논쟁이 벌어졌다.

가장 중요한 돌파구 하나는 19세기 말 네덜란드 생물학자 암브로시위스 휘브레흐트Ambrosius Hubrecht가 식충동물이 본래의 포유류와 가장 닮았다는 헉슬리의 주장에 영감을 받아 식충동물의 태반을 조사하기 시작하며 발견되었다. 휘브레흐트의 중요한 논문은 자신이 번식기에 야생에서 잡아온 고슴도치를 다루었다.

휘브레흐트의 훌륭한 공헌으로는 '영양배엽trophoblast'를 정의한 게 있다. blast는 배아 세포를 뜻하고, tropho-는 영양을 뜻한다. 휘브헤르트는 점점 커지는 태반의 가장자리에 있는 세포가 단순히 접하는 데 그치지 않고 그 속으로 먹어들어간다는 사실을 관찰했다. 태반 조직이 자궁의 탈락막 조직 안에 고인 모체의 피를 둘러싸고 "아주 알차게 활용하고" 있다는 사실도 볼 수 있었다. 영양배엽은 태아가 모체의 혈액에서 영양분과 산소를 받아들이는 수단이다.

오늘날 우리는 영양배엽이 태반의 기본적인 세포 유형이라는 사실을 알고 있다. 초기 배아가 자궁벽에 착상하면, 영양배엽이 모체의 조직을 소화하며 자궁 속으로 사실상 파고 들어가기 시작한다. 태아 주변에서 팽창하는 이 봉투 같은 조직은 모체의 혈관을 향해 밀고 들어가며, 태아의 이익을 위해 피웅덩이로 변형된다.

태반이 하는 일에 대해 기초적인 이해를 바탕으로, 이제 포유류 태반에서 보이는 다양성 이야기를 다시 해보도록 하자. 여러 종의 태반을 자세히 분석한 결과 태반은 커다란 규모의 구조에서 다를 뿐만 아니라 1) 얼마나 많은 조직이 태아의 피와 모체의 피를 분리하는지 2) 자궁 속으로 뻗어가는 태아 조직의 형태가 어떤지에 따라서도 갈라진다. 첫 번째의 경우, 두 혈류 사이에 놓이는 조직이 한 층 또는 두 층, 세 층일 수 있다. 두 번째에 관해서는 세 가지 뚜렷한 돌출부 형태가 존재한다. 단순하게 생각하면, 태반이 점점 진화하며 태아와 모체의 피를 분리하는 조직 층의 수가 줄어들고 확장이 더욱더 정교해진다고 생각할 수 있다. 인간 태반은 가장 복잡한 확장을 가지고 있으며, 태아와 모체 혈액을 분리하는 조직은 거의 없다. 때문에 이런 생각은 동물이 진화할수록 완벽한 인간 형태에 가까워진다는 빅토리아 시대의 관념과 잘 맞아떨어진다. 하지만 멋진 생각이라고 항상 맞는 것은 아니다.

휘브레흐트는 헉슬리의 태반 기반 분류법을 거부하자고 호소하면서 영양배엽을 다룬 원논문을 끝마쳤다. 고슴도치의 태반을 두더지, 땃쥐의 태반과 비교해 보니 명백한 근연 관계에도 불구하고 이 세 식충동물의 태반은 확연히 달랐다. 게다가 사람과 마찬가지로 매우 침습적이라 초기 형태의 태반에 걸맞다고 하기는 어려워 보였다.

휘브레흐트는 어쩌면 포유류 태반이 "포유류 가계에서 가장 젊은 기관"이라는 사실 때문에 자연선택이 "장기적으로 보면 다른 것보다 유리하지 않은 몇몇 태반의 적응 형태를 무자비하게 제거"할 시간이 없었을 수 있다고 주장했다. 이 주장의 문제는 휘브레흐트가 자연선택이 다른 기관에 작용하는 것과 똑같이 태반에도 작용한다고 잘못 가정했다는 데 있다.

기능

이언 웨스트Ian West의 교실에는 한쪽이 뚫린 정사각형 모양으로 책상이 놓여 있다. 뚫린 부분의 정가운데에서 이언은 머리 위에 있는 프로젝터로 글을 써가며 강의했다. 수업 때면 매번 주제를 소개하고, 몇 가지 필요한 배경 지식을 제시한 뒤 중요한 시점에서 잠시 말을 멈추었다가 질문을 던졌다. 이언은 항상 우리 — A레벨 생물학 수강생 — 중 누군가가 근본적인 개념의 도약을 이루게 만들었다.

이언은 한 번도 우리에게 태반에 관해 가르치지 않았다. 하지만 태반의 진화를 이끈 힘에 관해 생각할 때마다 나는 이언이 우리에게 태반을 가르쳤다면 얼마나 즐거워했을지 생각한다. 아마 처음에는 이렇게 물었을 것이다. "그러니까 물고기의 산란과 포유류의 생식 사이의 가장 큰 차이점이 뭐지?"

물고기는 알을 낳고 포유류는 자유롭게 움직이는 새끼를 낳는다는 식의 뻔한 대답을 원하는 게 아니라는 건 누구나 안다. 침묵 속에서 우리는 뭔가 똑똑한 대답을 생각해 내려고 애를 쓴다. 그러다 보면 이언이 침묵을 깨고 한 명을 찍어 이름을 외칠 것이다.

"어…, 물고기는 알을 백만 개 낳고 포유류는 새끼를 몇 마리만 낳는다는 것이요?"

"그렇지…." 답변의 깊이가 부족하다고 생각하는 기색이었을 것이다. 또 다른 이름이 불린다.

"물고기 알은 외부에서 수정이 된다는 것이요?"

또 다시, 좀 더 힘주어 "그렇지…." 이번 반응은 그 답변에 함축된 뭔가를 더 파고들어야 한다는 신호다.

이언이 학생의 입에서 나오기를 바랐을 답변은 "물고기는 어미가 수정 전에 알에 모든 자원을 쏟아붓지만, 포유류는 수정 이후에 거의 모든 자원을 제공한다는 게 아닐까요?"일 것이다.

"그렇지!" 이언은 이렇게 외쳤을 것이다. "이제야 생물학자처럼 생각하는군!"

산란으로 번식하는 암컷 물고기는 다음 세대에 대한 투자를 알을 낳을 때 정한다. 물고기는 난자 안에 넣어 놓은 유전자를 퍼뜨리기 위해서 자신이 필요하다고 생각하는 만큼의 에너지 전부를 난자에게 분배한다. 일단 바다로 나가면 알은 더 이상 어미의 육체적인 자원을 바랄 수 없다. 결정적으로, 태아의 발달을 함께 지시하기 위해 알에 들어가는 아비의 유전자 역시 모체가 비축한 에너지에 손을 댈 수 없다.[6)]

그런 면에서 알을 낳는 파충류와 조류는 포유류보다는 어류에 더 가깝다. 닭을 생각해 보자. 왜냐하면 첫째로 달걀은 기초적인 양막란을 아주 잘 보여준다. 둘째, 달걀은 익숙하다. 그리고 셋째, 내가 "이건 닭이 먼저냐 달걀이 먼저냐의 상황이다"라고 말하고 싶고, 그건 지겨운 — 유용할지는 모르겠지만 — 은유로서가 아니라 말 그대로이기 때문이다.

닭이 교미를 하지 않았을 때도 상당한 수의 알을 낳는다는 사실은 항상 내게 이상하게 느껴졌지만, 이건 양막류의 표준 작동 방식이다. 모든 암컷은 — 사람은 한 달에 한 번 — 수정되지 않은 알을 배출한다.[7)] 단지 닭은 자주 배란하도록 품종개량이 되었고, 수컷과 따로 지낼 뿐이다.[8)] 포유류의 난자는 아주 작아져서 눈에 잘 띄지 않는 것이고 말이다.

---

6) 여기에서 물고기의 산란에 대해 이야기하는 것이 꽤 큰 비약이라는 것을 인정한다. 일부 물고기는 어느 정도 부모의 역할을 한다. 일부는 자신의 자식들을 지키고, 소수는 심지어 자식들에게 먹이를 제공하기도 한다. 그리고 앞서 언급한 것처럼, 일부는 내부 수정과 원시적인 태반을 진화시키기도 했다.

7) 생리 — 수정되지 않은 난자와 자궁벽의 일부를 배출하는 일 — 는 사람과 다른 영장류, 박쥐와 코끼리땃쥐에게서 볼 수 있는 상당히 드문 현상이다. 이들 종이 착상에 대비해 생겼던 내벽을 배출한다는 특수성을 보여준다. 다른 포유류는 내벽을 재흡수한다.

8) 이 전략이 성공했기에 지구상에는 약 200억 마리의 닭이 살고 있다. 다른 어떤 양막류보다 훨씬 많다.

포유류의 난자와 마찬가지로 달걀은 생식관 높은 곳에서 수정된 뒤 나팔관을 지나 다음 발달 단계를 향해 나아간다. 하지만 포유류와 달리 — 그리고 어류와 아주 비슷하게 — 닭은 병아리를 만드는 데 필요한 거의 모든 자원이 들어있는 커다란 난황이 있는 알을 낳는다. 그리고 수정이 되었든 되지 않았든 알에는 흰자 — 마지막 몇 가지 자원 — 가 생기며, 껍질로 둘러싸인다. 다시 한번 말하지만, 수정란 안에서는 부계 유전자가 작동하기 전에 이미 부화에 필요한 모든 것을 갖춘 상태가 된다.

반대로 자궁 속에 파묻혀 모체의 자원을 얻어내는 포유류의 태반 속에서는 처음부터 부계 유전자가 활성화되어 있다. 이 때문에 수컷이 교미 이후에 어떤 행동을 하든 부계 유전자는 자손의 발달에 중대한 영향을 끼칠 수 있으며 실제로 그렇게 한다.

이 중요한 사실을 이해하는 단초는 1974년 하버드대학교의 로버트 트리버스Robert Trivers가 발표한 「부모-자손 갈등」이라는 간결한 제목의 논문에서 모습을 드러냈다. 논문에서 트리버스는 부모와 자손의 관계를 정확히 무엇이 특징짓는지 공식화하려고 했다.[9)]

자녀가 있는 사람이라면 누구나 알겠지만, 부모에게는 시간과 에너지가 한정되어 있다. 트리버스의 연구가 나오기 전 부모가 생식 성공률을 최대화하기 위해 자원을 할당하는 최선의 방법은 진화론의 수수께끼였

9) 트리버스는 원래 주로 포유류의 어미에 초점을 맞추고 있었기 때문에 논문 제목은 '어미-자손 갈등'이 될 예정이었다. 하지만 결국 트리버스는 그 원리를 더 넓게 확장할 수 있다고 생각했다.

다. 사람들은 자연선택이 부모의 자원을 할당하는 방식을 좌우하며, 이것이 부모가 자손을 얼마나 가질지, 자손의 몸집이 얼마나 클지, 부모가 미래에 더 많은 자손을 가질 수 있도록 살아남는 데 얼마나 많은 에너지를 남겨둘지에 영향을 끼친다는 데 동의했다. 그런 이론은 수많은 비용이 적게 들고 생존률이 낮은 새끼를 낳는(어류처럼) 전략과 투자를 많이 하고 그만큼 생존할 가능성이 훨씬 더 큰 소수의 새끼를 낳는(포유류처럼) 전략을 성공적으로 구분했다.[10)]

그러나 트리버스는 이전 연구가 모두 중요한 것을 놓치고 있다고 지적했다. 앞선 연구에서는 자손이 부모의 투자를 수동적으로 받기만 하는 존재로 잘못 보았다는 주장이었다.

"자손을 이 상호작용의 행위자로 본다면, 유성생식의 중심에는 갈등이 있어야 한다고 생각할 수밖에 없다. 시작부터 번식 성공률을 최대화하려는 자손은 부모가 줄 수 있는 것보다 더 많은 투자를 원할 것이다."

세쌍둥이를 가진 엄마를 상상해 보자. 그리고 엄마에게 있는 자원 — 음식, 모유, 돈, 무엇이 되었든 — 으로는 세 자식이 품을 떠나 스스로 살아갈 수 있게 될 때까지만 키울 수 있다. 자원을 세 자식에게 똑같이 분배해 자식들이 똑같이 성장하고 모두 손주를 안겨줄 수 있다면 그게 가장 성공적인 번식이 된다. 이 세 자식이 수동적이라고 가정했던 예전 모형으로는 정확히 이런 일이 일어난다.

하지만 트리버스는 세 자식이 서로 엄마의 자원을 공평한 몫보다 더

10) 하지만 포유류도 여전히 토끼와 설치류, 혹은 오랑우탄과 코끼리처럼 폭이 매우 넓다.

많이 가져가려고 싸우는 현실을 지적했다. 사실 자식은 엄마가 주고자 하는 최적의 자원보다 더 많이 얻으려고 경쟁해 엄마가 다시 번식할 가능성을 떨어뜨릴 것이다. 그리고 자식이 어머니를 왜 그렇게 존중하지 않는지를 설명하려면 섹스 이야기를 해야 한다.

가령 세 쌍둥이의 아버지가 각각 다르다고 생각해 보자.[11] 만약 세쌍둥이 중 한 명의 아버지가 이 딸을 더 강력한 경쟁자로 만드는 — 어머니의 관심을 더 잘 끈다거나 젖을 더 잘 빨 수 있는 — 부계 유전자를 물려주었다면, 그 딸은 어머니의 자원을 더 많이 얻어내고 다른 두 형제자매를 희생해 잘 살아갈 가능성이 크다. 그 딸은 남매와 갈등 관계를 맺는다.

그런데 만약 이 싸움꾼 딸이 어머니가 주려는 것보다 더 많은 자원을 얻어내는 데 성공한다면, 딸은 어머니의 희생으로 아버지의 성공 가능성을 높여주는 셈이 된다. 부계 유전자를 둘러싸고 딸과 어머니가 갈등 관계에 있게 되는 것이다. 이러한 갈등 상황은 자식이 오직 하나밖에 없는 상황에서도 생겨날 수 있다. 자식의 유전자가 어미와 다른 이상, 갈등은 언제나 생겨날 수 있다.

트리버스의 논문은 조화로운 가족의 삶이라는 달콤한 이야기와 거리가 멀다. 하지만 그 주장은 설득력이 있다. 아기를 싸움꾼으로 만드는 유전자를 물려준 아버지는 잘 살아남아서 더 많은 손주를 안겨줄 자손을 더 많이 볼 수 있다.

---

11) 짧은 기간에 여러 수컷과 짝짓기하는 암컷의 경우 이런 일이 일어날 수 있다. 또한, 각자 따로 태어난 세 남매에 대해서도 똑같은 이야기를 할 수 있을 것이다.

트리버스는 젖을 떼기로 결심한 어미에게 젖을 더 달라고 애원하는 어린 원숭이를 보고 영감을 얻은 게 분명하다. 그러나 시간이 지나 이런 성격의 갈등이 이보다 훨씬 더 이른 시기에, 포유류의 자궁 안에서부터 나타난다는 사실이 드러났다.

아이오와주립대학교의 프레드릭 잔젠Fredric Janzen과 대니얼 워너Daniel Warner의 2009년 연구에서처럼 거북을 생각해 보자. 일정한 양을 투자할 때 어미가 택할 수 있는 최선의 생식 전략을 낳을 알의 크기와 수로 계산할 수 있다. 작은 알을 많이 낳거나, 중간 크기의 알을 중간 정도로 낳거나, 커다란 알을 적게 낳을 수 있다. 알이 클수록 새끼가 생존할 가능성은 높아지지만, 한 번에 낳을 수 있는 알은 적어진다. 잔젠과 워너의 계산에 따르면, 중간 크기의 알을 중간 정도로 낳는 것이 거북에게는 최선이다. 그리고 실제로 관찰해 보니 거북은 두 사람이 예측한 그대로 알을 낳았다. 닭과 마찬가지로 암컷 거북은 각 알에 넣을 자원의 양을 홀로 통제할 수 있다. 자손은 수동적으로 받기만 한다.

이제 포유류를 생각해보자. 하버드대학교의 또 다른 생물학자 데이비드 헤이그David Haig는 1980년대 말부터 나오기 시작한 일련의 논문에서 포유류의 임신 기간에 어미-자손 갈등이 벌어질 수 있는 수많은 무대를 조사했고, 상당한 목록을 뽑아냈다.[12] 포유류의 배아가 자궁벽에 착상하

12) 만약 아직도 태반이 포유류 고유의 기관이라는 관념을 충분히 내려놓지 못했다면, 헤이그는 태반에 상응하는 식물 기관에 대한 연구에서 초기 영감을 많이 받았다는 사실을 알아두길 바란다.

는 순간 부계 유전자는 배아가 모체보다 자신의 이익을 우선시하게 만들 수 있다. 태반은 절대로 수동적이지 않다.

헤이그는 임신 극초기에 영양배엽이 모체 조직을 소화하는 효소를 분비하고, 모체 조직은 그런 효소를 억제하는 화학물질을 분비하며, 태반도 자체 발달을 가속하는 성장 인자를 분비하고, 그와 함께 탈락막기질세포(DSC)는 이 성장 인자를 중화하는 단백질을 분비한다고 설명했다. 아주 처음부터 태반의 작용과 모체의 반작용이 존재하는 것이다. 헤이그는 이런 역동적인 상호작용을 포식자와 먹이 또는 숙주와 기생충 사이의 무기 경쟁과 같은 과정으로 본다. 어느 한쪽이 상대방보다 앞서 나가려 하면, 상대방도 그 위협을 무마하기 위해 진화하는 것이다.

태반이 하는 또 다른 일은 호르몬을 모체의 혈류에 분비해 모체의 생리를 조종하는 것이다. 호르몬은 어미의 몸이 임신했다는 사실을 '알고' 배아, 그리고 태아라는 거주자에 맞게 생리를 조절하게 하는 존재다. 하지만 이 내분비 채널은 새끼가 어미를 조종하는 또 다른 수단이기도 하다. 예를 들어, 태반은 모체의 인슐린 저항성을 일으켜 혈당을 높인다. 하지만 으레 그렇듯이 이 호르몬의 강탈 행위에 대한 반응으로 모체는 다시 이 효과를 완화하기 위해 진화한다. 인슐린을 더 많이 만들고, 특정 호르몬의 수용체를 바꾼다.

이 어미-자손 교환의 주요 요소 하나는 유전자 수준에서 일어난다. 몇몇 유전자가 태아의 성장을 가속하는 기능을 하지만, 어떤 유전자는 — 모체 조직 속의 유전자 일부와 태아 자체의 유전자 일부 — 태아의 발달을 늦추는 작용을 한다. 여기서 어떤 유전자가 모계 또는 부계에서 물려받았는지에 따라 자손의 몸 안에서 스위치가 켜지는 이유에 관한 가설이 나왔다. 만약 어떤 유전자가 태아의 성장을 빠르게 한다면, 어미는 자신이 자손에게 전달하는 그 유전자의 사본을 끄는 편이 낫다. 만약 그 유전자가 어떤 방식으로든 성장을 억제한다면, 아비는 정자에 든 그 유전자를 끄는 게 이익이다. 헤이그는 "역사가 중요하다"고 말한다. 아기를 만들기 위해 DNA를 준비하는 부모의 성별이 어떤 유전자가 켜지거나 꺼진 채로 부모의 몸을 떠날지를 결정한다. 헤이그에 말을 빌자면, 태아는 "가속 페달에는 아버지의 발을, 브레이크에는 어머니의 발을 올린 것"과 같은 상태기 된다.

이 과정을 유전자 각인이라고 한다. 유대류와 태반류 모두에게서 나타나지만, 후자에게 더 많이 보인다. 사람의 경우 200개 이상의 유전자가 각인되어 있다. 그리고 오늘날 각 부모에게서 각인된 유전자가 자궁을 떠난 어린 포유류에게 계속해서 영향을 끼친다는 사실은 널리 인정받고 있다. 2018년에는 각인된 유전자가 어미 쥐의 뇌를 조종해 새끼가 태어났을 때의 행동을 조절한다는 연구결과가 나오기까지 했다.

암컷 거북이 알을 통제하는 것과 달리, 어미 포유류는 임신하는 거의 그 순간부터 자손, 그리고 자손이 가진 부계 유전자와 역동적인 관계를 맺게 된다.

부계와 모계의 유전자가 태반에서 서로 힘겨루기하고 있다는 헤이그의 이론은 포유류의 태반이 왜 그렇게 가변적인지 설명하는 데 도움이 된다. 부계 유전자는 한쪽으로 잡아당기고 모계 유전자는 또 다른 방향으로 밀어붙이고 있는 식이라 포유류의 역사에 걸쳐 태반은 자주 바뀌었다. 이런 변화는 — 흔히 극적이었으며 가까운 친족 관계에 있는 집단 사이에서 나타났다 — 태반이 포유류 혈통 사이의 관계를 추론하는 데 그다지 유용하지 않은 이유다.

유전자를 이용한 방법으로 포유류의 가계도가 해결된(9장 참조) 뒤에야 연구자들은 태반 형태에 관한 자료를 가계도에 올려놓고 이 기관이 어떻게 진화했으며 최초의 진수하강에서는 어떻게 생겼을지를 유추해볼 수 있었다. 두 연구진이 이를 시도했다. 이들은 포유류 전반에 걸쳐 아주 여러 차례 태반의 형태가 — 태아와 모체의 혈액을 갈라놓는 조직의 양과 태반이 확장된 모양, 큰 규모에서의 모양이 모두 자주 바뀌며 — 급격하게 변했다는 데 동의한다. 그러나 한 연구는 본래의 진수하강 태반이 가장 침습적인 종류라는 결론을 내린 반면, 다른 연구는 중간 정도 수준으로만 침입해 들어갔다고 추론했다. 이 기관의 역동성과 그 안에 내재한 갈등을 생각하면 기본적인 불확실성은 언제나 있을 수밖에 없을 것이다.

처음에 태반이 어디서 왔는지를 물으려면 우리는 자연스럽게 다시 단공류를 초대해야 한다. 오리너구리와 가시두더지가 알을 낳는다는 발견은 새로운 사실을 드러내 보였지만, 사실 단공류의 알은 다른 양막란과는 근본적으로 다르다. 오리너구리가 배란하는 폭 4mm짜리 난자는 포유류 기준에서 크지만, 약 17일 — 알을 낳는 동물치고는 상당한 간격이다 — 뒤에 오리너구리가 낳는 알은 그보다 훨씬 더 크다. 길이가 약 16mm에 폭이 약 14mm다. 다시 말해, 오리너구리의 알은 자궁 속에서 상당히 많이 자란다.

오리너구리의 알에 있는 난황 주위의 막과 다른 배막은 어미가 자궁 속으로 분비하는 물질을 흡수한다. 수정 이후에 이렇게 물질을 흡수하는 일은 굉장히 흥미로운 사실을 보여준다. 태생viviarity과 모체 영양 의존은 보통 자궁 내에서 알이 부화하면 진화하게 된다. 알이 어미의 몸속에서 부화하기 시작하고 나서야 먹이를 구하는 방법을 알아내는 것이다. 그러나 오리너구리의 경우 통상적인 경로와는 사뭇 다르다. 이들의 출산은 포유류 조상들이 모체 영양 의존을 태생보다 먼저 진화시켰다는 것을 보여준다.[13)]

단공류 생식의 또 다른 뚜렷한 특징 하나도 주목해 볼 만하다. 단공류의 새끼는 무력하기에 어미의 보호에 의존한다. 아마 포유류의 조상이 그랬을 것이다. 포유류의 태생은 땃쥐 같은 소형 종에게서 출현했을 것으로 보이는데, 이들은 너무 작아서 작은 골반으로 생존 가능한 알을 낳는 것이 실용적이지 않았을 것이다. 체내 부화의 초기 형태는 작은 새끼가 빠져나와 어미의 젖을 먹고 살아갈 수 있게 해주었을 테고, 따라서 이 시나리오는 수유의 진화가 이루어진 뒤에야 가능했을 것이다.

유대류로 돌아가보자. 오늘날 이들이 번식하는 방법에는 유대류 혈통에서만 진화한 여러 가지 특징이 있지만, 어떤 면에서 보면 유대류의 생식 방법은 진수하강 생식 방법의 진화 중간 단계를 닮았을 가능성이 있

13) 수정 전에 자식에게 전해 줄 영양의 양을 미리 정하는 경향과 일치하듯 대부분의 새와 파충류는 세 개의 난황 생성 유전자를 가지고 있다. 그러나 오리너구리에게는 단 하나밖에 없다. 또한 오리너구리에서 부계 유전자가 모체의 자원 공급에 영향을 끼칠 가능성은 별로 없으며, 오리너구리에게서는 유전자 각인이 발견되지 않았다.

다. 수정이 이루어진 뒤 초기의 조그만 유대류 알은 여전히 난각막에 싸인 채 자궁의 분비물을 흡수하며 자란다. 하지만 그러다가 알이 자궁 안에서 부화하고 자궁벽에 착상해 — 포유류의 이름이 암시하는 바에도 불구하고 — 잠시 태반을 형성한다.

대부분의 유대류는 난황낭yolk-sac막만을 이용해 태반을 만든다. 하지만 흥미롭게도, 모든 유대류가 난황낭 태반만 갖고 있는 건 아니다. 반디쿠트는 요막allantois — 양막류에서 껍질 표면을 통해 호흡하고 노폐물을 배출할 수 있도록 진화한 막 — 을 이용해 태반을 만든다. 그리고 이건 진수하강이 사용하는 바로 그 막이다.

진수하강과 마찬가지로 유대류의 태반도 모체의 생리에 영향을 끼칠 수 있다. 다만 몇몇 유대류 어미는 그 생리가 태아의 존재에 별로 영향을 받지 않기에 자신이 임신했는지를 알아차리지도 못한다. 유대류의 태반이 잠깐만 존재하는 이유에 대한 한 가지 가설로는 모체의 면역 체계로부터 태아를 보호하는 메커니즘이 진화하지 못했다는 게 있다. 임신에 대한 면역 관용에 관해서는 아직 불확실한 게 많지만, 이질적인 태아를 수용할 수 있게 된 데는 아마 진수하강 혈통에서 탈락막기질세포(DSC)의 등장이 중요한 역할을 하고 있을 것이다. 그래서 유대류는 아주 작은 새끼를 낳고 젖이 많이 나오는 생식 방법을 채택한다.

반대로 진수하강은 점점 더 긴 임신 기간을 시험할 수 있었다. 어느 순간 이들 모두는 난각막이 아예 생기지 않게 되고 태반이 점점 더 정교해지며 임신 기간이 길어지게 되었다. 유전적인 갈등이 임신의 성격을 근본적으로 바꾸어 놓았다고 해도 어미와 태아가 궁극적으로 건강한 새끼를 낳는다는 목표를 공유한다는 것은 그대로다. 그리고 이 생식 전략은 명백히 태반류에게 매우 이익이 되는 체계였다.

부모됨에 관한 사람들의 일반적인 생각은 대부분 그 과정이 부모와 자식 사이의 갈등에 의해 근본적으로 달라진다는 트리버스와 헤이그의 재개념화에 입각해 재평가할 필요가 있다. 하지만 헤이그는 그런 관념을 받아들이기를 꺼리는 분위기가 있다고 말한다. 사춘기 시절에 일어나는 욕구의 충돌 — 가령 도덕적, 사회적 영역에서 펼쳐지는 — 에 관해서는 아무도 이의를 제기하지 않지만, 갈등이 배아가 자궁에 착상되는 순간부터 일어난다는 생각은 놀랍고 불편하게 여긴다는 것이다. 그런 생각은 부모가 항상 자신보다 자식의 욕구를 앞에 놓는다는 지배적인 이야기와 충돌한다. 하지만 가족 안에도 여러 가지 미묘한 긴장 관계가 있다는 건 우리도 모두 알고 있지 않은가? 존과 윌리엄 헌터의 수많은 성공과 그를 뒤따른 절연은 형제간의 뒷받침과 경쟁이 뒤섞인 결과물이 아니었던가?

초기에 헤이그는 태아와 모체의 유전체 사이의 갈등은 줄다리기라는 이후 오랫동안 이어지게 된 은유를 만들었다. 건강한 임신은 줄이 팽팽한 — 어느 한쪽도 이기지 못하고, 서로 상쇄하는 — 임신이다. 그리고 당연히 임신은 보통 그렇다. 이 상호작용은 수백만 년에 걸친 적응과 반적응의 결과로 만들어졌다. 만약 어미나 자손 중 어느 한쪽에게 근본적으로 이득이 된다면, 그건 그 종에게 해가 될 것이다. 그리고 갈등이 만연하다고는 해도 건강한 자손을 생산한다는 기본적인 공통의 목표가 어미와 자손을 하나로 묶어준다는 사실을 염두에 두어야 한다.

그럼에도 불구하고 헤이그는 산부인과 의사라면 이 진화론적 관점과 그 함의를 이해해야 한다고 강조했다. 자연선택이 으레 아름답게 적응된 과정으로 이어지긴 하지만, 사람의 임신은 어렵고 위험하다. 그 이유로는 흔히 우리의 비정상적인 직립 자세가 꼽혀 왔다. 하지만 헤이그는 유전적으로 뚜렷이 다른 두 유기체의 매우 밀접한 공존이 건강한 생리와 병리적인 생리의 대립이라는 일반적인 의학 개념을 희미하게 하고 있다고 지적한다. 태아에게 생리적이고 건강한 게 어머니에게 병리적일 수 있고, 그 반대일 수도 있다. 예를 들어, 전자간증 — 임신 말에 흔히 모체의 혈압이 위험할 정도로 올라가는 증상 — 과 임신성 당뇨는 태아의 요구에 대한 모체의 민감성에서 나타나는 것일 수 있다. 태아는 모체의 혈류에 혈압을 높이라는(태반에 피가 잘 통하도록) 신호 물질을 분비한다. 그리고 모체의 혈당을 조절하는 신호 물질을 분비한다. 그러면 어머니는 인슐린에 둔감해진다. 이런 질환을 치료하기 위한 새로운 접근 방법은 유전적 갈등이라는 개념으로부터 영감을 받았다.

둘째 아이의 출생을 돌이켜보면, 내가 태반에 관해 했던 생각을 재평가할 수밖에 없다. 내 아이들이 그런 기관을 만들었다는 데 감탄하는 건 우스꽝스러운 일일까? 아마 그럴 것이다. 하지만 우리는 우리의 몸을 추켜세우곤 한다. 감염과 싸우는 면역 체계를 찬양하고, 골절이 멀쩡히 나은 뼈에 즐거워하고…. 확실한 건 부모로서 우리는 금세 우리 아이들에게도 자신만의 의사가 있으며 그게 우리의 의사와 갈등을 일으킬 수도 있다는 사실을 금세 알게 된다는 점이다.

첫 아이가 이른 시기에 태어났을 때 크리스티나의 담당 의사는 놀랍지 않다고 말했다. "뭔가 있다는 건 알고 있었어요…." 하지만 병리학 연구실에서는 태반에서 아무런 문제도 찾아내지 못했다. "왜 빨리 태어났냐고요?" 의사는 말했다. "몰라요."

출생

출산 전날 크리스티나가 병원에 입원한 직후 한 의사가 주사기를 들고 나타났다. 그 안에는 보통 임신 말기에 아기의 탄생을 준비할 때 치솟는 호르몬을 흉내 낸 합성 호르몬이 담겨 있었다. 의사는 크리스티나의 허벅지를 소독하고 주사했다. 호르몬의 주요 작용은 양수로 찬 자궁 속에서 부풀어 오르지 않은 채 잠들어 있는 폐가 공기를 호흡할 수 있게 깨우는 것이다.

산도를 따라 내려오는 포유류는 척추동물이 수백만 년에 걸쳐 이룩한 일을 몇 분 만에 해낸다. 수중 동물에서 육상 동물로 바뀌는 것이다. 성숙해야 하는 건 폐만이 아니다. 육상에서 살기 위해 진화한 모든 기관과 생리 시스템이 깨어나야만 한다. 폐가 작동을 시작하면서 순환계도 바뀐다. 신장과 간은 별안간 혼자서 염분의 균형과 해독을 책임져야 한다. 소화관은 아기를 먹여 살려야 하고, 거의 무균 상태였던 자궁을 떠난 뒤에는 면역 기능이 발달해야 한다. 그리고 아기는 스스로 체온을 유지해야 한다. 태반이 없는 삶은 쉽지 않다.

7장

젖의 길

이야기를 시작하기에 앞서 앞으로 할 이야기는 유방에 관한 게 아니라는 점을 분명히 해야 할 것 같다. 거의 5,500종에 달하는 포유류 중에서 오직 인간만이 젖샘을 — 활발하게 기능을 하든 아니든 — 커다란 가슴 속에 항상 넣어 놓는다. 과학자는 하나밖에 없는 사례를 싫어한다. 어느 단 한 종에만 용도가 모호한 형질이 있다면 — 이러한 일이 자주 일어나지는 않는다 — 그게 왜, 어떻게 진화했는지를 설명해 줄지도 모르는 공통적인 면을 어디서 찾아야 할지 알 수 없다.[1] 만약 암사자와 암컷 바다코끼리에게도 유방이 있다면, 우리는 얼굴에 털이 이상하게 난 수컷이 맵시 있는 가슴을 좋아하게 진화했을지도 모른다고 추측할 수 있다. 하지만 그렇지 않다. 다른 어떤 종도 우리와 같은 유방이 — 그리고 유방에 대한 집착도 — 없다.

진화생물학자가 사람의 유방이라는 도전 과제를 무시해 온 것도 아니다. 단지 그게 어려운 문제일 뿐이다. 유방이 더 크다고 해서 젖을 더 많이 만들지 않는다. 유방의 크기는 대체로 젖을 만드는 젖샘 자체의 크기

1) 더 커다란 계통군만의 고유한 형질도 마찬가지다. 수유 자체도, 당연히, 포유류에게서만 볼 수 있다.

보다는 지방과 섬유 조직의 양에 의해 정해지기에 수유 능력과 상관관계가 없다(큰 유방이 젖을 저장하는 데 아주 조금이나마 나을 수는 있다). 따라서 유방은 모종의 신호 장치인 게 거의 확실하며, 이 장의 주제인 자손을 먹이기 위해 어미가 피부에서 분비하는 영양가 있는 하얀 액체의 진화와 아주 조금만 관련이 있을 뿐이다.

확실히 배우자가 어머니가 되는 과정을 지켜보는 건 한때 존재했을지도 모를 수수께끼 같은 성적 신호 장치 같은 게 산업혁명 규모로 변화를 겪는 모습을 목격하는 것과 같다. 나는 지금까지 두 번 내 배우자의 가슴이 젖 공장 두 개를 품을 수 있게 변하는 모습을 지켜보았다. 그리고 젖과 젖 공급에 집착하게 되는 현상도 두 번 경험했다.

나는 이 젖 공장이 소모하는 연료를 전달하는 제한적인 역할밖에 하지 못했다. 그럭저럭 내게 잘 맞는 일이었다. 나는 스트레스를 받으면 요리하는 습관이 있다. 기왕이면 육수가 필요한 것으로. 뼈 끓는 냄새가 필요한 사람에게 어느 정도 힘을 불어넣는다는 듯이 말이다. 크리스티나가 첫 딸을 낳고 돌아왔을 때 우리 집은 미네스트로네 수프 천지였다.

요리를 하다 보면 영양 순환을 유지하기 위해 우리가 하는 행위의 기묘함에 관해 생각해 볼 때가 많았다. 크리스티나는 이 음식을 먹을 것이고, 모종의 방법으로 소화하고 — 여기에 상당한 에너지를 들일 게 확실하다 — 난 뒤 특이한 하얀색 수용액을 내놓는다. 때때로 나는 새 한 쌍, 암컷과 수컷 두 마리가 새끼의 벌린 입에 벌레를 넣어 주는 상념을 떠올렸다. 그러면 내가 쓸모 있다는 느낌이 별로 들지 않았다.

하지만 그게 우리 방식이었다. 딸들은 젖이 필요했다. 첫 6개월 동안은 그것밖에 먹지 않았다. 우유를 어디서나 볼 수 있다는 사실과 더불어 우리 인간이 끊임없이 우유를 소비하는 독특한 방식 — 시리얼, 커피, 치즈, 디저트 등 — 때문에 우리는 다른 모든 포유류에게 젖이란 오로지 삶의 첫 번째 단계에 에너지를 제공하기 위해 진화한 단 하나의 물질이라는 사실을 잊곤 한다.

나는 나 자신을 포유류라고 생각할 때 암컷에게 젖샘이 있다는 데서 착안한 — 그리고 그 점으로 구분하는 — 이름을 지닌 동물 집단의 일원이라는 사실을 어느 정도 항상 기억하고 있다고 생각한다. 하지만 학부생 때 '사출 반사'에 관해 쓴 에세이 한 편을 제외하면 이 문제에 관한 내 생각은 거기서 특별히 더 나아간 적이 없다. 아기가 한 가지만 먹으면서 잘 자라는 모습을 보며 나는 인간과 포유류 동지들이 어떻게 여기에 의존하게 되었는지 공부해보기로 결정했다. 내 결론은 학부생 때와 비슷한 맛이 있지만, 그때와 같은 이유에서는 아니다. 그 결론은 이렇다. 젖샘은 끝내준다.

우유는 어떻게 해드릴까요?

사람의 독특한 유방 구조는 포유류의 수유 시스템이 겪은 수많은 적응의 한 가지 결과일 뿐이다. 포유류는 모두 새끼에게 젖을 먹일 수 있지만, 그 방법은 매우 다양하다.

젖을 오랫동안 먹인다는 점에서 수유의 일인자가 유대류라는 건 놀라운 일이 아니다. 유대류의 새끼는 자신이 고른 젖꼭지와 생리학적 기반의 오랜 인연을 맺는다. 태반류의 경우 새끼가 젖을 빨면 뇌에서 프롤락틴이라는 호르몬이 나와 모든 젖샘에서 젖 생산을 촉진한다. 하지만 유대류는 프롤락틴이 항상 혈액 속에 있으며, 젖꼭지를 빨면 그 젖꼭지만 프롤락틴 수용체가 발현한다. 그러므로 빨리고 있는 젖샘만 순환하는 프롤락틴에 반응하며, 새끼가 있는 젖샘만 젖을 만들게 된다.

갓 태어난 붉은캥거루 새끼는 첫 두 달간의 끊임없는 젖먹이를 마치면 4개월 동안 더 주머니에 남아 간헐적으로 젖을 먹는다. 그 뒤에는 바깥세상을 탐구하다가 이따금 다시 주머니로 돌아와 젖을 먹는다. 아니면 주머니에 머리를 넣은 채 편안히 서 있기도 한다. 새끼는 젖을 먹을 때 항상 처음에 고른 젖꼭지만 고수한다. 그 젖꼭지도 새끼와 함께 자란다.

유대류의 긴 수유 기간에 꼭 필요한 건 젖 성분의 점진적인 변화다. 젖의 내용물은 새끼에게 맞춰져 있으며, 어느 정도는 발달 방향도 좌우한다. 갓 태어난 새끼 캥거루는 이따금 더 큰 형제가 어미의 다른 젖꼭지에 단단히 달라붙어 있는 것을 볼 수 있다. 유대류의 젖꼭지는 개별적으로 작동하기에, 어미는 두 아이에게 맞추어 서로 다른 젖을 제공할 수 있다.

과학자들은 왈라비를 맞바꾸어 키우는 방식으로 서로 다른 단계의 젖이 어떤 영향을 끼치는지 확인했다. 앞서 좀 더 큰 왈라비를 먹이던 젖꼭지로 옮겨진 어린 왈라비는 새 젖꼭지에서 더 빨리 발달하기 시작했다.

태반류 중에서는 물범의 수유 전략이 인상적으로 진화했다. 그 시작으로, 가장 짧은 양육 기간을 보이는 두건물범이 있다. 이들은 북대서양과 아이슬란드, 그린란드, 캐나다 주변의 북극해에 살며, 떠다니는 얼음 위에서 번식한다. 암컷은 새끼를 단 4일 동안만 돌본다.

새끼를 너무 태만하게 돌보는 게 아닌지 걱정스럽다면, 그 4일 동안 새끼 물범이 하루에 7kg 가까이 자라 태어났을 때의 무게인 22kg의 약 두 배로 커진다는 사실을 듣고 안심할 수 있을 것이다. 그렇게 늘어난 질량은 돌봄 기간에 단식하는 어미가 잃은 것이다. 이 놀라운 성장과 대체로 뚱뚱해지는 방법으로 추위에 적응한 물범의 생활 방식을 생각하면, 두건물범의 젖이 가장 지방이 풍부한 젖이라는 사실이 놀랍지 않다. 젖의 약 60%가 지방으로, 마요네즈만큼 걸쭉하다.

두건물범의 거친 수유 시스템이 갖는 이점은 떠다니는 얼음 위에서 새끼를 기르는 게 위험하다는 사실에서 비롯한 것 같다. 고래와 돌고래, 하마와 달리 새끼 물범은 물속에서 젖을 빨 수 없으며, 꼭 필요한 이 물 밖 플랫폼은 안정적인 어린 시절의 환경과는 거리가 멀다.

이와 반대로 물범과 바다코끼리과의 별개 분류에 속한 물개는 단단한 바닷가 땅 위에서 짝짓기를 하고 몇 달 동안 젖을 먹인다. 그러나 사촌인 두건물범과 비슷하게, 새끼 물개도 아주 지방이 많은 우유를 하루 이틀 동안 집중적으로 먹는다. 어미는 바다에서 먹이를 먹고 에너지를 보충하는 사이사이에 틈틈이 젖을 먹인다. 어떤 종은 몇 주 동안 먹이를 찾아 떠나기도 하는데, 그건 문제가 될 수밖에 없다.

대부분의 포유류는 젖먹이 기간이 끝나면 젖샘관에 쌓이는 젖이 젖샘에게 이제 다시 '처녀' 상태로 돌아갈 때라고 알린다. 케이프물개에 관한 연구는 케이프물개의 젖에 어느 젖에나 있게 마련인 특정 단백질 하나가 없다는 사실을 보였다. 그 단백질은 (최소한 시험관 안에서는) 젖샘 세포의 사멸을 유도할 수 있다. 고유한 삶을 살기 위해 이들은 으레 젖이 쌓이

면 나오게 되는, 필요 없어진 젖샘의 수축을 시작하도록 하는 신호를 없애버린 것 같다.[2)]

한편, 어미 곰은 새끼를 돌보며 두 달까지 월동용 굴을 떠나지 않는다. 거기서 어미 곰은 죽도 아니고 새끼의 배설물을 먹으며 생존한다. 무리 속의 암사자들은 서로 가까운 친척 관계인 만큼 근처에 있는 새끼 사자를 가리지 않고 돌본다. 멧돼지 역시 남의 새끼에게도 젖을 먹인다. 심지어 그렇게 하려고 암퇘지들이 다 함께 임신하는 듯한 모습도 보인다.

마지막으로, 고래. 고래와 돌고래는 입술이 없기 때문에 굶주린 입 속으로 젖을 안전하게 쏠 수 있도록 특별히 근육질인 젖샘이 발달했다. 으레 그렇듯이 대왕고래의 경우 이 작업의 규모는 쉽게 이해할 수 있는 수준을 벗어난다. 암컷 대왕고래의 복부 지방층 속에 숨어 있는 두 젖꼭지에서는 거의 물범의 젖만큼 지방이 많고 칼로리가 높은 젖이 나온다. 하루에 220kg 수준이다. 6개월의 수유 기간에 새끼는 같은 시간 동안 성인 인간 400명이 충분히 쓸 수 있는 에너지를 얻는다.

이렇게 모든 포유류가 정형화된 양육 행동을 보이다 보니 사람에게 '자연스러운' 게 무엇인지 단정적으로 말할 수 있다는 생각이 들 것이다. 웨스턴오스트레일리아대학교의 홀리 맥클란Holly McClellan과 동료들은 "자연선택에 의해 진화한 두 포유류, … 가축화되어 특정 형질을 갖도록 선택받은(암퇘지와 암소) 두 포유류와 분류하기 어려운 한 포유류(인간 여

2) 적어도 그런 신호 중 하나일 수도 있다. 설치류 연구를 보면, 그런 신호가 더 있을 수도 있다.

성)"의 수유를 비교 연구해 그렇게 해보려고 시도했다.

그러나 그들은 그게 불가능하다는 결론을 내렸다. 인간 사회는 여성이 아이를 돌보는 빈도, 아기가 먹는 양, 수유 기간이 모두 제각각이었다. 전통적인 인간 사회를 — 개발된 세상을 만든 근대 문화의 방해를 받지 않은 게 분명한 — 들여다보아도 다양성은 엄청나다. 남서부 아프리카에서 목축 생활을 하는 코이코이족은 모유 수유를 몇 달 동안만 하지만, 호주 원주민 아기는 6살이 될 때까지 젖을 빨기도 한다. 문화는 어디에서나 다른 모양이다.

젖샘의 기원

젖 성분과 양육 기간이 다양함에도 불구하고 현존하는 포유류의 젖샘 자체는 놀라울 정도로 비슷하다. 젖꼭지가 없는 단공류조차도 기본적인 구조는 똑같다. 이런 동일성은 우리가 아는 포유류가 등장하기 전에 정교한 수유 시스템이 자리 잡고 있었다는 사실을 알려준다. 이를 뒷받침하듯이 단공류와 유대류, 진수하강의 젖을 만드는 유전자는 이 기본적인 음식의 주요 성분이 모두 세 혈통이 갈라지기 전에 자리를 잡고 있었다는 사실을 보여준다.

그러나 이것은 또한 생물학자가 조사할 수 있는 과도기적인 형태가 없다는 사실을 뜻한다. 반쯤 생긴 분비 조직으로 확실히 젖에 가까운 물질을 흘리는 동물은 없다. 그리고 살로 된 다른 모든 포유류의 특징과 마찬가지로 젖샘도 화석 흔적을 남기지 않는다. 또, 젖이 보존된 사례도 없다. 북극 영구 동토에 얼어붙어 있는 쥐라기의 저지방 젖 같은 건 없다. 따라서 이번에도 우리는 비교발생생물학과 유전학에 눈길을 돌려 포유류의 조상이 한때 직면했던 과제를 추론해야 한다.

젖샘의 역사라고 할 수 있는 내용이 처음 담긴 곳은 1872년 찰스 다윈이 낸 책이었다. 하지만 그 주제를 진화론에 처음 가지고 들어온 건 다윈 자신이 아니었다. 수유에 관한 다윈의 생각은 종의 기원 6판에서야 나타났으며, 그건 다윈 생각에 자신의 연구를 향한 가장 광범위하고 강력한 공격에 대한 길고 신중한 반응의 일부였다.

그 비판은 교황으로부터 박사학위를 받은 열렬한 가톨릭 신자인 성 조지 잭슨 미바트St George Jackson Mivart가 1871년에 쓴 『종의 창세기』라는 제목의 책에 담겨 있었다. 미바트가 실제 성인이었던 건 아니다. 단지 드래곤을 잡았다는 이야기로 유명한 성 조지의 이름을 그대로 땄을 뿐이었다. 그리고 미바트의 관심사는 그리 종교적이지도 않았다. 영장류 골격의 전문가로 영리하고 박식한 생물학자였던 미바트는 진화를 믿었지만, 진화가 인류의 지성을 만들었다고 생각하지는 않았다. 미바트가 받아들일 수 없던 건 다윈이 말한 변화의 원리였다.[3)]

3) 미바트와 다윈은 원래 서로 매우 존중했으며, 진화에 관해 편지를 주고받았다. 하지만 1873년 미바트가 다윈의 아들 조지가 쓴 글을 공격하면서 사이가 크게 벌어졌다. 더 극적이었던 건 미바트가 가톨릭 교회에 관해 점점 더 논란의 소지가 있는 글을 쓰다가 끝내 파문당했다는 사실이다. 미바트의 책은 금서 목록에 올랐고, 1900년 사망했을 때 교회가 축성한 묘지에 묻히는 것도 거부당했다. 그러나 미바트를 옹호하던 사람들은 미바트 사후에 이 결정을 뒤집기 위해 싸웠다. 오랫동안 앓았던 당뇨병 때문에 미바트의 지성이 쇠락했다고 주장한 끝에 묘지를 이장할 수 있었다.

미바트의 주요 반대 논거는 '유용한 구조의 초기 발달 단계를 설명하는 데 있어서의 자연선택의 무용함'이라는 제목의 장에 실려 있었다. 그리고 젖샘은 미바트가 적은 유용한 구조 목록의 상위에 올라 있었다. 미바트는 젖샘이 없는 단계에서 영양가 있는 액체 음식을 풍부하게 빨아먹을 수 있는 관 구조 사이의 연이은 중간 단계를 상상할 수 없었다. 미바트가 든 다른 사례로는 날개와 눈이 있었다. 미바트는 그런 구조의 초기 진화 단계가 어떻게 도움이 될 수 있었는지에 특별한 관심을 보였다. 날개의 10%만 가지고 어떻게 날 수 있었을까? 수유에 관해서 미바트는 이렇게 물었다. "어떤 동물의 새끼가 어미의 과도해진 피부샘에서 우연히 흘러나온, 영양도 별로 없는 액체 한 방울을 우연히 빨아먹은 덕분에 죽지 않고 살아남았을 가능성이 있을까?"[4)]

미바트의 주장을 진지하게 받아들인 다윈은 『종의 기원』 1872년 판에서 그가 제기한 문제를 하나하나 다루며, 다양한 형질의 순차적인 진화를 설명할 수 있다고 생각한 시나리오를 제시했다. 수유의 경우, 다윈은 "젖샘과 상동기관인 피부샘은 더 좋아지거나 더욱 효율적이 되었을 것"이며 따라서 특정 분비샘은 "나머지 다른 분비샘보다 훨씬 더 고도로 발달했을 것이고, 그게 유방이 되었겠지만 처음에는 우리가 (오리너구리에서) 볼 수 있듯이 젖꼭지가 없었을 것"이라고 썼다. 이 말은 대체로 향후 150년 동안 젖샘의 진화에 관한 연구가 어떻게 이루어졌는지를 나타낸다.

---

4) 젖샘에 이어 미바트는 한 문장으로 외부로 나온 남성 생식샘의 유용성에 관해 의문을 제기했다. 아쉽게도, 다윈은 이 문제에 끝내 응답하지 않았다.

하지만 젖샘이 진화한 이유에 관한 다윈의 추측은 그만큼 오래 가지 않았다. 당시의 박물학자 대부분은 태반류가 유대류에서 진화했다고 생각했고, 다윈은 젖샘이 주머니 안에서 생겨났는지 궁금해했다. 그런 시나리오를 주머니에서 새끼를 기르는 해마가 사용하는 유사한 먹이 주기 방식에 견주기도 했다. 다윈은 처음에는 서로 큰 차이가 없는 피부샘에서 모종의 액체가 흘러나와 새끼가 핥아먹었고, 분비물이 "어느 정도나 어떤 방식으로든 가장 영양가 높았던" 포유류가 "영양 상태가 좋은 자손을 더 많이 만들어" 친척들보다 더 번성했을 것이라고 주장했다.

오늘날 우리는 유대류와 진수하강을 포유류의 완성형으로 가는 연속적인 단계라기보다는 친척으로 보고 있다. 주머니는 유대류가 태반류에서 갈라진 뒤에 나타났다고 생각하고 있다. 그러면 수유는 주머니가 없는 조상에게서 진화한 게 된다. 하지만 더 문제가 되는 것은 다윈이 젖의 전신에 중점을 두었다는 점이다. 다윈은 젖의 전신이 자식에게 영양가가 있는 분비물이었다고 주장하면서 오늘날 우리가 아는 젖보다 영양가가 적고 조악하게 흘러나왔을 것이라고 말했다. 하지만 오늘날의 수유 전문가 대부분은 젖의 원형, 또는 원형의 원형에 뭔가 다른 비영양적인 기능이 있었다고 생각하고 있다.

역설적으로, 이게 옳다면 젖의 진화는 다윈의 미바트에게 반박하기 위해 사용했던 대안을 만족하게 된다. 눈과 날개, 또는 수유 같은 복잡한 기능이 진화하는 게 엄청난 일이라고 인정하며, 다윈은 다른 곳에서 어쩌면 복잡한 형질의 초기 형태가 오늘날과 똑같은 기능을 하지는 않았을 것이라고 주장했다.

다윈은 따개비를 예로 들어 그 생각을 설명했다.[5] 두 종을 비교했는데, 한 종은 전신 표면에서 기체 교환으로 호흡하며 알을 제자리에 고정하기 위해 접힌 피부 한 쌍이 있었다. 다른 한 종은 알을 붙잡아 놓지 않으며(안전한 껍데기 때문에) 폐와 비슷한 정교한 구조를 이용해 호흡했다. 다윈은 폐와 비슷한 기관과 알을 붙잡는 구조의 유사성에 "아무도 반박할 수 없을 것"이며, 폐가 알을 고정하는 피부에서 진화했다고 주장했다. 즉, 따개비의 폐라 할 수 있는 기관은 단계별로 호흡할 수 있는 능력이 좋아지며 점차 밖으로 자라나는 방식으로 시작된 게 아니었다. 오히려 원래는 알을 고정하기 위해 진화했다가 그 이후에 표면이 커지고 정교해지면서 알을 고정하는 역할을 잃고는 호흡하는 용도로 쓰이기 시작했다.

진화생물학자가 젖이 어디서 왔는지 설명하는 과제를 떠맡으면서 젖샘의 기원에 관해 영양이 최초의 목적이었다는 주요 이론은 더 이상 나오지 않았다. 수유가 호흡이라면, 알을 고정하는 장치를 찾아야 했다.

그리고 사실 이건 들리는 것보다 조금은 더 나은 은유일지도 모른다. 단공류가 수유도 하고 알도 낳는다는 — 수유가 태생보다 먼저 진화했다

---

5) 다윈의 저서 『따개비』는 8년 동안 손수 열심히 해부하며 조사한 결과물이다. 3권 출간에 앞서 보낸 편지에서 다윈은 "나도 다른 모두가 그랬던 것처럼 따개비가 싫습니다"라고 적었다. 지금 보기에는 희한한 주제 같지만, 빅토리아 시대의 영국에서는 해양 동물에 끌린 사람이 분명히 매우 많았다. 그리고 4권에 달하는 다윈의 철저한 연구는 박물학자로서의 명성을 공고하게 해주었다. 게다가 다윈이 그 일을 싫어하긴 했지만, 이 덕분에 그는 자신의 위대한 이론의 기반이 된 변이에 관해 직접 배울 수 있었다. 다른 편지에서 다윈은 이렇게 썼다. "나는 모든 종에서 모든 부위가 조금씩이라도 다르다는 사실에… 놀랐습니다. 같은 기관도 여러 개체를 엄밀히 조사해 보면 언제나 조금씩 다른 면을 찾을 수 있습니다."

는 뜻이다 — 사실이 확인되고, 최초의 포유류는 아마 주머니가 없었을 것이라는 추측이 나오면서, 수유의 원형에 관한 이론은 초기의 복부 분비물이 포유류 조상의 알을 더 건강하게 만들어 주었을지도 모른다는 데 초점을 맞추었다.[6] 사실 복부의 끈적이는 분비액이 알을 어미의 배에 부착한다는 윌리엄 킹 그레고리William King Gregory의 추측을 아직 진지하게 받아들이는 사람이 있다면, 알 고정 장치 은유는 영리하게 들렸을 것이다.

이 생각은 앞서 에른스트 브레슬라우Ernst Bresslau의 연구를 잇고 있었다. 브레슬라우는 앞서 알을 따뜻하게 유지하기 위해 혈관이 매우 많은 포란반[7]이 진화했고, 이후에 포유류의 알을 높은 온도로 유지하는 데 더욱 도움이 되는 물질을 분비하기 시작한 뒤에 수유가 등장했다는 가설을 세웠다. 문제는 증발로 인해 알이 식기 때문에 알을 덥히려면 따뜻한 액이 정말 많이 흘러나와야만 한다는 점이었다. 그렇지만 브레슬라우와 그레고리의 이론은 수유 이전에 어떤 형태든지 알 돌보기 또는 양육이 진화했다는 사실을 상기하게 한다.

1960년대와 1970년대에는 더 나아간 이론이 많이 나왔다. 먼저 20세기 생물학의 거인인 J. B. S. 홀데인Haldane은 뜨겁고 건조한 환경에 사는 포유류가 물로 알을 식혔다고 주장했다. 깃털에 묻힌 물을 새끼에게 떨어

6) 주요 예외로는 젖이 어미와 새끼와 유대감을 쌓기 위해 위해 분비하는 페로몬으로 시작했다는 아이디어가 있다. 수많은 포유류에는 공기 중으로 퍼져나가는 화학 신호를 분비하는 분비샘이 있지만, 매우 소량이기 때문에 먹이의 기반이 되었다고 보기는 어렵다.

7) 알을 품는 새의 복부에서 볼 수 있는 털이 없는 부분 - 역자

뜨려 주는 인도의 새에서 영감을 받은 홀데인은 포유류의 선조가 목욕하면서 묻힌 물을 알을 식히는 데 사용했으며, 이어서 새끼가 어미의 털로부터 이 물을, 그 뒤에는 땀을 빨아먹었고, 마지막으로 이 땀이 영양가 있는 액으로 진화했다고 제안했다.

그 다음으로 찰스 롱Charles Long과 제임스 홉슨James Hopson이 있다. 롱은 품고 있는 알이 분비액에서 수분 또는 영양분까지 흡수했을지도 모른다고 주장했다. 단공류 알이 자궁에서 분비된 영양분을 모으던 것을 기억하면 좋을 것이다. 그리고 홉슨은 온혈동물이 되면서 알이 작아지고 무력한 새끼가 건조해질 가능성이 높아져 여분의 액체가 나올 곳이 필요해졌을 가능성을 논의했다.

이런 모든 이론의 여러 가지 요소는 아직도 살아남아 있다. 하지만 오늘날에는 사실상 두 가지 이론이 주류다. 둘 다 포유류 선조가 낳은 알의 건강과 관련이 있고, 어떤 면에서는 서로 대립하지 않는다. 첫 번째 이론은 1980년대에 트리니티칼리지의 대니얼 블랙번Daniel Blackburn과 스미스칼리지의 버지니아 헤이센Virginia Hayssen이 제시했다. 이 이론은 젖의 분자 성분이 더 상세히 알려진 뒤로 지금까지 잘 살아남았다. 젖의 시작이 항생제 용액이었다는 주장이다.

두 번째 가설은 여러분이 젖샘의 생물학을 들여다본다면 반드시 마주칠 수밖에 없는 과학자인 올라프 오프테달Olav Oftedal의 광범위한 연구에서 나왔다. 포유류와 포유류 전 단계의 여러 측면을 종합한 결과, 오프테달은 젖의 원형이 처음에는 — 홉슨의 말처럼 — 알이 말라붙지 않게 하는 데 중요했다고 주장했다.

내가 보기에 두 이론은 적어도 부분적으로는 상호보완적이다. 알을 축축하게 해주는 액체가 알을 공격하는 벌레까지 죽여준다면 좋은 일이라고 생각하는 건 그다지 큰 비약이 아니라고 생각하기 때문이다.

올라브 오프테달은 노르웨이에서 태어났지만, 미국에서 40년 이상을 보냈다. 현재 스미소니언 환경 연구소에서 이루어지고 있는 오프테달의 연구는 끊임없이 젖샘의 생물학을 추구해왔다. 오프테달은 수많은 종의 수유 습관을 특징화했고, 물범의 젖을 직접 맛보고 '비린내'가 난다고 보고했다. 젖샘의 역사를 설명하기 위해 오프테달은 세심하게 굵은 실 두 가닥을 엮어 자신의 이론을 만들었다. 첫 번째 실은 젖샘의 해부학적 구조에 관한 상세한 설명이었고, 두 번째는 우리의 조상이 수유와 비슷한 일을 시작했을 때 아마도 직면했을 과제에 관한 광범위한 조사였다.

우리는 해부학적 구조부터 시작할 텐데, 먼저 경고를 해야겠다. 앞으로 나올 내용은 해당 주제와 여러분이 라떼에 붓는 것 사이의 관계에 관해 생각하지 않고 읽어야만 한다. 왜냐하면 젖샘을 상당히 입맛이 떨어지는 분비샘과 비교해야만 하기 때문이다.

분비샘은 뭔가를 분비하는 생물학적 구조다. 부신처럼 몸 안에도 있고, 겉면 또는 피부에도 있다. 포유류의 몸은 분비샘으로 덮여 있다. 사람에게는 40여 가지가 있다. 예를 들어, 입과 코, 귀 안에서 여러분은 침과 콧물, 귀지를 만들고 있다. 더우면 여러분은 땀을 흘린다. 여러 가지 분비샘은 여러분의 눈을 촉촉하게 유지해 준다. 머리털 아래의 작은 분비샘은 그 머리털에 자양분을 주고 물에 젖지 않게 해준다. 그리고 만약 여러분이 성적으로 흥분하면…, 아니, 그러면 이 책을 읽고 있지는 않겠지.

피부샘 중에서 제 기능을 하고 있는 상태의 젖샘은 가장 크고 복잡하다. 종에 따라 하나에서 30개 이상의 관이 젖꼭지의 개구부에서 뒤쪽의 유방 조직으로 이어진다. 이런 관을 '유관'이라고 부르며, 유관은 유방 안에서 여러 갈래로 나뉘어 속이 빈 젖샘포(공기 주머니)에서 끝난다. 실제로 젖을 만드는 세포는 이 젖샘포를 따라 늘어서 있으며, 다양한 방법으로 젖 성분을 자신이 둘러싸고 있는 빈 공간으로 분비한다. 젖은 젖샘포 주변의 부드러운 근육층에 의해 젖꼭지로 밀려난다. 그 근육은 아기가 젖꼭지를 빨 때 어머니의 뇌에서 나오는 호르몬인 옥시토신에 반응해 수축한다. 이것이 바로 내가 대학교에서 다루었던 사출 반사다. 아직도 그 전체 시스템이 굉장히 우아하다는 사실에 놀랐던 기억이 난다.

진화론적인 관점에서 볼 때 의문은 과연 어떤 분비샘이 먼저인지, 그리고 그게 모두 서로 어떤 관련이 있냐는 것이다. 어떤 분비샘이 어떤 분비샘에서 나왔을까. 젖샘은 다른 분비샘으로 바뀔 수 있는 근원적인 분비샘의 후보였던 적이 한 번도 없다. 그보다는 어느 좀 더 단순한 분비샘이 젖샘으로 바뀌었는지가 의문이었다.

서로 다른 분비샘이 어떻게 발달했는지를 알아야 무엇이 어디에서 왔는지를 알 수 있다. 몸의 외피는 똑같은 세포 – 외배엽 – 로 일정하게 덮인 채 만들어지기 시작한다. 그러다 바깥층 바로 아래의 세포에서 국지적으로 신호가 나와 외배엽 세포가 부분적으로 정체성을 바꾸도록 지시한다. 이 과정은 몸 전체에서 일어난다. 게다가 이런 식으로 만들어지는 게 분비샘만도 아니다. 치아와 머리털도 외배엽 세포에서 생겨난다.

초기 세포가 형성되고 나면 세포는 여러 가지 분비샘의 정체성을 띠기 시작한다. 그리고 특유의 방식으로 형태가 바뀌며 뒤틀린다. 연이어서 구성세포는 이웃 세포가 내놓는 끊임없이 변하는 메시지에 반응해 새로운 정체성을 띤다. 각각은 지난번보다 더욱 분화되고 더욱 성숙한 형태를 닮게 된다.

젖샘의 경우 배아에서 '젖샘능선'이라는 부분을 따라 형성 과정이 시작된다. 젖샘능선은 겨드랑이에서 사람의 젖꼭지가 있는 부분을 지나 똑바로 배를 향하며 피부가 두꺼워지는 한 쌍의 선을 말한다. 포유류의 젖꼭지는 아무리 많아도, 그리고 우리처럼 가슴에 있든 소처럼 배에 있든, 모두 이 선 위에 놓인다. 쥐는 젖꼭지가 가슴에 세 쌍, 배에 두 쌍 있다.[8]

젖샘의 발달은 세 부분으로 나뉜다. 먼저 배아에서 젖샘능선을 따라 일부 세포가 피부에서 부풀어오른다. 그리고 다시 주변 조직 속으로 파고 들어가며 아래쪽의 지방세포층을 통해 가지를 뻗어낸다. 그리고 그 상태로 멈춘다. 여기서 더 발달하는 건 여성의 몸일 때만이며, 사춘기 시절 호르몬이 요동칠 때만 두 번째 단계의 확장이 시작된다. 세 번째이자 마지막 단계는 여성이 임신했을 때만 추가된다. 추가로 치솟는 호르몬에 반응해 젖샘은 완전한 기능을 갖춘다.

젖샘과 다른 분비샘의 비교는 지금까지 초기 발달 단계에 초점을 맞춰 왔다. 다윈 이래로 젖샘이란 사실상 이상 발달한 땀샘이라는 생각이

8) 드물게 젖꼭지가 두 개보다 많은 사람의 경우에도 여분의 젖꼭지는 언제나 젖샘능선 어딘가에 생긴다. 내가 접한 이 규칙의 유일해 보이는 예외는 젖꼭지가 13개인 주머니쥐다.

퍼져 있었다. 하지만 두 가지 땀샘 중 어디에서 유래했을지를 두고 왔다 갔다 하곤 했다. 비영장류 포유류 사이에서는 드물지만 사람의 특징인 물땀을 내보내는 '에크린' 땀샘이었을까? 아니면, 털 줄기를 따라 흘러나오며 단백질이 훨씬 더 풍부한 땀을 만드는 '아포크린' 땀샘이었을까? 아포크린샘은 사람에게 드물다. 가장 많은 곳은 우리의 겨드랑이다.[9)]

오프데탈은 의심의 여지가 없다고 말한다. 젖샘은 아포크린샘에서 왔다는 것이다.

아포크린샘은 털과 피지샘과 함께 삼인조를 이루는 한 축이다. 땀이 타고 흘러나오는 털과 기름기 있는 윤활액으로 포유류의 피부를 물로부터 보호하는 피지를 분비하는 피지샘과 함께 이루는 복합체의 3분의 1이다. 100여 년 전 유대류 젖샘의 초기 발달을 관찰했던 브레슬라우 — 수유가 알을 따뜻하게 하기 위해서였다는 이론을 주장했던 — 는 태아의 젖샘 역시 삼인조의 하나라는 사실을 발견했다. 그건 모공과 피지샘과 연관되어 있었다. 캥거루와 주머니쥐의 경우 초기 발달 단계에서 털이 빠져 털 없는 젖꼭지가 생긴다. 하지만 코알라는 털이 좀 더 오래 붙어 있어 젖꼭지가 처음 피부 밖으로 빠져나왔을 때는 아직도 털이 나 있다.

젖이 털로 덮인 피부에서 스며나오는 성체 오리너구리와 가시두더지의 경우에도 젖샘관과 모공 사이의 관계는 확고하다. 털은 빠져나온 젖

9) 대부분의 포유류에게 이건 가장 풍부한 땀샘이다. 그리고 상당수의 말굽 포유류 종은 에크린샘이 아예 없다. 겨드랑이뿐 아니라 항문, 생식기, 눈꺼풀, 콧구멍, 외이도, 그리고 젖꼭지 주변에도 특정 부위에 아포크린샘이 있다. 겨드랑이의 아포크린샘이 분비하는 단백질을 소화하는 세균은 체취의 근원이다.

이 흐르는 길이 되어준다. 유대류를 관찰한 내용을 볼 때 이건 확실히 조상의 형태로 볼 수 있다.

흥미롭게도, 아포크린샘은 젖샘포와 마찬가지로 부드러운 근육 세포층에 감싸여 있다. 따라서 젖샘이 진화할 때 젖을 밀어내는 원리는 처음부터 고안해 낼 필요 없이 기존 방법을 살짝 응용하기만 했어도 되었을 것이다.

현재 발생생물학자들은 젖샘의 발달을 지시하는 신호 경로를 확인하려고 시도하고 있다. 순수한 연구이기도 하지만, 한편으로는 뭐가 잘못되어 유방암을 일으키는지를 알아내기 위해서이기도 하다. 관계자는 많다. "여기는 젖꼭지가 될 거야"라며 초기에 피부가 두꺼워지게 만드는 녀석, "세포들아, 이제 여러 가지의 관 시스템을 만들어라"라며 접힘을 촉진하는 녀석. 자연이 스스로 만들어지는 과정을 살펴보는 건 정말 대단한 일이다.

전직 신경과학자로서 내가 뇌에서 시냅스 형성을 조절한다고 알고 있던 분자가 젖샘 형성에도 중요하다는 사실을 알게 되는 것은 재미있는 경험이었다. 우리 몸은 참 알뜰하다. 젖샘의 진화는 이런 경로가 진화를 통해 재배치되는 과정 속에 담겨 있다. 이 진화 이론을 붙잡아두고 있는 주요 원인은 우리가 아포크린샘의 발달에 관해서도 똑같이 모르고 있다는 사실 때문이다. 어쩌면 데오드란트 제조사에게 연구비를 좀 받을 수 있을지도 모르겠다.

세균과 증발

땀을 흘리는 A가 젖을 만드는 B로 변하는 과정을 그럴듯하게 설명할 수 있게 되었으니, 이제는 '왜' 이런 업그레이드가 일어났냐는 질문으로 돌아가야 한다. 당분간은 알이 마르지 않도록 복부에서 땀 생산이 늘어난 게 수유의 전신이라는 오프데탈의 아이디어를 고수하도록 하자. 오프데탈은 이 일이 진정한 포유류가 존재하기 훨씬 전에 일어났으며, 우리의 알 낳는 조상이 점점 온혈동물이 되어가면서 이 일에 박차를 가했다고 생각한다. 오프데탈은 이들의 신진대사율과 적정 온도가 높아서 그 증발하는 수분을 잘 막지 못하는 알이 대량의 물을 잃을 위험에 처할 수 있었다는 게 문제였다고 생각한다.

새는 견고하게 물의 이동을 막아주는 단단하고 석회화된 알껍데기로 이 문제를 피해 간다. 하지만 무슨 이유에서인지 포유류 혈통에서는 한 번도 그런 껍데기가 진화한 적이 없어 보인다. 오래된 공룡과 새의 알 화석은 풍부하지만, 아무도 포유류나 그 조상의 알 화석은 찾지 못했다. 양막류 조상의 알은 아마 물이 투과할 수 있었을 것이다. 냉혈동물에게는 그리 큰 문제가 아니다. 오늘날 똑같은 문제를 갖고 있는 뱀과 도마뱀, 거북은 알을 흙이나 모래에 묻어 촉촉하게 유지한다. 하지만 점차 적정 온도가 올라가게 된 포유류 조상에게 이러한 방식은 큰 도움이 안 되었을 것이다. 현대의 다른 뱀과 도마뱀은 부화할 때까지 알을 체내에 보관한다. 다시 한 번 말하지만, 앞서 주지했다시피 이런 일은 수도 없이 진화했다고 보는 게 합리적이다. 하지만 포유류의 조상은 이 경로를 따르지 않았다. 몇몇 원시 포유류는 그렇게 했을지도 모르지만, 멸종하는 운명을 맞았다.

오프테달은 포유류가 되는 운명을 향해 가던 동물들은 그와 달리 직접 알을 품어서 수분을 보충해주었을 것이라고 주장했다. 현존하는 몇몇 개구리와 도롱뇽은 온혈동물이 아니면서도 피부의 점액 분비샘을 이용해 그렇게 한다. 그리고 가장 핵심적인 부분은 포유류가 양막류에서 처음 생긴 점액 분비 피부를 그대로 유지했다는 사실일 것이다. 처음에는 아포크린샘과 비슷했던 분비샘을 통해 이들은 알이 마르지 않도록 알에 액체를 분비했다. 그로부터 점점 더 분화된 분비 기관이 진화했을 것이다. 그리고 작은 새끼가 알에서 깨어나 그 분비물을 먹으면서, 서서히 분비물은 새끼의 먹이로 진화했다.

자, 이제 항생 물질 진영으로 가 보자. 1985년 두 논문에서 블랙번과 헤이센은 젖의 성분을 조사해 상당 부분이 피부의 다른 분비샘에서 명백히 항생제 용도로 분비하는 물질과 비슷하거나 완전히 똑같다는 사실을 발견했다. 두 사람은 "포란반의 항생 작용을 하는 분비물을 통해 알의 생존력이 강해지면서" 자연선택에 유리해진 게 수유가 진화하는 데 기본적인 단계였다고 제안했다.

우리 몸은 두 가지 면역 체계를 이용해 미생물과 싸운다. '후천 면역'은 영리하게 특정 병원균을 인식하고 기억한다. 따라서 감염에 대한 반응이 갈수록 더욱 정교해지고, 우리는 똑같은 감기를 두 번 걸리지 않는다. 그리고 좀 더 오래된 '선천 면역'은 동식물이 외부 세포를 그냥 죽여버리는 수많은 원리로 이루어져 있다.

미생물 살상 방법의 일부는 — 두구두구두구두구둥 — 바로 분비샘에서 나오는 성분이다. 두 사람은 알파-락트알부민이 선천 면역을 위한 분비물의 핵심 성분 중 하나인 리소자임과 밀접한 관련이 있다는 사실에 초점을 맞추었다. 알파-락트알부민은 유당인 락토스를 합성하는 데 핵심적인 역할을 한다. 이들은 락트알부민의 조상 분자가 원래 젖 속에서 알을 감염으로부터 보호하는 역할을 했다가 이후에 당을 만드는 성질을 획득했다고 주장한다. 또한, 다른 젖 성분도 항생 작용을 한다는 데 주목했다.

종합해 보자면, 원시 포유류가 점점 온혈동물이 되면서 그들은 알을 그냥 내버려 둘 수가 없게 되었다. 알을 품을 수 있도록 복부에 혈관이 많이 생겼고, 일부 분비샘에서 약간의 액체가 알을 향해 흘러나왔다. 이 액체는 아마 항생 작용이라는 이점이 있었을 것이고, 나날이 따뜻해지고(그리고 작아지는) 알은 더욱 풍부한 분비물의 혜택을 받아 말라붙지 않을 수 있었다. 그러나 나중에는 새끼가 이 분비물을 핥아먹기 시작했고, 그 액체는 알을 촉촉하게 해주는 동시에 알이 부화한 이후에는 새끼의 먹이와 음료가 되었다. 시간이 흐르면서 분비액은 점점 더 영양가가 높아졌고, 이렇게 되기 위해 한때 미생물을 죽이는 역할만 하던 성분이 변화했다. 진정한 포유류의 혈통에 가까워지면서 점점 더 작은 동물이 생겨났고, 새끼는 갈수록 무력해졌기에 수유는 훨씬 더 중요해졌다. 마침내 태생이 알의 자리를 차지하자, 젖은 먹이의 역할만 하게 되었으며, 젖꼭지가 진화했다.

1989년 헤이센과 블랙번은 "수유와 젖의 기원에 관한 사실이 별로 밝혀진 게 없어 어떤 진화론적 설명이라고 해도 추측일 수밖에 없다"며, "지금의 이론도 마찬가지"라고 썼다. 분자유전학과 발생생물학의 발전이 되고는 있지만, 수유의 기원은 언제까지나 고대 역사 속에 묻혀 있을 것이다. 단 한 번 있었던 모체의 영양 공급 실험으로.

사랑의 음식(그리고 다른 것들)

그러나 이렇게 선을 긋는다고 해서 다는 아니다. 젖이 진화하는 게 유용했던 이유를 간단히 요약해도 그게 젖이 왜 진화하기에 유용한 것이었는지를 설명하지는 못한다.

수유가 포유류 생물학에 끼치는 부가 작용 중 가장 널리 언급된 건 아마도 이빨과 관련한 영향일 것이다. 대부분의 척추동물은 살아가면서 필요에 따라 닳아 버린 이빨을 새 것으로 바꾼다. 상어는 평생 수천 번이나 하는 일이다. 하지만 포유류는 젖니와 영구치, 달랑 두 세트밖에 없다. 포유류 이빨 — 9장에서 다루겠지만 — 의 핵심적인 특징은 위아래 이빨이 완벽하게 맞물린다는 점이다. 성체 크기의 턱에서 자라기 때문에 가능한 일이다. 젖먹이 시절에는 제대로 맞물리지 않은 젖니만으로도 충분하다. 그러다 일단 턱이 완전히 자라면, 포유류 고유의 치열을 만들 수 있다.

하지만 사실은 이보다 생각해야 할 게 많다. 1977년 3월, 당시 옥스퍼드대학교에 있었던 캐롤라인 폰드Caroline Pond는 「포유류 진화에서 수유의 중요성」이라는 제목의 논문을 발표했다. 폰드는 이 논문에서 포유류의 이 고유한 먹이 주기 방법이 이후에 어떻게 포유류의 생태를 바꾸어 놓았는지를 자세히 설명하고 나서, 수유가 포유류가 보여준 수많은 심오한 적응의 원동력이었다는 결론을 내렸다.

폰드는 젖먹이 포유류는 "영양가가 아주 높은 데다가 찾으러 다니거나 씹거나 삭히거나 해독해야 할 필요가 없는" 먹이를 공급받기 때문에 "숨 쉬고 싸기만 하면 된다"고 설명하면서 글을 시작했다. 즉, 새끼 포유류는 어미와 육체적으로는 떨어져 있을지 몰라도 영양과 성장이라는 면에서는 태아와 비슷한 상태를 유지한다. 이런 양태는 서로에게 이익으로 보인다. 만약 어미가 새끼를 계속 먹여 살려야 한다면, 새끼의 무게라는 부담을 덜어낸 채 먹이를 찾거나 포식자를 피하는 게 훨씬 쉽다. 새끼 입장에서는 출생 직후의 성장을 부족한 자신의 사냥이나 채집 능력이 아니라 어미에게 의존할 수 있다. 이것은 알에서 깨어나 스스로 살아가야 하는 파충류가 마주하게 되는 힘겨운 현실과는 사뭇 다르다.

포유류 어미에게 이 시기는 에너지 소비라는 측면에서 임신 기간보다 더 많은 부담이 된다. 임신했을 때 포유류는 에너지 소모가 평소보다 조금만 늘어난다. 사람의 경우 약 10퍼센트다. 하지만 수유 중에는 에너지 유출이 50퍼센트(사람의 경우)에서 150퍼센트(쥐의 경우) 사이만큼 증가한다. 실제로 많은 포유류의 임신 기간에 쓰이는 추가 에너지는 지방을 저장하는 데 쓰이며, 지방은 나중에 젖으로 바뀐다. 새끼 포유류는 자궁 속에 있을 때보다 젖을 먹으며 더 빨리 자란다. 그리고 많은 포유류의 새끼는 성체에 어느 정도 비견할 수 있을 정도로 클 때까지 돌봄을 받는다.

이런 양태는 포유류가 똑같은 크기의 파충류보다 훨씬 빨리 성적으로 성숙하게 자란다는 사실을 뜻한다. 이는 아마 포유류의 성공에 도움이 되었을 것이다. 이후에 쓴 글에서 폰드는 포유류가 마치 동물 세계의 잡초처럼 빠르게 번식하며 이곳저곳을 개척한다고 주장했다. 이건 내 생각과는 사뭇 다른 그림이지만, 폰드의 주장에는 일리가 있다.

실제로 이러한 유아의 급격한 성장에 관여하는 수유의 중요성은 화석에서도 찾아볼 수가 있다. 작은 담비를 닮은 초기 포유류의 일원인 모르가누코돈이라는 한 포유형류는 아주 번성했던 것이 분명하다. 이들은 약 2억 2,000만 년 전에 화석을 아주 많이 남겼다. 덕분에 이들의 성장이 어떻게 이루어졌는지를 멋지게 분석하는 게 가능했다. 여러분이 런던 사람의 키를 측정한다고 생각해 보자. 측정값은 대부분 성인의 평균 키 주위에 몰려 있을 것이다. 하지만 18세 아래의 데이터는 거기서 멀리 떨어진 곳에 나타난다. 이런 데이터를 모두 살펴보면 여러분은 사람이 자라다가 정해진 성체 크기에 도달한다는 사실을 추측할 수 있다. 사람이 계속 자랐다면 그래프의 모양은 아주 달랐을 것이다. 이 그래프를 통해 런던 사람이 얼마나 빨리 자라는지를 어느 정도 알아낼 수 있다. 만약 사람이 10살에 성체 크기에 도달한다면, 성체 크기보다 작은 데이터는 훨씬 더 줄어들 것이다. 모르가누코돈은 아주 흔했기 때문에 이런 분석을 가능하게 할 정도로 많은 화석을 남겼다. 그리고 이 포유류형이 성체 크기까지 빠르게 자랐다는 사실을 알 수 있었다.

하지만 화석은 그것만 알려주지 않는다. 화석일지라도 인접한 이빨의 마모 패턴을 조사하면, 이빨의 마모 수준이 똑같은지 서로 다른지를 보고 어떤 이빨이 더 나중에 난 것인지를 알아낼 수 있다. 화석은 모르가누코돈의 이빨이 단 한 번만 새로 났다는 사실을 보여준다. 이것은 이들의 어린 시절의 빠른 성장이 젖을 원동력으로 하고 있음을 시사한다. 좀 더 오래된 포유형류의 크기 분포를 보면 더 천천히 자랐고, 성체가 되어서도 계속 자랐다는 사실을 알 수 있다. 이빨은 어떨까? 여러 번 새로 났다.

젖을 먹고 빠르게 자란다면 생애 초기의 위험한 단계를 넘기고 성적 성숙에 빨리 이를 수 있다. 수유에 투자하기로 선택함으로써 얻을 수 있는 두 가지 이익이다.

새끼가 어미로부터 먹이를 얻는 데서 나오는 또 다른 이점은, 폰드가 지적했듯이, 어미가 언제 필요한 칼로리를 섭취하고 언제 내놓을 것인지를 통제할 수 있다는 점이다. 파충류처럼 새끼가 스스로 음식을 찾거나 새처럼 부모가 끊임없이 신선한 먹이를 찾아서 자라나는 몸에 필요한 영양분을 공급하는 대신, 포유류 암컷은 에너지를 지방으로 저장했다가 새끼가 필요로 할 때 나누어 준다.

이러한 방식은 두 가지 장점이 있다. 첫째로, 먹이의 양이 하루하루 무작위로 달라지는 상황에서 완충 역할을 해준다. 덕분에 새끼는 굶어 죽을 위험에서 한두 걸음 더 떨어져 있을 수 있다. 최근의 컴퓨터 시뮬레이션 결과는 수유라는 완충 방식이 음식을 간헐적으로나 불확실하게만 구할 수 있는 상황에서 특히 유용했을 것이라는 것을 보여준다. 둘째로, 이것은 장기전략 측면에서 유리하다. '지금 먹고, 나중에 번식하라'는 방식이 가능하게 하는 것이다. 두건물범이 새끼를 돌보는 나흘 동안 30kg을 잃는 모습을 상상해 보라. 훨씬 더 오랜 시간 동안 쌓은 자원을 한꺼번에 쏟아내는 것이다. 아니면 지난해에 지방을 쌓아 놓은 덕분에 풍요로운 봄에 새끼가 먹이 찾는 법을 배울 때까지 동굴에서 함께 겨울을 날 수 있는 어미 곰도 있다.

폰드는 글 전체에 걸쳐서 포유류의 삶과 젖샘이 없는 동물의 삶을 대조해 보았다. 마지막에는 수유를 진화시킨 것의 장점을 나일악어와 비교하여 보여준다. 갓 태어난 나일악어 새끼를 보자. 알에서 깨어날 때의 길이는 약 25cm이고, 태어나자마자 알아서 먹이를 찾아야 한다.[10] 샌디에이고 동물원에 따르면, 나일악어는 "움직이는 것은 거의 다" 먹는다. 하지만 영양이나 누, 어린 하마는 25cm짜리가 먹을 수 없는 먹잇감이다. 그래서 처음에 새끼는 곤충을 먹는다. 간간이 개구리나 달팽이도. 그리고 청소년에 해당하는 시기가 되면 설치류와 새, 게로 옮겨간다. 따라서 이런 종은 생의 여러 단계를 유지하는 데 필요한 다양한 유형의 먹이를 공급할 수 있는 서식지에서 살아야 한다. 살아갈 수 있는 곳에 치명적인 제약이 생기는 것이다. 도마뱀과 이구아나도 이와 비슷하게 새끼 때와 성체 때의 먹이가 크게 다르다.

이와 달리 포유류는 수유 덕분에 성체의 먹이와 어미의 젖만 먹고도 살 수 있다. 이것은 아주 중요한 사실을 암시한다. 포유류는 아주 전문적으로 먹을 수 있다. 한 가지 먹이에만 집중하도록 적응한 덕분에 포유류

10) 크로커다일 부모도 둥지를 어느 정도 보호한다. 하지만 결코 새끼에게 먹이를 주지는 않는다. 부모가 영양을 제공하는 일은 파충류에게 극히 드물다.

는 그 먹이를 얻는 데 더욱 강한 경쟁력을 갖추었고, 새로운 서식지도 활짝 열렸다. 파충류와 같은 동물이 절대 선택할 수 없었던 먹이가 귀한 온갖 지역을 자유롭게 탐험할 수 있었다.[11]

폰드는 수유와 그로 인한 생활 방식이 혜성이 공룡을 쓸어버린 뒤에 일어난 포유류의 폭발적인 번성에 핵심적이었을지도 모른다고 주장하기도 했다. 그 혜성은 온갖 기후 재난을 일으켰다. 그리고 그런 상황에서는 아마도 먹이 공급이 훨씬 더 뜸해지고 불확실해졌을 것이다. 이럴 때에 젖이 여러 포유류 혈통이 살아남는 데 중심적인 역할을 했을지도 모른다는 가설은 타당하게 보인다.

다음 장에서는 수유를 하려면 포유류 어미와 새끼가 태반 없이도 유대감을 형성해야 한다는 사실로 돌아가, 세대 사이에서 일어나는 추가적인 교류에 관해 알아볼 것이다.

젖과 남성

나는 배우자가 딸에게 젖을 먹이는 모습을 처음 봤을 때의 느낌을 결코 잊을 수 없다. 갑자기 나의 생물학적 한계를 강하게 인식한 순간이었다.

의학적으로 뭔가 문제가 생겨 나타났던 몇몇 인간 사례를 제외하고, 젖을 먹이는 수컷에 관한 진지한 주장으로 알려진 것으로는 1990년대에

---

11) 새도 으레 정해진 먹이만 먹는다. 하지만 몇몇 종은 성체일 때 씨앗을 먹지만, 새끼에게는 곤충을 먹인다. 이는 많은 새가 번식하기 위해 곤충이 풍부한 지방으로 이주하는 이유를 설명해준다.

이루어진 단 두 건만이 알려져 있다. 하나는 말레이시아 다약과일박쥐에 관한 눈길을 끄는 보고서였고, 다른 하나는 파푸아뉴기니의 가면날여우박쥐에 관한 것이었다. 수컷 다약과일박쥐를 현미경으로 분석하니 잘 발달한 젖샘 조직과 관이 보였다. 여기에는 조금이지만 확실한 젖이 담겨 있었다.

이후 20년 동안 이 두 보고서는 논란의 대상이었다. 과연 이것을 수유 — 새끼에게 적극적으로 먹이를 제공하는 행위를 암시하는 용어 — 의 증거라고 부르는 게 적절할지를 두고 우려의 목소리가 있었다. 수컷의 유방에 들어있던 젖의 양은 수유 중인 암컷이 생산하는 것의 1.5%에 불과했다. 그리고 수컷의 젖꼭지는 새끼에게 빨리는 젖꼭지와 달리 '각질화' 되어 있지 않았다. 또, 결정적으로 수컷이 양육을 하는 모습은 한 번도 관찰할 수 없었다. 어쩌면 이 박쥐가 먹은 과일에 여성 호르몬과 비슷한 성분이 많이 들어있었을지도 몰랐다. 판단은 아직 이르다. 그리고 이게 진화생물학이니만큼 설령 목격한 것이 수컷 수유의 시작이라고 주장해도 판단은 여전히 수백만 년이나 이르다.

포유류에서 수컷의 수유가 진화할 시간이 충분히 있었는지는 온타리오주 맥마스터대학교의 마틴 데일리가 1979년 이 문제를 철저하게 다룬 논문에서 던진 질문이다. 「왜 포유류 수컷은 수유하지 않는가?」에서 데일리는 먼저 수컷의 수유를 가로막는 신체적 장애물이 극복하기 어려운 것인지를 평가하고, 수유를 하기 위해 필요한 뚜렷한 생리와 호르몬의 변화가 소소한 편이라고 결론 내렸다. 어쨌거나 수컷에게도 젖꼭지는 있고 — 쥐나 말이 아닌 이상 — 태아 발달 시기에 기초적인 젖샘도 형성된

다. 진화가 다룰 수 없는 게 있다고 상상하기란 어렵다.[12)]

그 뒤로 다른 사람들은 수유에 필수적인 호르몬 변화가 과녁을 비켜나가 수컷을 암컷화해 수컷의 역할을 해내기에 부족하게 만들었다고 주장했다. 이건 수프를 휘저어야 하는 나 같은 사람보다는 자신의 영역을 지켜야 하는 긴팔원숭이에게 훨씬 더 심각한 문제가 될 수 있다.

수컷 수유의 진화를 막은 건 무엇일까? 먼저 포유류 수컷의 90퍼센트는 자식에 관심이 없다는 점을 기억하길 바란다. 그리고 부성 불확실성이 있다. 임신 기간이 길고 일부일처가 아닐 때가 많으니, 수유에 시간과 에너지를 투자하는 포유류 수컷은 남의 자손에게 막대한 투자를 하게 될 위험이 크다.

하지만 많은 수컷이 육아를 한다. 부성 기여는 적어도 9개의 포유류 목에서 독립적으로 진화했는데, 언제나 일부일처제 — 수컷이 부성을 비교적 확신할 수 있는 — 를 보이며 한 번에 적은 수, 어떨 때는 한 번에 한 마리의 새끼만 키우는 종이었다. 하지만 수컷 수유의 커다란 걸림돌이 여기서 나온다. 수컷이 양육을 돕는 — 수컷의 젖을 먹일 가능성도 있는 — 경우에는 젖 공급이 새끼의 성장을 제한하는 요소가 되는 일은 드물

12) 과일박쥐에 관한 보고는 1990년대의 일로 데일리의 논문보다 이후인 게 분명하지만, 데일리는 수컷 수유가 존재했다는 믿을 만한 보고가 없다고 이상할 정도로 확신했다. 그러나 제2차 세계대전 때 재활 중인 일부 포로는 호르몬을 만들고 분해하는 구조가 서로 다른 속도로 회복하면서 생긴 호르몬 불균형 때문에 저절로 젖이 나왔다. 게다가 몇몇 정신과 약물과 뇌종양도 젖 분비를 일으킬 수 있다. 다른 여러 일화와 이런 보고는 그게 그렇게 어렵지 않다는 데일리의 주장을 뒷받침한다.

다. 그래서 새끼는 두 번째 젖샘으로부터 얻을 이익이 없다.[13)]

마지막으로, 데일리는 비둘기를 들었다. 한때 나는 새의 평등주의적 양육 방식을 — 번갈아 벌레를 먹여주는 모습을 상상해 보라 — 동경한 적이 있는데, 그때는 비둘기는 암컷과 수컷이 둘 다 조악한 형태의 젖을 만든다는 사실을 모르고 있었다. 플라밍고도 그렇다. 황제펭귄도. 이 이른바 '소낭유crop milk'는 목구멍에서 떨어져나온 세포로 이루어져 있으며, 만약 그 질감으로 이름을 지었다면 '잘라낸 코티지 치즈'가 되었을지도 모른다. 조류 세계에 널리 퍼져 있는 현상은 아니지만, 몇몇 종에게는 활발하게 일어나는 일이며 포유류의 수유에 가장 가까운 존재다.[14)]

데일리는 새의 경우 공동 양육이 젖 공급의 진화보다 결정적으로 앞서 있으며, 따라서 소낭유는 수컷이 양육하는 시스템의 맥락에서 진화했다고 주장했다. 이와 반대로 원래 젖을 분비했던 포유류는 거의 확실하게 싱글맘이었을 것이다. 수컷의 투자는 소수의 종에서만 나중에야 진화했으며, 수컷이 수컷으로서 특화된 몸에서만 일어났다. 수컷의 공헌은 가령 영역을 방어한다거나 먹이를 구한다거나 포식자를 쫓아내는 등의 형태를 띠었다. 다른 한편으로는, 사전에 존재했던 석회화된 알 껍데기는

13) 이런 생활 전략은 더 많은 새끼를 생산하며 수컷은 자신을 받아주는 암컷을 찾아 계속 떠돌아다니고 어미만 새끼를 감독하고 보호하는 생식 전략과 대조를 이룬다. 역설적으로 그런 종의 경우 젖 생산에 필요한 칼로리가 부족한 경우가 많고, 아비는 어디서도 보이지 않는다.

14) 2018년 11월, 중국의 과학자들은 개미를 모방하는 점핑스파이더 종의 어미가 산란구에서 우유와 유사한 물질을 분비하고, 그들의 새끼가 약 6주 동안 그것을 먹는 것을 보고했다.

새가 온혈동물이 될 때 수분 손실로부터 알을 보호해야 할 필요가 없었다는 사실을 의미한다. 무엇이 진화할 수 있고 실제로 진화하는지에 역사적인 우발성은 정말 기본적인 요소다.

새가 소낭유를 토해낸다는 말을 들으면 본능적으로 '웩!' 하고 반응하게 된다. 그리고 우리와 완전히 다른 몇몇 깃털 달린 동물의 기괴한 특징이라고 치부해 버리기 쉽다. 하지만 포유류의 젖이 알에 항생 작용을 하는 땀을 흘리던 몇몇 동물로부터 진화한 것 같다는 사실을 떠올려 보라. 나는 배에서 나오는 액을 새끼가 핥아먹을 수 있도록 웅크리고 있는 우리의 용감했던 작은 조상을 바라보고 있는 디플로도쿠스의 모습을 상상하게 된다. 디플로도쿠스가 생각을 할 수 있었다면 이랬을 것이다. "웩, 너무 이상한데."

성 차이에 관하여: 솔직히 서양 문명이 수 세기 동안 가부장적이었는데 우리가 스스로 '포유류'라고 부르는 게 이상하지 않은가? 이 유명한, 분명히 인간의 가장 가까운 친척인 동물 집단의 이름이 암컷의 형질을 땄다는 게? 게다가 그 이름은 포유류의 절반만 가진 구조에서 유래했고, 소유자의 인생에서 아주 짧은 시간 동안만 제 기능을 한다는 게?

칼 린네는 자신의 선택에 관해 아무런 설명을 하지 않았기 때문에 이 문제는 영원히 추측에만 의존할 수밖에 없다. 그리고 비록 진지한 사람이긴 했지만 린네가 이름 붙이는 방식이 항상 고상한 과학적 원리를 따른 것은 아니라는 사실을 알아야 한다. 린네의 스승과 멘토 여러 명이 매력적인 식물에 이름이 붙는 명예를 누렸지만, 지독한 경쟁자는 잡초에 이름이 붙었다.

스탠포드의 과학사학자 론다 슈빙거Londa Schiebinger는 당시 린네가 일하던 역사적 환경을 가장 세밀하게 조사하며, 그가 수유와 관한 가장 치열한 사회정치적 전투에 관여했음을 밝혔다. 18세기 중반 유럽에서는 점점 더 많은 상위층의 사람들이 자신의 자식을 대리 수유자에게 맡기는 일이 많아졌는데, 직업 의사이자 7명의 자녀를 둔 린네는 이러한 일을 멈추도록 캠페인을 벌였다. '포유류'라는 용어를 처음으로 만들기 6년 전인 1752년에 그는 대리 수유를 다방면에서 비판하는 논문을 발표했으며, 대리 수유가 끔찍하리만치 높은 영아 사망률에 큰 영향을 끼치고 있다고 밝혔다. 이 논문에서 린네는 어미가 직접 수유하는 일의 자연스러움에 호소했다. 그는 사자나 호랑이, 고래와 같은 대형 포유류들조차도 자신의 자녀에게 부드러운 어머니의 보살핌을 보여준다는 것을 강조하며, 자연 그 자체가 "상냥하고 신중한 어머니"라고 주장했다. 슈빙거는 린네의 '포유류'라는 작명이 이러한 린네의 정치적 신념에서 비롯되었다고 생각한다.

과학자로서 나는 수유가 다양한 형태로 열어젖힌 생태적 틈새와 포유류의 생리학을 향해 놓은 길, 그리고 새로운 세대를 성숙으로 이끄는 방식을 볼 때 '포유류'가 좋은 이름이라고 생각한다. 그리고 아버지로서 나는 어린 두 딸을 보며 첫 6개월 동안 딸들이 한 모든 일 — 그 모든 칭얼거림과 가슴을 녹이는 함박웃음 — 의 원동력이 젖이었다는 사실을 떠올린다. 딸들이 엄마의 가슴에 매달려 있는 모습이 떠오른다. 나는 수유가 형언할 수 없는 부모의 감정을 얼마나 많이 낳게 한 산파였을지 생각해본다. 칼 린네 씨, 외람되지만 제 생각에는 당신의 동기가 무엇이었든 간에 우리를 털난 동물, 심장의 방이 네 개인 동물, 귀가 비어 있는 동물 따위로 불렀다면, 그건 실수였을 겁니다.

8장

얘들아,
얌전히 좀 굴어라!

쥐는 레버를 누르는 데 능숙하다. 훈련을 받아 레버를 누르면 뭔가 나온다는 것을 아는 실험실 쥐는 특히 그렇다. 레버를 누르는 빈도는 행동신경과학자가 쥐가 무엇을 가치 있게 여기는지 추측하는 척도가 된다. 더 많이 누를수록 눌렀을 때 나오는 것을 더 많이 원하는 것이다. 나오는 게 중독성 약물과 달콤한 먹이라면 쥐는 미친 듯이 레버를 누른다. 하지만 만약 보상이 새끼 쥐라면, 쥐가 반응하는 방식은 뚜렷하게 둘로 갈린다. 수컷과 처녀 암컷은 새끼가 나오는 레버에 아무런 관심을 갖지 않는다. 하지만 갓 엄마가 된 쥐는 한 시간에 100번씩이나 눌러대 둥지를 20마리나 되는 새끼로 채우곤 한다.

처녀 암컷은 새끼를 혐오한다. 보통은 그냥 회피하고 말지만, 때로는 짓밟거나 공격한다. 그런데 쥐가 새끼를 낳으면 뇌에서 뭔가 심오한 작용이 일어나며 갑자기 새끼를 끌어안기 시작한다.

여러분은 이렇게 생각할지도 모른다. "흥미롭군. 그게 사람과 어떻게 연관이 되는 건지 알겠어." 그러나 설치류를 가지고 인간을 추정하는 건 신중해야 한다. 우리는 단순히 크기를 키워 놓은 쥐가 아니다. 신경생물학자들은 설치류와 사람 엄마가 새끼에게 반응하는 방식에 상당한 차이가 있다는 사실을 알고 있다(그리고 많은 인간 여자는 아기를 좋아한다). 하지만 이 연구를 접했을 때 나는 살면서 그 어느 때보다 쥐가 된 것처럼 느껴졌다.

내게는 내가 갓 태어난 친구의 아기를 안아보려고 — 그리고 좋아하는 척하려고 — 했던 때를 떠올리면 10년째 웃음을 터뜨리는 친구가 있다. 나는 노력했다. 정말로. 하지만 도저히 아무것도 느낄 수 없었다. 나는 그저 다른 사람들을 흉내 내 보려고 했을 뿐이었다. "우쭈쭈쭈~, 너무 귀여워서 먹어버리고 싶어!" 하는 것처럼. 그건 당황스러웠다. 뭘 한다고? 아기를 먹고 싶다고?

그러다 내 딸이 태어났다. 내가 말했듯이, 부모가 되면 변한다. 믿을 수 없을 정도로 놀라운 건 변화의 속도였다. 딸이 태어난 날 밤, 나는 신생아 집중치료실에서 태어난 지 몇 시간 된 딸을 만났다. 내가 소독한 손가락으로 딸의 조그만 손바닥을 건드리자 딸이 내 손가락을 꼭 쥐었다. 그게 다였다. 나의 시각, 나의 우선순위가 모두 뒤집혔다. 더 이상 나는 세상을 한 가지 관점으로 보지 않았다. 이제 나는 세상에서 가장 중요한 사람이 아니었다. "우리는 우리가 대단한 하루를 보냈다고 생각했단다." 나는 말했다. "하지만 네 하루는 얼마나 대단했던지."

자궁 밖으로 나온 이사벨라는 이제 다른 방식으로 부모와 교류하게 되었다. 순전히 열량 측면에서는 젖샘이 중심이지만, 세대 간 교류를 위한 수많은 방법들이 그녀에게 열린 것이다.

부모의 경제학과 희귀한 포유류 아빠

1960년대 이래로는 동물이 자손을 돌보는지 아닌지 — 그리고 만약 돌본다면 얼마나 많이 돌보는지 — 를 딱딱하고 차가운 수학으로 나타내려 노력했다. 자연선택은 부성이나 모성의 헌신이 얼마나 심금을 울리는지에 관심이 없다. 생물학자도 마찬가지다. 부모의 돌봄은 더 강하고 더 적합한 — 부모에게 손주를 안겨줄 가능성이 큰 — 자손을 만드는 데 명백히 도움이 된다. 하지만 한계가 없어 보이는 자연 속 부모 행동의 다양성을 수학으로 나타내려는 과학자들에게 중대한 문제는 부모의 그런 행동에 대가가 따른다는 사실이다.

과학자들의 방정식은 비용과 편익 사이의 거래에 따라 동물이 자식을 돌보는 정도가 어떻게 달라지는지 보여준다. 이익은 자손의 생존율 상승과 그로 인한 생식 성공이라는 형태로 나타난다. 이것은 궁극적으로 부모의 전반적인 생식 성공 가능성을 높인다. 비용은 어디 다른 데 가서 교미할 가능성을 포기하고 새끼를 돌보는 데 들어간 시간과 에너지다.[1] 이런 힘의 상호작용으로부터 자연선택은 새끼를 돌보는 일과 자손을 더 보려는 노력 사이에서 합의점을 찾는다.

---

1) 이 주장은 난황에 자원을 할당하는 일에서 둥지를 짓고, 알을 돌보고, 자궁 속에 태아를 유지하고, 젖을 먹이고, 어느 정도 스스로 먹이를 구할 수 있는 새끼를 돕는 일에 이르기까지 부모가 투자하는 모든 단계에 적용된다. 하지만 여기서는 산후(또는 부화 후) 돌봄에 초점을 맞출 것이며, 포유류의 경우 자연선택이 이미 새끼를 조금만 낳고 태어나기 전에 투자를 많이 하는 생식 전략을 취하도록 작용했다고 전제한다.

부모-자손 갈등에 관한 로버트 트리버스Robert Trivers의 아이디어는 이와 같은 연구에서 나온 것이다. 트리버스가 젖을 떼는 원숭이를 관찰한 내용은 비용과 편익이 얼마나 어미에게 영향을 끼치는지를 멋지게 보여준다. 수유하는 동안 어미는 젖먹이 새끼의 발달을 도움으로써 스스로 이익을 취한다. 하지만 여기에는 비용이 든다. 젖을 제공하는 동안 어미는 또 다른 새끼를 낳을 수 없다.

여기서 핵심은 비용과 편익이 일정하지 않고, 시간의 흐름에 따라 변한다는 점이다. 갓 태어난 새끼 원숭이(혹은 어떤 포유류든)에게 젖을 제공하는 건 필수적이다. 이익은 확실하다. 하지만 새끼가 발달하고 점점 스스로 먹이를 찾을 수 있게 되면서 수유가 주는 이익은 줄어들다가 마침내 비용이 이익을 넘어선다.

그리고 이것은 원숭이에게만 해당되는 이야기가 아니다. 포유류를 통틀어 그중 한 종이 수유하는 방식 — 우리가 앞에서 만났던 수많은 종류의 — 은 그 종의 변화하는 생물학적 비용과 이익이라는 측면에서 결정될 것이라고 이론은 제시한다. 예를 들어, 번식기에 먹이를 풍부하게 얻을 수 있는 포유류는 그렇지 않은 포유류보다 하루에 젖을 더 많이 생산한다. 하지만 후자는 더 오래 새끼를 돌본다. 나흘동안 하루에 젖을 7kg씩 쏟아내는 두건물범은 북극 기후의 총빙[2] 위에서 살아가는 고유한 현실에 적응하고 있는 것이다. 딸을 6에서 8년 동안 돌보는 오랑우탄도 엄마-딸 관계의 가치가 단순한 영양분을 넘어서는 풍성한 사회 집단으로서의

2) 바다에 떠다니던 얼음이 모여서 얼어붙은 것 - 역자

영장류라는 맥락에서 그렇게 하고 있다.

이것은 다른 그 어떤 종류의 부모-자식 관계에서도 마찬가지이다. 부모가 자식을 양육하는지, 양육한다면 어떤 수준까지 그렇게 하는지는 정확히 그 종이 처한 상황에 따라 결정된다. 범위를 좀 더 넓혀보자면, 물고기와 양서류, 파충류의 양육은 위험하거나 예측하기 어려운, 흔히 포식자가 많은 환경에 사는 종의 경우에 으레 진화한다. 그런 환경에서는 알이나 새끼를 지킬 때의 이익이 명백하다.

포유류와 새에게 있어 새끼를 부모가 보살피는 건 필수적이다. 온혈 생리를 유지해야 한다는 건 부모가 영양, 그리고 보통 온기를 제공하지 않으면 새끼가 죽는다는 뜻이다. 매우 많은 수의 새와 모든 포유류 종은 어미가 새끼를 돌본다. 순수하게 에너지 측면에서, 포유류 청소년은 에너지 예산이 부족한 상태이며, 어미는 혼자 살 때 필요한 것보다 더 많은 에너지를 획득하기 위해 노력한다는 점을 생각하면 흥미롭다.

그런데 새와 포유류 사이에는 큰 차이가 있다. 조류 종의 90퍼센트는 어미가 수컷 배우자로부터 도움을 받지만, 95%의 포유류 종은 수컷이 양육에 조금도 참여하지 않는다. 조류에서 수컷의 양육 참여도가 높은 이유는 새끼가 필요로 하는 에너지를 주기 위해서는 두 성체가 필요하기 때문이다. 새는 흔히 먹이를 찾아 먼 거리를 이동하며, 조류의 어미는 포유류가 그렇듯 비축해두었던 에너지를 자식에게 먹이로 줄 수 없다. 게다가 새끼 새는 포식자가 접근하기 쉬운 곳에 있다. 따라서 부모 중 하나는 새끼를 지키고 다른 하나는 먹이를 구하는 게 확실히 유리하다.

우리들 인간 아버지 대부분이 자기 자신을 쓸모 있다고 생각하는 것과 달리 포유류의 상황은 당황스러울 정도다. 하지만 역시나 자연선택은 우리 생각에 아무런 관심이 없다. 아빠의 돌봄이 부족하다는 점에서 떠오르는 두 가지 질문은 다음과 같다. 첫째, 아빠는 마치 정해 놓은 것처럼 참여하지 않는 걸까? 그리고 둘째, 5퍼센트는 왜 하는 걸까?

일단 체내수정은 일반적으로 부성 기여를 저해한다. 수컷 가시고기는 암컷이 갓 낳은 알에 정액을 흘려보내며 자신이 곧 지켜주게 될 새끼가 자신의 것이라는 사실을 안다. 일을 치르고 가 버린 암컷을 바라보는 포유류 수컷은 암컷이 그다음에 무슨 짓을 할지 전혀 알 수 없다. 그래서 암컷이 이후에 낳을 새끼가 자신의 것이라는 확신을 할 수 없다. 만약 수컷이 부성을 확신하지 못한다면, 구태여 돌볼 필요가 없다.

포유류의 생식이 진화한 방식 역시 수컷이 점차 주변으로 밀려나게 했다. 암컷이 임신 중일 때나 새끼에게 젖을 먹일 때 수컷이 제공할 수 있는 도움은 제한적이다. 따라서 부성 기여의 이익은 비교적 작을 수 있다. 하나보다 둘이 새끼를 지키면 훨씬 더 유리할까? 수컷은 암컷이 가르칠 수 없는 기술을 새끼에게 가르칠 수 있을까?

그리고 포유류의 경우 수컷이 치르는 비용이 매우 크기 때문에 아빠가 돌봄으로 얻는 이익은 커야만 한다. 직설적으로 설명해보자. 예를 들어, 어떤 여성이 한 달 동안 남성 10명하고 잤다고 하자. 그리고 어떤 남성은 같은 기간에 여성 10명과 잤다. 전자는 가질 수 있는 자손의 수가 늘어나지 않는 반면, 후사의 남성은 아기 10명을 나을 수도 있다. 남성의 생식 잠재력은 많은 여성과 잠자리를 할수록 커진다. 하지만 여성은 그렇지 않다.

두 성별이 생식할 수 있는 속도의 기본적인 차이는 거의 모든 동물에게서 찾을 수 있다. 커다란 난자를 만드는 일과 싸구려 정자를 대량으로 빨리 생산하는 일의 속성 차이 때문이다. 하지만 포유류는 특히 그게 뚜렷하다. 이는 각 성별의 생식 행동에 중대한 영향을 끼치며, 포유류 수컷의 경우 새로운 짝을 만나러 가 버림으로써 받을 수 있는 잠재적인 보상이 커서 그대로 있으면 상당한 비용을 들이는 셈이다.

우리 호모 사피엔스는 으레 행동이 의지에 따라 이루어진다고 생각하기 때문에 행동의 진화에 관해 생각하는 게 어려울 수 있다. 우리는 뇌라는 기관이 동물이 어떤 행동을 하게 만든다고 생각한다. 하지만 오리너구리 수컷은 더 물어뜯길 꼬리가 있어서 교미 후 적극적으로 암컷을 버리고 가는 것이 아니다. 비비원숭이는 번식과 양육 방법에 대해 숙고하지 않으며, 쥐는 생식 전략을 합리화하지 않는다. 비인간 종의 행동은 어느 정도 달라질 수 있지만, 중심적인 기능은 정해져 있다. 포유류의 95퍼센트에서 자연선택은 더 많은 번식 상대를 찾아나선 수컷을 남겼고, 남아서 도와주려던 수컷은 살아남지 못했다.

그러면 인간 남성과 나머지 5퍼센트의 포유류 아빠들은 뭐가 다른 걸까? 아버지의 양육을 위한 첫 번째 필수 조건은 수컷이 암컷과 일부일처 관계에 있어야 한다는 점 같다. 수컷과 암컷이 계속 함께하지 않는 종의 경우는 단 세 종에서만 수컷이 양육에 참여한다. 몽구스와 마모셋, 그리고 여우원숭이다.

포유류는 다양한 사회적 방식 속에서 살며 다양한 짝짓기 패턴을 보인다. 집단 내의 성비는 다양하다. 수컷이 여러 암컷과 짝짓기할 수 있고,

암컷이 하나 이상의 수컷과 짝짓기할 수도 있다. 사회 계급이 중요해지기도 한다. 수컷은 암컷에게 다가가기 위해 흔히 뿔 부딪치기, 머리 부딪치기, 이빨 드러내기, 음낭 보여주기, 냄새 풍기기, 목으로 씨름하기, 울부짖기, 주먹싸움 대결 등 온갖 행동을 한다. 성 접촉은 아주 특정 시기에만 일어나기도 한다. 예를 들어, 암컷 호저는 1년에 고작 12시간만 수컷을 받아들인다. 혹은 1년 내내 그러는 종도 있다. 이런 수많은 사회 방식 속에서 수컷과 암컷의 비용과 편익 패턴이 어떤 식으로 생식이 이루어지는지를 설명한다고 생각할 수 있다. 이런 다양성의 불협화음 속에 아주 소수에 불과한 우리 일부일처 포유류가 있다.

포유류에서 일부일처가 진화한 이유를 설명하는 이론으로는 크게 두 가지가 있다. 하나는 주로 지리의 문제이며, 다른 하나는 가장 추한 포유류의 행동과 관련이 있다.

많은 포유류 종의 수컷은 다른 수컷의 새끼를 죽이고 죽은 새끼의 어미와 짝짓기를 한다. 영아 살해는 놀라울 정도로 흔한 일이다. 어떤 종은 영아 사망률의 주요 원인이 영아 살해다. 영아 살해는 주로 새끼가 죽으면 암컷이 다시 발정기에 들어가 살해자가 그 암컷과 짝짓기를 할 수 있게 되는 종에서 일어난다. 따라서 일부일처제가 영아 살해를 막기 위한 수컷의 전략으로 진화했다고 추정하는 이론이 있다.

수컷의 돌봄 — 종 내부의 영아 살해를 방어하는 일 외에도 — 이 새끼의 생존이나 발달에 긍정적인 효과를 끼쳐 수컷이 새끼를 돌보는 일부일처가 주는 이익이 잃어버린 짝짓기 기회의 손해보다 커질 가능성도 있다.

다른 견해로는 일부일처가 암컷이 지리적으로 널리 퍼져 있거나 번식하는 다른 암컷을 '가만두지 못하는' 상황일 때 '짝을 보호하는' 전략으로 진화했다는 게 있다. 이런 경우 수컷은 다른 수컷이 자신의 짝과 번식하지 못하게 막는다.

이런 이론들을 식별하기 위해 케임브리지대학교의 디터 루카스Dieter Lukas와 팀 클러튼-브록Tim Clutton-Brock은 2,545종이나 되는 비인간 포유류를 조사해 짝짓기 행동과 아버지의 돌봄 수준을 포유류 가계도 위에 나타냈다. 이 2013년 조사로 루카스와 클러튼-브록은 전체의 9퍼센트인 229종에서 일부일처가 진화한 조건을 추론해냈다.

가장 먼저 주목해야 할 점은 일부일처제인 229종 중에서 94종은 수컷이 새끼 돌보기에 아무런 기여를 하지 않는다는 것이다. 예를 들어, 아프리카 남부에 사는 작은 영양인 딕딕은 완전한 일부일처제지만, 수컷이 새끼를 보호하거나 먹이거나 가르치지 않는다.[3] 부모가 일부일처인 종이 수컷이 자식을 돌보는 종보다 더 많다는 것은 아버지의 돌봄이 일부일처보다 나중에 진화했음을 시사한다. 일부일처제가 아닌 상황에서 아버지의 돌봄이 먼저 진화하고 그다음에 엄마와 아빠의 독점적인 관계로 이어진 것이라면, 일부일처제가 아니면서도 아버지의 돌봄이 있는 종을 더 찾아볼 수 있었을 것이다.

부부가 먼저 생기고 수컷이 돌봄을 시작했다는 증거를 기반으로 루카스와 클러튼-브록은 일부일처제의 진화에 영향을 준 요인들을 찾아보게

---

3) 딕딕이란 이름은 이 명백한 방임에 관한 촌평(영어에서 '딕dick'은 '개자식'과 같은 욕으로도 쓰인다 - 역자)이 아니라 영양이 내는 소리에서 온 게 분명하다.

되었다. 그들은 일부일처가 암컷이 넓게 퍼져 있어 광범위한 영역에서 고독하게 살아가는 종에서 진화했음을 알아냈다. 암컷이 이렇게 퍼져 있으면, 수컷은 다수의 짝을 방어할 수 없으며, 암컷 한 마리와 짝을 이루는 게 가장 나은 생식 전략이 된다. 누군가 논평했듯이, "포유류 암컷이 규칙을 정하고, 수컷은 암컷이 있는 곳으로 찾아간다."

단 한 종, 여우원숭이만이 사회적인 삶에서 일부일처제가 진화한 것으로 보인다. 인간이 두 번째 사례가 될지는 아직 미지수다.

포유류 안에서 아버지의 돌봄은 영장류와 육식동물에게 가장 일반적으로 나타난다. 하지만 다른 목에서도 드문드문 보인다. 늑대와 리카온은 보통 근면한 아버지로, 씹은 고기를 가져와 새끼에게 먹인다. 어린 더스키티티원숭이는 주로 아버지에게 안겨 다니며 보호받고, 그루밍과 젖을 위해서만 엄마를 찾는다. 루카스와 클러튼-브록이 수컷이 어떤 방식으로든 돕는 일부일처 부부가 수컷이 참여하지 않는 일부일처 부부나 혼자 사는 암컷보다 일 년에 더 많은 새끼를 낳는다는 사실도 알아냈는데, 이는 아버지의 역할에 대한 주장을 뒷받침한다.

유대감

부모됨이 포유류를 어떻게 바꾸는지 다시 살펴보기 위해 막 엄마가 된 쥐의 뇌와 그 뇌가 겪는 변화에 대한 이야기로 돌아가 보자.

모든 포유류의 임신과 마찬가지로 쥐의 임신은 적응 생리의 경이로움이다. 임신의 중심에는 호르몬의 그물망이 있다. 핵심은 성 스테로이드인

프로게스테론과 에스트로겐, 그리고 뇌의 기저에서 나오는 펩타이드인 프로락틴 — 이름에서 알 수 있듯이 젖 생산에 핵심적이기도 하다 — 과 옥시토신이다.

이런 호르몬의 주요 공급원은 태반이며, 이는 태아의 유전자가 자신에게 유리하도록 시스템을 조종하는 역할을 다시 한번 수행한다는 뜻이다. 그러나 우리는 엄마와 새끼 모두 건강한 자손의 탄생이라는 공통의 목표를 갖고 있다고 안전하게 가정하고 이야기를 진행할 것이다. 혈류를 타고 움직이는 이들 전령은 먼저 자궁 환경을 통제하고, 모체의 에너지 저장과 소모를 조절하고, 젖샘이 활동할 준비를 갖추게 한다. 그리고 때가 되면, 새끼의 출산을 조율한다. 그렇다고 생식 호르몬의 일이 끝나는 건 아니다. 출산 이후에도 호르몬은 계속 나와 젖 분비와 어미의 신진대사를 조절한다.

사실, 임신 기간 동안 호르몬은 뇌의 신경 회로를 변경해 어미가 임신에 필요한 행동을 하게 만든다. 많은 종은 어미가 곧 나올 새끼를 위해 둥지를 만든다. 그리고 임신 말기가 되면 특정 호르몬이 뇌를 '푹 적시며' 모성을 준비하고, 분만과 탄생을 유도하는 호르몬의 급증과 함께 두개골 안에서 일어나는 주요 사건에 대비한다.

옥시토신이라는 호르몬은 '급작스러운 분만'을 뜻하는 그리스어에서 이름이 유래했다. 옥시토신의 급격한 증가는 분만을 자극하는 방아쇠다. 자궁의 평활근에 작용하는 옥시토신의 효과는 오래전부터 알려져 있었다. 그런데 1979년 노스캐롤라이나대학교의 코트 페데르센Cort Pedersen과 아서 프랜지Arthur Prange는 옥시토신을 처녀 쥐의 뇌에 주입했다. 결과는?

상당수가 어미처럼 행동하기 시작했다. 그리고 이 행동 변화는 에스트로겐을 이용해 부분적으로 임신을 모방한 뒤에 주입했을 때 더 자주 일어났다.

오늘날 우리는 옥시토신과 에스트로겐, 그리고 몇몇 다른 생물학적 전령이 시상하부라고 부르는 뇌의 한 영역에서 함께 작용한다는 사실을 알고 있다. 그곳에서 이들은 뇌의 '보상 회로'로 가는 신호를 증가시키고, 그 재조정 결과 새끼 쥐가 어미에게 일으키는 반응이 바뀐다.

보상 회로는 뇌의 아주 기본적인 부분으로, 바깥 세상의 사물이나 동물에게 가치 — 부정적이거나 긍정적인 — 를 부여하는 기능을 한다. 동물이 마주치는 대상을 회피하거나 포용하게 만드는 게 바로 이 회로다. 선천적인 혐오도 있다. 예를 들어, 쥐는 본능적으로 여우 오줌을 싫어한다. 하지만 고착되어 있는 가치 역시 변할 수 있다. 모체의 뇌에서 생식 호르몬은 새끼에 대한 처녀적 혐오를 줄이는 동시에 새끼가 매력적으로 보이게 하는 회로를 활성화하는 것으로 보인다. 그런 까닭에 옥시토신 급증의 결과는 갓 태어난 자신의 새끼와 곧바로 유대를 맺는 어미가 된다.

그 결과 옥시토신은 분자 하나치고는 아주 눈에 띄는 존재가 되었다. 옥시토신이 적의를 누그러뜨리고 동물의 애정을 불러일으킬 수 있다는 단순한 생각이 퍼지면서 이 호르몬은 '사랑의 분자', '포옹 호르몬', '부둥부둥 화학물질'로 불렸다. 뉴스에 나온 한 연구는 게임을 하는 사람의 코에 옥시토신을 살짝 분사했더니 상대를 더 신뢰하게 되었다고 밝혔다. 하지만 풍성하게 존재하는 분자 하나로 복잡한 행동을 명확히 밝히려는 시도가 다 그렇듯이 이야기는 절대 단순하지만은 않다. 현재 옥시토신은 매우 중요할지도 모르는 사회적 이벤트가 일어나고 있음을 알려주는 화학물질로 여겨지고 있다. 그리고 뇌가 그런 이벤트에 동반하는 시각, 소리, 냄새에 더욱 제대로 반응할 수 있도록 돕는다.

어미 뇌의 보상 회로에 작용하는 옥시토신의 영향은 매우 크다. 하지만 옥시토신은 새끼에게서 오는 신호와 공동으로 기능한다. 예를 들어, 뇌에서 어미가 새끼의 냄새를 인식하도록 학습하는 것과 관련된 두 영역의 활성을 조정한다. 설치류에게 후각은 사회적으로 매우 중요하다. 그리고 냄새에 관한 정보는 보상 회로에 입력된다. 게다가 2015년의 한 연구는 옥시토신이 청각 중추에 작용해 어미 쥐가 갓 태어난 새끼의 초음파 울음소리에 더욱 잘 반응하게 만들었다는 사실을 보였다.

그러면 이런 원리가 내가 어미 쥐에 관한 논문을 읽었을 때 사람과 비슷하다고 느꼈던 일과 처음 딸을 만져보았을 때 일어난 내 행동의 변화를 설명한다고 말해도 괜찮을까? 아마 아닐 것이다. 일단 이사벨라를 만나기 전 나는 임신 호르몬의 롤러코스터에 타고 있지 않았다. 그리고 하나 더, 포유류 수컷의 보육 행위에는 굉장히 흥미롭고 다양한 차이가 있다.

수컷 쥐는 새끼 양육에 참여하지 않는다. 그러나 설치류는 실험에 굉장히 유용하다. 그렇기에 아버지의 돌봄에 관한 연구는 모래쥐와 정가리안햄스터, 캘리포니아쥐 같은 설치류를 이용해왔다. 이런 동물, 그리고 부성이 더 약한 영장류에 관한 연구는 남성 호르몬 농도가 아버지가 되면서 마찬가지로 변한다는 사실을 보였다. 프로락틴의 증가가 흔히 보이며, 흥미롭게도, 테스토스테론은 떨어진다. 하지만 종에 따른 남성 호르몬의 변화 차이는 여성 호르몬보다 훨씬 심하다. 그리고 행동 변화와 강력하게 연결되어 있지 않다. 아마도 이것은 포유류에게 있어 부성이 모성과는 달리 상수가 아니기에 매번 독립적으로 등장해 원리가 조금씩 다르기 때문일지도 모른다. 남성 호르몬의 변동은 수컷이 제공하는 돌봄에만 한정된 좀 더 미묘한 방식으로 아버지의 생리나 행동을 바꾸도록 작용하는지도 모른다. 물론 아버지의 기여는 다양하다. 더스키티티원숭이처럼 밀착해 돌볼 수도 있고 늑대처럼 먹이를 가져다 줄 수도 있다. 혹은 가족의 영역을 지키는 아빠 긴팔원숭이처럼 덜 직접적인 방식으로 기여할 수도 있다.

인간 남성에 관한 연구는 우리 역시 아버지가 되면 테스토스테론 농도가 곤두박질친다는 사실을 확인해 주었다. 그리고 하루에 세 시간 이상 아이를 돌보는 아빠의 농도가 가장 낮았다. 이는 인간 남성의 생리가 정말로 아버지의 돌봄을 위해 만들어졌다는 사실을 시사한다. 여기서 우리는 다시 쥐와 사람의 차이로 돌아가게 된다. 쥐와 생쥐의 모성 유대의 기초를 이해하기 위해 수행했던 복잡한 신경내분비학적 연구는 영장류와 의아하게도, 양을 비롯한 다른 몇몇 포유류만을 대상으로도 이루어졌다. 거기서 나타난 양상은 모성 유대가 어디에나 있고 대단히 중요하지만, 그 기반이 되는 원리는 해당 동물에게 적합하게 이렇게 저렇게 달라졌다는 점이다.

뇌가 작은 소형 포유류 — 아마 원래의 포유류를 가장 잘 반영하고 있을 것이다 — 의 출산 후 보살핌은 적어도 어떤 면에서는 임신의 연장으로 볼 수 있다. 새끼는 듣지 못하고 보지 못하고 의미 있게 움직일 수 없는 상태로 태어난다. 그리고 어미는 따뜻하고 어느 정도 촉촉한 국지적 환경을 만들어 주는 둥지 안에 새끼를 낳는다. 그러고 나면 어미의 주요 임무는 젖과 온기를 제공하고, 집 밖으로 기어나가는 새끼가 있다면 다시 끌고 들어오는 게 된다. 어미는 새끼들을 따로따로 구분하지 않으며, 돌봄은 보통 젖을 뗄 때까지만 이어진다. 나중에 알게 될 텐데, 의미 있는 행동의 상호작용이 있긴 하지만 이후에야 나타난다.

이와 달리 새끼 누는 생후 2, 3분 만에 일어선다. 5분 뒤면 무리와 함께 달린다. 먹이를 노리는 사자와 치타가 느긋한 발달을 사치로 만들어 버리기 때문이다. 어미와 바짝 붙어 다니는 건 생존에 필수적이다. 어미와 떨어지게 된 새끼 대부분은 우는 소리를 내며 방황하다가 무력하게 고양잇과 맹수의 뱃속으로 들어가기 쉽다. 누와 다른 유제류에서 어미-새끼 유대는 곧바로 맺어져야 한다. 대형 포유류의 새끼 대부분이 그렇듯이(우리는 주목할 만한 예외다) 생의 초기에 둥지에 누워서 지내는 일은 없다.

그래서 양이 관심을 끌었던 것이다. 새끼 누만큼 인상적이지는 않아도 새끼 양 역시 태어나자마자 체온을 유지하고 혼자 움직일 수 있다. 그렇기에 양이 어떻게 어미와 유대를 형성하는지에 대한 관심이 생긴다. 배리 케번Barry Keverne과 키스 켄드릭Keith Kendrick은 임신 때의 생식 호르몬이 그대로 모성 행동에도 중심적인 역할을 한다는 사실을 보였다. 예를 들어, 에스트로겐과 프로게스테론이 풍부한 처녀 양은 옥시토신을 맞으면 어미처럼 변한다. 암양이 새끼와 유대를 이루는 데는 냄새도 중요하다. 결정적으로, 암양은 한두 시간 안에 자신의 새끼와 아주 선택적인 유대를 형성하며, 다른 새끼 양에게는 공격적이다. 양이나 누 어미 어느 쪽도 남의 새끼를 대신 키우지 않는다. 새끼 자체보다는 개별 개체를 인식한다는 건 유제류의 후각 처리가 더욱 복잡하며 더 많은 두뇌 능력이 필요하다는 뜻이다.

영장류와 인간에 관한 문헌을 검토하던 케번은 설치류와 훨씬 더 다른 점을 찾아냈다. 사람이 아기 냄새를 좋게 느끼는 건 분명하다. 하지만 이 감각 기관이 수행하는 역할은 줄어든 대신 시각 인식이 더욱 중요해졌다. 가장 중요한 건 영장류의 모성 행동이 더 이상 임신 호르몬의 결과로 나타나는 것이 아니라는 점이다. 결정적으로, 모성 돌봄은 임신한 적이 없는 암컷에게도 나타난다. 케번은 "모성 행동이 호르몬 중심적 결정론에서 점차 감정적, 보상충족적 행동으로 진화"하고 있다고 설명하며, 호르몬으로부터의 "해방"을 이야기한다. 뇌의 보상 회로는 여전히 중요하지만, 영장류의 경우에는 대뇌피질과 더 큰 관련이 있다. 그리고 영장류와 사람은 대뇌피질이 크다. 영장류가 임신이 끝난 뒤에도 몇 달 혹은 몇 년 동안 모성 돌봄을 제공하는 건, 적어도 부분적으로는, 영장류에 대한 적응일지도 모른다.

만약 인간 어머니가 생식 호르몬으로부터 가장 많이 해방되어 뇌의 연산 능력을 감정을 제어하는 회로와 함께 사용한다면, 이는 남성이 — 테스토스테론이라는 얼간이 호르몬 농도가 급격히 떨어지는 덕분에 — 아마도 비슷한 감정, 아직도 매일 나를 놀라게 하는 그 감정을 발달시킬 여지를 더 많이 남기는 것 같다. 또, 우리 딸이 할아버지, 할머니와 맺은 유대감이나 유모들부터 받은 특별한 보살핌을 설명하는 데도 도움이 되는 듯하다. 여자아이 둘을 입양한 내 친구들 생각도 날 수밖에 없다. 비용과 편익을 통해 걸러내는 자연선택에서 모성 돌봄은 포유류 전체에 걸쳐 두

드러지게 그리고 꾸준히 일어나는 현상으로 남았다. 그러나 이를 넘어 우리는 영아 살해와 무럭무럭 자라는 내 친구들의 두 딸이 둘 다 결과가 될 수 있는 어떤 과정을 마주하고 있다.

초기 학습

그러나 양육은 일방통행이 아니다. 탄생은 어미를 바꾸어 놓지만, 새끼 포유류 역시 자신을 보살피는 존재와 유대감을 맺는 본능적인 행동을 갖추고 있다. 으레 새끼는 자신의 엄마와 다른 어른을 재빨리 구분할 수 있고, 엄마와 가까이 붙어 있으려고 한다. 대부분의 어린 개체는 홀로 남아있지 않으려 하며, 그런 상황이 오래되면 절망감을 보인다. 쥐에서 돌고래에 이르기까지 어미와 새끼가 서로 육체 접촉을 유지하려는 성향은 흔히 볼 수 있다.

수유는 모성 돌봄의 초석일 수 있다. 나무땃쥐와 같은 몇몇 종에서는 젖을 가득 먹여주는 것 외에는 어미가 새끼와 거의 접촉하지 않는다(토끼도 비슷한 수준이다). 하지만 캐롤라인 폰드가 강조했듯이, 먹이 공급은 학습이 가능한 두 동물 사이에 연합을 이루어 낼 수 있다. 많은 포유류 종에 관한 연구 결과, 모성 돌봄은 건강한 심리 발달에 필수적이다.

12장에서 논의하겠지만, 포유류는 두뇌가 크고 아주 많은 것을 배울 수 있다. 그 결과 포유류의 행동은 경직된 본능에만 국한되어 있지 않다. 본능적인 행동은 모든 동물에게서 나타난다. 그건 특정 자극에 대한 고유한 반응으로, 젖샘이 젖을 만드는 것만큼이나 불변이다. 본능의 적응적 가치는 보통 쉽게 알 수 있다. 그리고 결정적으로 그건 배울 필요가 없다. 예를 들어, 땅을 팔 수 없는 실험실에서 자란 쥐도 성체가 되어 자연 환경에 노출되면 동족이 으레 하듯이 굴이나 터널을 판다. 좀 더 발전한 신경계를 지닌 동물은 학습하고 경직된 본능을 넘어 행동할 수 있다.

배우는 방법에는 여러 가지가 있다. 하나는 뭔가 하나 해보고 어떻게 되나 보는 것이다. 그런 시행착오 학습은 20세기 중반 행동심리학의 성장에 도움이 되었다. 흔히 레버를 이용해 실험 동물의 보상 회로를 자극했던 연구는 동물이 자신의 행동이 긍정적인 또는 부정적인 결과를 가져오는지를 관찰함으로써 학습한다는 아이디어에 초점을 맞추었다. 보상을 가져오는 행동은 계속 유지하고, 원하지 않는 효과가 생기는 행동은 포기한다는 것이다. 이런 학습법은 효과가 뚜렷했기 때문에 이 이론의 가장 시끄러운 지지자들은 심지어 인간의 언어 같은 정교한 것조차도 아기가 자신이 어떻게 발음할 때 긍정적인 반응이 돌아오는지 관찰하는 데서 비롯했다고 주장하기도 했다.

시행착오 학습은 실제로 존재하며 중요하다. 하지만 그건 외롭고 시간을 잡아먹는 활동으로, 동물은 모든 것을 백지상태에서 배워야 한다. 그러면 위험해질 수 있다. 새끼 짖는원숭이가 보아뱀을 피해야 한다고 배울 수는 있지만, 몸이 조여들고 있는 원숭이가 그 지식을 앞으로 쓰게 될 일은 아마 없을 것이다.

포식자를 알아보는 기술은 경험이 더 풍부한 어른에게서 배우는 게 훨씬 낫다. 예를 들어, 새끼 원숭이와 캥거루는 특정 침입자에 경계 반응을 보이는 어른을 관찰하며 이를 배운다. 그런 사회적 학습은 어떤 행동이 동물 사이에서, 세대 사이에서 퍼져 나갈 수 있게 해준다.

문화적 다양성부터 자녀와 손자 손녀에게 끼친 에라스무스 다윈의 영향, 내가 무심코 내뱉은 욕설을 따라 하는 내 딸에 이르기까지, 우리보다 그런 전파가 활발한 종은 없다. 그건 우리 종을 정의하지만, 포유류 전체에 걸쳐 볼 수 있다. 예를 들어, 어린 쥐는 어미로부터 먹이 선호도를 배운다. 이들은 거의 아무거나 먹을 수 있지만 — 인간이 버린 쓰레기 더미에서 잘 살아갈 수 있는 이유의 하나다 — 사실은 새로운 먹이를 시도하는 데 아주 보수적이다. 새끼는 젖을 통해 전해지는 맛으로 어미가 즐겨 먹는 먹이를 먼저 맛본다. 나이가 들면 쥐는 어미를 따라 먹이를 찾아 나선다. 어미는 또한 '이쪽에 먹이가 있다'는 것을 알리는 화학 신호로 맛있는 먹이를 표시한다. 새끼 쥐는 결국 일족의 먹는 습관을 따르게 된다.

이스라엘에서는 쥐가 먹이를 배워 새로운 생태 환경으로 침입해 들어가기도 했다. 소나무 숲의 바닥은 황무지다. 유일하게 영양분이 있는 건 소나무 씨앗뿐이다. 하지만 씨앗은 솔방울 깊숙이 묻혀 있다. 다람쥐는 씨앗을 꺼내는 방법을 잘 알지만, 쥐는 보통 그렇지 않다. 그러나 소수의 이스라엘 다람쥐는 쥐가 소나무 숲에 자리 잡고 살 수 있게 해주었다. 그곳에서 쥐들은 솔방울 껍데기를 벗겨내고 씨를 씹어먹는다.

텔아비브대학교의 오퍼 조하르Opher Zohar와 조셉 테르켈Joseph Terkel은 이런 숲에 살지 않는 어른 쥐가 솔방울을 까는 복잡한 기술을 배우는 경우가 거의 없다는 사실을 보였다. 그런 쥐를 솔방울 잘 까는 쥐와 함께 살게 해도 마찬가지였다. 하지만 새끼가 숲에서 솔방울을 깔 줄 아는 어미의 양육을 받은 경우에는 금세 씨앗을 꺼내 먹는 데 능숙해졌다. 이 독특한 숲쥐 무리는 아마도 우연히 솔방울 까는 기술을 배운 어른 쥐에 의해 생겨난 뒤 세대 간 행동 전파에 의해 유지되고 있을 것이다.

여러분은 직관적으로 새끼가 어미를 모방한다고 생각할지도 모른다. 우리 인간은 그런 모방을 문화 계승의 핵심으로 보곤 한다. 하지만 사실 모방은 인지적으로 매우 힘든 과정이다. 어떤 행동을 모방하는 건 누군가의 행동을 시각적으로 받아들인 뒤 그 정보를 근육에 내리는 일련의 명령으로 변환해 행동을 되풀이하는 것이다. 정확한 모방이 얼마나 흔하며, 어떤 동물이 그렇게 할 수 있는지에 대해서는 논의의 여지가 없다. 그러나 사회적 학습은 반드시 모방을 수반할 필요가 없다. 동물은 다른 동물을 관찰함으로써 세상의 어떤 특징이 관심을 가질 만한지 그리고 환경을 어떻게 이롭게 조작할 수 있는지를 배울 수 있다. 예를 들어, 숲에 살지 않는 쥐 대부분은 솔방울에 그저 아무 관심이 없었거나 무작정 갉았다. 그러나 새끼는 먼저 솔방울에서 먹이가 나온다는 사실을 배우고, 솔방울을 까기에 적당한 끄트머리가 어디인지를 알게 된다. 아마 이 뒤에야 시행착오를 겪으며 보상을 거둬들이는 방법을 배울 것이다. 다른 포유류도 비슷한 방식으로 배운다. 예를 들어, 침팬지는 새끼에게 막대기를 이용해 흰개미를 '낚는' 방법을 가르친다. 일본원숭이는 고구마를 바닷물에 씻어 먹는 방법을 배운다. 그리고 상당히 최근인 1980년대에 혹등고래는 서로 물고기를 한데 모아주는 새로운 기술을 전수했다.

포유류의 사회적 행동은 아주 복잡하다. 이는 다른 척추동물 중에서는 아주 적은 수의 종만이 이뤄낼 수 있는 경지일 것이다. 또한, 포유류의 많은 종에게 있어 사회성이란 그들을 규정하는 특별한 성질이라고 할 수 있다. 그러나, 포유류의 번식 체계에 관한 루카스와 클러튼-브록의 2013년 분석은 원래 포유류가 고독한 생물이었다는 사실을 보여준다. 대부분은 지금도 그렇다. 그렇기에 우리는 모여 사는 것이 포유류적 특성이라고 이야기 할 수 없다.

다양한 포유류 목에서 여러 번에 걸쳐 사회적 생활이 진화했다. 대부분의 포유류 사회 집단은 친척 관계인 암컷을 중심으로 형성되며, 수컷은 흩어져서 새로운 짝짓기 기회를 모색한다. 또한 사회성은 대형 포유류, 즉 두뇌가 큰 종에서 가장 흔하다. 절대적이지는 않지만, 고래와 돌고래, 육식동물과 영장류가 사회성이 가장 흔히 나타나는 집단이다. 또한, 곤충과 같은 수준의 '초유기체'적 사회성을 갖춘 설치류들도 있다. 다마라두더지쥐와 벌거숭이두더지쥐는 번식할 수 있는 여왕과 그를 섬기는 무생식 개체들이 네트워크를 이루어 지하에 산다. 벌거숭이두더지쥐는 포유류 중에서도 새끼를 많이 낳는 축에 속해, 여왕은 보통 11마리에서 많게는 28마리까지 새끼를 낳는다.

사회 집단이 언제 어떻게 진화했는지를 이해하려는 시도는 역시 주로 비용과 편익에 관한 수학적 고찰을 통해 이루어지며, 집단의 이익을 위해 자신의 안녕을 희생하는 게 분명한 동물을 설명하기 위해 많은 논쟁이 벌어진다. 일반적으로 이익은 포식자에 대한 경계 강화, 먹이 수급 또는 방어 능력 향상, 육체적인 요인 완화, 번식 효율 증가, 그리고 사회적 학습 촉진으로부터 나올 수 있다. 예를 들어, 사자 혼자서는 버펄로에게 덤비지 못하지만, 무리는 그럴 수 있다. 무리 지어 사는 먹이동물은 시간을 나누어 포식자를 경계하거나 먹이를 먹을 수 있다. 또한, 그런 무리는 방어에도 더 좋다. 일례로 사향소는 어른 수컷들이 둥글게 원을 그리며 모이고, 새끼를 그 안에 둔다. 작은 포유류는 흔히 한데 뭉쳐서 추위를 이긴다. 집단 생활의 비용은 질병이나 기생충의 확산, 자원을 둘러싼 종내 경쟁의 증폭과 관련된 것이 될 수 있다. 때로는 자원을 두고 사회 집단끼리 공격적으로 충돌하며, 집단의 구성원들은 먹이를 찾기 위해 넓게 퍼져야 할 수도 있다. 게다가, 집단에서 서열이 낮은 동물은 짝짓기 기회를 얻지 못할 수도 있다.

모성 돌봄이 가장 긴 집단은 복잡한 사회 동역학을 지닌 영장류다. 어미는 집단 안에서 딸의 사회적 위계를 확립하는 데 적극적인 역할을 한다. 이 위계는 짝짓기 기회를 얻는 데 중요할 수 있다. 집단 안에 아직도 어미가 있는 버빗원숭이 암컷은 그렇지 않은 암컷보다 더 많은 새끼를 낳는다.

일부일처 역시 사회적 유대의 일종이다(사랑과 로맨스는 동물학 문헌에서 볼 수 있는 용어가 아니다). 흥미롭게도 일부일처 포유류 사이의 유대에 관한 신경생물학적 연구에 따르면, 수컷-암컷의 유대는 어미와 새끼 사이의 유대를 확립하기 위해 만들어진 토대를 바탕으로 작동하는 것으로 보인다.

놀이

내가 만약 헐떡이는 인간 어른들이 손을 쓰지 않고 공을 그물 안으로 차 넣는 운동을 하지 않았다면, 이 책은 존재하지 않았을 것이다. 이사벨라는 나와 공놀이하는 것을 즐기지만, 그보다는 만들기를 더 좋아한다. 마리아나는 인형놀이를 한다. 둘은 춤을 추고, 의사가 되었다가, 함께 멋진 카페를 운영한다. 물론 그러지 않을 때는 정신없이 서로 약을 올려댄다. 인간은 놀이를 한다. 그러나 인간만이 놀이를 하는 것은 아니다. 우리의 강아지와 고양이를 포함해, 모든 포유류는 놀이를 한다. 개, 캥거루, 곰과 쥐는 장난으로 싸운다. 가지뿔영양 같은 유제류는 서로 치고받는다. 과일박쥐는 서로 쫓아다니며 레슬링한다. 물범은 몸을 늘어뜨리고 얕은 파도를 탄다. 어린 아이벡스와 산양은 떨어지면 죽을 정도로 높은 바위 틈을 돌아다닌다. 하마는 물속에서 빙글빙글 돌고, 일본원숭이는 돌로 서로 때린다. 다 자란 들소는 얼어붙은 호수 위를 달리다 미끄러지며 딱 봐도 재미있다고 소리를 지른다.

폭넓게 보자면, 가장 많이 노는 포유류는 대체로 영장류와 코끼리, 고래, 유제류, 육식동물처럼 뇌가 큰 동물이다. 하지만 많은 설치류도 장난을 친다. 종 수준에서 보면 놀이와 두뇌 크기 사이의 관계는 무너진다. 그 대신 어린 시절로 보내는 시간이 놀이의 복잡성과 더 큰 관계가 있다.

한때 사람들은 놀이가 포유류와 일부 조류에만 존재한다고 생각했다. 하지만 이건 동물 행동을 의인화하는 데 너무 조심스러웠기 때문이었을지도 모른다. 로버트 페이건Robert Fagen이 1981년 『동물의 놀이 행동』이라는 책을 내면서 비인간 동물의 놀이가 다시 건전한 과학적 기반을 갖게 되자 그건 어디서나 보이기 시작했다. 거북과 크로커다일, 문어, 말벌도 모두 놀이를 한다. 즉, 우리는 이번에도 포유류에서 고도로 발달했지만 꼭 포유류만 갖는 건 아닌 형질을 이야기하게 된 것이다.

놀이에 관한 문제 중 하나는 놀이가 정확히 무엇인지를 정의하는 것이다. 그건 음란물을 알아보는 스튜어트 대법관의 방법(일명 "보면 안다" 방법)을 떠올리게 하는 알쏭달쏭한 현상과 같은 부류로 보인다. 즉, 보면 알 수 있다는 것이다. 그러나 이런 방법은 진지한 학문 연구에는 별로 쓸모가 없다. 테네시대학교의 고든 버그하트Gordon Burghardt는 놀이를 정의하는 5점 척도 방식을 고안했다.

1. 놀이는 기능이 불완전해 뚜렷한 성과를 얻지 못한다.
2. 저절로 생겨나며 자발적이고 보상이 있다. 놀이 연구자는, 어쩌면 다른 모든 학문 분야보다도 더 '즐긴다'는 것의 정확한 의미와 씨름해야 한다.
3. '진지한 행동'과는 분명히 다르다.
4. 반복된다. 하지만 이상한 방식으로는 아니다.
5. 스트레스는 놀이를 저해한다.

확실한 것 또 하나는 놀이에 세 가지 형태가 있다는 점이다. 나홀로 운동 활동, 사물 놀이, 사회적 놀이. 연구자는 놀이의 각 형태를 따로따로 설명하려고 해야 할까, 아니면 모든 놀이를 — 낙서부터 장난으로 하는 싸움까지 — 공통의 목적을 위한 하나의 과정으로 통합하는 게 가능할까?

1872년 허버트 스펜서Herbert Spencer는 놀이의 목적은 온혈동물이 여분의 에너지를 소모하게 하는 것에 있다고 주장했다. 하지만 1898년 카를 그로스Karl Groos는 동물이 노는 게 어른이 되었을 때 본격적으로 하게 될 일을 미리 연습하며 갈고 닦는 행위라고 주장했다. 놀이를 가장 잘 정의하는 특징 중 하나는 보통 미성숙한 특정 시기에만 일어난다는 점이다. 연구자들이 놀이가 존재하는 이유에 관해 계속 논쟁을 벌이는 가운데 이 두 이론은 상호배타적이지 않게 계속 공명하고 있다. 일상의 놀이는 에너지 저장분이 많을수록 유용하며, 동시에 더 성공적인 어른이 되기 위한 기능일 수 있다.

잘 노는 새끼가 더 성공적인 어른이 된다는 — 놀이에 분명한 이익이 있다는 — 점을 증명하는 건 사실 매우 어려웠다. 그러나 지금은 야생 들다람쥐, 곰, 말에게서 얻은 긍정적 상관관계 데이터가 있다. 실험실에서 놀이를 연구하는 건 훨씬 더 어렵다. 새끼 쥐를 격리해 놀지 못하게 할 수는 있지만, 그러면 많은 혼란이 일어난다. 이를 방지하기 위해 실험 대상에게 약에 취해서 놀 수 없는 동료를 주기도 해보았지만, 이 방법 역시 많은 논란의 대상이 되었다.

가장 단순한 형태의 그로스의 실습 이론이 지닌 문제는 어린 시절에 놀지 못한 포유류도 여전히 어른이 되면 종 특유의 행동을 보인다는 사실이다. 예를 들어, 갖고 놀 물건이 없었던 고양이도 성숙하면 정상적으로 사냥한다. 다른 이들은 두뇌 발달이 경험에 민감할 때 놀이가 정점에 이르며, 놀이가 뇌의 회로를 미세 조정한다고 주장했다. 그런 이론은 흔히 운동 제어와 기교에 관련된 뇌의 영역에 초점을 맞췄다. 놀이의 중요성이 사회적 상호작용을 형성하는 데 있다고 강조한 아이디어도 있었다.

2001년 마크 베코프Marc Bekoff와 마렉 스핑카Marek Spinka, 루스 뉴베리Ruth

Newberry는 놀이가 동물을 예상하지 못한 상황에 대비하게 한다는 통합 이론을 제안했다. 이들은 포유류가 놀이 상황에 대한 통제를 잃으려 — 스스로 균형이나 자세를 잃거나, 감각 입력에 제약을 받으려 — 할 때가 많으며, 놀이 과정의 목적은 통제를 잃은 상황에 대응하는 것이라고 주장했다. 이 이론의 중심에는 현실의 예측불가능성이 있다. 포식자, 먹이, 짝짓기 경쟁자는 다양한 모습과 방식으로 다가올 것이고, 눈앞에는 낯선 지형이 펼쳐지며, 사고는 일어날 것이다. 놀이는 — 특히 '스스로 제약'을 둔 채로 — 어린 동물이 더욱 역동적인 어른이 되는 데 도움이 된다.

베코프와 스핑카, 뉴베리는 놀라는 법을 배우는 데 있어 감정적인 요소도 강조한다. 불행과 충격은 동물을 혼란에 빠뜨릴 수 있고, 그런 공황은 적응 상태가 아니다. 놀이의 일환으로 통제를 잃어봄으로써 포유류는 불확실한 상황에서 과민반응을 줄일 수 있다. 놀이가 안전한 환경에서 통제를 잃는 스릴과 다시 회복하는 즐거움을 수반한다는 건 놀이가 재미있다는 알 수 없는 특징을 만드는 데 기여하는지도 모른다.

놀이의 정확한 목적이 무엇이든 간에 — 이제야 이 주제가 마땅히 받아야 할 진지한 관심을 받고 있는 느낌이다 — 포유류와 복잡한 행동을 보이는 다른 동물들에게 널리 퍼져 있다는 건 신경 시스템이 세심한 조정을 필요로 하며, 부모의 돌봄이 놀이를 할 수 있는 환경을 제공하는 데 도움이 된다는 사실을 시사한다. 30살이 되기 전까지는 완전히 성숙하지 않는 뇌를 가진 우리 인간이 거의 20년에 가까운 어린 시절을 누릴 수 있는 것을 달리 어떻게 설명할 수 있을까? 이제 내 육아 시간 대부분이 놀아주거나 놀이를 감독하는 데 쓰인다는 게 더 이해가 된다.

어느 토요일 아침 나는 피곤해서 — 확실히 참여보다는 감독하는 쪽에 더욱 가까웠다 — 소파에 누워 있었고, 딸들은 장난감에서 장난감으로 날아다녔다. 나는 이것저것 읽어보려 하고 있었는데, 얼마 전에 걸음마를 시작한 둘째 딸이 내 쪽으로 아장아장 걸어왔다. 딸을 안을 때 문득 시간과 발달, 그리고 삶의 단 한 방향에 관한 생각이 들었다. 나는 딸이 성장하며 육체적 전성기를 향해 가고 있고, 나는 거기서 물러나고 있음을 알 수 있었다. 그리고 내가 할 수 있는 가장 중요한 일은 어떤 식으로든 두 딸이 최선의 인간이 될 수 있도록 돕는 것이다.

9장

뼈, 이빨, 유전자 그리고 나무

참나무 같은 나무를 하나 보면 여러분은 나무의 모양이 줄기가 가지로, 그런 가지가 더 작은 가지로 계속 갈라지면서 생겼다는 사실을 이해할 수 있다. 하지만 개개의 나무를 안다고 해서 나무의 본성을 이해할 수 있는 건 아니다. 여러분은 나무가 자라고 가지를 뻗게 하는 고유한 원동력이 어떻게 특정 시간과 장소에서 실제로 나타나는지를 알아야 한다. 실제 나무에는 1987년에 폭풍으로 큰 가지를 잃었을 때 남은 흉터가 있을 것이고, 질병으로 최근에 잃은 다른 가지들 사이의 틈도 있을 것이고, 앞서 당한 희생자의 빈 공간으로 뻗어나가는 가지도 가지고 있을 것이다. 바람은 나뭇가지를 특정 방향으로 치우치게 했을 것이고, 태양이 그리는 호와 이웃 나무와의 상대적인 위치 때문에 나무는 어느 한쪽이 더 튼튼할 것이다. 실제 나무를 이해하기 위해서는 나무의 생리와 환경이 어떻게 충돌하는지를 봐야 한다.

28살에 맨해튼에 온 첫 주에 나는 미국 자연사박물관을 방문했다. 아무래도 찰스 다윈의 익숙한 얼굴을 보고 이끌려 갔던 것 같다. 박물관에서는 그의 삶을 탄생부터 죽음까지 따라가는 전시회를 열고 있었다. 전시회 관람 경로는 시간순이었다. 한 걸음 앞으로 갈 때마다 관람객은 다윈의 삶에서 한두 해를 지나가게 된다. 비범한 소년 시절의 수집품, 이어서 이리저리 오가는 다양한 교육에 관한 내용이 나오다가 마침내 모든 이야기가 달려 있는 편지가 나타났다. 선장의 동반자이자 박물학자로 비글 호에 탑승해 달라는 뜻밖의 초대장이었다.

수수한 배 모형 옆에는 엄청난 항해를 나타낸 지도가 있었는데, 놀랍게도, 전설적인 갈라파고스 제도 여행이 4년 반이 걸린 전체 항해 중에서 불과 5주만을 차지한다는 사실을 알 수 있었다. 이 여행에서 얻은 표본과 그림으로 가득한 상자를 지닌 채 다윈은 정착해 자리를 잡고자 하는 청년으로 영국에 돌아왔다. 그리고 거기에는 『종의 변환』 시리즈의 공책B가 들어있는 유리장이 있었다.

연도가 1837~1838년을 표시된 가죽 장정 수첩은 펼쳐져 있었다. 맨 위에는 "내 생각에는…"이 적혀 있었고, 그 아래에는 다윈이 시간의 흐름에 따라 종이 어떻게 갈라졌을지를 나타내려고 시험 삼아 그린 그림이 있었다.

그림 9.1 다윈의 공책B: 『종의 변환』이 담긴 36쪽이 펼쳐진 채로 유명한 '내 생각에는…' 스케치가 보인다.
출처 : 마리오 타마/게티 이미지

나는 이후 이 그림이 유명하다는 사실을 알게 되었지만, 그때는 처음 보는 것이었다. 나는 그 앞에 한동안 서 있었다. 어쩌면 런던을 떠나 뉴욕으로 오고 싶어했던 사람이 빅토리아 시대 영국의 물건 앞에서 충격을 받으며 서 있었다는 데는 근본적인 아이러니가 있었을지도 모른다. 하지만 나는 그곳에서 종이 한 장에 시선이 꽂힌 채 아주 단순한 그림과 이리저리 휘갈겨 놓아 거의 알아보기 어려운 다윈의 글씨를 보며 다윈이 그린 것의 의미를 탐구하고 있었다. 여기 새로운 곳으로 여행하는 지성의 물리적인 현현顯現, 그 페이지에서 튀어나온 그 몇 줄을 그리면서 느꼈을 게 분명한 즐거움이 있었다.[1)]

공책B가 쓰여진 지 20년 뒤 『종의 기원』이 출간되었을 때 거기에는 그림이 단 하나만 실려 있었다. 그 스케치를 공들여 그린 그림이다. 펼쳐서 볼 수 있는 만든 페이지 — 2장에서 언급했던 — 에서 다윈은 가상의 종을 이용해 시간이 흐르면서 종이 어떻게 변하는지에 관한 자신의 생각을 그렸다. 이 책에서 어떤 특정 가계도의 세부 내용은 중요하지 않았다. 다윈은 진화가 일어났다는 사실을 확실히 하고, 그 이유를 설명할 수 있는 가능한 원리를 제안하고자 했다. 일단 이런 목표를 달성한 뒤 『종의 기원』은 명백한 과제를 설정했다. 만약 모든 생명체가 서로 관련되어 있다면, 그 관계의 역사를 단 하나의 가계도 위에 나타낼 수 있다는 것이다.

지난 150년 동안 과학은 불확실하지만 이 거대한 생명의 나무 하나를 그리고 또 그려왔다. 현대의 그림에는 여러분이 한 번도 들어보지 못했을 수많은 단세포 유기체가 있으며, 익숙한 다세포 생명체는 아주 조그만 가지 위에만 있다. 여기서 우리가 관심을 갖고 있는 건 그중 아주 가느다란 가지 하나 — 포유류 혈통의 분기점이 있는 — 일 뿐이다. 그 가지는

1) 이 이른바 '내 생각에는…' 스케치가 다윈이 그린 첫 번째 분기표는 아니었다. 하지만 이전의 것들은 정교함이 떨어졌고, 주석이 부족했으며, 어느 것도 그렇게 시적이고/매력적이고/겸손한 서장이 없었다.

약 3억 1,000만 년 전에 큰 줄기에서 갈라져 나왔다.

이것은 다윈 자신도 사적으로 고심했던 문제였다. 한 공책에서 찢은 종이 한 장 — 아마 1850년대 초에 썼을 — 에는 포유류의 선이 '유대류와 태반류의 부모'로부터 뻗어 나오고 있는 그림이 있으며, 이 두 집단 사이에 '중간 형태가 없다'는 점을 강조한 메모가 적혀 있다. 1860년대에는 『종의 기원』이 나오고 1년이 되지 않았을 때 다윈이 이스트본에서 가족 휴가를 보내다가 친구인 찰스 라이엘Charles Lyell에게 편지를 보내 이 나무에 관해 논의했다. 다윈은 이 지질학자에게 포유류의 단일 기원을 받아들이라고 하면서, "포유류의 내부와 외부, 전체를 보면 내가 왜 모두 한 조상으로부터 유래했다고 그렇게 강력하게 생각하는지 알 수 있을 겁니다."라고 말했다.

하지만 곧 다윈은 라이엘에게 두 가지 계통도 대안을 제시하고 서로 비교해 보라고 했다. 가장 큰 차이점은 나무의 뿌리에 있었다. 다윈은 모든 포유류가 고대의 '저발달'한 유대류 집단에서 나왔는지 또는 유대류와 태반류가 '진정한 유대류도 아니고 진정한 태반류도 아닌 포유류'에서 유래했는지을 알고 싶었다. 둘 다 그럴듯해 보였다. 따라서 이 편지에서 다윈은 지금도 진행 중인 계통분류학의 문제를 선점한 셈이다. 서로 다른 역사의 가능성 사이에서 무엇으로 정할 것인가.

나무를 계통발생의 은유로 사용한다면, 새싹이나 잎은 살아있는 종에 가깝다. 반면 단단한 선은 사라진 조상을 나타낸다.[2)] 새싹, 즉 살아있는 종은 지금 우리가 볼 수 있다. 그런 종을 계통적으로 분류하기 위해 우리는 유사성을 근거로 종들이 서로 얼마나 가까운 관계일지를 추측한다. 침팬지와 인간은 분명히 가까운 친척이지만, 침팬지와 보노보는 더욱 가깝기 때문에 좀 더 최근의 공통 조상을 공유해야 한다.

그러면 우리는 살아있는 동물로부터 오래전에 사라진 공통 조상의 성질을 추측할 수 있다. 사자와 호랑이, 고양이라고 하면 우리는 뭔가 고양이 비슷한 동물을 떠올리겠지만, 이들과 늑대의 마지막 공통 조상은 어떤 모습이었을까? 오래전에 죽은 이런 동물에 관해 우리가 진정으로 알 수 있는 건 바위 속에 화석으로 남게 된 극소수에 관한 것뿐이다. 1945년 조지 게이로드 심슨George Gaylord Simpson은 "화석은 계통발생학 전체의 관점에서 볼 때 순전히 우연에 불과한 어느 한 시기의 결과만으로 역사를 연구해야 하는 한계에서 벗어나게 해주는 문서"라고 썼다.

『분류의 원리와 포유류의 분류』에서 심슨은 현존하는 유형 사이의 "상당한 간극" 때문에 지금이 포유류의 관계를 연구하기에 "최악의 시기"라고 생각한다고 말했다. 화석은 그런 차이를 메워주어야 하며, 때로는 놀라운 일을 해내기도 한다. 라틴어로 '걸어다니는 고래'를 뜻하는 암블로세투스는 그런 발견 중 하나다. 오늘날 일련의 화석이 지상의 네발

2) 다윈의 또 다른 공책을 보면 다윈은 아래쪽 가지가 죽어 있는 산호가 좀 더 나은 상징이 될지를 고민했다.

짐승이 우아한 바다 생물로 변하는 과정을 잘 보여주면서, 고래가 하마와 소의 가까운 친척이라는 주장을 받아들이는 게 훨씬 쉬워졌다.

서장에서 말했듯, 포유류의 계통발생은 세 부분으로 나눌 수 있다. 첫째, 포유류 전 시기다. 3억 1,000만 년 전 포유류와 파충류의 공통조상 등장에 이은 1억 년 동안이다. 이 시기에 남아있는 뼈의 형태 변화를 추적하면 파충류와 비슷했던 출발점에서 포유류가 어떻게 나타났는지 알 수 있다. 우리는 다양한 부위의 뼈를 가지고 각각이 어떻게 변했는지 살펴볼 수 있다. 그러다 보면 2억 2,100만 년 전 태어난 최초의 진정한 포유류에 이른다.

두 번째 시기는 포유류의 탄생부터 운석이 지구에 충돌해 공룡의 시대를 끝낸 6,600만 년 전까지다. 포유류는 공룡과 거의 동시에 생겨났다는 명백한 불운을 겪었으며, 존재하는 동안 거대한 도마뱀이 지구의 지배적인 동물이었다는 데는 의심의 여지가 없다. 전체 역사의 처음 3분의 2가 지나는 동안 포유류는 동물계의 하층민이었다. 그러나 최근에 발견된 화석은 포유류가 아주 간신히 살아가던 한정적인 동물이었다는 오래된 개념을 뒤엎었다.

세 번째이자 마지막은 공룡 이후 시기다. 하늘에서 날아온 바위가 지구를 때린 뒤에 깨어난 포유류는 완전히 새로운 세상을 살게 되었다. 포유류의 미친 듯한 번성과 다양화를 목격할 수 있고, 포유류라는 존재의 가능성을 탐구하는 세상을. 그리고 지금에 이르러 포유류의 한 종이 자신과 가장 가까운 친척을 포함해 5,000여 종의 가계도를 그리려고 노력하고 있다.

처음 둘은 거의 석화된 뼈의 모양만 가지고 하는 이야기다. 세 번째는 화석으로 시작하지만, 현존하는 포유류 사이의 관계를 해독하는 데 사용할 수 있는 자료가 훨씬 더 많다. 1945년 심슨은 "형태학적 자료와 고생물학적 자료(마찬가지로 대량이지만 전적으로 형태학적은 아닌)는 지금까지, 그리고 (몇몇 다른 분야에서 전혀 알려지지 않은 데다가 매우 가능성이 희박한 성과를 제외하면) 앞으로도 항상 계통발생학 연구의 주요 기반이 될 것"이라는 견해를 내비쳤다.

그러나 심슨은 네 가지 다른 자료 — 유전학, 생리학, 발생학, 지리학 — 역시 역할이 있다고 덧붙였다. 후자에 관해서는 "공통의 지리적 기원을 갖지 않는 동물이 공통 조상을 가질 수 없는 건 분명하다."라고 환기했다. 동물이 살며 화석이 발견되는 장소는 중요하다. 근접한 지역에서 발견되는 두 비슷한 종은 서로 지구 반대편에 있는 두 종보다 가까운 관계일 가능성이 훨씬 높다. 심슨은 이렇게 썼다. "어떤 분류자는 계통발생에 지리가 유용하다는 점을 부인하지만… 우리는 그 주장을 진지하게 받아들일 필요가 없다."

우리는 이 말이 얼마나 대단한 선견지명이었는지를 곧 알게 되겠지만, 1945년에는 불가능해 보였던 예상치 못한 어떤 일이 다른 분야에서 일어나며 많은 변화가 생겼다. 3장에서 보았듯이, DNA 염기서열 분석이 역사적인 관계를 추적할 수단을 제공했던 것이다.

최초의 진정한 포유류를 향해

나는 가장 널리 쓰이는 포유류의 정의를 택했다. 포유류에게는 치골-측두골 턱 관절을 형성하는 치골이 한 개 있다는 정의다. 다른 양막류는 서로 다른 뼈 두 개가 턱 관절을 이룬다. 솔직히 말해 뼈와 화석은 어려운 주제다. 조금 더 쉽게 풀자면, 이는 사실상 포유류의 아래턱이 아래쪽 이를 모두 붙잡아 놓고 있으며 보통 다른 머리뼈와 융합되어 있는 측두골, 즉 머리뼈와 직접 관절을 형성하고 있는 뼈 하나 — 양쪽에서 반복되는 치골 — 로 이루어져 있다는 뜻이다. 이 결합은 우리의 턱뼈 관절을 형성한다. 인간의 경우 그건 우리 귀 바로 앞에 있다.

생소한 이름뿐만 아니라 어쩔 수 없이 죽음을 떠올리게 된다는 점에서 나는 항상 뼈를 멀리해 왔던 것 같다. 해부학 교실에 걸려 있는 해골은 마치 삶의 안티테제인 것만 같다. 안 그런가? 삶이라는 역동적인 과정과 뼈의 연관성은 항상 약하게 느껴졌다. 흥미로운 일이 벌어지는 곳을 둘러싼 수동적인 받침대 정도라고나 할까.

지금이라고 해서 뼈 애호가가 되었다는 건 아니지만, 전보다는 확실히 좋아한다. 다시 턱뼈를 살펴보자. 정말로 턱뼈는 흔히 화석화되는 해부학계의 랜드마크와 같아 고생물학자가 화석이 포유류인지, 포유류 전 단계인지, 아니면 포유류가 아닌지 분류할 수 있게 해준다. 턱뼈는 정말 중요하기도 하다. 치골-측두골 턱 관절은 포유류가 정교한 씹기 동작을 할 수 있는 강한 턱을 가질 수 있게 해주었다.

포유류는 온혈동물이 되면서 점점 더 막대한 에너지가 필요해졌다. 포유류는 크기가 같은 파충류의 10배 정도를 먹어야 한다. 따라서 그런 생활 양식을 지탱하려면 먹이에서 칼로리를 가능한 한 빠르고 효율적이고 완전히 끄집어내야 했다. 그 작업의 시작은 씹기다. 이 행위는 포유류 생리의 기본이다. 포유류 또는 포유류 원형의 턱뼈 화석은 무미건조한 분류학적 표지에 그치지 않고 그 동물이 먹이를 얼마나 잘 씹었는지, 칼로리를 얼마나 효율적으로 흡수했는지, 에너지를 빨리 끄집어내는 게 얼마나 절실히 필요했는지를 알 수 있다.

내가 뉴욕의 공책B 앞에서 느꼈던 전율 — 180년 전에 불타올랐던 창조성을 이해했던 느낌 — 은 훈련받은 눈이 화석으로부터 찾아낼 수 있는 것과 비슷하다. 충분히 이해할 수 있다면, 뼈와 이빨 조각은 살아있는 동물을 불러올 수 있다. 온혈동물인지 냉혈동물인지, 식충동물인지 초식동물인지, 나무를 타는지 굴을 파는지 등을 모두 남아있는 몸의 단단한 부분으로 알아낼 수 있다. 뼈는 수동적인 받침대가 아니다. 뼈 역시 소유자의 삶에 영향을 끼치고 또 영향을 받는다.

포유류의 여명으로 이어지는 1억 년을 바라볼 때의 목표는 다양한 관절을 형성하는 뼈의 이름을 건조하게 논의하는 것이 아니라, 이런 뼈를 가진 동물에 관해 알아내는 것이다. 살아있는 동물에게 팔다리 관절의 변화는 무엇을 의미할까? 갈비뼈의 재배치는 무엇을 알려줄까?

이 시기에 살았던 포유류 원형을 평생 연구했던 옥스퍼드의 고생물학자 톰 켐프Tom Kemp는 저서 『포유류의 기원과 진화』에서 이들을 연속적인 '등급'으로 배열했다. 첫 번째 등급은 같은 시기에 살았던 파충류 조상과 거의 분간이 되지 않지만, 각 세대는 점점 포유류와 비슷해진다. 가장 크게 보면, 포유류 전 단계는 세 가지 주요 계층으로 나눌 수 있다(하지만 켐프는 10등급까지 정의하는 게 가능하다고 생각한다). 간단히 말해 처음은 반룡류고, 그 다음이 수궁류와 견치류다. 견치류와 진정한 포유류 사이의 흐릿한 영역에 포유형류가 있다.

이런 연속적인 등급을 이해하기 위해 알아야 하는 건 우리가 파충류를 닮은 출발점에서 포유류라는 운명으로 전진하는 단 하나의 가느다란 혈통에 관해 이야기하는 게 아니라는 점이다. 2장에서 언급했듯, 각각의 등급은 '방산'이라는 현상과 관련이 있다(그림 3.2 참조). 반룡류나 수궁류에 관해 이야기할 때 우리는 오늘날의 포유류처럼 다양한 핵심 특징을 공유하며, 다양한 형태 — 크거나 작거나 초식이거나 육식이거나 식충이거나 잡식이거나 — 를 갖는 동물들을 말하는 것이다. 흥미롭게도 켐프는 화석이 각각의 새로운 등급이 근본적인 전진을 이룬 작은 육식동물로부터 시작했다는 사실을 시사한다고 보았다. 매번 한 점으로부터 다양한 동물이 방산했고, 이어지는 방산이 결국 앞선 방산을 대체했다. 포유류의 생리를 향한 진전이 새로운 유형의 동물이 앞선 유형을 경쟁에서 이길 수 있게 해주었다는 뜻이다.

이런 고대의 뼈를 나누어 우리는 앞에서 뒤로 — 이빨에서 턱을 지나 두개골의 나머지 부분으로 — 이동하며 살펴볼 것이다. 머리 이후에는 척추와 사지, 갈비뼈에 초점을 맞출 것이다. 이 모든 뼈는 앞으로 존재하게 될 유형의 동물에 관해 아주 명확한 사실을 알려줄 수 있는 방식으로 진화했다.

이빨

이빨은 포유류 고생물학에서 아주 중요하다. 일단 포유류의 이빨은 놀라울 정도로 내구성이 좋다. 이빨의 에나멜 코팅은 포유류의 몸에서 가장 단단하고 광물화된 물질이다. 따라서 가장 흔히 화석이 되며, 고대 포유류의 몸에서 가장 잘 보존되는 부분이다. 둘째, 이빨에는 정보가 대단히 많다. 전문가는 이빨 하나만 봐도 그 포유류가 무엇을 먹었는지 알 수 있다. 그러므로 일반적인 생활 방식을 파악할 수 있고, 그 포유류가 얼마나 컸는지도 짐작할 수 있다.[3)]

마지막으로, 그리고 더욱 근본적으로, 포유류의 치열은 다른 어떤 동물 집단보다 다양해 입이 단순한 사냥 도구에서 그치지 않고 소화 과정에 필수적인 역할을 하게 한다.

동물 생활에서 이빨이 얼마나 중요한지를 직관적으로 이해하는 현대인이 얼마나 있을지 난 모르겠다. 우리는 이빨이나 입을 사용해 바깥세상과 상호작용하는 일이 거의 없다. 이빨로 먹이를 얻는 일도 매우 드물다. 우리는 손이 있고, 식기가 있다. 그러나 다른 동물이 거의 모두 입으로 먹이를 처음 — 보통은 끝까지 입으로만 — 건드린다는 사실을 생각

---

3) 때때로 나는 사람들의 이론 추론이 너무 나간 게 아닌지 의문을 갖곤 했다. 여러분은 때때로, 가령 1억 5,000만 년 전에 살았던 포유류에 관한 상당히 상세한 묘사를 접하게 될 것이다. 그리고 마지막에 가서는 이것이 단지 어금니 조각 하나로 알아낸 사실이라는 것을 알게 된다. 그런 외삽은 고생물학에서 표준적인 방법으로 보인다. 그 기원은 1798년 조르주 퀴비에Georges Cuvier가 이빨의 구조는 동물의 다른 모든 기관과 관련이 있고 그 이빨 하나로 동물 전체를 재구성할 수 있다고 주장한 내용 같다.

해 보라. 물론 몇몇 영장류는 손을 사용하고, 일부 새와 육식동물은 발톱이나 집게발로 사냥한다. 하지만 대부분 입과 이빨이 먹이를 얻는 주요 수단이 된다.

그러고 보니 고백할 게 하나 있다. 위의 생각을 처음 했을 때 결국 나는 오렌지 하나를 까서 하나씩 쪼갠 뒤 접시 위에 올려놓았다. 내 민첩한 손가락이 필요한 의미 있는 과정이다. 그러고 나서 손을 대지 않은 채 한 개를 먹었다. 얼굴을 들이대는데 나 자신을 매우 강하게 의식하게 되었다. 그리고 내 입이 접시에 가까이 가자 '이건 말도 안 돼!'라는 생각이 들었다. 하지만 내가 실제로 이빨로 오렌지를 물자 갑자기 흥미로워졌다. 그때 일어난 일은 이렇다. 나는 앞니 — 삽처럼 생긴 이빨로 음식을 모으고 베는 역할을 한다 — 로 오렌지를 집어들었다. 그리고 오렌지 조각을 내 입 뒤쪽으로 보내서 내 어금니의 정교한 윗부분으로 갈고 자르며 씹었다. 그동안 오렌지는 내 침 속의 소화 효소와 섞였다. 때로는 오렌지가 앞쪽으로 튀어와 다시 내 앞니에 잘렸다. 시간이 좀 지난 뒤에야 오렌지는 삼킬 수 있는 상태가 되었다. 오렌지 조각은 활동성이 없는 편이라 송곳니로 재빨리 찔러서 움직이지 못하게 할 필요는 없었다(기능이 제한적인 내 것과 달리 고양이와 개, 육식 포유류, 그리고 흡혈귀의 송곳니는 앞니 옆에 길쭉하게 튀어나와 있다). 나는 같은 방식으로 두 번째 조각을 먹으며 이 과정이 얼마나 자연스럽고 효율적인지를 생각하며 즐거워했다.

이런 분업은 포유류의 이빨을 이해하는 데 핵심적이다. 이 세 가지 주요 유형 — 앞니와 송곳니, 볼 이빨(어금니와 작은 어금니로 나뉜다) — 은 각각 다른 목적을 가지고 있다. 어금니와 작은 어금니는 특히 정교하다.

이것들을 가지고 포유류는 단순히 물기만 했던 조상의 이빨에 광범위한 씹기 기능을 추가했다.

어떤 물고기는 입 전체와 목구멍에 수천 개의 이빨이 있다. 양서류의 이빨은 그보다 적지만 여전히 많고, 파충류는 훨씬 더 적다. 그리고 이렇게 일반적인 수준에서 이야기하면, 포유류가 가장 적다. 수가 줄어들면서 그와 함께 이빨은 점차 상보적인 두 구조인 상악과 하악에만 나게 되었다. 일반적으로 파충류 이빨은 말뚝 같은 똑같은 구조가 반복되며, 비슷한 이빨이 많이 나는 이런 패턴은 최초의 육상 양막류에게 있었던 것이다.[4)]

포유류 전 단계의 혈통을 따라 진행하려면 등에 돛이 달린 디메트로돈 — 2억 9,500만 년 전에서 2억 7,000만 년 전에 살았으며 흔히 공룡으로 오인받는 반룡류 — 이 좋은 출발점이다. 실마리는 이름에 있다. '디메트로[dimetro-]'는 '두 가지 방법'이라는 뜻이고, '돈[-don]'은 '이빨'을 나타낸다. 그러나 이들의 치열을 보면 실제로는 트라이메트로돈이라고 이름을 붙였어야 했다는 생각이 든다. 커다란 앞니 같은 이빨에 그 옆에는 찌를 수 있게 튀어나온 송곳니가 있고, 그 뒤에는 또 다른 유형의 날카롭고 구부러진 톱니 같은 이빨이 있었다. 각각의 이빨은 먹이를 붙잡고 무력화해 꼼짝 못 하게 했을 것이다. 등에 돛 달린 또 다른 반룡류 한 종은 질긴 식

---

4) 이것은 포유류가 아닌 생물에 관한 희화적인 일반화이긴 하다. 3억 년이 넘는 세월 동안 현존하는 몇몇 도마뱀을 비롯해 일부 파충류 혈통에서는 이빨이 한 종류가 넘는 입이 진화했다. 그러나 새는 이빨이 완전히 사라진 대신 모래주머니가 진화했다. 모래주머니는 위에 붙은 근육질 기관으로 모래가 들어있어 음식을 갈아서 넘긴다. 이것은 매우 효율적이다. 이빨은 소화를 촉진하는 한 가지 방법일 뿐이다.

물을 으깨는 데 훨씬 뛰어난 말뚝 같은 작은 이빨이 있었다. 따라서 그건 거의 확실히 초식동물이었을 것이다.

진정한 포유류에 점차 가까워지는 동물들의 치열을 면밀하게 조사하면 이빨 사이의 분업이 점점 뚜렷해진다는 사실을 알 수 있다. 다음 등급인 수궁류에서는 세 가지 유형의 이빨 사이의 차이점이 더욱 두드러지며, 초기 견치류의 치열은 포유류로 인식할 정도다. 구체적으로 송곳니 뒤쪽, 특히 가장 뒤쪽에 있는 이빨 — 어금니의 원형 — 이 훨씬 더 복잡해졌다. 이 이빨은 위쪽에 주요 교두[5]가 하나 있고, 그 주변에 보조적인 교두가 있는 식으로 진화했다. 2억 5,500만 년 전에 살았던 동물들의 입속을 들여다보면 이런 볼 이빨이 먹이를 주무르는 주요 장소가 된 것으로 보인다.

아마 많은 수궁류는 현재의 많은 식충 포유류처럼 앞니로 곤충을 잡았을 것이다(오렌지 조각을 집는 것보다 훨씬 더 까다로운 작업이다). 곤충은 훌륭한 영양원이지만, 좋은 부분은 단단한 외골격 안에 있다. 부수고 으깨는 뒤쪽 이빨의 진화는 이 바삭바삭한 껍질을 깨뜨려 안쪽의 내용물을 꺼내는 데 도움이 되었을 것이다.

견치류는 교두가 있는 볼 이빨이 오늘날의 포유류처럼 완벽하게 맞물리지 않았지만, 점차 그렇게 되어가고 있었다. 앞쪽 이로 물든 뒤쪽 이로 씹든지 간에 이런 맞물림 — 교합이라 부른다 — 은 중요하다. 아칸사스 대학교의 이빨 전문가 피터 웅가Peter Ungar는 "칼날이 맞물리지 않는 가위

5) 치아의 씹는 면에 울퉁불퉁하게 솟은 부분 - 역자

로 자른다고 상상해 보라."라고 썼다. 베어 물기 위해서든 씹기 위해서든 윗니와 아랫니의 정확한 정렬은 필수적이었다.

포유형류에서는 턱이 진화했을 뿐만 아니라 이빨 교체 횟수가 줄어들면서 교합이 더 쉬워졌다. 포유류 혈통이 젖니와 영구치만 갖게 되자 평생 동반자가 될 윗니와 아랫니가 동시에 발달하면서 서로 완벽하게 맞물리게 되었다.

이빨 화석을 연구하는 사람들은 먹을 때 이빨이 서로 어떻게 움직였는지를 알아내기 위해 표면의 긁힌 자국을 매우 면밀하게 조사한다. 이런 흔적에서 알 수 있는 건 이빨을 따로 떼어놓고 이야기하는 건 전혀 좋지 않다는 사실이다. 먹이를 모아 재빨리 조각낼 수 있으려면 이빨은 이빨을 적절히 사용할 수 있는 턱 안에 있어야 했다.

턱

관자놀이에 손가락을 지그시 갖다 대고 이를 악물면 근육이 수축하는 것을 느낄 수 있다. 이번에는 손가락을 귀 아래쪽으로 내려서 똑같이 해보자. 또 다른 큰 근육이 수축하는 것을 느낄 수 있다. 이 두 근육은 함께 현대 포유류의 아주 정교한 턱 움직임을 가능하게 해준다. 두 근육은 서로 다른 방향으로 잡아당기기 때문에 우리는 입을 벌리고 다물 수 있을 뿐만 아니라 아래턱을 양옆으로 움직일 수 있다. 후자의 움직임은 포유류 씹기의 핵심으로, 진화하는 데 1억 년이 걸렸다.

반룡류의 아래턱은 앞에서 뒤로 이어지는 세 개의 뼈로 이루어져 있다. 턱 안쪽에 근육 하나, 바깥쪽에 근육 하나가 있어서 아래턱은 위아래로만 움직였다. 이 두 근육은 두개골의 부착점에서 아래턱의 맨 뒤쪽으로 이어졌다. 무는 힘이 별로 강하지 않았다는 뜻이다. 젓가락을 든 모습을 상상해 보라. 이 두 근육이 턱을 움직이듯 맨 끝을 잡고 젓가락질을 하면 젓가락으로 음식을 잡는 힘은 세질 수 없다. 하지만 중간쯤을 잡으면, 끄트머리를 훨씬 더 세게 눌러 음식을 잡을 수 있다.

반룡류–수궁류–견치류로 이어지는 경향을 보면 처음에는 무는 힘이 강해지고, 그다음에 더욱 세밀한 움직임이 가능해진다. 턱 바깥쪽의 근육은 확장하면서 아래턱을 둘러싸는 새총과 비슷해졌다. 그렇게 해서 끄트머리만 잡고 하는 젓가락질에서 가운데를 잡는 젓가락질로 바뀌었다. 가장 큰 아래턱뼈인 치골에서는 먼저 근육이 더 잘 붙을 수 있도록 돌출부가 발달했고, 이어서 전체적으로 커졌다. 턱 바깥쪽으로 이어지는 두 번째 근육들이 형성되기 시작했다. 관자놀이를 만질 때 느껴지는 근육은 원래부터 있었지만, 아래쪽의 씹는 근육, 즉 '저작근'은 포유류가 이룬 혁신이다. 수궁류에서 처음 나타났고, 견치류에 이르러 기능적으로 중요해졌다.

치골과 거기 붙어 있는 근육이 커지자 더 강하게 물 수 있게 되었다. 그리고 턱의 모양이 달라지면서 힘을 받는 곳이 턱 관절에서 멀어져 그 힘이 더욱 유용한 이빨을 통해 더 강한 힘을 낼 수 있게 되었다는 점도 중요하다. 그러니까 원시 포유류가 더 진화할수록, 더욱 물러서는 안 되게 되었다.

저작근의 점진적인 진화는 먼저 턱을 안정화하는 데 도움이 되었고, 이후 더 변하면서 턱의 옆쪽 움직임을 정교하게 제어할 수 있게 해 새로

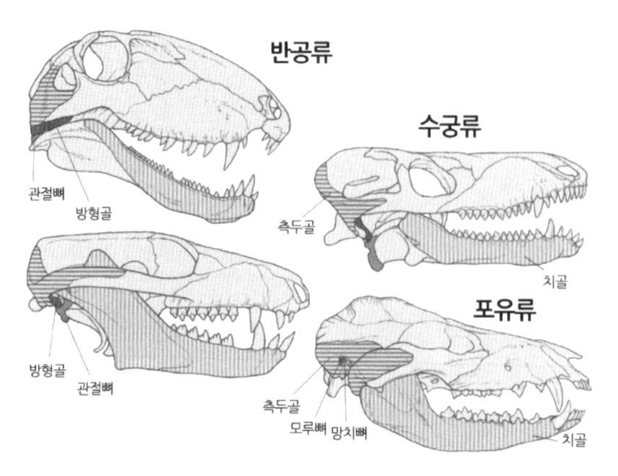

그림 9.2 진정한 포유류의 출현은 새로운 턱 관절의 진화와 관련이 있다.

운 씹기 방법을 가능하게 했다. 견치류의 갈수록 정교해지는 볼 이빨의 강력하면서도 섬세한 움직임은 무엇을 먹든 칼로리를 뽑아내는 데 훨씬 더 효율적인 입을 만들어 주었다.

완전히 포유류에 이르려면 다시 치골 이야기를 하지 않을 수 없다. 결국 턱 관절의 일부가 되는 이 뼈는 포유류를 정의한다. 치골은 언제나 아래턱에서 이빨을 고정하는 주요 뼈였다. 하지만 처음에는 턱에 있는 수많은 뼈 중 하나로, 앞쪽에 있는 비교적 가느다란 뼈에 불과했다. 원시 포유류 혈통이 진화하고 치골에 더 많은 근육이 붙으면서 이 뼈는 점점 더 깊어지며 뒤쪽으로 늘어나기 시작했다(그림 9.2 참조). 그 결과 턱 관절 뒤에 있는 뼈들 — 그중 하나는 턱 관절을 형성한다 — 은 계속해서 작아졌다. 새로운 근육의 방향이 턱 관절에 부담이 덜 가게 하기 때문이다. 턱 관절의 중요성이 떨어지면서 결국 치골은 직접 두개골과 결합해 포유류 고유의 턱 관절을 형성했다.

턱 관절의 상실과 그 상실을 치골이 또 다른 두개골인 측두골과 만나서 대체했다는 사실은 오랜 기간 동안 있을 법하지 않은 변형으로 여겨졌다. 우리 조상의 턱 관절에 점점 더 작은 힘이 작용했다는 사실을 이해하면 역학적인 중요성의 감소와 변화의 가능성을 설명하는 데 도움이 된다. 1970년에 아르헨티나에서 발견된 프로바이노그나투스 화석은 지금까지 발굴된 중간형태 화석 중 가장 우아함을 자랑한다. 두 개의 턱 관절이 나란히 놓여 있는 이 견치류 화석은 더 고대의 파충류 화석 옆에 자리하고 있다.

새로운 관절은 더 큰 동작 범위를 허락하며 양옆으로 씹는 데 필요한 근력의 새로운 중심점을 제공했을 것이다. 그러나 또 다른 선택압이 그 진화를 촉진하는 데 도움이 되었을지도 모른다. 관절이 형성된 뒤 치골 뒤의 작은 턱뼈들은 포유류 중이middle ear의 일부로 아주 놀라운 두 번째 경력을 즐기기 위해 떠났다. 이 이야기는 11장에서 할 것이다. 하지만 이 뼈들의 진동은 이들이 턱을 떠나기 전에도 청력에 기여했을 수 있다. 그러면 턱의 재구성과 귀의 진화는 더 나아진 씹기 활동 그리고 더 뛰어난, 특히 높은 주파수에서 예리한 청력을 위한 선택과 밀접하게 연관되어 함께 형태적 변화를 일으킨 것이다.

코

코 쪽으로 오면 주목해야 할 마지막 구강의 혁신이 있다. 여러분과 나, 그리고 현존하는 다른 모든 포유류는 비강과 입이 별개의 공간으로, 맨 뒤쪽에서만 만난다. 각각은 숨을 쉴 수 있지만, 코는 냄새를 맡고 입은 먹는다. 그러나 처음에는 이렇지 않았다. 한때는 공간이 하나뿐이었다. 대부분의 파충류에 남아있는 구조다. 포유류 조상의 경우에는 이차 입천장이 진화했다. 넓게 뚫린 건물 안에 낮은 천장을 하나 삽입하는 것과 비슷하게 위턱의 양쪽 옆에서 발달한 뼈가 늘어나 가운데서 융합하며 입과 비강을 분리한 것이다.[6)]

그러나 왜 이렇게 진화했는지는 논쟁의 대상이다. 이차 입천장에는 여러 가지의 유용한 기능이 있기 때문이다. 첫째, 위턱을 강하게 해준다. 그건 턱이 받는 힘이 증가함에 따라 이차 입천장이 진화하게 된 본래 이유였을지도 모른다. 하지만 이차 입천장은 포유류가 숨을 쉬면서 동시에 먹을 수 있게 해주기도 한다. 우리 포유류는 삼킬 때만 숨을 참으면 숨이 막히지 않고 먹을 수 있다. 이건 우리가 동시에 먹이와 산소를 삼킬 수 있기 때문에 온혈성 존재인 우리의 쌍둥이 연료가 소모되는 속도가 높아질 수 있었다는 뜻이다.

이차 입천장은 젖을 빠는 데도 중요하다. 덕분에 새끼 포유류는 어미의 젖꼭지 주변에 진공을 형성해 젖을 빨아들일 수 있다. 이차 입천장이 없어도 가능하지만, 진공 시스템을 사용해 먹으면서 동시에 숨을 쉬려면 분명히 이차 입천장이 필요하다.

이차 입천장 위에 있는 비강은 — 포유류는 비강이 크다 — 냄새를 맡

---

6) 따라서 이런 다목적 공간의 구획화가 몸의 양쪽 끝에서 일어난 포유류 진화의 특징이라는 사실은 나를 놀라게 한다.

고 숨을 쉬는 역할을 한다. 그리고 포유류의 경우 이 과정은 비갑개라고 하는 주름 잡힌 뼈를 이용한다. 이 주름 잡힌 뼈는 비강의 표면적을 넓히는 역할을 한다. 냄새를 감지하는 비갑개는 공기 중의 화학물질과 결합하는 감각세포로 덮여 있다. 뼈가 더 많을수록 감각세포가 더 많고, 냄새를 더 잘 인지한다. 호흡용은 점액으로 덮여 있어 공기가 흘러가는 주요 경로에서 세포를 생산한다. 그곳에서 일종의 천연 에어컨디셔너 역할을 한다.

코를 통해 들어오는 공기는 으레 더럽고, 차갑고, 건조하다. 하지만 이 뼈 주변을 지나면서 공기는 따뜻해지고, 먼지는 점액에 달라붙고, 수분이 공기 중으로 증발한다. 이 모든 작용은 — 특히 수분 증발 기능은 — 공기가 폐에 너무 큰 충격을 주지 않게 해준다. 게다가 공기를 내뿜을 때는 앞서 들어갔던 수분이 비갑개 위에서 다시 응결해 수분을 잃어버리지 않게 해준다.

우리는 이 과정에 대해 오랜 시간 동안 인지하고 있었지만, 전통적으로 건조한 환경에서 물을 아끼기 위해 적응한 결과라고만 생각했다. 그러나 1990년대 초 오리건주립대학교의 윌렘 힐레니우스Willem Hillenius는 비갑개가 온혈을 유지하는 데 필요한 엄청난 호흡량에 대한 적응이라고 주장했다. 비갑개가 없었다면 막대한 양의 수분을 잃었을 것이다. 실제로 온혈인 조류도 정교한 비갑개를 갖고 있다. 곧이어 힐레니우스와 동료들은 비갑개가 언제 진화했는지를 알면 포유류 혈통이 언제 온혈성이 되었는지를 알 수 있다고 주장했다. 수궁류의 비갑개에 관한 이들의 초기 주장은 조금 위태로웠지만, 이어진 발견은 이 포유류의 원형이 실제로 코에 수분을 절약하는 장치를 갖고 있었다는 이론을 뒷받침하는 것으로 보인다.

뇌

코 위에는 두개골에 둘러싸인 뇌가 있다. 뇌는 12장의 주제이므로 여기서는 아주 간단하게만 언급하고 넘어가겠다. 언급할 만한 한 가지 간단한 사실은 포유류의 뇌가 크고, 진정한 포유류가 진화했을 때에야 비로소 커진 것으로 보인다는 점이다. 그에 앞서 견치류의 뇌가 조상보다 상대적으로 조금 커졌을 수 있지만 이들의 뇌는 뼈가 아니라 두개골 안의 연골 조직 안에 들어있었기 때문에 알기는 어렵다.

머리를 지나

포유류 원형의 '두개골 뒤' 부위 화석은 우리에게 크게 두 가지를 알려줄 수 있다. 첫째, 이 동물들이 어떻게 호흡했는지에 관해 중요한 시사점을 추가로 제공한다. 그리고 둘째, 이들이 어떻게 움직였는지를 알 수 있다. 포유류가 먹으면서 동시에 숨을 쉴 수 있다는 데 여러분이 얼마나 깊은 인상을 받았을지는 모르겠지만, 뛰면서 동시에 숨을 쉴 수 있도록 진화한 일도 마찬가지로 중요했다.

지느러미에서 갓 진화해 옆으로 뻗은 다리를 갖고 육지에 올라온 네발짐승은 물고기 조상으로부터 물려받은 '술취한 방식'을 이용해 달렸다. 이들의 몸은 양옆으로 파동을 그리며 다리를 앞쪽으로 휘둘렀다. 도마뱀은 여전히 이런 방식으로 달린다. 호를 그리며 움직이는 엉덩이는 보폭을 늘려준다. 그러나 이렇게 양옆으로 몸이 구부러지는 방식은 연속으로 걸을 때 왼쪽과 오른쪽 폐가 번갈아 압축된다. 이런 식으로 뛰는 동안에는 숨을 쉴 수 없다. 공기가 찌그러진 폐에서 다른 폐로 옮겨갈 뿐이다.

흥미롭게도, 이런 양옆으로 구부리는 능력은 일찌감치 없어졌다. 반룡류의 척추가 서로 결합한 방식을 보면 더 이상 옆으로 구부러질 수 없었다는 사실을 알 수 있다. 앞뒤로도(우리가 발가락을 만지려고 몸을 구부리는 것처럼) 구부러지지 않았다(이 능력은 좀 더 나중에 생겼다). 하지만 이는 이들이 새로운 방식으로, 아마도 동시에 숨을 쉴 수 있는 방식으로 움직이고 있었음을 알려준다.

이후에 포유류가 척추 하부를 앞뒤로 구부릴 수 있게 되자, 빠르면서도 위아래로 오르내리는 새로운 보행이 가능해졌다. 이렇게 달리는 것은 폐 두 개가 함께 수축했다가 함께 이완되는 과정을 통해 호흡에 도움이 되었다.

호흡에 관한 두 번째 사실은 화석이 되지 않는 포유류 고유의 특징과 관련이 있다. 오로지 포유류만 흉강 밑에 몸 전체를 가로지르는 근육질 횡격막이 있다. 이 근육막은 갈비뼈 근육과 연동해 더 강력하게 폐를 채운다. 갈비뼈가 위로 올라가면서 횡격막은 아래로 내려가 흉강을 더욱 크게 확장하고 더 강력하게 공기를 빨아들인다.

횡격막이 언제 처음 진화했는지를 직접적으로 알아낼 수는 없다. 하지만 갈비뼈에 그 실마리가 있다. 반룡류와 초기 수궁류의 갈비뼈는 골반까지 이어져 있었다. 하지만 후기 수궁류의 흉곽은 흉강 끄트머리에서 끝난다. 이들이 이 유용한 근육막을 갖고 있었음을 시사한다.

네발짐승이 움직이던 방식을 이해하려면 외발손수레를 떠올리는 게 좋다. 외발손수레의 앞바퀴가 네발짐승의 앞다리처럼 앞으로 향하는 움직임에 동력을 제공하지 않는다는 게 근본적으로 비슷한 점이다. 추력은 전부 뒷다리(또는 수레를 미는 사람)에서 나온다. 앞다리의 주요 용도는 수레와 비슷했다. 앞으로 가는 몸이 땅에 부딪히지 않게 하는 것이다.

척추에 생긴 변화 외에 포유류의 이동 방식이 진화한 주요 과정은 도마뱀처럼 옆으로 뻗어 있던 조상들의 다리 두 쌍이 몸 아래로 오게 된 과정과도 관련이 있다. 앞다리는 몸을 앞으로 인도할 수 있도록 운동성이 더 좋아졌고, 뒷다리는 이 움직임에 힘을 줄 수 있는 새로운 각도를 찾아냈다.

이를 위해서는 수많은 관절, 다리뼈, 관련 근육 조직에 많은 점진적 변화가 필요하다. 우리는 화석으로 남은 어깨, 골반, 다리로부터 동물의 움직임에 관한 역학적 추론을 아주 많이 끌어낼 수 있다. 톰 켐프는 점점 더 최근의 화석으로 옮겨오며 이 전환을 중재한 일련의 그럴듯한 현상을 재구성했다.

반룡류의 척추가 바뀌기는 했지만, 무겁고 사방으로 뻗은 다리에는 별다른 일이 일어나지 않았다. 앞다리는 육중한 견갑대에 붙어 있었고, 견갑대는 흉곽에 단단히 붙어 있었다. 뒷다리 역시 움직임이 제한적이었다. 켐프는 초기 수궁류가 "오늘날의 기준으로 보면 분명히 느리고 꼴사나웠을 것"이라 했지만, 몇몇 근본적인 변화가 일어나기 시작했다고 말한다. 앞다리는 여전히 양옆으로 뻗어 있었지만, 견갑대가 "덜 육중해" 움직임이 더 자유로웠고, 어깨 관절의 성질도 바뀌어 앞다리의 운동성이 훨씬 좋아졌다. 이런 다리가 몸을 앞으로 밀지는 못했을지 몰라도, 그 기동성은 여전히 동물의 전반적인 이동성에 중요한 기여를 했다.

그리고 뒷다리의 진화도 그에 못지않게 급진적이었다. 1978년 켐프는 자신의 '이중 보행' 가설에서 수궁류가 빨리 움직일 필요가 없었을 때는 조상처럼 네 다리를 옆으로 벌린 채 걸었을 것이라고 주장했다. 하지만 재빨리 움직여야 할 때는 무릎이 포유류 다리처럼 앞을 향하게 회전해서 빨리 뛰었다는 것이다. 오늘날 크로커다일과 이구아나에게서도 비슷한 이중성을 볼 수 있다. 똑바로 선 뒷다리와 옆으로 뻗은 앞다리는 확실히 외발수레 비유를 뒷받침해준다.

수궁류의 뒤를 잇는 견치류에서는 초반에 진행이 느리지만, 결국 뒷다리는 영구적으로 몸 아래에 똑바로 서게 되었다. 후기 견치류가 되면 앞다리 역시 그런 위치로 온다. 그리고 어깨 관절과 골반은 전부 포유류와 비슷해진다. 켐프는 "점점 가속과 방향 전환이 가능해지고 있다."고 말한다.

한 동물의 등장

이 책의 첫머리에서 나는 포유류의 다양한 속성에 관하여 책을 쓸 때 장을 배열하는 한 가지 방법이 그 속성이 진화한 순서대로 배열하는 것이라고 말했다. 위 이야기를 보면 왜 이게 결국 도움이 되지 않는지 알 수 있다. 먹기와 달리기, 호흡 메커니즘은 모두 1억 년 동안 동시에 진화했기 때문이다. 다양한 포유류적 특성들이 조금씩, 그리고 함께 그 존재감을 드러내는 것이다.

어쩌면 더 큰 시스템에 속한 서로 다른 요소의 공진화는 먹기에서 가장 분명하게 나타날지도 모른다. 복잡한 볼 이빨이 등장해 먹이를 분쇄해 넘길 수 있게 된 건 획기적인 사건으로 보이기 쉽지만, 만약 그런 이빨이 나타날 때 턱뼈와 관련 근육이 상보적으로 조정되지 않았다면 아무런 소용이 없었을 — 사실 애초에 진화하지도 않았을 — 것이다.

더 강하고 잘 움직이는 턱의 등장은 분명히 갈수록 더 많은 에너지를 요구하는 동물이 되어가던 포유류의 원형을 향한 추세의 일부였다. 음식을 더 쉽게 잡고 더 효율적으로 삼킬 수 있게 되었으며, 동물들은 씹으며 숨을 참지 않아도 되었고, 더 큰 비강은 비갑개를 통해 수분 손실을 막게 되었으며, 달리면서 숨을 쉴 수 있게 된 데에 더해 횡격막은 더 많은 공기를 들이마시고 내쉴 수 있게 하였다. 이 모든 것들이 더 빠른 대사와 더 큰 뇌를 가진 포유류로 이어지게 되는 것이다.

자세와 보행이 점차 포유류와 비슷한 등급이 되어간다는 건 그 동물이 더 빠르고 더 역동적이라는 것으로 볼 수 있다. 오랫동안 포유류의 높은 자세는 파충류의 낮은 자세에 비해 더 우월한 것으로 여겨졌지만, 파충류 움직임에 대한 더 자세한 연구는 그들이 비슷한 수준으로 빠르고 효율적이라는 것을 알려주었다. 켐프는 포유류의 다리를 만든 선택압이 파충류 역시 더욱 민첩하고 기동성이 좋도록 하여 험난한 지형에도 잘 대처할 수 있도록 만들었을 것이라 생각한다.

이 조상들에 관한 마지막 정보는 이들이 살았던 지역에 관해서다. 암석 퇴적물에는 뼈와 치아만 남아있는 게 아니다. 퇴적물이 생겨났을 때의 기후에 관한 단서도 있다. 반룡류는 판게아라고 부르는, 모든 땅이 하나로 뭉쳐 있던 초대륙의 적도 근방에 살았다. 당시 기후는 항상 따뜻하고 습해서 아직 물에서 나온 지 얼마 안 되는 — 지질학적 시간 규모에서 — 동물에게 유리했다.

그러나 수궁류는 적도에서 먼 곳에서 진화했다. 더 시원하고 계절 구분이 더 뚜렷한 곳이었다. 이들은 차갑고 건조한 공기에 저항성을 갖도록 생리가 진화했을 것이다. 역경 속에서 진화한 수궁류는 적도 지역으로 돌아가 반룡류의 뒤를 이었다.

하지만 환경이 위도와 계절에 따라서만 변하는 건 아니다. 지구의 자전에 의해서도 변하곤 한다. 사정상 초기 포유류는 또 다른 추운 틈새에서 살았던 것으로 보인다. 바로 밤이다. 초기 포유류의 생리는 비슷한 시기에 진화했던 다른 생물을 피해 어둠이라는 은신처로 피해 들어갈 수 있게 해주었다.

공룡과 걷고, 헤엄치고, 활공하고, 굴 파기

반룡류는 처음 진화한 뒤 금세 지배적인 육상 척추동물이 되었다. 마찬가지로 수궁류로 폭넓게 성공적으로 방산했다. 하지만 그러다 한 사건이 벌어졌다. 2억 5,200만 년 전 지구 역사에서 가장 무자비한 대멸종이 일어나 해양 종의 95퍼센트와 수많은 곤충, 그리고 육상 척추동물의 대략 3분의 2를 쓸어 버렸다. 페름기 말의 대멸종이 일어난 원인은 누구도 확실히 알지 못한다. 하지만 지속적으로 대량의 화산 폭발로 광범위한 화재가 발생했고, 대기와 해양의 정상적인 화학적 균형이 무너졌다. 지구온난화가 폭주하며 생태계 전체가 붕괴했다. 대재앙 이후의 화석 기록에 따르면 새로 시작된 중생대의 생물다양성이 회복하는 데 1,000만 년이 걸렸다.

몇몇 수궁류와 견치류의 생존이 점점 포유류처럼 되어가고 있던 생리 덕분인지는 불확실하다. 일부 에너지 포획 기술이 도움이 되었을지도 모른다. 흥미롭게도 멸종 이후에 살아남은 가장 흔한 양막류는 땅 속에 숨는, 돼지와 비슷한 리스트로사우르스라는 수궁류였다. 이들과 함께 어딘가에서는 공룡으로 진화하게 될 또 다른 생존자 무리도 살고 있었다. 사실 당시는 현생 도마뱀과 개구리, 거북, 크로커다일이 모두 함께 존재했던 진화적 잼보리의 현장이었다.

이제 모든 것이 달라졌다. 무엇 때문에 덕을 보았는지는 모르겠지만, 혼돈에서 나타나 지배적인 육상동물이 된 건 공룡이었다. 반룡류와 수궁류와 달리 2억 1,000만 년 전에 진화한 진정한 포유류는 마른 땅의 주요 동물이 되기까지 약 1억 4,500만 년을 기다려야 했다.

이 책의 원래 목적은 포유류를 정의하는 게 무엇이며 그게 우리가 살아가는 방식에 어떤 의미를 갖는지를 묻는 것이었지만, 내가 가끔 분위기에 휩쓸려 포유류가 다른 동물보다 우월하다고 찬양하는 듯이 이야기하는 건 인정한다. 포유류가 전체 역사의 처음 3분의 2를 공룡에 밀려 단역으로 보냈다는 사실을 떠올리면, 그게 사실이 아니라는 것을 금방 알 수 있을 것이다. 나는 여전히 포유류를 높이 평가한다. 하지만 이 세상에서 살아가는 방법이 하나가 아닌 건 분명하다.

그 1억 4,500만 년 동안 포유류는 무엇을 했을까? 아주 최근까지는 별것 없었다는 게 일반적인 견해였다. 포유류는 파충류 지배자를 피하기 위해 한밤에 곤충이나 잡아먹으면서 단순한 삶을 영위하는 존재로 여겨졌다. 다소 제한적인 화석 기록이 그런 다소 제한적인 동물 집단을 보여주었다. 하지만 지난 20여 년 사이에 이런 세계관은 흔적도 없이 사라졌다.

올바른 고대 포유류를 찾는 일은 언제나 올바른 퇴적암을 찾는 일이었다. 오랫동안 고생물학자들은 고비 사막을 뒤지며 그런 화석을 찾았다. 하지만 최근 들어 그린란드, 남아메리카, 그리고 가장 인상적으로는, 1억 6,000만 년 전쯤에 오늘날의 중국 북동부 지역에서 주기적으로 화산이 터지면서 쌓인 바위를 탐사하면서 상황이 흥미로워졌다.

그린란드와 중국의 발굴지에서는 대량의 화석이 나와 포유류가 아주 다양한 생태계의 틈새를 차지했다는 사실을 암시한다. 한 화석의 꼬리뼈는 그 동물에게 비버와 같은 꼬리가 있었음을 암시하며, 그 손에는 물갈퀴의 막이 있었고, 이빨은 물고기를 잡는 용도였다는 것을 알 수 있었다. 또 다른 화석에는 개미를 빨아들였을 긴 코가 있었다. 한 포유류 동료는 나무를 탔고, 또 다른 종은 앞다리와 뒷다리에 막이 있어 오늘날의 날다람쥐를 떠올리게 한다. 곤충이 핵심적인 먹이였던 건 분명하지만, 식성은 다양했다. 포유류학자들이 매우 좋아하는 발견 중 하나는 1억 2,500만 년쯤 전에 살았던 포유류 화석으로, 작은 공룡을 소화하는 중이었다. 오소리나 작은 개보다 컸다는 증거는 없지만, 중생대의 포유류는 오늘날 소형 포유류가 하는 일을 거의 다 하는 환상적으로 잡다한 무리였다.

최근에는 수천 개의 중생대 포유류 화석을 — 때로는 전체 골격이고, 턱과 이빨 조각은 그보다 흔하다 — 서로 비교하며 중생대의 계통도를 구성하고 당시의 포유류 진화 속도를 추측하고 있다. 옥스퍼드대학교의 로저 클로즈Roger Close가 이끄는 연구진은 1억 8,000만 년 전에서 1억 6,000만 년 전인 쥐라기 중기에 포유류에게 일어난 폭발적인 형태 변화를 보여주었다. 포유류의 몸은 공룡 시대의 말기보다 10배 빠른 속도로 변하고 있었다. 클로즈는 이렇게 말했다. "우리는 무엇이 이렇게 폭발적인 진화를 부추겼는지 모른다. 환경 변화 때문일 수도 있고 어쩌면 포유류가 다양한 서식지에서 번성하며 생태적으로 다양화할 수 있게 해준 '핵심적인 혁신' — 태생과 온혈, 털가죽 같은 — 의 '임계 질량'을 획득했기 때문일 수도 있다." 이 창조적인 시기는 마침 우리가 알고 있는 최초의 수아강 포유류, 즉 오늘날의 태반류와 유대류 포유류의 조상이 살았던 시기와 겹친다. 하지만 화석은 이 시기쯤에 서로 다른 여러 포유류 혈통이 나다났다는 사실도 알려준다. 진화가 쉼 없는 실험이라는 점은 분명하다.

수아강 포유류의 번성을 도왔던 특징 중 하나는 새로운 어금니였다. 이 '트리보스페닉 어금니'는 수아강 포유류 방산이 시작될 때 태어났다. 이 이빨의 교두는 한쪽 끝에서 자르고 반대쪽 끝에서 으깼다. 이건 치아의 걸작품이다. 트리보스페닉 어금니는 새로 진화해 쥐라기에 번성하기 시작한 현화식물의 씨앗과 열매를 먹는 데 특히 좋았을지도 모른다.

중생대의 포유류를 보여주는 자연사박물관의 모형들은 이들을 주로 공룡 사이에 숨은 약삭빠른 작은 동물로 표현한다. 이 세상은 놀랍고 오싹할 정도로 이질적이다. 한편, 6,600만 년 전 이후의 모습을 보여주는 모형은 일견 익숙하다. 기묘한 느낌은 자세히 봐야만 받을 수 있다. 코뿔소를 닮은 짐승의 머리는 이상야릇하고, 결투하는 포식자의 얼굴은 오늘날의 맹수와는 사뭇 다르며, 말은 너무 작고, 아르마딜로는 너무 크고, 유제류의 뿔은 너무 기괴하다. 이질성은 세부적인 데 있다.

각 동물들의 이런 유형은 현대의 태반류 약 5,000종은 분류하는 17개의 '목'을 나타내며, 각각은 기본적으로 특정 방식으로 살아가는 포유류 집단을 반영하고 있다. 앞니가 성장을 멈추지 않는 설치류, 날아다니는 박쥐, 영장류와 육식동물과 식충동물을 지나 천산갑, 땅돼지, 날여우원숭이만을 포함하는 가장 작은 목까지 말이다. 이제 제기할 수 있는 질문은 이 모든 집단의 조그만 선조들이 공룡 시대에 살고 있었는지, 아니면 6,600만 년 전에 멕시코 걸프 해안에 운석이 충돌해 또 다른 기후 재난을 일으켜 새로 살아남은 일부를 제외한 공룡을 끝장내 버린 뒤에야 나타났는지의 여부다.[7] KT(백악기-제3기) 경계라고 불리는 이 재난은 의심의 여지 없이 포유류 역사에서 가장 중대한 사건이다. 하지만 오늘날의 포유류를 낳은 기회주의적 창조성이 정확히 어떻게 폭발할 수 있었는지는 놀라울 만한 수수께끼로 남아있다.

산자들

다윈이 찰스 라이엘에게 오래전에 사라진 포유류 계통의 뿌리에 관해 묻는 편지가 생물학자들이 항상 여러 대안적인 역사적 시나리오 중에서 하나를 선택하게 된다는 사실을 예측했다면, 형태에 기반해 현존하는 종 사이의 관계를 체계적으로 추론하려는 최초의 시도는 이게 어느 층위에서든 문제가 된다는 점을 확인해 주었다.

최초의 계통빌생론은 싱 조지 비바르 — 맞나. 진화가 젖샘을 만들 수

7) 물론, 살아남은 조류를 제외하고 말이다.

없다고 의심했던 그 성 미바트다 — 가 발표한 것으로, 다윈에게 영감을 받아 영장류 사이의 관계를 정립하려고 했다. 처음에 미바트는 척추의 유사성과 차이를 이용해 1865년 인간을 포함한 29종의 가계도를 발표했다.

하지만 곧 미바트는 두 번째 계통발생론을 출간하게 된다. 대상은 또다시 영장류였지만, 이번에는 팔다리를 이용해 관계를 추론했고, 그 결과 나온 가계도는 처음의 것과 사뭇 달랐다.

살아있는 종을 비교해 역사를 재현하는 작업에 내재한 어려움은 시작하자마자 그대로 드러나게 되었다. 진정한 조상을 추론하는 데 더 나은 게 척추인지 팔다리인지 어떻게 결정할 수 있다는 말인가? 그리고 서로 다른 데이터세트를 어떻게 결합할 것인가? 그래서 나온 해결책은 항상 더 많은 데이터와 더 많은 분석이었다. 어느 한 형질도 — 그게 척추든 팔다리든 태반이든 — 현생 포유류라는 구렁텅이를 계통에 따라 배열하는 데는 충분하지 않았다. 누가 누구와 더 가까운 관계인지를 저울질하기 위해서는 현생종과 멸종한 종의 여러 측면 — 형태, 발생, 분포, 생리와 유전 — 이 필요하다.

특히 1945년에 심슨이 그의 기념비적인 포유류 분류법을 발표하면서 논의했듯, 수렴진화가 큰 문제였다. 유대류와 태반류는 방산하며 서로 비슷한 동물들을 만들어내었다. 예를 들어, 사일러신 — 이른바 태즈메이니안늑대(혹은 호랑이) — 은 캥거루보다 태반류 늑대와 공통적인 형질이 더 많다. 하지만 사일러신이 캥거루가 공유하는 형질은 "더 기초적이거나 중요하거나 필수적인" 것이어서 여기에 더 많은 가중치를 줄 수 있었다.

심슨이 만든 분류는 다음 반세기 동안 포유류 계통발생의 기준이 되었다. 심슨은 현생 포유류를 18목으로 나누었다. 하나는 단공류, 다른 하나는 유대류이고, 진수하강은 16개로 나뉘었다. 목은 고래류(돌고래와 고래), 영장류, 설치류, 장비류(코끼리와 멸종한 친척들)처럼 이론의 여지가 별로 없는 명백한 집단이다. 더 큰 문제는 언제나 이들 목이 서로 어떻게 연결되어 있느냐였다. 이를 위해 심슨은 크기가 고르지 않은 네 가지 진수하강 '코호트'를 만들었다. 하나는 고래류만 포함했고, 하나는 설치류와 토끼 그리고 그들의 가까운 친척을 포함했다. 우리 인간은 영장류 사촌과 함께 커다란 세 번째 집단에 들어가 있는데, 그 안에는 박쥐와 식충동물, 남아메리카의 나무늘보와 개미핥기, 아르마딜로에다가 아시아 천산갑까지 들어 있었다. 네 번째 집단에는 유제류(발굽 포유류)와 육식동물(고양이, 곰, 늑대)를 포함해 나머지 모든 동물이 들어 있었는데, 이들은 화석 발견에 따라 가까운 관계로 보였다.

1950년대부터 계통발생학은 훨씬 더 통계적이 되었다. 심슨의 분류에는 주기적으로 소소한 변화가 생겼지만, 일반적으로는 굳건했다. 마이클 노바첵Michael Novacek이 1992년 또 다른 획기적인 계통발생도를 발표했을 때 그건 심슨의 것과 크게 다르지 않았다. 이 가계도와 더불어 노바첵의 논문 —「포유류의 계통: 나무 흔들기」라는 제목이었다 — 은 가계도를 검증하거나 거기에 도전하게 위해 사람들이 신기술을 도입하는 다양한 방법도 조사했다. 몇몇 분자 연구로 기니피그가 설치류가 아니며, 유대류가 태반류에서 갈라져 나온 뒤에 유대류에서 단공류가 갈라져 나왔다는 결과가 나온 직후 노바첵은 단백질과 DNA 염기서열에 관한 연구를 상당히 모호하게 다루었다.

그러나 1997년 유전 데이터는 나무를 흔드는 수준을 넘어 아예 주요 가지를 재배치해 버렸다. 「아프리카의 고유한 포유류가 계통수를 흔들다」라는 제목의 새로운 연구가 『네이처』에 실렸는데, 이 연구는 앞서 공통 형태를 바탕으로 정립한 두 집단을 해체하고 지리를 바탕으로 새로운 집단을 만들었다.

이전에는 겉보기에 분명한 특징을 가진 코끼리와 땅돼지, 매너티, 듀공 사이에 비슷한 점이 있다고 하면, 그건 이들이 하나로 묶인다는 뜻이었다. 그리고 좀 더 최근에는 이들이 수수께끼 같은 바위너구리 — 네 다리가 짧은 토끼 몸에 다람쥐의 머리를 얹어 놓은 것처럼 생긴 작고 땅딸막한 초식동물 — 와 이어졌다. 하지만 갑자기 일행이 생겼다.

코끼리땃쥐 — 긴 코 때문에 이렇게 불릴 뿐 거대한 땃쥐는 아니다 — 는 언제나 식충동물로 분류되어 평범한 땃쥐와 고슴도치, 두더지와 함께 묶였다. 반면 황금두더지와 텐렉은 보통 설치류와 놓였다. 그러나 여러 포유류의 유전자 다섯 개의 DNA 염기서열을 광범위하게 분석한 캘리포니아대학교의 마크 스프링어Mark Springer와 그 동료들은 코끼리땃쥐와 황금두더지, 텐렉이 모두 거의 가깝다 할 정도로 코끼리와 땅돼지, 매너티, 듀공과 관련이 있다는 사실을 보였다. 이들의 연결고리는 아프리카였다.

유전 데이터에 따르면 이렇게 서로 매우 다른 포유류 집단은 하나의 조상으로부터 유래한 포유류 방산이 한 차례 있었다는 것을 나타낸다. 아프리카는 수백만 년 동안 다른 대륙과 분리되어 있었고, 이런 혈통이 진화해 생태적 틈새의 일부를 채웠다. 있을 수 있는 모든 포유류 유형이 있는 건 아니지만, 많은 건 맞다. 아프리카 집단이 다른 대륙에서 독자적으로 진화한 포유류와 아주 비슷하게 생긴 동물을 많이 만들어냈으니 유대류와 진수하강 포유류 사이에서 보이는 수렴진화를 되풀이하고 있는 셈이다.

2001년 스프링어의 연구진은 포유류의 계통발생론을 그보다 훨씬 더 광범위하게 조사했다. 그 결과는 동일한 결론에 도달한 미국 국립암연구소의 스티븐 오브라이언Stephen O'Brien 연구진의 결과와 함께 발표되었다. 대량의 유전 데이터를 조사한 결과 이 두 연구진은 네 가지 서로 다른 방산으로 포유류를 가장 잘 설명할 수 있다고 밝혔다.

1. 아프로테리아상목은 아프리카에서 기원한 집단의 새 이름이다.
2. 빈치상목은 이빨이 없는 남아메리카 나무늘보와 개미핥기, 아르마딜로를 포함한다.
3. 로라시아상목은 오늘날 북아메리카와 그린란드, 유럽, 대부분의 아시아를 포함하고 있었던 초대륙 로라시아의 이름을 땄다. 이 안에서 식충동물과, 육식동물, 유제류, 고래류, 천산갑, 박쥐 등이 진화했다. 박쥐가 영장류에서 떨어져 나왔다는 사실은 또 다른 상당히 놀라운 사실이다. 이 두 집단은 언제나 가까운 친척이라고 여겨졌다.
4. 마지막으로 우리 인간이 있는 영장상목이다. 이 방산은 영장류와 몇몇 가까운 친척, 여기에 더불어 설치류와 토끼목(토끼와 그 친척들)을 포함한다.[8)]

8) 이 책의 기원을 다시 돌아보자면, 고환은 3번 집단과 4번 집단의 줄기가 음낭이 튀어나오지 않았던 아프로테리아상목과 빈치상목으로부터 갈라져 나올 때 외부로 나온 것으로 보인다.

형태학에 비해 DNA가 유리한 점은 모호하지 않은 데이터를 대량으로 만들어낸다는 점이다. 수천 개의 염기로 이루어진 염기서열에서도 각각의 염기는 명확히 A나 C, G, T다. 그리고 종끼리 비교할 때도 모든 A, C, G, T는 개별적인 형질로 작용한다. 게다가 이런 데이터는 대부분 형태학의 몇몇 주의사항으로부터 자유롭다. 예를 들어, 유전 변화가 표현형에 영향을 끼치지 않아서 자연선택에게는 보이지 않을 수 있다. 그리고 어쩌면 더욱 중요한 이야기일지도 모르겠는데, 자연선택은 동물의 형태가 수렴하게 만들 수 있지만, 똑같은 유전 변화를 통해 그렇게 될 가능성은 거의 없다.

이 두 논문은 포유류의 계통발생을 완전히 뒤집었다. 현생 포유류의 유전자를 조사하던 중에 갑자기 앞에 지리학이 나타났는데, 이것은 충분히 이해가 가능한 일이다. 그리고 그 결과는 각자 알아서 살게 된 포유류가 어떻게 독립적으로 비슷한 형태로 수렴했는지를 다시 한번 알려주었다.

그러나 이 나무는 여전히 사람들이 머리를 긁적이게 했다. 예를 들어, 아프로테리아상목을 아프로테리아상목으로 분류할 수 있게 해줄 형태학적 표지가 단 하나도 없다. 게다가 유전학이 모든 것을 정리하지는 못했다. 아직도 불확실하게 남은 의문 하나는 네 집단이 생겨난 순서다. 로라시아상목과 영장상목은 분명히 더 큰 북부의 집단을 형성하지만, 아프로테리아상목과 빈치상목이 먼저 갈라져 나왔는지 혹은 아프로테리아상목과 빈치상목이 고유한 공통 조상을 공유하면서 나무가 둘로 갈라졌는지는 논쟁의 대상이 되고 있다(그림 9.3 참조).

게다가 로라시아상목 안에서 정확한 분기 패턴이 불투명하다. 다른

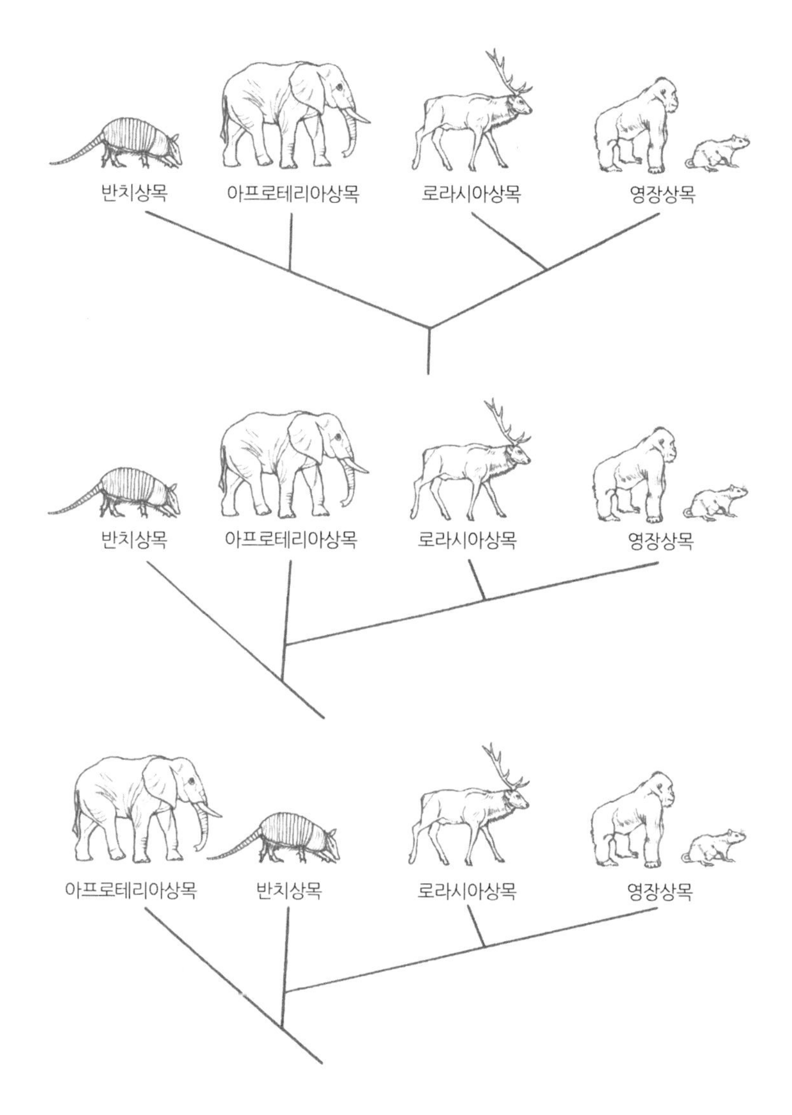

그림 9.3 태반포유류의 네 가지 주요 계통군 사이의 정확한 관계는 아직 불확실하다.

몇 가지 분기점도 그렇고, 특히 박쥐가 정확히 어디에 들어가는지가 그렇다.[9] 하지만 가장 두드러진 논쟁은 이런 주요 분기가 언제 일어났느냐는 것이다. 네 집단이 언제 기원했는지뿐만 아니라 현존하는 모든 태반류의 마지막 공통 조상이 정확히 언제 살았는지가 쟁점이다.[10]

행복한 생일

분자 연구는 보통 고생물학보다 혈통의 기원을 훨씬 앞으로 보는 경향이 있다. DNA 염기서열로 보이는 변화 속도는 — 라이너스 폴링Linus Pauling과 에밀 주커캔들Emile Zuckerkandl이 개발한 분자 시계의 — 화석이 알려주는 것보다 훨씬 더 느린 것으로 보인다.[11]

그러나 화석에는 문제가 있다. 가장 이른 시기의 박쥐 화석이 5,200만 년 된 바위에 있다고 하자. 이건 박쥐가 그때부터 살았다는 뜻이 아니다. 박쥐가 적어도 5,200만 년 전에 살고 있었다는 뜻일 뿐이다. 그보다 더

9) 박쥐의 역사는 언제나 까다로웠다. 유전학적으로도 어려울 뿐만 아니라 화석 기록을 봐도 비교적 완전히 형성되어 있다. 박쥐가 되기 전의 중간 형태는 아직 발견되지 않았다.

10) 마찬가지로 유대류의 계통발생, 특히 호주와 아메리카 유대류 사이의 관계에 관한 논쟁이 활발히 벌어지고 있다.

11) 역사적 계보를 추론하는 건 언제나 확률에 의존하는 작업이었지만, 현재의 수학은 놀라운 수준에 이르렀다. 분자계통학은 오늘날 고도의 수학 모형과 복잡한 통계가 지배하는 학문으로, 사용한 모형의 가정이 결과에 심대한 영향을 끼친다. 나는 세미나장 뒤쪽에 서서 연사가 태반포유류의 나이를 논의하는 동안 슬라이드가 넘어갈 때마다 사용한 방법론에 따라 그 가계도가 아코디언처럼 늘어났다가 줄어드는 모습을 본 적이 있다.

오래된 박쥐 화석이 어딘가 있을 가능성도 크다. 하지만 얼마나 더 오래되었을까? 분자생물학자들은 흔히 훨씬 더 오래되었다고, 삽과 곡괭이를 든 친구들이 아직 발견하지 못했을 뿐이라고 말한다. 거기에 대고 고생물학자들은 으레 이렇게 대답한다. "물론 우리가 모든 곳을 다 찾아본 건 아니지. 하지만 우리는 아주 잘 찾아봤고, 박쥐가 그 정도로 오래되었을 리는 없어…." 긴장감이 감돌 수 있다. 그리고 이건 그저 박쥐나 포유류에 관해서만이 아니다. 동물의 진화, 척추동물의 등장 등을 놓고도 비슷한 말이 오갈 수 있다.

모든 분자 데이터는 태반류의 네 가지 주요 집단이 각각 공룡이 소멸하기 훨씬 전에 기원했다고 시사한다. 하지만 화석으로 보자면, KT경계 이전의 화석 중 어느 하나도 현생 태반류 목 하나의 조상을 확실하게 짚어주지 못한다.

현생 태반류가 1억 년 전에 분기했으며 현대의 목 대부분은 KT경계 이전에 자리 잡고 있었다는 1999년의 DNA 기반 주장에 이어, 샌디에이고 주립대학교의 데이비드 아치볼드David Archibald와 더글러스 더치맨Douglas Deutschman은 현생 태반류의 기원에 관한 세 가지 가능한 시나리오를 제시했다. 셋은 각각 '짧은 융합', '긴 융합', '폭발 모형'이라고 불렸다. 처음 두 시나리오는 현생 태반류 집단의 조상이 중생대부터 이미 살고 있었다고 인정하는 반면, 마지막 시나리오에서는 현대의 포유류로 이어지는 단 한 혈통만이 대량 멸종에서 살아남았고, 그 뒤에야 공룡이 없는 세상에서 폭발적으로 분화했다는 것이다.

화석 기록은 폭발 모형을 뒷받침하는 것으로 보인다. 그리고 형태학과

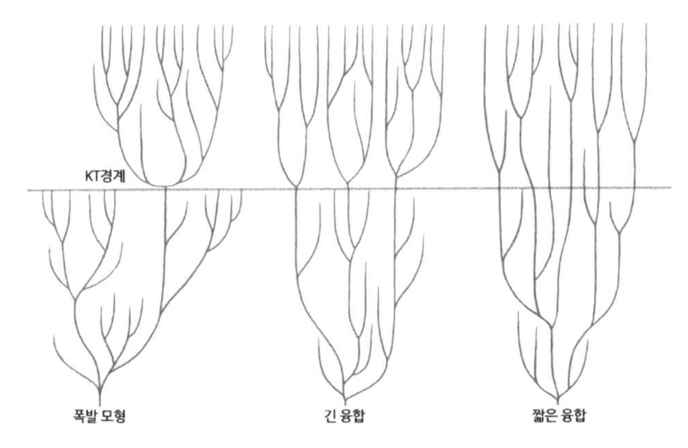

그림 9.4 태반포유류 방산의 성격과 시기는 아직 논쟁의 대상이다.

분자 데이터를 결합한 2013년의 한 연구도 이를 뒷받침하며 모든 태반류가 공룡 이후에 태어났음을 시사했다. 그러나 이 연구는 형태학적 데이터에 합리적이지 않은 가중치를 두었고 그러려면 공룡의 멸종 이후에 진화한 포유류의 유전체가 보통 바이러스만 가능한 속도로 — 동물의 표준 속도의 60배 — 변해야 한다는 이유로 많은 분자유전학자의 공격을 받았다.

폭발 모형에 반대하는 수많은 유전자 연구는 태반류 혈통의 기원이 중생대 안으로 깊숙이 들어와 있다고 지적한다. 짧은 융합 모형에 따르면, 오늘날 주요 태반류 혈통의 조상은 모두 최초의 태반류가 살았던 직후에 등장했다. 이 시나리오를 선호하는 가장 극단적인 연구는 공룡의 멸종이 포유류의 다양성에 별로 영향을 끼치지 않았다고 주장하기도 한다.

반대로 긴 융합 모형은 포유류 가계도의 주요 가지가 공룡 멸종 전에 자리를 잡았지만, 운석 충돌 이후 번성하기 전까지는 다양성이 아주 낮은 상태에서 지속했다고 주장한다. 이 모형으로는 혈통이 유전적으로 분리되었을지 몰라도 형태적으로는 분기하지 않아서 현생 후손의 조상으로 인식할 수 없었다.

따라서 짧은 융합 모형은 중생대의 많은 포유류 화석이 누락되었다고 주장하며, 긴 융합 모형은 훨씬 더 희귀한 동물의 화석이 상대적으로 아주 많이 발견되었거나 지금의 화석을 잘못 파악했다고 주장한다. 때때로 사람들은 모든 포유류 목이 화석 기록에 전혀 나타나지 않은 모종의 특정 장소에서 진화했다는 듯이 '에덴 동산 가설'에 관해 이야기하기도 한다.

이 세 방향의 논쟁에는 아마 불을 붙일 수 있을 만한 충분한 연료가 있을 것이다. 최근에 더 많은 화석을 조사한 결과는 공룡 이후의 폭발이라는 실체를 뒷받침하지만, 폭발의 도화선에 불이 붙은 게 중생대였다는 사실을 부인하는 연구자는 거의 없다. 상황을 감안하면 긴 융합 모형이 최고의 카드를 쥐고 있는 듯하다. 게다가 몇몇 새로운 DNA 조사 결과 태반 포유류의 기원은 좀 더 최근으로 — 하지만 여전히 중생대다 — 추정되고 있다.

대부분의 연구자가 동의하는 하나는 과학계가 익숙한 주문이다. '더 많은 데이터가 필요하다.' 게다가 분자생물학자와 고생물학자는 새로운 협업 방식을 찾아 각자의 성과를 서로 잘 맞추어야 한다. 그리고 후자는 아마도 계속해서 더 많은 화석을 찾아야 할 것이다.

우리가 자신 있게 그릴 수 있는 포유류의 가계도는 물론 3억 1,000만 년의 현실을 만화처럼 스케치한 것이다. 하지만 그건 놀라운 성과다. 이 나무의 형태는 진화의 고유한 가지 뻗기와 포유류 본래의 생리가 수많은 외부 영향 — 두 차례의 대량 멸종(여러 차례의 작은 멸종까지 더해서)과 공룡의 진화, 공룡의 소멸, 현화식물, 그리고 그 이후에는 풀의 등장, 기후 변화와 지각의 대륙 이동 — 과 충돌해 생긴 결과다.

가상의 계통도를 『종의 기원』 안에 접어 넣었을 때 찰스 다윈은 뿌리 부분을 비워 두었다. 역사 속에 너무 깊숙이 묻혀서 알 수 없는 뭔가가 있었다고 생각했던 게 분명하다. 나는 우리가 포유류의 역사를 얼마나 깊이 추적했는지, 자신의 후예들이 빈 공간을 채우려고 얼마나 끊임없이 노력했는지를 다윈이 알아줄 것이라 생각한다.

10장

털을 뒤집어 쓴 포유류

수천 마리의 누 떼가 물가에 줄지어 서 있다. 양쪽 가장자리가 짙푸른 강이 끝없이 펼쳐진 진한 황갈색 평원을 가로지르고 있다. 맨 앞줄에서 물을 마시는 누의 머리가 까딱거리고 주둥이는 리듬에 맞게 씰룩거리며, 눈은 깜빡이지도 않은 채 물가를 주시한다. 이 강에는 크로커다일이 산다. 그리고 크로커다일은 배가 고프다.

하지만 누는 물을 마셔야 한다. 게다가 빗물을 머금은 신선한 풀을 찾아 연간 1,600km씩 움직이며 케냐와 탄자니아 일대를 끝없이 돌아다니다 보면 강을 건너야 할 때도 있다. 유목민인 유제류가 도착하기만을 기다리는 크로커다일의 삶과는 참으로 다르다.

사냥을 이끄는 건 가장 큰 크로커다일이다. 전술은 몰래 접근하다가 물속에서 쇄도하는 것이다. 지금까지 몇 번 급습했지만 성공하지 못했다. 매번 누의 번개 같은 반사 신경 때문에 매복 공격이 실패로 돌아갔다.

반대쪽 강둑의 나무 위에 올라 있는 나는 숨을 죽인 채 쌍안경을 단단히 붙잡는다. 더듬더듬 초점을 맞추며 강둑으로 떠내려가는 게 통나무인지 커다란 크로커다일인지를 보려고 한다.

사실 농담이다. 내가 단단히 붙잡은 게 있다면, 그건 피자다. 하지만 크리스티나와 나는 소파에 똑바로 앉아서 냉혈한 살인마에게 은밀하게 쫓기는 우리의 포유류 사촌을 응원하고 있다. 데이비드 아텐보로David Attenborough의 내레이션을 들으며 우리는 크로커다일이 실패할 때마다 크게 안도한다.

그런데 이번에는 통나무가 아니다. 콱! 크로커다일이 원하던 걸 얻는다. 누의 왼쪽 뒷다리가 크로커다일의 입속에 들어가 있다. 크로커다일은 희생자를 넘어뜨린 뒤 재빨리 물속으로 끌고들어간다. 사방에서 어린 크로커다일들이 강을 가로질러와 살해를 돕는다. 십수 개의 턱 사이에서 누는 찢어발겨진다. "크로커다일은 씹지 않습니다. 그래서 몸을 빙글 돌려 시체에서 고깃덩어리를 떼어냅니다." 데이비드 경이 말한다. 그리고 우리는 거대한 꼬리가 강에서 솟아올랐다가 곧 물을 철썩 때리며 다시 들어가는 모습을 지켜본다.

마지막으로, 최초 공격자의 모습이 나온다. 녀석은 승리를 축하하듯 머리를 뒤로 젖히고 누의 다리 하나를 통째로 삼킨다. 씹으려는 생각조차 하지 않는다. 발굽이 사라질 때 아텐보로가 마무리한다. "녀석은 내년에 누가 다시 돌아올 때까지 먹지 않을 겁니다."

그 다음 주에 내가 사람들에게 이 장면에 관해 이야기할 때 믿을 수 없다고 하는 건 이 마지막 대사다. "그게 정말이야?" "일 년에 한 끼를 먹는다고?" 그렇다. 가장 큰 크로커다일은 아무 것도 먹지 않고도 1년이라는 시간을 버틸 수 있다. 누로 한 번 배를 채우면 12달 동안 이 냉혈동물의 신진대사를 충분히 유지할 수 있다. 다음 해에 사냥할 정도의 에너지만을 남기고.

이와 반대로 만약 평범한 땃쥐 한 마리는 5시간 동안 먹지 못하면 죽는다. 땃쥐는 매일 몸무게의 두세 배나 되는 먹이를 먹는다. 브리태니커 백과사전에는 이렇게 쓰여 있다. "땃쥐의 삶은 대체로 미친 듯이 먹이를 찾아다니다가 끝난다." 이것이 바로 온혈동물이 된 대가다.

물론 나일악어와 땃쥐 사이에는 다른 차이점도 있다. 가장 두드러지게는, 전자의 몸길이가 5m고 몸무게가 700kg인 반면 후자는 약 7cm에 10g 정도다. 그리고 체온에 관해 이야기하려면, 크기가 중요하다.

크기를 좀 더 공평하게 비교하더라도 이 차이는 여전히 놀랍다. 포유류의 최상위 포식자인 호랑이는 1년이 아니라 2~3주에 한 번은 잘 먹어야 한다. 이와 달리 땃쥐와 크기가 어느 정도 비슷한 표범도마뱀붙이는 먹지 않고도 몇 주를 살 수 있다.

일반적으로 크기가 비슷한 냉혈 척추동물과 비교해 온혈 포유류나 조류는 20배까지 많은 칼로리를 소모한다.

초기 양막류에서 최초의 포유류에 이르는 화석을 통해 점점 더 역동적이고 혈기왕성한 동물이 등장하는 모습을 보는 건 흥미로운 일이다. 하지만 그런 생활 양식은 갈수록 비싸졌다. 20배나 되는 칼로리는 에너지 예산의 소소한 증가로 해결할 수 있는 문제가 아니다. 오늘날 포유류는 가만히 앉아 있기만 때도 상당한 에너지를 써야 한다. 그래서 무엇이 우리 조상으로 하여금 그런 값비싼 생리를 갖게 했는지는 오랫동안 생물학자를 괴롭혔다. 첫 번째 의문은 정확히 무엇이 이 더 큰 비용을 가치 있게 만들었냐는 것이다.

우리는 아직 이 질문에 대한 답을 확실히 모른다. 문제의 일부는 온혈성이 포유류의 핵심에 있다는 점이다. 온혈성은 우리의 생리와 행동의 거의 모든 측면에 영향을 끼치기에, 이를 설명하는 이론 역시 아주 다양한 해석이 있다.

온혈성이란 무엇인가?

학계에서 '온혈'과 '냉혈'은 빅토리아 시대에 과학적 신뢰성을 잃어 이제는 단호하게 눈살을 찌푸리게 하는 구어적 용어다. 가장 큰 문제는 이른바 '온혈'동물의 피가 차가울 수도 있으며 — 예를 들어, 동면 중일 때 — '냉혈'동물의 피가 따뜻할 때도 많다는 것이다. 예를 들어, 이구아나는 햇빛과 그늘 사이를 빠르게 오가거나 열을 흡수하는 색소를 피부에 늘리거나 줄여서, 그리고 표면으로 가는 혈류를 조절함으로써 훌륭하게 체온을 제어한다(적어도 해가 떠 있을 때는).

오늘날 가장 선호하는 용어는 '내온동물'과 '외온동물'이다. 내온동물은 신진대사를 통해 스스로 열을 내고, 외온동물은 외부의 열원에 의존해 몸을 덥힌다. 보통 내온동물이라고 할 때는 조류와 포유류를 뜻한다.[1)]이 두 혈통은 끊임없는 비교의 대상이 된다. 그리고 독립적으로 발생했음에도 그 유사점은 놀라울 정도다.

1) 다른 수많은 유기체도 스스로 열을 내 몸을 덥힌다. 그러나 보통 이건 일시적이거나 국소적인 현상이다. 상어와 참치, 황새치는 모두 내부에서, 흔히 뇌와 눈, 근육 같은 특정 기관을 대상으로 열을 낸다. 몇몇 곤충도 스스로 열을 내고, 일부 식물도 그렇다. 조류와 포유류는 내온성 수단으로 체온을 매우 훌륭하게 조절하며, 몸 전체를 덥힌다.

또 다른 중요한 개념은 '항온성'으로, 체온을 일정하게 유지하는 성질을 말한다. 조류와 포유류는 내온성 항온동물이다.

모든 유기체는 궁극적으로 효소에 따라 반응하는 국소화된 화학물질 덩어리이며, 효소는 화학반응을 일으키는 단백질이기 때문에 온도는 생물학의 기본이다. 그리고 화학물질과 효소 모두 온도에 따라 일이 벌어지는 속도가 달라지며 '더 뜨겁다=더 빠르다'는 물리학과 화학의 기본 법칙에서 벗어나지 못한다.

따라서 따뜻해질수록 동물이 이런저런 일을 하는 능력이 좋아진다. 이동, 포식자 회피, 먹이 사냥, 소화, 생각, 성장, 번식 등의 모든 과정은 따뜻한 몸 안에서 더 빠르게 일어난다.[2] 그리고 경쟁자보다 그런 일을 더 빠르게 할 수 있다는 게 유리하다는 건 명백하다. 누가 크로커다일을 피해 강에서 펄쩍 뛰어 물러나는 속도를 보면 분명히 알 수 있다.

이와 대조적으로, 일정한 온도를 유지하는 항온성은 신체의 수많은 화학반응을 위한 안정적인 환경을 만들어준다. 많은 효소와 생화학 과정은 온도에 민감한 정도가 서로 다르다. 온도가 단 몇 도만 올라도 어떤 반응은 다른 반응보다 빨라질 수 있다. 생명체는 이런 반응들의 통합에 의존하고 있기 때문에 일정한 온도는 상호작용하는 화학반응의 조절을 용이하게 해준다.

포유류의 체온은 대부분 35℃~38℃에서 일정한 수치를 유지한다. 그리고 따뜻한 내부 온도를 일정하게 유지할 수 있는 능력은 다양한 기후

2) 하지만 어느 정도까지다. 단백질은 대부분 45℃에서 기능이 망가지기 시작한다.

에 서식하는 포유류에게 매우 중요하다.

내온성은 동물이 과도한 열을 발생시키고 이 열이 동물로부터 외부 세계로 흘러가는 식으로 작동한다. 이 과정이 이루어지려면 동물은 먼저 열 발생 수단이 있어야 하고, 두 번째로는 그 결과로 생기는 열에너지를 제어할 수 있어야 한다. 조류와 포유류는 내장 기관 — 주로 창자와 간, 신장, 폐와 심장 — 의 신진대사로 열을 내며, 털가죽이나 깃털로 단열이 된 표면에서 열 유출을 주로 조절한다.

열 손실이 따뜻한 체온을 유지하는 데 기본이 된다는 개념은 반직관적이다. 좀 더 정확히 말하면, 동물의 외피는 열의 탈출을 늦춘다. 열에너지를 계속해서 생성하고 그 유출을 적극적으로 조절함으로써 끊임없이 변하는 세상에 반응하는 동적 과정이 만들어진다. 털가죽과 깃털은 그냥 일정한 수준으로 열의 탈출을 늦추는 게 아니다. 열이 빠져나가는 속도를 바꿔 가면서 체온을 조절할 수 있다.

열 손실을 늦추는 데에 단열은 매우 중요하기 때문에, 여기서 내온성의 진화를 설명하는 과정의 또 다른 커다란 난제가 튀어나온다. 만약 포유류의 털이 진화하기 전에 아주 높은 에너지 비용을 들여가면서 열 생성이 증가했다면, 열이 외부로 유출되는 속도가 빨라 편익이 줄어드는 반면 비용은 훨씬 더 커졌을 것이다.

게다가 외온동물은 털이 진화하는 게 불가능해 보인다. 털이 있었다면 이것이 몸을 덥혀 줄 귀중한 외부의 열을 막아버릴 것이기 때문이다. 이것은 1950년대에 실험으로 입증되었다. 캘리포니아대학교의 레이몬드 코울스Raymond Cowles는 수작업으로 만든 털옷을 도마뱀에게 입힌 뒤 그게 체온 조절을 방해한다는 사실을 보였다.

동물의 털은 움직이면서 주변에 가두어 놓는 공기층의 두께를 바꾸는 방식으로 열 손실 속도를 조절한다. 만약 추우면 포유류는 털을 부풀려 더 두꺼운 공기층을 만들어서 열의 탈출을 더욱 강하게 가로막는다. 사람이 추울 때 소름이 돋는 건 우리가 100만 년쯤 전에 잃어버린 털가죽을 부풀리려는 다소 슬픈 시도다.

순록과 북극여우, 북극곰(하얀 털 아래는 검다)처럼 아주 추운 지역에 사는 대형 포유류는 길고 빽빽한 털이 있어 훈훈해진 공기를 대량으로 몸 주위에 두를 수 있다. 그러나 털의 길이는 보통 3~7cm이기 때문에 털에 걸려 넘어질 수도 있는 소형 포유류에게는 이러한 방식이 적합하지 않다. 추운 지역의 소형 포유류는 미시적으로 비교적 따뜻한 기후를 찾아다니며, 흔히 눈이나 땅속으로 파고 들어간다. 이런 동물에게는 서로 끌어안는 것도 중요하다. 캐나다 북부와 알래스카에 사는 타이가밭쥐는 5~10마리가 둥지를 공유하며, 체온을 공유해 둥지를 항상 따뜻하게 유지하기 위해 번갈아 먹이를 찾아 나간다. 그리고 온도가 너무 낮아지면 언제라도 동면해 내온성을 일시적으로 포기하고 최악의 시기를 넘기는 선택을 할 수 있다.

단열 성능을 조절하는 것 외에도 포유류는 피부 근처를 지나가는 피의 양을 조절할 수 있다. 열을 빨리 내보내고 싶으면 표면 근처의 혈관을 확장한다. 열 손실을 줄이고 싶으면, 혈관을 수축한다. 이것과 털의 움직

임은 소소한 온도 변동에 대처하기 위한 저비용 전략이다.[3)]

그러나 체온이 더 극단적으로 변하면 비상 수단이 발동한다. 체온이 떨어지면 먼저 신진대사율이 올라가 열 발생을 늘린다. 만약 이래도 충분하지 않다면 몸을 부들부들 떨면서 빠른 근육 수축으로 열을 만들 수 있다. 게다가 포유류에게는 갈색지방조직이라고 하는 고유한 지방 조직이 있다. 이 조직의 유일한 기능은 열을 내는 것이다. 갈색지방조직은 갓 태어난 새끼와 동면하는 소형 포유류에게 특히 풍부하다. 그리고 결정적으로, 이 조직의 열 생산은 필요에 따라 촉진될 수 있다.

반대로 몸이 과열되어 위험할 때는 많은 — 전부는 아니지만 — 포유류가 땀을 흘린다. 우리 인간은 분명히 그렇다. 땀을 흘리려면 특별한 피부 분비샘이 필요하다. 여기서 수분을 포함한 분비물이 피부 위로 흘러나와 증발하면서 몸을 식힌다. 개는 발바닥에서만 땀을 흘릴 수 있다. 대신 다른 많은 포유류처럼 혀에서 수분이 증발할 수 있도록 헐떡이며 몸을 식힌다.

몸을 식혀야 하는 포유류의 표준 작동 원리가 이것이라면, 뜨거운 환경에 사는 포유류는 훨씬 더 정교한 방법을 고안해야 했다. 내온성은 열

3) 반수생 삶을 택한 수달과 비버 같은 포유류는 가두어 놓은 공기층에 물이 들어가지 않게 특별히 기름기가 많은 털가죽을 갖고 있다. 반면 완전한 수중 포유류인 고래류는 털가죽을 대신할 단열층으로 모두 지방을 골랐다. 지방은 훌륭한 단열재다. 하지만 지방을 부풀릴 수는 없다. 이런 포유류는 열 손실에 혈류의 방향을 조절하는 게 중요하다 따뜻한 피가 표면에 더 가까운 혈관으로 지나가도록 또는 지방이 없는 지느러미를 더 통과하도록 할 수 있다.

손실을 요구하기 때문에 더운 지역에서는 냉혈보다 온혈이 되기 더 어렵다. 만약 열이 빠져나가지 못한다면, 고온 장애가 생긴다. 보통 시원한 굴이나 그늘이 중요하다. 시원한 밤에 활동하는 능력도. 하지만 끝없이 펼쳐진 모래 풍경의 상징인 낙타를 포함해 몇몇 사막 포유류는 사실 온도 조절에 철저하지 않다. 이들은 대신 낮 동안 5℃까지 더 올라가는 체온에 견딜 수 있는 방법을 찾아냈다.

물론 낙타도 체온을 조절할 수 있도록 여러 가지로 적응했다. 낙타의 배에는 가느다란 털만 있어서 시원한 바닥을 찾으면(대부분 이른 아침에) 그 위에 엎드려 열을 내보낼 수 있다. 만약 공기가 체온보다 따뜻하면 서로 모여서 시원함을 유지한다. 수분이 부족한 낙타의 오줌은 딱 봐도 '짙은 갈색의 시럽' 같다. 그리고 물을 찾으면, 10분 안에 체중의 30퍼센트나 되는 물을 마실 수 있다. 그렇게 빨리 많은 물을 마시면 대부분의 포유류는 죽지만, 낙타의 생리는 그런 충격에 대처할 수 있게 특별히 적응했다.

다양한 서식지에 사는 포유류에게 일정한 체온은 기본적이지만, 그게 거저 얻을 수 있는 건 아니다.

열을 내기 위해서는 내장 기관의 화학적 효율이 좀 떨어져야 한다. 신진대사의 두 가지 연료는 먹이에서 나오는 포도당과 호흡으로 얻는 산소다. 이 둘의 에너지는 ATP라고 하는 분자의 화학 결합으로 옮겨가고, 이후에 몸에서 쓰인다. 하지만 조류와 포유류의 경우 소시지처럼 생긴 우리 세포 안의 발전소인 미토콘드리아의 막은 투과성이 있다. 그래서 이온이 ATP 생성에 관여하지 않은 채 막을 통과해 움직이며 열을 낸다. 다소 복잡한 이야기지만, 핵심은 이렇다. 미토콘드리아는 화학 에너지와 열을 생성한다. 그리고 열 또는 ATP를 더 많이 만든다는 건 더 많은 산소와 음식에서 온 칼로리를 태운다는 소리다.

앞서 언급했던, 포유류가 에너지를 저장했다가 필요할 때 열을 방출하는 데 쓰는 갈색지방조직은 한 걸음 더 나아간다. 그곳에 있는 미토콘드리아에는 '짝풀림단백질'이 있는데, 이들은 ATP를 거의 만들지 않으면서 열을 낸다.

기준 상태에서 유기체가 산소를 소모하는 속도를 '기초대사율'이라고 부른다. 그리고 포유류의 경우 열이 나와 몸을 덥힐 수 있도록 이 기초대사율이 많이 올라가 있다. 포유류의 기초대사율은 크기가 비슷한 파충류의 약 10배다.

기초대사율이 놀라울 정도로 높아진 이유는 내온성 이론에서 주로 다루는 문제다. 높은 기초대사율 — 즉, 사실상 아무것도 하지 않으면서 더 많은 에너지를 태우는 것 — 의 이점을 찾는 건 어렵다. 만약 포유류와 조류가 외온동물보다 훨씬 활동적인 게 분명한 이익이었다면, 왜 그냥 필요할 때만 아주 활동적이고 쉴 때는 낮은 기초대사율로 가만히 있는 능력을 개발하지 않았을까?

앞으로 우리는 다양한 이론을 다루겠지만, 정답이 무엇이든 포유류 생리의 대부분은 고에너지 생활 방식에 따라 생겨났다. 포유류의 여러 고유한 혹은 고도로 분화된 형질은 막대한 먹이와 산소를 획득하고 처리하는 데 필요한 적응이다.

앞 장에서 언급했던 폐를 강화하는 횡격막, 물고 씹는 데 특화된 이빨, 코의 비갑개에다 우리는 특화된 심장과 신장, 혈액과 창자를 추가할 수 있다.

포유류(그리고 조류)의 심장에는 방이 4개 있다. 이와 달리 파충류와 양서류의 심장에는 방이 3개 있다. 추가로 생긴 방은 피를 뿜어내는 아래쪽 방이 둘로 갈라지면서 생긴 것이다. 일단 밖으로 내보내는 방이 두 개가 되면, 별개의 두 순환계 — 하나는 폐로, 하나는 온몸으로 — 를 만들 수 있는 기초가 생긴다. 후자는 폐가 견딜 수 있는 것보다 높은 압력으로 몸에 피를 공급할 수 있다. 따라서 산소를 산소가 필요한 곳에 더 빠르고 더 효율적으로 전달한다.

높은 혈압은 포유류(그리고 조류)에서 아주 정교한 수준에 이른 신장의 여과 기능도 강화한다. 높은 신진대사율은 신장에서 제거해야 할 질소 폐기물을 대량으로 만들어낸다. 포유류는 체내의 물에 요소urea가 녹아 있지만, 신장은 놀라울 정도로 정교한 수단으로 물만 재흡수하며 이러한 질소 폐기물을 소변에 모은다.

그리고 포유류는 피에서 산소를 운반하는 세포도 특별하다. 적혈구 — 성인 인간의 몸 안에서 1초에 약 200만 개가 태어난다 — 는 핵이 없고, 어떤 유전체도 없이 3, 4개월을 산다. 포유류(그리고 조류)의 경우 적혈구는 산소가 들락거리기 쉽도록 크기도 아주 작아졌다.

마지막으로, 최첨단 턱과 이빨이 잘 씹은 먹이를 넣어주는 포유류의 위장은 효율성을 높이기 위해 수많은 방식으로 바뀌어 온 또 하나의 장기다.

이 모든 건 한 가지 결론만을 가리킨다. 포유류의 삶은 빨리 타버린다.

내온성은 언제 진화했을까?

앞선 장에서 우리는 포유류 조상의 화석 기록을 통해 포유류가 점점 더 활동적인 동물로 변하는 과정을 볼 수 있었다. 포유류 혈통이 진정한 내온성을 처음으로 갖춘 게 언제였는지 알아내기 위해 내온성 연구자는 이 역사의 흐름에 따라 일어난 변화 중 어떤 것이 신진대사의 변화가 일어났음을 확실하게 암시하는지 알아내야 한다.

가장 오래된 조상인 반룡류부터 시작해 보자. 이들이 달리면서 숨을 쉴 수 있도록 척추가 곧게 펴졌다는 증거가 있다. 하지만 그 외에는 활동성 수준이 확 올라갔다는 다른 증거는 거의 없다.

다음 포유류 원형인 수궁류로 오면 상황이 훨씬 더 흥미로워진다. 이들은 먹으면서 숨 쉴 수 있도록 입과 코를 분리하는 이차 입천장이 진화했다. 그리고 갈비뼈 배열을 보면 횡격막도 진화했다. 그리고 코에는 공기를 덥히고 물을 절약하는 호흡 비갑개가 있다.

윌리엄 힐레니우스는 이러한 구조가 내온성의 진화를 아주 훌륭하게 대신해줄 수 있다고 주장했는데, 이 논리에 관해서는 그 누구도 논쟁하지 않았다. 하지만 수궁류의 비강에 있는 몇몇 능선이 한때 이 동물이 넓은 비갑개를 갖고 있었음을 시사한다는 주장에는 의문을 던졌다. 그러나 2011년 한 독일 연구진이 페름기 말 대멸종 이후 지구에서 가장 흔한 동물이었던, 술통 같은 가슴에 돼지처럼 생긴 수궁류인 리스트로사우루스를 조사했다. 중성자 단층촬영법으로 분석한 결과 이들은 리스트로사우루스에게 연골로 된 호흡 비갑개가 있었다는 사실을 알아냈다. 이 수궁류는 약

2억 5,000만 년 전에 살았는데, 이는 내온성이 진정한 포유류가 등장하기 3,000~4,000만 년 전에 진화했을지도 모른다는 사실을 시사한다.

이 가설은 유타대학교의 애덤 허튼록커Adam Huttenlocker와 콜린 파머Colleen Farmer가 2017년 초에 독창적인 방법으로 이 문제에 접근하면서 한 번 더 지지를 받았다. 연구자들은 조류와 포유류는 외온동물보다 적혈구가 훨씬 작으며 이렇게 작은 적혈구가 그만큼 작은 모세혈관을 통과할 수 있다는 데 주목했다. 곧이어 이들은 만약 화석으로 남은 뼈에서 모세혈관을 찾아보면 고에너지 신진대사의 진화를 나타내는 혈관 지름의 감소를 확인할 수 있을지도 모른다고 생각했다. 그리고 정말로 감소를 확인할 수 있었다. 이번 연구의 대상은 진정한 포유류에 한 등급 더 가까운 견치류였지만, 초기 견치류였다. 약 2억 5,000만 년 전의 화석이었다.

이런 연구는 수궁류와 초기 견치류가 내온성을 향해 중요한 발걸음을 내디뎠다는 상당히 강력한 증거를 제시한다. 그러면 논리적으로 뒤따르는 질문은 이렇다. 수궁류에게는 털이 있었을까?

안타깝게도, 털과 피부는 예외적인 상황에서만 화석으로 남는 구조로 파악할 수밖에 없다. 가장 이른 털의 분명한 증거는 중국 북동부의 놀라운 화석층에서 나왔지만, 시기는 불과 1억 6,500만 년 전이다. 포유류의 탄생에서 한참 지난 시기다. 그러나 대부분의 연구자는 털이 그 전부터 있었다고 생각한다.

어떤 연구자는 일부 수궁류 화석의 주둥이에 뚜렷하게 보이는 구덩이에 수염이 있었을 거라고 주장했다. 적어도 그런 털은 존재했음을 나타낸다는 것이다. 논쟁의 대상이 된 이 주장은 최근에 이 주둥이의 구덩이에서 뒤로 이어지는 신경 — 감각 정보를 전달했을 가능성이 있다 — 을 위한 공간이 있다는 증거가 나오면서 힘을 얻은 듯하다.

그러나 우리는 2억 5,500만 년 전에 살았던 수궁류 중 적어도 하나는 털이 없다는 사실을 알고 있다. 바위에 아주 선명하게 남은 피부 자국을 통해서다. 1967년에 묘사된 그 피부 자국은 워낙 세밀해서 털의 유래에 관해서도 뭔가 밝혀줄 수 있을지 몰랐다. 그 동물은 피부에 뭔가를 분비한 것으로 보이는 작은 분비샘과 같은 구조물로 덮여 있었던 것으로 보인다.

털은 포유류의 가장 뚜렷한 특징 중의 하나임에 분명하다. 몸을 덮은 털가죽의 유용성과 이것이 포유류의 체온 조절에 끼치는 막대한 영향에는 논쟁의 여지가 없다. 털에 관해 우리가 아는 건 털이 케라틴 단백질로 만들어졌다는 점이다. 케라틴은 초기 양막류가 피부를 방수로 만들던 시절에 필수적이 되었다. 케라틴은 양막류에게 유용했다. 털뿐만 아니라 비늘, 발톱, 손톱, 말굽, 뿔, 부리(새와 거북, 오리너구리), 깃털을 만드는 데도 쓰였다.

하지만 털가죽은 머리를 긁적이며 질문을 던지게 하는 또 하나의 생물학적 형질이다. 10퍼센트만 있는 털가죽은 무슨 쓸모가 있었을까? 그래서 털이 처음 진화한 과정에 관한 이론은 털이 발달할 때 원래는 열을 보존하는 기능을 하지 않았을 가능성을 탐구하고 있다.

가장 유망한 두 가지 가설은 한 세기의 간격을 두고 나왔다. 첫 번째는 19세기 말에 처음 나왔지만, 1972년 뉴욕 브루클린칼리지의 폴 매더슨Paul Maderson이 가장 철저하게 발전시켰다. 매더슨은 털이 원래 감각 부속지였다고 주장했다. 다음 장에서 이 아이디어를 다시 다루겠지만, 간단히 말해 털의 원형이 접촉에 매우 민감하고 섬세한 돌출부였다는 것이다. 오늘날의 양서류와 파충류 중에도 털은 없지만 비슷한 기능을 하는 감각용 털이나 가시가 있는 동물이 있다. 어쩌면 수궁류에게 그런 구조란 기존에 지니고 있던 감각 장치에 추가할 수 있는 유용한 도구였을지도 모른다. 매더슨은 처음에는 듬성듬성하던 구조물이 이후 우연한 돌연변이에 의해 수가 늘어나 어느 정도의 단열 기능을 제공할 수 있을 정도로 빽빽해졌다고 주장했다.

털의 발생에 더 단단히 근거를 두고 있는 새로운 이론은 2008년 펜실베이니아대학교의 커트 스텐Kurt Stenn의 연구진, 그리고 2009년 그르노블의 조셉푸리에대학교의 다니엘 두에일리Danielle Dhouailly에게서 나왔다. 스텐은 그 이론을 '피지 기원 가설'이라고 불렀지만, 비공식적으로는 흔히 '심지 가설'이라고 불린다.

털은 절대 간단한 구조가 아니다. 표면 밖으로 튀어나와 있는 건 상당히 복잡한 구조물의 한 요소일 뿐이다. 튀어나와 있는 털은 죽은 세포가 모낭 위로 밀려 나와 모인 것이다. 구멍에는 작은 근육이 붙어 있어 털을 위아래로 움직인다. 그리고 모든 모낭에는 피지선이 있어 각각의 털에 윤활유를 분비한다. 우리는 젖샘의 기원에 관해 이야기할 때 이 분비샘을 만난 적이 있다.

스텐은 파충류와 포유류 혈통이 갈라진 뒤에 피부 방수라는 과제를 파충류는 단단한 비늘로 해결한 반면, 포유류의 경우에는 그 조상이 분비샘이 있는 피부를 유지하며 물과 섞이지 않는 기름기 있는 분비물로 방수라는 피부 생리의 핵심적인 부분을 해결한 것일지 궁금했다. 스텐은 더 깊숙하고 더 풍부한 피지 분비샘이 유리했으며, 털은 기름기 있는 보호 물질을 피부에 올리기 위한 심지 역할을 하는 한 요소로 진화했다고 주장했다.

털이 피지샘에서 생겨났다는 것에 대한 다니엘 두에일리의 이론은 척추동물의 피부가 발달한 과정을 더욱 폭넓게 조사한 내용에 바탕을 두고 있다. 두에일리는 손바닥이나 각막처럼 털 발생이 활발하게 억제되는 곳만 제외하고 포유류의 피부 전체가 기본적으로 털을 만들도록 되어 있다고 주장한다. 이는 털이 포유류 조상의 몸 전체를 덮고 있던 구조에서 진화했음을 의미한다. 아마도 피지샘이 그랬을 것처럼.

게다가 피지샘이 없는 모낭은 없지만, 털이 나 있지 않은 피지샘은 존재한다. 예를 들어, 입술과 눈, 생식기가 그렇다. 사실 피부의 어떤 영역에 털을 만들라고 지시하는 신호 물질은 높은 농도일 때만 털과 피지샘을 함께 만든다. 낮은 농도일 때는 피지샘만 만든다. 이런 사실을 종합하면, 털은 기존의 피지샘에 보조적인 요소로 진화했다고 생각할 수 있다. 처음에는 분비물의 탈출을 돕는 심지 역할을 했고, 나중에는 단열 기능을 갖추게 된 것이다.

현생 단공류, 유대류, 그리고 태반류가 비슷한 털가죽을 공유한다는 사실은 털이 현생 포유류의 마지막 공통조상보다 한참 앞서 생겨났음을 뜻한다. 그리고 조그만 최초의 포유형류와 포유류가 단열 기능 없이 생존할 수 없었다는 건 거의 확실하다. 일부 연구자는 털로 덮인 단공류가 초기 포유류의 내온성에 관한 실마리를 제공할 수 있을지도 모른다고 생각한다. 이들의 체온은 대다수의 포유류보다 조금 더 오르락내리락하는 경향이 있으며, 평균은 30℃ 초반으로 살짝 낮은 수준이다. 이들은 동면이나 이른바 '토포' ― 각각 장기적 그리고 단기적 저체온 현상을 말한다 ― 를 겪기도 한다. 또한, 행동을 이용해 체온 조절을 보조하기도 한다. 이번에도 단공류는 외온성과 내온성 사이의 전환 과정이 어땠는지를 우리가 상상할 수 있게 해준다.

내온성은 왜 진화했을까?

생물학자들은 수 세기 동안 온혈성이 포유류와 조류를 정의하는 특징이라고 생각했다. 하지만 내온성이 진화한 이유에 관한 현대적인 논의는 영향력 있는 세 가지 이론이 등장한 1970년대 중반이나 말이 되기 전까지는 거의 찾아볼 수 없었다. 그 뒤로 이 세 모형은 논쟁의 대상이 되며 찬사나 공격을 받았으며, 2000년에 중요한 관점이 하나 새롭게 덧붙여졌을 뿐이다. 서로 얼마나 다른 이론인지를 생각하면 아직 이 중 그 무엇도 나쁜 이론을 담는 쓰레기통에 들어가지 않았다는 사실이 기묘하게 보일 수는 있지만, 이유는 곧 알게 될 것이다.

1978년 초 플로리다대학교의 브라이언 맥냅Brian McNab은 '소형화'가 포유류의 내온성 진화에 중심적이었다고 주장했다. 여기서 우리는 크로커다일과 땃쥐 이야기로 돌아간다. 소형 동물은 부피 대비 표면적이 커서 열을 아주 빨리 얻거나 잃는다. 작은 외온동물은 햇빛을 받으면 몸이 빨리 따뜻해지지만, 빨리 식기도 한다는 뜻이다. 만약 소형 외온동물이 내부의 열 발생을 늘리면, 그 열은 금세 사라지기 때문에 내온성으로 향하는 첫 번째 발걸음이 작은 몸에서 이루어졌다고 믿기는 어렵다.

반대로 동물이 더 커질수록 표면적은 부피에 비해 작아진다. 따라서 상대적으로 열 교환이 일어나는 면적이 작아진다(덩치 큰 동물은 일반적으로 근육과 조직도 많아서 열 손실을 늦춘다). 그 결과 성체 나일악어 같은 커다란 외온동물은 기본적으로 체온을 상당히 일정하고 높게 유지할 수 있다. 이것을 '관성적 항온성'이라고 부른다. 이들의 온기와 열적 안정성은 단순히 크기 때문에 가능한 것이다.[4] 그리고 늘어난 크기에 대해 상대적으로 줄어든 표면적은 온혈인 코끼리와 하마, 코뿔소 같은 동물이 열 손실을 막기 위한 털가죽이 없어도 되는 이유다(적어도 지금은 그렇다. 빙하기에 살았던 매머드는 분명히 '털'이 필요했다).

맥냅은 포유류가 진화하는 과정에서 대형 수궁류가 이미 관성적 내온성이 되었으며, 수궁류와 견치류, 포유류는 점점 작아졌지만 자연선택이 더 큰 수궁류 조상들에게 익숙해진 높은 체온을 유지하는 혁신을 선호했다고 주장했다. 이 과정은 털가죽과 완전한 내온성에서 정점에 달했다.

이 혈통에 있는 동물이 점점 작아진 이유도 함께 논쟁의 대상이 된다. 공룡의 등장으로 인해 좀 더 작은 동물에게 열려 있던 생태적 기회를 이용하기 위한 수단이었다는 것이 대부분의 의견이다. 그러나 어떤 수궁류는 크고 초기 포유류는 확실히 작았지만, 화석 기록은 크기의 감소를 직

4) 대형 공룡은 아마도 관성적 내온성이었을 것이다. 하지만 이들의 체온 조절 생리는 여기서는 굳게 닫혀 있게 될 골치 아픈 문제다.

접적으로 보여주지를 않는다. 수궁류는 온갖 형태와 크기가 있었고, 견치류 역시 다양한 집단이었다.

두 번째 가설은 내온성 덕분에 포유류가 훨씬 더 다양한 '열적 틈새'를 탐사할 수 있었다는 것이다. 외부의 열원 — 주로 햇빛 — 에 의존해 생리적인 불을 피운다면 외온동물이 활동할 수 있는 시간과 장소에 제약이 생긴다. 내온성이 외부 온도로부터 독립할 수 있게 해주지 않았을까? 내온성의 진화가 유리했던 건 포유류 원형이 낮이나 밤 어느 때든 활동하거나 혹은 더 추운 기후로 침입해 들어갈 수 있기 때문이 아니었을까? 물론 대부분의 증거는 초기 포유류가 야행성이었다는 사실을 가리키고 있다. 아마 낮 활동을 지배한 공룡을 피하기 위해서였을 것이다.

그러나 1970년대에 나온 세 번째이자 영향력이 가장 큰 가설은 1979년 캘리포니아대학교, 어바인의 앨버트 베넷Albert Bennett과 오리건주립대학교의 존 루벤John Ruben이 발표한 이론이다. 베넷과 루벤은 자연선택이 조절가능한 높은 체온을 동물을 직접적으로 선호했다는 가설이 문제를 완전히 잘못된 방향에서 바라보고 있다고 주장했다.

내온성은 비용이 많이 든다. 그건 확실하다. 하지만 비용을 다소 줄이기 위해 털가죽과 기타 조절 메커니즘이 존재하기 전에 열 발생과 따뜻한 몸이 선택받았다고 가정하는 이론이 성립하려면 엄청나게 비싼 과정에는 그에 필요한 자원의 양을 능가하는 이익이 있어야 한다. 예를 들어, 2000년에 외온동물의 체온을 올리는 데 얼마나 많은 에너지가 필요한지를 보여주기 위해 베넷은 왕도마뱀에게 강제로 커다란 먹이를 먹여 신진대사율을 크게 높였다. 하지만 체온은 거의 올라가지 않았다. 체온을 먼저 높이는 건 마치 창문을 열어 놓고 중앙난방을 트는 것과 같았을 것이다.

그 대신 베넷과 루벤은 내온성이 높은 활동성을 유지할 수 있는 동물, 구체적으로는 더 큰 '유산소 능력'이 진화해 활동성이 높아진 동물을 선호하는 자연의 부산물이라고 주장했다.

파충류와 포유류의 단거리 달리기 능력은 별 차이가 나지 않는다. 데이비드 아텐보로가 내레이션을 맡은 장면 중에 갓 태어난 이구아나가 용감하게 매복해 있는 레이서뱀을 피해 달려가는 멋진 모습이 담긴 장면이 있다. 뱀과 새끼 이구아나 모두 짧은 거리에서는 어기적거리지 않는다. 하지만 이런 미친 듯한 활동은 무산소로 이루어진다. 필요한 때가 되면 몸은 산소를 소모하지 않고 빠르게 가용한 화학에너지를 이용한다. 반대로, 더 오래 지속되는 육체 활동은 실시간으로 산소를 소모하며 이루어져야 한다. 베넷과 루벤은 산소를 이용해 몇 분 또는 몇 시간 동안 고에너지 운동을 가능하게 하는 동물의 능력에 자연선택이 작용했다고 주장했다. 두 사람은 이구아나가 한 시간에 0.5km 정도를 갈 수 있다면 비슷한 크기의 포유류는 4km를 갈 수 있다는 사실을 보였다.

유산소 능력을 선택했다는 건 충분히 말이 되는 이야기였다. 하지만 베넷과 루벤은 여전히 왜 이게 꼭 내온성으로 이어져야 했는지를 설명해야 했다. 그러기 위해 두 사람은 유산소 능력과 기초대사율 사이의 관계를 탐구했다. 사용할 수 있는 데이터는 많지 않았다. 유산소 능력을 측정하려면 동물에게 마스크를 씌운 뒤 러닝머신 위에 올려놓아야 했다. 그러나 사용 가능한 데이터를 그래프로 정리하자 외온성과 내온성 모두 최대 유산소 능력이 항상 기초대사율의 10배 정도라는 사실이 드러났다. 두 형질은 근본적으로 연관이 있어 보였다. 만약 그렇다면, 더 큰 유산소 능력의 선택이 어쩔 수 없이 기초대사율을 높였고, 따라서 내온성으로 이어졌을 수 있다.

물론 이 두 과정이 왜 서로 연결되어 있냐는 의문이 곧바로 떠오른다. 베넷과 루벤은 유산소 역량을 향상시키기 위해 선택받은 형질 — 산소를 더 많이 흡수하고 전달하는 능력이나 더 많은 미토콘드리아, 그리고 더 높은 미토콘드리아의 효율 같은 — 이 전반적인 신진대사율을 높이는 비非표적 효과를 일으켰다고 주장했다.

이 이론에는 마음에 드는 점이 많다. 활동성이 더 높으면 포식자를 피하거나 먹이를 잡는 데 유리하다는 건 명백하며, 이를 뒷받침하는 추가 증거를 계속 조사하고 있다. 하지만 이 이론이 보편적으로 받아들여지지는 않았다. 핵심 문제는 최대 산소 소모율이 언제나 기초대사율의 10배라는 게 얼마나 확실하냐는 것이다. 기본적인 상관관계가 완전히 무너진 건 아니지만, 이 규칙에 몇몇 눈에 띄는 예외가 있다는 사실은 유산소 능력이 기초대사와 무관하게 늘어날 수도 있 음을 시사한다. 예를 들어, 북아메리카의 영양이라 할 수 있는 가지뿔영양은 기초대사율의 70배 속도로 산소를 소비할 수 있고, 러닝머신 위에서 뛰는 악어는 산소 소비를 40배까지 높일 수 있다. 이들이 헤엄칠 때는 어느 수준일지 누가 알겠는가?

결정적으로 운동하는 동안 여분의 산소는 기초대사를 관장하는 내장기관이 아니라 근육에서 소모된다. 아마도 이 두 조직 사이에는 근본적인 관련이 있겠지만, 많은 연구자는 이 두 시스템이 독립적으로 진화할 수 없었던 이유를 묻는다. 진화는 필요할 때는 뛰어난 유산소 능력을 발휘할 수 있지만 쉴 때는 대량의 에너지를 쓰지 않는 동물을 창조할 수 없었던 걸까? 2000년 당시 캘리포니아대학교 어바인에 있었던 콜린 파머는 이렇게 표현했다. "활발한 운동을 유지하는 데 내온성이 필수적인 이유를 설명하는 메커니즘은 없다."

이 말은 「부모의 돌봄: 조류와 포유류의 내온성 및 기타 수렴 형질을 이해하는 열쇠」라는 제목의 논문 도입부에서 나왔다. 이 논문에서 파머는 내온성이 조류와 포유류 사이의 많은 유사성의 출현을 이끌었던 통합적 형질이 아니라 부모의 돌봄이 서로 겹치는 둘의 생리가 등장하게 된 공통의 출발점이라고 주장했다. 부모의 돌봄이 둘이 나란히 온혈로 진화하게 만든 게 가장 적절한 사례라고 파머는 말했다.

파머의 출발점은 일정하고 높은 온도에서 자손을 낳는 일의 이로움이었다. 파머는 성체가 쉽게 견딜 수 있는 평범한 온도 변화에도 태아는 죽을 수 있으며, 그보다 약한 온도 변화도 발달에 심각한 문제를 일으킬 수 있다고 설명한다. 게다가 열이 속도를 빠르게 한다는 사실은 따뜻한 태아가 더 빨리 성장한다는 뜻이 된다. 즉, 알 — 청소부 육식동물에게 인기 있는 먹이인 — 상태로 보내는 시간이 줄고, 번식이 가능한 수준까지 더 빨리 성숙한다.

파머의 주장을 강력하게 만드는 건 오늘날 번식을 위해 여러 가지 열원을 활용하는 외온동물을 모아 놓은 사례다. 척추동물과 무척추동물의 공통점 중 하나는 수분과 열을 유지하기 위해 둥지를 짓는 행위다. 하지만 서로 뭉쳐 있으면 더 빨리 번데기가 되는 애벌레부터 햇볕을 쬐고 온기를 전달하기 위해 알로 달려가는 도마뱀과 자신의 알 무더기를 둥글게 감싸고 몸을 떨어서 열을 내는 어미 비단뱀에 이르기까지 발생 중인 새끼에게 열을 모아주는 사례는 수없이 많다.

포유류 중에서 나무늘보와 텐렉 ─ 쥐와 고슴도치의 잡종처럼 생긴 아프리카 동물 ─ 은 내온성이 그리 좋지 못하다. 평균 체온은 낮은 편이며, 대부분의 포유류보다 변동이 심하다. 하지만 임신 중에는 그런 허술한 생리가 허락되지 않는다. 둘 다 체온과 조절 기능을 높인다. 알을 낳는 가시두더지와 벌새에서도 비슷한 변화를 볼 수 있다.

파머는 신진대사율을 조절하는 갑상샘 호르몬이 원시적이고 비교적 장기적이지만 되돌릴 수 있는 형태의 내온성이 작동하게 하는 데 중심적이었을 수 있다고 주장한다. 온기는 비싸지만, 새끼에게 커다란 이익이 되었을 것이다. 이 이론은 2016년 현생 도마뱀 종들이 번식하는 동안 일시적으로 내온성이 된다는 사실이 발견되면서 크게 힘을 얻었다.

부화 이후의 단계로 가면 부모의 투자는 훨씬 더 커진다. 파머는 박새가 매일 새끼에게 먹일 먹이를 가지고 거의 1,000번이나 둥지를 왔다 갔다 하며, 수유 중인 포유류는 새끼를 먹이기 위해 하루에 쓰는 에너지를 평소의 4~10배로 늘린다는 데 주목한다. 앞서 보았듯이, 더욱 빠른 발생의 이점은 분명하다. 취약한 새끼로 지내는 시간이 줄어들수록 더 좋다.

파머의 이론은 산후 관리를 고려한다는 점에서 2000년에 발표된 내온성에 관한 두 번째 부모 돌봄 가설과 서로 겹친다. 크라쿠프에 있는 야기에우워대학교의 파벨 코테야Pawel Koteja는 새끼를 돌본다는 막중한 일을 위해 충분한 에너지를 모아야 할 필요성 때문에 내온성의 진화가 일어났다고 주장했다.

베넷과 루벤의 유산소 능력 모형과 마찬가지로 코테야는 높은 활동성을 선호하는 자연선택에 초점을 맞추었다. 하지만 코테야의 주장은 시간 규모가 달랐다. 새끼에게 먹일 먹이를 찾으려면 부모는 몇 분이나 몇 시간이 아니라 몇 시간에서 며칠 동안이나 높은 운동성을 유지해야 했다. 그러기 위해서는 추가로 먹어야 했고, 결정적으로, 그 추가 먹이에서 이익을 얻기 위해서는 몸이 재빨리 먹이를 소화하고 에너지를 흡수해야 했다. 따라서 창자와 간, 신장에서는 높은 신진대사율이 선택을 받았을 것이다. 바로 오늘날 포유류와 조류에서 높은 기초대사율을 유지하는 기관이다.

이 아이디어의 중심에는 동물이 긍정적인 되먹임 고리로 접어든다는 사실이 있다. 에너지를 더 많이 흡수하려면 더 나은 에너지 흡수를 가능하게 해주는 높은 신진대사율이 필요하다. 전반적으로 높아진 활동성은 먹이를 쉽게 얻을 수 있게 해주고, 그건 다시 높은 활동성을 가능하게 한다.

이런 긍정적인 되먹임은 내온성의 진화에 관한 어떤 이론에도 잘 맞아들어가겠지만, 코테야는 부모의 돌봄에 초점을 맞추며 다음과 같이 썼다. "진화생태학자들은 청소년 사망률이 낮아지고 더 빨리 성숙하는 게 (생존) 적합도를 높이는 가장 효율적인 방법의 하나라고 동의한다."

부모의 돌봄이 내온성의 진화를 일으켰다고 주장하면서 코테야는 행동 변화가 이어진 수많은 생리학적, 해부학적 변화의 초석이 되었을지도 모른다고 말했다. 아주 흥미로운 아이디어다. 그러나 이는 코테야 자신과 파머의 이론 모두에 아주 어려운 문제를 제기한다. 이 책 전체에서 나는 연조직이 화석으로 남지 않는다는 사실에 한탄했다. 음, 행동 변화를 보여주는 화석 흔적을 잘 찾아보시길….

이 이론에는 또 한 가지 중요한 의미가 있다. 이런 결정적 변화가 일어나고 2억 년 이상이 지난 오늘날 나는 아주 만족스럽게 가족을 위해 쇼핑하고 요리한다. 나는 크리스티나가 임신했을 때 난방비를 내는 데 보탰고, 아내가 침대에서 쉬고 있으면 담요를 가져다 주었다(나도 안다. 그거라도 해야지!). 나는 수프를 만들며 새는 어미와 아비가 새끼에게 먹이를 주는 일을 분담한다는 사실에 관해 생각해 본 적이 있다. 새를 대상으로 할 때는 파머와 코테야의 이론을 양쪽 성에 똑같이 적용할 수 있다. 하지만 포유류에서는 아비의 돌봄이 드물며 초기 포유류에서는 일어나지 않았을 게 거의 확실하다는 사실을 떠올려 보라. 파머와 코테야 모두 여기에 관해서는 분명히 이야기하지 않는다. 이 둘의 연구는 포유류 혈통의 내온성 진화를 이끈 선택압이 인구의 절반에만 작용했음을 시사한다. 만약 어미의 배 속에 있을 때 내온성 유전자가 선택을 받았다면, 모체 생물학은 포유류를 정의하는 결정적인 특징의 진화에 핵심일지도 모른다.[5]

모두를 위한 하나, 하나를 위한 모두…

내온성의 기원에 관한 다양한 주장은 수십 년 동안 상당히 격렬한 논쟁을 불러일으켰다. 각자의 이론을 놓고 치열하게 싸우는 학계의 모습은

5) 즉, 더 뛰어난 유산소 능력이나 더 오래 먹이를 찾아다닐 수 있는 능력을 물려받은 아들은 더 많은 짝짓기 기회를 찾는 데 이런 형질을 잘 활용했을지도 모른다. 그리고 이런 수컷이 더 성공적으로 번식했다면, 딸들도 더 나은 돌봄에 필요한 유전자를 물려받았을 수 있다….

멋진 볼거리였다. 하지만 최근에는 온혈성에 관한 사고가 훨씬 더 관대해져서 주요 아이디어 중 어느 것도 완전히 배제하려고 하지 않는 수준에 이르렀다. 실제로 코테야는 2004년 국제 학회에서 내온성에 관해 발표할 때 자신의 아이디어를 제시하기보다는 1970년대 이후로 이론 자체가 어떻게 진화했는지를 다루었다. 코테야는 이렇게 말했다. "아마도 … 제안된 모형은 점차 나은 설명을 제공한다기보다는 그 과정의 서로 다른 측면에 초점을 맞추고 있는 듯하다." 그러고는 멋진 분석을 통해 생물학의 다양한 측면을 통합하기 위해 성장한 이론들이 어떻게 진화론적 사고의 변화를 반영하는지 설명했다.

먼저 가장 초기의 이론들은 생화학적 안정성을 제공하기 위해 항온성 하나만이 선택받았다고 생각해 유기체의 고유한 생리에만 집중했다. 그 다음에는 내온성이 다양한 열적 틈새에서 활동적일 수 있게 해주었다는 아이디어가 유기체와 물리적인 환경 사이의 상호작용을 살펴보았다. 그 뒤를 이어 유산소 능력과 소형화 모형 ― 각각 먹이-포식자 상호작용과 생태적 경쟁에 초점을 맞춘다 ― 은 유기체와 생활환경의 상호작용을 고려한다. 마지막으로, 코테야와 파머의 연구는 동물의 성체만을 고려하는 건 불충분하다고 이야기한다. "개체는 '플러그 앤 플레이' 또는 '턴키' 방식으로 세상에 나오지 않는다." 코테야는 이렇게 말했다. "자연선택은 진화의 처음부터 끝까지 작용하지만, 삶의 초기에는 선택의 그물망이 가장 촘촘할 수 있다." 이론이 다르다고 반드시 서로 반박해야 하는 건 아니다. 똑같은 다면적 현상의 다른 측면을 다루고 있는 것뿐일지도 모른다.

2006년 톰 켐프는 이 주제를 확장해 자신이 1982년에 낸 책 『포유류 같은 파충류와 포유류의 기원』에서 처음 탐구했던 아이디어를 발전시켰다. 내온성의 등장 원인을 어느 하나로 지목하려는 어떤 이론도 결국 실패하게 되어 있다는 게 켐프의 말이었다. 내온성은 너무 복잡하고 동물 생리에 너무 구석구석 영향을 끼치기 때문에 한 가지 요소만으로는 진화를 설명할 수 없다는 것이다. 켐프는 기초대사율과 높은 유산소 능력 모두에 기여하는 생리학적 그리고 생화학적 과정의 수렴을 보았다. 그건 내온성과 최고 활동성 수준이 정말로 근본적으로 연결되어 있다는 뜻이었다. 그리고 그런 과정 중 어느 하나라도 변하면 동물의 행동과 돌봄 능력, 운동 가능성을 한꺼번에 바꾸어 놓게 된다. 켐프는 "실상 포유류의 생리와 삶의 모든 것이 내온성 전략에 기여하거나, 직간접적으로 영향을 받는다."라고 말했다. 오직 새끼 돌봄이나 사냥 능력 같은 특성에만 영향을 끼치는 생리적 변화는 전혀 없다는 뜻이다. 처음에는 내온성의 장점이 하나였다가 오늘날에는 분명한 다른 모든 결과가 뒤따르는 식은 절대 아니었다. 포유류 원형과 포유류의 내온성은 동시에 점진적으로 진화했다. 동물에게 전체적으로 영향을 끼치는 환원 불가능한 시스템은 점진적으로 외온성에서 내온성으로 옮겨갔다.

동물들이 내온성을 가지도록 이끌었을 가능성이 있는 여러 현상과 관련하여 켐프는 미토콘드리아의 수를 살짝 늘리는 가상의 돌연변이를 제안했다. 만약 심혈관계가 더 많은 미토콘드리아에게 충분한 산소를 제공할 수 있다면, 이 돌연변이는 유산소 능력을 조금이나마 높이고 그에 따라 활동성 수준도 다소 높일 수 있다. 더 많은 미토콘드리아는 체온도 살짝 높이고, 그 동물이 좀 더 늦은 밤까지 활동할 수 있게 해주었을 것이며, 부모의 체력도 조금 높여주었을 것이다. 그러나 가령 폐가 충분히 크지 않다거나 심장이 충분히 강하지 않아서 산소 농도가 제한 요인이 될 경우 미토콘드리아의 수를 좀 더 늘리는 돌연변이는 그 이상의 효과를 발휘하지 못한다. 그러다가 다음에는 산소 전달 능력을 높이는 돌연변이가 발생한다. 복잡한 시스템은 가장 약한 부분 이상으로 강해질 수 없다. 부모의 주의력을 강화하는 돌연변이는 부모의 몸이 새끼를 위해 1~2km를 더 움직일 수 있어야만 차이를 만들 수 있다…. 우리는 닭이냐 달걀이냐 하는 이야기를 좋아하지만, 켐프는 어떤 놀라울 정도로 복잡한 창조물 하나가 복잡하게 얽힌 또 다른 창조물에 앞서 나타난다는 개념 자체를 아예 포기해야 한다고 말하고 있다. 두 가지 이상의 상호의존적인 생물학적 형질은 모두 서로 돕는다.

마침내 2016년 남아프리카공화국의 콰줄루나탈대학교의 배리 러브그로브Barry Lovegrove는 내온성을 한 가지 원인으로 설명하면 '개념적 정체' 상태에 빠지게 된다고 주장했다. 그러면서 내온성의 3억 년 역사를 훑고 여기서 조류와 포유류 모두 이 복잡한 형질의 진화에서 세 번의 뚜렷한 '맥동'이 나타난다고 결론 내렸다.

1단계는 2억 7,500만 년 전에서 2억 2,000만 년 전 사이로, 포유류 혈통으로 치면 수궁류의 진화 시기에 해당한다. 이 조상들의 진화가 보여주는 여러 변화 — 똑바로 선 보행, 넓어진 턱, 분화된 이빨, 횡격막, 그리고 특히 호흡 비갑개 — 는 수궁류가 높아진 체온에서 살아가는 매우 활동적인 동물이었다는 증거로 여겨졌다. 이들에게 털가죽이 있었다는 확실한 징후가 없는 상황에서는 체온 조절을 돕는 행동도 중요했을 수 있다. 러브그로브는 이 단계를 이끈 게 주로 더 충실해진 부모의 돌봄, 항온성과 더 높은 유산소 능력 — 네발짐승이 마른 땅 위로 기어올라왔을 때 맞닥뜨린 과제에 대한 대답 — 이었다고 주장한다.

2억 2,000만 년 전에서 1억 4,000만 년 전 사이인 2단계는 크런치 타임[6)] 이었다. 이 시기에 몸 크기는 줄어들었고, 뇌는 극적으로 자랐으며, 결정적으로 포유류에게 털가죽이 생겼다. 또, 포유류의 생존에 야행성 생활이 매우 중요했던 시기였다. 체온 조절에 크기가 매우 중요했기 때문에 러브그로브브는 포유류의 소형화를 이 맥동의 주축으로 보았다. 하지만 부모의 돌봄과 유산소 능력도 여전히 선택의 무대 위에 있었다. 내온성 업그레이드와 그 안에 내재한 가치는 쥐라기에 포유류의 다양성이 급증하는 데 기여했을 것이다.

3단계는 포유류 사이의 차이점에 초점을 맞춘다. 단공류가 다른 포유류보다 낮은 체온을 유지하는 건 분명하다. 하지만 유대류도 태반류보다 체온이 평균 몇 도 정도 낮다. 포유류 목 사이의 더 큰 차이는 공룡이 사라진 뒤에 생겨나기 시작했다. 이 재앙 이후 몇몇 혈통에서 더욱 강력한 내온성 능력이 진화했다. 특히 질주하는 포유류와 더 추운 기후로 침입해 들어간 포유류는 신진대사율이 더 높아졌다. 예를 들어, 러브그로브는 포유류가 빨리 뛸수록 기초대사율이 더 높은 경향이 있다는 사실을 알아냈다. 이 발견은 베넷과 루벤의 모형을 떠올리게 한다. 하지만 3단계는 내온성의 기원보다 한참 이후의 시기다.

6) IT업계에서 흔히 쓰이는 말로, 출시를 앞두고 강도 높게 일하는 시기 - 역자

이 장을 시작할 때 이야기했던 누는 포유류 중에서도 가장 빠르고 체온이 가장 높은 축에 속한다. 누를 노리는 크로커다일의 '기다렸다 덮친다' 방식의 사냥법은 아마도 초기 수생 그리고 반수생 네발짐승이 먹이를 잡는 방법과 닮았을 가능성이 크다. 오늘날의 고에너지 세계에서는 더욱 드물어진 방식이다.

우리는 1장에서 배리 러브그로브를 처음 만났다. 러브그로브는 복부가 정자를 생산하기에는 너무 따뜻해져서 고환이 밖으로 나왔다는 새롭고 가장 강력한 주장을 펼쳤다. 언제나 그렇듯이 그때도 나는 음낭을 어떤 문제에 대한 해결책으로 생각했다. 너무 따뜻하거나 너무 덜렁거려? 남성 생식세포를 위한 피난소로 음낭을 진화시키자. 문제 해결. 끝. 그러나 러브그로브의 폭넓은 관점에서 음낭의 진화는 해방이다. 체온이 올라가면, 정자 생산과 관련된 문제 때문에 일시적으로 더 이상 체온이 올라가지 못한다. 따라서 음낭의 진화는 단순히 문제만 해결한 게 아니라 더 따뜻해질 수 있도록 동물을 해방시켜 주었다.

러브그로브는 체온이 극적으로 내려갈 수 있는 동면과 그보다 짧은 저체온 상태인 토포가 언제나 포유류 생리의 일부였다고 생각하지만, 다른 이들은 이런 일시적인 내온성의 포기가 최근에 들어서야 진화한 추운 날씨에 대한 적응이라고 보았다. 그리고 러브그로브는 이 관점에 기반해 놀라운 주장을 펼친다. 공룡을 멸종시킨 운석 충돌에서 살아남은 포유류는 단순히 잠을 자는 식으로 그 시기를 버텼을지도 모른다!

러브그로브가 포유류가 굴을 파고 들어가서 초기의 충격과 곧바로 뒤따른 적외선 열파에서 살아남았다고 주장한 첫 번째 인물은 아니다. 하지만 러브그로브는 이런 에너지 절약 전술이 대재앙 이후의 혼란스러운 세계에서 살아가는 데 유용했을 수 있다고도 생각한다.

1991년 자신과 루벤의 유산소 능력 이론에 관한 증거를 검토한 앨버트 베넷이 말했듯, 살아있는 종에 작용하는 선택압을 이해하는 것조차 너무나 힘든 일이며, 따라서 "제대로 이해하지 못하는 환경에서 살았던, 이제는 멸종해 잘 알지도 못하는 유기체를 상대로 이런 일을 시도하는 건 아마도 무모한 짓"일지도 모른다.

단순함에서 우아함이 나오는 생물학 이론이 더 많다면 멋질 것이다. 하지만 E가 언제나 MC^2인 것처럼 변하지 않는 물질의 성질과 달리 생체 시스템 안에서의 물질 배열은 변한다. 그건 진화 프로젝트의 기본이다. 러브그로브의 2016년 설명은 과학 이론이라기보다는 역사 기록을 시도한 것에 가깝다. 작은 발걸음을 여러 번 디디며 앞으로 전진한다는 이야기를 하는 켐프 역시 역사의 우연성에 호소하고 있다. 켐프는 내온성 원인을 한 가지로 콕 집으려는 여정을 척추동물이 육지로 올라온 한 가지 원인을 찾으려다 실패한 시도와 비교한다. 하지만 네발짐승이 수중 서식지에서 온갖 중간 단계의 서식지를 거쳐 서서히 건조한 땅으로 올라온 것처럼 포유류의 조상도 아마 일련의 중간 단계를 거치며 저에너지에서 고에너지 생활 양식으로 옮겨왔을 것이다. 우리의 미적 감각에는 단일 원인 이론이 좋긴 하지만 — 그러한 이론에는 '짜잔!'하는 순간이 있다 — 역사가 인간의 입맛에 맞게 흘러가는 건 아니다.

11장

후각과 감각

동물학적으로 이야기할 때 내 어린 시절의 안 좋았던 점 중 하나는 사람들이(누구 하나랄 것 없이 전부) 나에게 대부분의 동물이 낮에 깨어서 활동하고, 밤에 잠을 자는 사람처럼 생활한다고 믿게 했다는 것이다. 밤에 사는 건 올빼미와 박쥐처럼 신비로운 몇몇 동물뿐이라고 생각했다. 그리고 나는 이런 동물은 반쯤은 마술적인 능력이 있어서 밤에도 볼 수 있다고도 생각했다. 그렇지 않으면 깜깜한 곳에서 어떻게 활동할 수 있겠는가?

이런 관념은 너무나 튼튼해서 그와 충돌하는 새로운 정보에 놀라울 정도로 강하게 반발했다. 자라면서 나는 거의 모든 동료 포유류 — 여우, 오소리, 고슴도치, 생쥐, 쥐, 심지어 토끼도 어느 정도는 — 가 야행성이라는 사실을 알게 되었다. 하지만 야행성이 소수의 특이한 동물에게만 있는 기벽이라는 데 한 번도 의문을 갖지 않았다.

이런 믿음은 사람들이 공룡이 초기 포유류를 밤으로 몰아넣었다고 이야기하는 방식에 의해 더욱 강해졌다. 포유류가 2등급의 생태적 틈새에 만족해야 했다는 건 언제나 암묵적으로 받아들여지는 것 같았다. 그 결과 사람들은 거대한 파충류가 필멸의 삶을 끝내고 나면 포유류가 곧바로 낮 생활을 시작했을 것으로 생각하곤 한다. 영화를 보면 공룡이 죽고 안도한 포유류가 처음으로 부드러운 미소를 띤 얼굴에 햇빛을 받으며 따뜻함을 느끼는 장면이 나온다.

이런 미신을 너무나 확신하고 있었던 탓에 39세의 나는 옥스퍼드의 멋진 자연사박물관에서 광범위한 포유류 표본을 살펴보다가 충격을 받았다. 표본 위의 라벨 하나 하나에 숱하게 야행성이라고 적혀 있었다. 그런 게 너무 많아서 나는 실수가 아닌가 생각하기도 했다.

물론 라벨은 정확했다. 2014년의 한 조사는 포유류의 야간 친화성 정도를 정확하게 조사했다. 3,510종이 대상이었는데, 그 결과 오로지 포유류의 20퍼센트만이 사람처럼 주행성이었고, 8.5퍼센트는 시간대와 상관없이 활동했으며, 2.5퍼센트는 황혼과 여명에만 밖에 나왔다. 그리고 모든 포유류의 거의 70퍼센트는 야행성이었다.

내 어린 시절의 관념을 방어할 수 있는 유일한 근거는 올빼미를 빼면 대부분의 새가 주행성이며, 대다수의 파충류도 낮이면 밖에 나와 — 내가 살던 영국의 시골 구석에서는 보기 드문 광경이다 — 신진대사에 태양 에너지를 공급한다는 데 있다. 게다가 주행성은 네발짐승과 양막류 조상의 습성이라고 여겨지고 있다.

그러나 오늘날 야행성 포유류가 대다수인 건 놀라울 일이 아니다. 모든 포유류가 수유를 했던 똑같은 조상의 후손이기 때문에 젖샘을 갖고 있는 것과 마찬가지로 이 마지막 공동 조상도 야행성이었다. 그리고 주행성인 공룡이 오랫동안 버티고 있었기 때문에 포유류는 역사의 상당 부분에 걸쳐 충분한 낮 생활을 하지 못했을 것이다. 1억 3,000만 년은 햇빛

대신 달에 의존해 생활하도록 특화되기에 충분히 긴 시간이다.[1] 수면-활동 주기를 바꾸는 건 상당한 재적응 과정이 필요했을 것이다.

공룡의 퇴장 이후 포유류가 대량으로 낮에 진출한 건 아니다. 그건 서로 다른 혈통에서 산발적으로 일어난 일이다. 포유류 계통도 위에 있는 포유류 700종류의 활동 패턴을 조사한 또 다른 연구에서는 약 16차례에 걸쳐 다양한 포유류가 야행성 생활을 그만두었다고 추측했다.

주행성 삶은 유제류와 우리 영장류 부족에 가장 폭넓게 퍼져 있다. 그렇지만 1,000종이 넘는 박쥐는 여전히 밤에 날아다닌다. 그리고 주행성이 된 몇 개 혈통을 제외한 2,000종 이상의 설치류 대부분은 여전히 야행성이다. 식충동물은 보통 24시간 활동한다. 알다시피, 땃쥐는 끊임없이 먹어야 한다. 더욱 놀라운 건 호랑이와 사자, 그리고 다른 육식동물의 대부분도 분명히 밤의 동물이라는 점이다. 검은코뿔소도 그렇다. 주머니개미핥기는 유일하게 진정한 주행성 유대류다. 오랜 습관은 쉽게 사라지지 않는 모양이다.

만약 내온성이 포유류가 밤이라는 피난처로 처음 들어가 어둠의 차가움에 대처하는 수단이었다면, 우리의 조상은 빛이 거의 또는 전혀 없는 상황에서도 살아갈 수 있어야만 이런 생활 양식을 채택할 수 있었을 것이다. 이 사실은 포유류가 세상을 감지하는 방법에 깊은 영향을 끼쳤다.

---

1) 다른 동물에서 볼 수 있는, 자외선에 손상된 DNA를 수리하는 능력을 잃기에도 충분한 시간이다.

감각

어린 시절의 또 다른 기억. 매번 일요일이 되면 — 한 네 살부터 열두 살까지는 축구가 그 시절을 지배했다 — 아버지는 근처 시골로 나를 데리고 가서 걸었다. 우리는 농장을 지나 우거진 숲에 도착한 뒤 다시 더 많은 밭을 지나 되돌아왔다. 언제나 우리는 동물을 찾았다. 우리가 본 건 주로 토끼와 새였다. 몇몇 종을 보는 건 큰 행운이었다. 하지만 가장 재미있는 건 언제나 사슴이었다. 물론 여우와 오소리는 자고 있었다. 우리가 사슴의 영역에 들어서는 아버지는 '쉿!'하며 조용히 하라고 했다. 그러면 우리는 가만히 서서 혹시 사슴이 있나 하고 숲을 살펴보았다. 목표는 언제나 사슴을 보는 것이었다. 한 마리를 슬쩍 보기만 해도 상관없었다. 커다랗고 날렵한 동물이 내는 게 분명한 소리는 감각의 상호작용이 아니었다. 일촉즉발의 순간이었다.

그러나 사슴에게는 사람의 목소리나 육중한 발걸음 소리면 충분하다. 그런 소리만 나면 사슴은 사라진다. 사슴의 신경계는 잠재적인 포식자의 모습을 눈으로 보는 것을 중요하게 여기도록 되어 있지 않다. 나는 소리를 내지 않으며 움직이는 게 불가능하다는 사실을 절실하게 느끼며 걸어간다. 침묵이란 얼마나 가망 없는 목표인지.

인간은 자신이 오감을 갖고 있다고 생각하는 경향이 있다. 시각, 청각, 후각, 미각, 촉각. 이 모든 감각은 포유류보다 훨씬 선부터 있었다. 몇몇 감각기관은 척추동물의 발명품이며, 다른 것들은 그보다도 훨씬 더 오래되었다. 여기서 우리가 관심을 두는 건 이 몇 안 되는 고대의 정보 통로가 정교해지고 특수화한 일이 포유류의 생리에 끼친 영향이다.

시각과 청각, 후각은 원거리 감각이다. 반사된 광자, 전달 되는 음파, 휘발성 화학물질은 그 근원에서 우리의 눈과 귀, 코로 들어와 우리 몸의 경계 바깥에 무엇이 존재하는지를 알려준다. 반대로 미각과 촉각은 물리적인 접촉으로 자극을 받는다.

미각은 상대적으로 한계가 있는 감각이다. 혀에 있는 수용체는 먹은 것 중에서 한 줌에 불과한 신호 물질을 취한다(우리 인간이 맛이라고 느끼는 건 대부분 음식의 냄새에서 나온다). 오랫동안 감각을 연구하는 생물학자들은 우리가 음식의 단맛과 짠맛, 쓴맛, 또는 신맛만 느낀다고 생각했지만, 이제 우리는 다섯 번째 맛이 있다는 것을 안다. 혀의 수용체는 음식의 글루탐산염도 포착해 '우마미'(감칠맛)를 느끼게 한다.

가장 단순한 감각인 촉각은 몸에 닿는 물체의 모양, 질감, 움직임을 느끼게 해준다. 입술이나 손끝 같은 특정 부위에 몰려 있는 촉각 수용체는 그곳을 물체의 성질을 탐구하는 뛰어난 도구로 만들어 준다. 촉각을 이용한 탐구의 가능성을 그 어느 것보다 인상적으로 보여주는 건 바로 점자 읽기다.

하지만 이 오감이라는 개념을 고수하려면 우리는 물체가 뜨겁거나 차가운 정도를 느끼는 감각을 촉감 안에 넣어야 한다. 그리고 고통은? 가려움은? 이 두 감각은 내부와 외부의 자극 사이의 선을 흐린다. 포식자에게 물리면 아프고, 모기에게 피를 빨리면 가렵다. 그곳의 신경 섬유가 몸이 부상을 입었는지 아니면 가려운지를 알려주기 때문이다. 고통과 가려움은 포식자와 기생충의 효과와 관련이 있다. 몸의 상태와 관련이 있는 감각으로 향하는 문을 열려면 우리는 우리에게 혈압, 혈당, 산소포화도를 느끼는 감각과 폐가 얼마나 부풀었는지, 위장이 얼마나 늘어났는지, 심장 박동이 얼마나 센지를 알 수 있는 시스템이 있다는 사실을 고려해야 한다. 우리의 모든 수의근으로 뻗어 있는 신경은 근육이 얼마나 수축했는지 알려준다. 그러면 신경계가 우리 몸이 공간 속에서 어디에 있는지 알 수 있다. 귀가 음파를 감지하기 위해 사용하는 메커니즘은 본래 머리의 위치와 움직임을 알려주던 균형 감각에서 진화했다. 이렇게 계속 나열할 수 있다.

이런 내부 감각을 갈고닦는 일은 의심의 여지 없이 포유류의 혹독한 고에너지 생활 양식의 진화와 함께 이루어졌다. 하지만 여기서는 동물이 더 넓은 환경을 조사하는 수단인 외부를 향한 감각만 다룰 것이다.

모든 감각 시스템의 핵심은 유기체가 잘 반응할 수 있도록 정보를 제공하는 데 있다. 물가에서 누가 크로커다일을 보고 펄쩍 뛰어오르는 건 박테리아가 어떤 환경에서 영양분을 감지하고 그 영양분을 소화할 수 있도록 발현하는 유전자를 바꾸는 것과 개념적으로 크게 다르지 않다. 유기체는 오로지 감지할 수 있는 것에만 반응 — 행동으로든 생리적으로든 — 할 수 있다. 그리고 이건 그 유기체가 보유한 감지 시스템에 따라 정해진다. 이런 시스템은 유발하는 요소와 민감도에 따라 달라질 수 있다. 감각 기관(그리고 정보를 입력받는 뇌)의 진화란 보통 유기체로 쏟아져들어오는 광자와 음파, 화학물질에서 더 많은 정보를 추출하는 능력이 급성장하는 것이다. 또는, 다른 형태의 지속적인 정보를 감지할 수 있도록 진화하기도 한다. 강바닥을 헤집으며 먹이의 근육이 수축할 때 나오는 전기에 반응하는 오리너구리의 부리를 떠올려 보라. 중요한 건 그 신경계에 도달하는 그 정보가 유기체의 생존에 유용하다는 점이다. 오리너구리는 저녁거리를 찾을 수 있다. 사슴은 잠재적인 포식자의 소리나 냄새로부터 도망친다.

어린아이 또는 심지어 성인이 야행성을 아주 낯설게 여기는 이유는 우리의 시각으로 흘러들어오는 정보가 풍부하다는 데 있다. 숲속에 서면 우리는 나무줄기와 가지의 놀랍도록 상세한 모습을 볼 수 있다. 우리는 갈색과 주황색, 녹색으로 이루어진 광대한 배합을 인지한다. 동물이 다가오면 우리는 주의 깊게 관찰한다. 숲속에 서서 눈을 감는다면 — 또는 밤에 서 있다면 — 우리에게는 무엇이 남을까? 어디서 들려오는지 모르는 새 소리와 퍼덕이는 날갯짓 소리, 부스럭거리는 이파리…. 그리고 나는 대체 숲이 무슨 냄새가 나는지도 모르겠다. 거의 항상 내 시각이 다른 모든 입력 정보의 근원이 되는 감각 세계처럼 느껴진다. 다른 감각은 오로지 이 기준을 보조할 뿐이다. 마치 영화의 사운드 엔지니어가 촬영감독의 아래에 있다고 느끼는 것처럼.

하지만 이건 대책 없는 인간 중심적 관점이다.

시각

사실 포유류에게 있어 시각이란 축소된 감각이다. 포유류 원형과 초기 포유류가 밤으로 옮겨갔을 때 조상인 네발짐승의 시각 체계에서는 수많은 요소가 사라졌다. 예를 들어, 어류와 양서류, 파충류는 흔히 '세 번째 눈'이라고 하는 두정안이 있다. 뇌의 맨 위쪽에 난 점 같은 신경 조직으로, 피부로 덮여 있지만 뼈에 덮여 있지는 않다. 이곳은 주변 환경의 광도를 감지해 뇌 활동과 호르몬 농도를 하루의 시간대에 맞게 동조시킨다. 포유류는 이 구조를 잃어버렸다.[2)]

또한, 대다수 포유류 눈의 모양과 다양한 부위의 크기는 야행성의 역사를 알려준다. 포유류는 각막이 커서 커다란 동공으로 망막을 빛으로 흠뻑 적실 수 있다. 전형적인 포유류의 안구는 빛이 조금만 이동하면 망막에 닿을 수 있게 생겼다. 빛이 수많은 광수용체 위에 넓게 퍼지지 않는다는 뜻이다. 포유류의 눈에는 엄청나게 많은 간상세포도 있다. 간상세포는 척추동물의 망막에 있는 두 종류의 광수용체 중 한 종류다. 간상세포는 매우 민감하며, 어두운 환경에서 저해상도 시력에 특화되어 있다. 2016년의 한 연구는 포유류가 추가로 간상세포를 만들기 위해 특별한 발생 경로를 만들었다는 사실을 보이기도 했다.

그러나 색채를 즐기는 종의 일원으로서 가장 놀라운 건 포유류가 역사적으로 시각 인식의 이런 측면을 무시해 왔다는 점이다. 색 인식은 망막에 있는 다른 광수용체인 원추세포가 매개한다. 원추세포는 간상세포보다 더 큰 자극을 필요로 한다. 여러 종류가 있으며, 각각은 서로 다른 파장의 빛에 가장 민감하다. 뇌는 서로 다른 원추세포의 활성을 비교해 색깔 감각을 만든다. 사람에게는 세 가지 원추세포가 있다. 하나는 우리

2) 새와 뱀도 이 세 번째 눈을 잃었다.

에게 빨간색으로 보이는 긴 파장의 빛에 활성화되며, 다른 하나는 우리가 녹색으로 보는 중간 정도 파장의 빛에 활성화되고, 남은 하나는 파란색을 느끼게 하는 짧은 파장에 반응한다.

먹이와 포식자, 잠재적인 짝짓기 상대와 같은 다양한 대상이 서로 다른 파장의 빛을 반사하거나 흡수한다는 사실을 생각하면, 동물이 이 시스템을 이용해 인지한 색에 따라 물체를 구분할 수 있다는 것은 당연하다. 하지만 여기도 문제가 있다. 대부분의 비포유류 네발짐승은 원추세포가 세 종류가 아닌 네 종류다. 그리고 대부분의 비인간 포유류는 둘밖에 없다.

척추동물의 원추세포 색소 — 원추세포가 반응하는 빛의 파장을 결정하는 수용체 단백질 — 유전자를 조사한 결과, 초기 네발짐승은 어류로부터 네 가지 수용체를 물려받았고, 대부분의 파충류와 새는 그것들을 유지했다. 그러나 현생 포유류의 유전자를 살펴보면 초기 포유류에게는 이 수용체가 세 종류밖에 없었을 것이라고 추측된다. 포유류 원형의 역사 초기에 아마 중간 파장 수용체를 잃어버린 듯하다.[3] 매우 흥미롭게도 단공류 혈통은 단파장 수용체 하나를 잃어버렸고 — 오리너구리 유전체에 잔해로 남아있는 그 유전자가 증거다 — 수아강 포유류는 또 다른 단파장 수용체를 잃어버렸다.

다른 척추동물과는 달리 포유류의 눈에는 서로 다른 색조를 감지할

3) 사실 눈 화석 모양을 조사한 2014년의 한 연구에 따르면 몇몇 반룡류와 수궁류는 공룡이 나타나기 한참 전부터 야행성이었을 수도 있다.

수 있게 해주는 유색의 기름방울이 없어 색각이 쇠퇴했음을 확실히 알 수 있다. 따라서 대부분의 포유류는 두 종류의 원추세포가 가득 채운 망막을 갖고 있다. 이렇게 단파장과 장파장을 인지하는 원추세포를 유지하고 있다는 건 이 쇠퇴한 시스템이 여전히 유용하다는 뜻이다. 하지만 대부분의 포유류는 적록색맹인 사람처럼 색을 인지하는 감각이 미숙하다. 이런 현상은 포유류의 색이 얼마나 다양하지 못한지와 연관이 있을 수도 있다. 원추세포 색소가 네 종류인 조류와 파충류, 세 종류인 양서류는 오랜 세월에 걸쳐 다채로운 외피가 진화한 것과 달리 포유류의 털가죽을 만드는 데 쓰인 팔레트는 가을 콘셉트였던 게 분명하다.[4)]

인간에게 원추세포 세 종류와 상당히 괜찮은 시력이 있다는 건 영장류가 낮의 틈새를 재침입해온 결과다. 이 과정에서 장파장 원추세포 색소 유전자가 복제되면서 그 결과로 나온 수용체 쌍이 서로 다른 파장에 민감하도록 분기했다. 포유류가 1억 년 이상 전에 포기했던 수많은 기능 요소를 재발명한 영장류의 시각 시스템으로 복잡한 색각을 재확립하려는 수많은 실험이 영장류 가계 안에서 이루어졌다.[5)]

---

4) 녹색 포유류가 없다는 사실은 아직도 이상하다. 일부 나무늘보가 나뭇잎 색을 띠긴 하지만, 그건 나무늘보 위에 사는 조류[algae] 때문이라는 게 드러났다.

5) 이 현상이 버빗원숭이의 밝은 파란색 음낭과 직접적인 관련이 있는지는 논의의 여지가 있다. 하지만 맨드릴의 빨간색, 하얀색, 파란색 얼굴은 색을 감지하는 동물만이 인식할 수 있는 대상인 게 확실해 보인다.

청각

이제 9장에서 하다 말았던, 포유류의 턱 관절과 쫓겨난 작은 두 뼈에 관해 다시 이야기할 시간이다. 앞서 태반에 관해 이야기하면서 나는 심장이나 손은 기능이 눈에 보이는 구조 안에 쓰여 있지만 뇌나 태반은 구조와 기능의 관계가 현미경으로 보는 세포 수준에서야 뚜렷해진다고 언급했다. 귀는 — 아주 저급한 현미경, 심지어는 좋은 돋보기로도 볼 수 있다 — 손이나 심장과 같은 부류에 속한다. 귀의 구조는 그 기능을 세세하게 드러내 보여준다. 현미경으로나 볼 수 있는 수수께끼라기보다는 눈에 보이는 우아함이 있다(물론 수수께끼도 있긴 하다). 움직이는 뼈가 마치 영리한 공예가의 창조물이라고 상상할 수 있을 정도다. 각각은 아름다운 장인의 소리 감지 장치를 만들기 위해 모양을 내고 다듬어져 있다. 포유류의 중이는 특히 더 그렇다.

귀는 보통 세 부분으로 나뉜다. 그리고 포유류의 외이, 중이, 내이는 각각이 독특하다.

외이는 머리 외부에 튀어나와 있는 부분 — 사람들이 일상적으로 귀라고 부르는 부분 — 에다가 음파를 끝에 있는 고막까지 전달하는 관인 외이도로 이루어져 있다. 포유류는 머리 외부에 소리를 모으는 깔때기 같은 구조인 '귓바퀴'가 있는 유일한 동물이다. 그만큼 청각을 귀중하게 여긴다는 뜻이다. 아니, 적어도 수아강 포유류는 그렇다. 오리너구리와 가시두더지는 비포유류와 같이 이 부분이 없다. 사람의 외이는 상당히 이상한 구조로, 그다지 기능적이지 않다. 예를 들어, 동물이 소리 나는 곳으로 귀를 향하게 하는 근육이 사람에게서는 이제 작동하지 않는다.[6] 게다가 대부분의 육상 포유류는 사람보다 귓바퀴가 크다. 토끼의 귀는 우스꽝스러울 정도로 크며, 많은 박쥐와 여우, 그리고 사슴도 만만치 않을 때가 많다. 이런 구조는 종이를 깔때기처럼 말아서 귀에 대고 들을 때와 똑같이 음파를 외이도를 통해 고막으로 보내는 방식으로 청력을 보조한다.[7]

고막은 중이의 시작을 나타낸다. 하지만 먼저 내이에 관해 알아보자. 이곳에서는 기압의 변화를 뇌로 보낼 신호로 바꾸는 작업이 이루어지는 곳이다. 이 일을 하는 세포를 '유모세포'라고 부르며, 유모세포는 내이를 구성하는 관 속을 채운 액체로 털 같은 돌출부를 내민 채 넓게 깔려 있다.

내이의 다른 여러 관 안에서는 액체가 각각 개별적인 사건에 반응해 움직인다. 한 부분은 균형과 움직임과 관련이 있다. 동물이 움직이면, 그 안의 액체가 이리저리 움직인다. 이렇게 몸의 움직임을 추적하는 건 아마 척추동물이 땅으로 향하기 전에 진화한 귀의 원래 기능이었을 것이다.[8] 내이의 청각 담당 부위에 있는 유모세포는 액체를 움직이는 진동의 전달, 즉 소리에 자극을 받는다. 이 액체의 움직임이 유모세포의 털을 구부리면, 세포 안에서 신경계에 통하는 전기 신호가 발생한다. 유모세포는 현미경으로만 그 구조를 분명히 볼 수 있지만, 구조가 기능을 정의한다

6) 내 경험으로 볼 때 드물게 귀를 쫑긋거리는 기능을 유지한 사람들은 그 능력을 보여주기를 좋아한다.

7) 코끼리도 귀가 매우 크다. 그런데 이들의 청력이 뛰어난 건 사실이지만, 귀가 펄럭이도록 커진 건 주로 커다란 몸집을 식히는 데 도움이 되기 위해서다.

8) 물고기도 몸에 유모세포가 일렬로 자리 잡고 있어 외부의 물 흐름을 감지한다.

는 추가 증거가 된다. 그리고 털이 구부러지면 신경 신호가 발생한다는 건 소리가 언제나 움직임과 관련이 있다는 사실을 떠올리게 한다.

포유류의 내이는 소리가 유발하는 진동을 감지하는 길고 꼬인 관에 의해 비포유류의 내이와 구분된다. 포유류의 이 구조는 달팽이를 닮았다고 해 달팽이관이라고 불린다. 기니피그의 달팽이관은 완전히 네 바퀴를 돈다. 오리너구리는 반 바퀴밖에 돌지 않는다. 그리고 사람은 세 바퀴 반을 돈다. 달팽이관의 크기와 기하학적 구조는, 부분적으로, 포유류가 아주 폭넓은 높낮이의 소리를 들을 수 있게 하는 요소이다. 이 덕에 포유류는 다른 동물보다 상당히 높은 음을 들을 수 있다.

또한, 포유류를 가장 잘 정의하는 형질 중 하나인 포유류 중이의 성질도 이 능력에 기본적인 요소다. 중이를 이해하려면 우리는 다시 땅으로 올라오는 척추동물을 생각해야 한다. 수생 척추동물이 처음으로 유모세포를 이용해 외부에서 오는 신호를 감지했을 때는 증폭 시스템을 거칠 필요가 거의 없었다. 음파는 물속에서 더욱 강력하고 빠르게 이동한다. 따라서 내이의 액체로 쉽게 퍼져나간다. 만약 우리의 귀가 물속의 소리를 듣는 데 적응한다면 바다는 분명히 아주 시끄러울 것이다. 하지만 우리의 귀는 그렇지 않다. 공기-유체 전이는 완전히 다른 문제다.

육상동물은 소리를 듣기 위해 훨씬 약한 공기의 진동을 감지하고 증폭하는 새로운 시스템을 발명해야만 했다. 사실 초기 육상 척추동물에게 있어 듣는다는 건 다리와 아래턱을 타고 올라와 귀를 자극하는 땅의 진동을 감지하는 것이었다. 포유류의 조상이 씹기를 처음 발명했을 때 그건 아마 정신 산만하게 시끄러웠을 것이다.

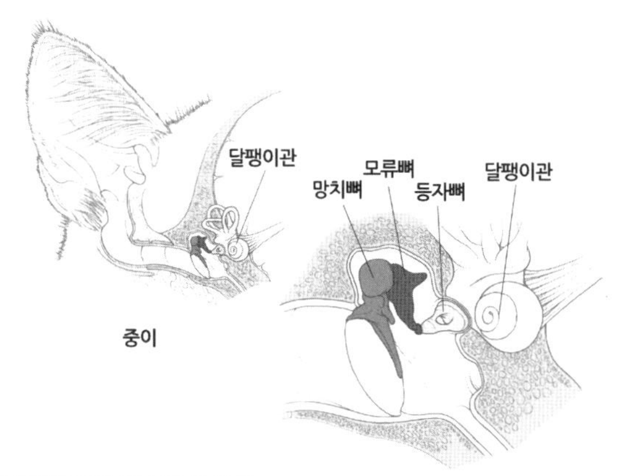

그림 11.1 포유류의 중이와 귓속뼈 세 종류.

액체의 파동을 내이를 통과해 보낼 수 있을 정도로 강하게 공기 중의 음파를 증폭하는 일은 귓속뼈라 불리는 중이의 진동하는 뼈와 연결된 고막의 진화로 해결이 되었다. 궁극적으로 육상 척추동물은 커다란 고막으로 특정 모양의 뼈를 진동시키고, 이들 뼈의 반대쪽 끝은 내이를 충분히 세게 두드릴 수 있다. 개구리와 파충류, 새의 귀는 단 한 개의 귓속뼈로 이 일을 해낸다. 이와 달리 포유류는 명확한 세 개의 귓속뼈를 갖고 있다. 이 세 뼈는 아름답게 맞물려 있어 진동을 증폭하는 데 뛰어나며, 고주파음을 듣는 데 특히 유용하다.

포유류의 고막에 붙어 있는 첫 번째 뼈는 망치뼈다. 망치뼈는 모루뼈를 때리고, 모루뼈는 등자뼈를 움직여 내이를 자극한다. 이 연쇄 반응을 보면 나는 사운드 엔지니어링에 매우 정통한 설충주의석 상인이 이 귀를 설계하는 모습이 떠오른다. 물론 생물학의 과제는 창조자의 마음을 해독하는 게 아니라 눈먼 진화의 점진적인 작용을 밝혀내는 것이다. 그리고 포유류 중이에 관한 핵심 난제는 언제나 이것이었다. 여분의 뼈 두 개는 어떻게 거기까지 갔을까?

놀랍게도, 이 문제에 관해 가장 중요한 통찰은 1837년에 나왔다. 다윈이 공책B에 유명한 '내 생각에는…' 스케치를 그리던 해다. 당시 조프루아 생틸레르는 — 오리너구리를 둘러싼 논쟁에서 틀린 내용을 주장했던 사람으로 우리와 만났다 — 젊은 다윈보다 훨씬 더 영향력 있던 인물이었다. 조프루아는 모든 동물의 몸은 단 하나의 원형을 고수한다고 주장했다. 그건 어떤 동물의 모든 신체 부위에 대응하는 부위가 다른 동물에게도 있어야 한다는 뜻이었다. 어떤 신체 부위도 특정 동물의 고유한 것일 수는 없었다. 이 개념을 뒷받침하기 위해 구한 자료는 훗날 상동성homology과 진화에 관한 문제에 도움이 된다. 하지만 조프루아는 단 하나의 기본 계획에 바탕을 둔 비진화적인 관점에서 신체 부위 사이의 동치성同齒性을 찾았다. 포유류 중이의 뼈 세 개는 이 세계관에 특별한 도전을 제공했다. 그리고 수많은 뛰어난 해부학자가 포유류의 귓속뼈에 대응하는 뼈를 다른 동물에서 찾아내는 도전을 받아들였다.

결정적인 통찰은 돼지 태아에게 해부용 바늘을 들이댄 독일의 해부학자 카를 라이헤르트Karl Reichert에게서 나왔다. 귓속뼈가 어디서 왔는지 알아내기 위해 라이헤르트는 뼈의 발생 경로를 추적했다. 그리고 그 결과 망치뼈와 모루뼈가 비포유류 척추동물의 턱뼈에 해당한다는 사실을 제대로 추론해냈다. 좀 더 정확하게 말하면, 라이헤르트는 망치뼈가 턱의 관절뼈와, 그리고 모루뼈는 턱의 방형골과 같은 종류라는 사실을 알아냈다. 9장에서 이야기했듯 이 두 뼈는 포유류 이전 조상이 상실했던 턱 관절을 이루던 것이다. 라이헤르트는 등자뼈가 개구리와 파충류의 중이에 있는 유일한 귓속뼈에 해당하며, 더 나아가 물고기 두개골의 구조적 지지대에 상당한다고도 말했다.

훗날 중이에 관한 연구를 이어받은 진화학자들은 처음에 초기 네발짐승이 진동을 내이로 전달하는 공간에 통합되어 있던 여분의 두개골 지지뼈를 이용해 고막이 있는 중이가 진화했다고 — 그 전의 두개골 지지뼈는 이미 조류와 파충류의 유일한 귓속뼈인 등자뼈가 되었다 — 생각했다. 또한, 포유류가 이 구조의 다이내믹 레인지[9]를 개선하기 위해 나중에 뼈 두 개를 추가로 삽입했다고 생각했다. 직관적으로는 말이 되는 이야기다. 하지만 여기에는 엄청난 공학적 문제가 있다. 뼈 하나로 멀쩡히 기능하는 귀가 고막과 기존 귓속뼈 사이에 두 가지 요소를 어떻게 더 집어넣을 수 있었을까?

간단한 답은 '그렇게 하지 않았다'는 것이다. 현생 네발짐승의 귀를 좀 더 면밀히 들여다볼수록 연구자들은 개구리의 귀, 파충류와 조류의 귀, 그리고 포유류의 귀 사이의 차이를 구분할 수 있게 되었다. 대표적으로, 포유류의 고막은 다른 위치에 있는 듯했다. 또한, 고생물학자들이 포유류 원형의 화석을 더욱 깊이 파헤쳤지만, 파충류와 포유류 사이에 있는 중간 형태의 중이에 대한 증거가 나오지 않았다. 더욱 충격적인 것은, 포유류 조상의 중이에 있는 귓속뼈가 하나였다는 증거도 전혀 없었다는 것이다.

오늘날의 합의된 견해는 네발짐승에서 북 같은 고막과 진동하는 중이

9) 음향 분야에서 최소 음량과 최대 음량의 차이를 나타내는 용어 - 역자

뼈를 바탕으로 적어도 세 차례에 걸쳐 귀가 진화했다는 것이다. 한 번은 개구리에서, 한 번은 초기 포유류에서, 그리고 한 번은 포유류에서. 포유류 귀 특유의 형태는 턱 관절의 진화 덕분이다. 놀랍게도, 이 이론에 따르면 포유류의 조상은 자유롭게 움직이는 귓속뼈로 공기로 통하는 소리를 듣는 메커니즘 없이 1억 년가량을 보냈다. 그 뒤 초기 포유류가 단번에 뼈 세 개를 정교한 중이 안에 집어넣었다.

포유류 귀에 관한 이 이론은 1975년 위스콘신대학교의 에드거 앨린Edgar Allin이 처음으로 설득력 있게 제시했다. 앨린은 포유류 원형과 포유류의 화석을 폭넓게 조사한 결과 수궁류에서 미래의 세 귓속뼈가 아직 턱의 일부였을 때 그 위에 고막이 형성되었다고 주장했다. 그러나 턱의 일부였다고 해서 청각에 기여하지 못했다는 뜻은 아니다. 관절뼈와 방형골 — 미래의 망치뼈와 모루뼈 — 이 여전히 턱의 일부였다고 해도 이 시점에서는 내이를 누르는 등자뼈와 맞닿아 있는 작은 뼈였다.

이들 뼈와 청각적 잠재력은 포유류의 새로운 턱 관절이 생겨나면서 해방을 맞았다. 이빨을 붙들고 있던 치골이 직접 두개골과 결합하자 관절뼈와 방형골은 자유롭게 새로운 일에만 전념할 수 있었다. 서서히, 서로 맞닿은 세 귓속뼈는 턱에서 멀어지며 더욱 독립적인 귀를 형성했다. 이 귀는 시끄럽게 씹는 소리로부터 더 멀찍이 떨어져 있을 수 있었다.

이 모든 것은 포유류의 중이뼈가 전에는 턱뼈였을 뿐만 아니라 우리 모두의 귓속에서 맞물려 있는 망치뼈와 모루뼈가 조상과 현생 파충류의 턱 관절에 대응한다는 사실을 뜻한다.

포유류의 중이가 형성되는 긴 과정은 포유류 턱의 씹기 기교를 연마하고 한때 두드러졌던 두 턱뼈의 크기를 줄이는 선택압과 함께 시작되었다. 하지만 이 단계의 후반부가 되면 턱 기능이나 더 나은 청력을 선택하도록 우선권을 부여하기가 훨씬 더 어렵다. 생물학자들은 두 가지 모두를 지지했다. 어느 쪽이든 포유류의 청력은 훨씬 좋아졌다.

곤충을 먹는 야행성 동물에게 이건 아주 유용했을 것이다. 좋은 청력이 밤에 유리하다는 건 아주 분명하다. 포식자가 다가오는 소리나 곤충의 소리가 더 선명하고 크게 들렸을 것이다. 게다가 청각에는 본래 시각보다 유리한 점이 있다. 예를 들어, 모퉁이 너머나 나무 뒤쪽을 보는 건 불가능하다. 직선으로 움직이는 광자가 쉽게 가로막히는 반면 음파는 단단한 물체를 돌아서(심지어, 어느 정도는 통과해서) 온다. 북극여우는 눈밑에 있어 보이지 않는 쥐의 소리를 듣고 펄떡 뛰어오른 뒤 귀가 이끄는 곳을 향해 눈 속으로 파고든다.

그러나 이런 주장은 더욱 민감한 청력 자체와 주로 관련이 있을 뿐 포유류가 더 높은 주파수의 소리를 더 명확하게 들어서 무슨 이익을 얻을 수 있는지는 알려주지 않는다.

청력은 같은 종 구성원의 음성 신호를 받는 데에도 흔히 쓰인다. 그리고 앞서 언급했듯이 포유류는 흔히 사회적이며, 언제나 자손을 돌보는 데 많이 투자한다. 고주파음 청력이 진화한 소형 포유류는 거의 대부분 찍찍거리는 소리만을 낼 수 있다. 따라서 이런 동물의 귀가 서로 부르는 소리를 잘 들을 수 있도록 진화했을 수 있지 않을까?

소통은 유용하지만, 원치 않은 주의를 끌 수 있다. 예를 들어, 새끼가 어미를 부르는 소리는 포식자의 눈길을 끌 수 있다. 하지만 그건 포식자가 새끼가 우는 소리를 들을 수 있을 때의 이야기다. 고주파음 청력의 진화는 초기 포유류에게 아주 좋은 기회를 제공했을 것이다. 공룡 같은 커다란 동물이 감지할 수 있는 것보다 높은 소리를 내고 듣는 능력은 초기 포유류에게 은밀한 의사소통 채널을 제공했을 것이다. 주변 동물 모르게 높은 소리로 대화를 주고받을 수 있었다. 실제로 오늘날 사람이 듣는 쥐의 높은 소리는 사실 쥐의 레퍼토리에서 낮은 쪽에 있다. 쥐가 내는 소리는 대부분 우리나 파충류, 조류 포식자가 듣기에 너무 높다.

그러나 이 기발한 대화법이 당시의 포유류에게, 그리고 지금도 유용한 건 틀림없지만, 아마 또 다른 요인도 포유류의 고주파수 청력의 진화를 촉진했을 것이다. 청력이 정말로 유용하려면 그 소리가 어디서 오는 건지를 알 수 있어야 한다. 그리고 두 눈이 상당한 깊이 인지 능력을 가능하게 했듯이 두 귀는 소리의 3차원성을 크게 높여 준다. 뇌의 청각 중추가 두 귀에 각각 들어오는 입력의 시각과 강도를 비교하면 음파의 기원을 계산할 수 있다.

코끼리, 혹은 사람도 머리가 충분히 커서 음원에서 오는 소리가 상당한 시차를 두고 귀에 도착할 정도로 두 귀 사이의 거리가 멀다. 하지만 땃쥐 크기의 동물은 그 시차가 아주 작다. 대안은 강도를 이용하는 것이다. 긴 파장은 양쪽 귀에 음파가 들어올 때 차이가 거의 없다. 하지만 파장이 짧을수록 주파수가 높아지고 양쪽 귀에 들어올 때 차이가 크다. 따라서 만약 초기의 소형 포유류가 높은 음을 들을 수 있었다면, 소리가 어디서 나오는 건지 계산하기 훨씬 더 쉬웠을 것이다. 이를 뒷받침하는 사실로,

포유류의 머리 크기와 청력 사이에는 놀라운 상관관계가 있다. 포유류의 머리가 더 작을수록 더 높은 음을 들을 수 있다.

포유류가 소리의 위치를 특정하는 데 도움이 되는 또 다른 요소는 귓바퀴로, 귓바퀴는 소리가 뒤에서 오는지 앞에서 오는지, 위인지 아래인지 알아내는 데 특히 뛰어나다. 오래 전 숲속에서 커다랗고 뾰족한 귀를 이리저리 움직이던 사슴은 아버지와 내가 어디서 오는지 정확히 알고 있었을 것이다.

포유류의 청력 중에서 가장 인상적인 혁신을 언급하지 않고 청력에 관한 내용을 마치는 건 잘못된 일일 것이다. 소나sonar 말이다.

19세기에 박쥐의 야간 비행 기술을 연구하던 사람들은 (다소 야만적이게도) 눈이 먼 박쥐의 비행 기술은 그대로이지만 귀가 먼 박쥐는 무력해진다는 사실을 실험으로 보였다. 그러다 1940년대에 도널드 그리핀Donald Griffin이 박쥐에게 '반향정위' 능력이 있음을 증명하는 결정적인 실험을 수행했다. 하버드대학교에 있었던 그리핀은 박쥐가 짧게 초음파를 내보낸 뒤 다시 돌아오는 메아리를 듣는다는 사실을 알아냈다. 이런 방법으로 박쥐는 주위를 돌아다니며 날아다니는 곤충을 잡는다. 먹이를 추적할 때는 빈도를 높여 1초에 100번까지 초음파를 내보낼 수 있다. 적어도 이들은 어둠 속에서 볼 수 있다는 반쯤 마법 같은 능력이 진짜로 있다.

소나는 물속 생활에도 좋은 전략이다. 박쥐와 마찬가지로 향유고래나 범고래와 같은 이빨고래류와 돌고래(엄밀히 말해 이들도 이빨고래류다)도 고주파음를 내고 돌아오는 소리를 듣는다. 이들의 귀는 공기가 아닌 물속 환경에 다시 적응했다.

고래는 가장 시끄러운 동물이기도 하다. 오늘날 향유고래가 의사소통을 위해 내는 저주파음은 대왕고래의 소리보다 크다는 사실이 알려져 있다. 이 소리는 230데시벨에 이르며, 바다를 건너 수천 킬로미터 떨어진 곳까지 퍼진다.

이빨고래류의 또 다른 특이한 점 하나는 포유류가 오랫동안 공들여 만든 감각 하나를 포기했다는 것이다. 이들은 냄새를 맡지 못한다.

후각

알래스카에 살던 어떤 북극곰 한 마리는 물범 무리를 향해 똑바로 65km를 걸어갔는데, 아마도 냄새를 맡고 그렇게 한 것으로 보인다. 곰 — 계통수에서 블러드하운드와 그리 멀지 않다 — 은 포유류 중에서도 냄새 전문가다. 그리고 포유류는 보통 냄새를 잘 맡는다.

사람도 냄새를 잘 맡지만, 시각 능력이 발전하면서 후각에서는 조금 손해를 본 것 같다. 그러나 우리는 여전히 특정 향에 강력하게 반응한다. 충격이든 즐거움이든 혐오감이든 성적 흥분이든 냄새 인지 — 과학적인 용어로, 후각 — 의 핵심적인 특징은 많은 냄새가 고유한 감정적인 반응을 불러일으키도록 정해져 있다는 사실이다. 하지만 사람은 적극적으로 냄새를 맡으며 주변 환경을 탐색하는 일이 거의 없다. 그리고 보통 코로 킁킁거리며 상대방을 맞이하지도 않는다. 이와 달리 많은 포유류는 먹이나 부모, 자식, 짝짓기 상대를 찾고, 포식자를 피하고, 영역을 표시하고 남들을 위협하는 데 냄새를 훨씬 많이 이용한다.

주위에 떠다니는 화학물질을 채집할 수 있다는 건 아주 오래된 감각 능력이다. 포유류는 이 기본 방식에 크게 덧붙인 게 없다. 가치 있는 정보를 담고 있을지도 모르는 분자가 지나갈 때 활성화되는 수용체를 만드는 정도이다. 그리고 이 수용체는, 모든 척추동물이 그렇듯이, 코에 집중되어 있다. 이 역시 포유류가 처음부터 발명한 것이 아니라 강화한 것에 관한 이야기다.

포유류의 감각 중에서 후각이 높은 위치를 차지한다는 한 가지 증거는 많은 조직이 그 일에 쓰인다는 사실이다. 후각 감각세포는 비강 안에 넓게 퍼져 얇은 막을 이룬다. 그리고 포유류는 좁은 공간에 얇은 조직이 더 많이 들어갈 수 있도록 유서 깊은 방법을 이용했다. 구겨서 넣은 곳이다. 정교하게 접힌 후각 비갑개 위에 조직이 놓이면 면적이 늘어난다. 호흡 비갑개가 숨 쉬는 동안 공기 중의 수분을 조절할 수 있도록 넓은 표면적을 만드는 것과 마찬가지로 후각 비갑개는 향을 감지하는 조직의 면적을 크게 늘린다. 아직 고생물학자들이 포유류 조상의 화석에서 감각 비갑개를 찾아내지는 못했지만, 반룡류부터는 후각 세포가 있었을 곳에 섬세한 뼈 능선이 있어 포유류의 조상에게는 아마 초기부터 후각 비갑개와 날카로운 후각이 있었을 것으로 보인다.

대부분의 포유류는 코에서 들어오는 정보를 처리하는 데 뇌의 상당 부분을 할애한다. 뇌의 어떤 영역이 커지면 그만큼 연산 능력이 좋아지므로 얼마큼의 신경 자산을 할애하고 있는지를 통해 동물이 어떤 감각에 가치를 두고 있는지를 추측할 수 있다. 예를 들어, 인간은 시각 처리에 뇌의 큰 부분을 사용한다. 하지만 일반적으로 포유류는 후각 영역이 특히 크다. 그러나 포유류가 코에 높은 가치를 둔다는 가장 극명한 증거는 포유류가 만드는 후각 수용체의 상당한 수에 있다.

인간의 천연색 시각은 우리 눈에 있는 단 세 가지 색 감각기에서 나오는 신호에서 나오는 결과다. 우리가 인지하는 수많은 색조는 세 수용체의 신호를 비교하면서 나오게 된다. 분자 수준에서 냄새의 원리를 밝히기 위해서는 마찬가지로 얼마나 많은 후각 수용체가 있는지를 알아내야 한다. 1980년대 말부터 컬럼비아대학교의 리처드 액슬Richard Axel의 연구실에서는 수많은 사람이 얼마나 많은 후각 수용체가 있는지를 알아내려고 노력했다. 성공을 거둔 사람은 린다 벅Linda Buck이었다. 1991년의 어느 날 야밤에 창의력을 폭발시킨 벅은 쥐의 후각 수용체 유전자를 분리했다. 벅이 축적한 엄청난 양의 유전 데이터를 조사하던 벅과 액슬이 찾은 후각 수용체는 3개, 혹은 10개, 혹은 100개가 아니었다. 데이터에 따르면, 쥐의 후각 수용체는 약 1,000개였다. 포유류가 아주, 아주 많은 수용체를 가지고 냄새를 맡는다는 사실을 밝힌 벅과 액슬은 노벨상을 받았다.

후속 연구에서 이 추정치는 쥐의 실제 수용체 수보다 200여 개나 작았다는 사실이 드러났다. 또한, 일부 수용체는 단 하나의 화학물질에 활성화되는 반면, 나머지는 다양한 향에 민감한 제너럴리스트라라는 것도 알 수 있었다.

다른 척추동물은 후각 수용체가 포유류보다 훨씬 적다. 전체적으로는 다양하지만, 도마뱀과 물고기는 약 100개, 새와 거북은 약 200개이고, 앨리게이터는 400개에 이른다. 확장이 정확히 언제 일어났는지는 분명하지 않다. 태반포유류 중에서는 1,000개 남짓한 수용체 유전자가 있는 게 보통인 듯하다. 이건 말과 소, 토끼, 개, 다양한 설치류를 포함한 수많은 종에서 나온 수치다. 놀랍게도, 이들 종의 경우 후각 수용체 유전자는 전체 유전체의 1퍼센트를 꽉 채운다.

후각의 계통 발생을 추측하기 위해 태반류 바깥을 살펴보자면, 유대류인 주머니쥐 역시 1,000개 정도의 수용체를 갖고 있다. 그런데 오리너구리는 약 350개다. 이는 단공류가 분리된 이후 유대류와 태반류가 나뉘기 전에 수용체가 크게 확장되었다는 뜻일 가능성이 있다. 하지만 반수생으로 전기를 감지하는 오리너구리 혈통이 다시 후각을 떨어뜨린 것일 수도 있다. 후각 수용체가 놀라울 정도로 자주 나타났다 사라진다는 사실은 상황을 혼란스럽게 한다. 포유류가 다양해지면서 새로운 수용체 유전자가 나타나고, 오래된 유전자는 놀라울 정도로 빠르게 사라진다. 현생 포유류의 수용체 목록은 엄청나게 변화무쌍하며, 유전체는 과거 수용체 유전자의 잔해로 뒤덮여 있다.

태반포유류 중에서 '약 1,000개' 규칙의 예외로는 이빨고래류와 영장류, 코끼리 등이 있다. 수중에서 생활하는 이빨고래류는 더 이상 냄새를 맡는 게 유용하지 않은 듯하다. 오늘날 이들에게는 후각 신경이 없고, 냄새를 분석하는 뇌 구조도 사라졌다. 그리고 거의 모든 후각 수용체 유전자가 퇴화했다. 영장류의 후각 능력 쇠퇴는 좀 더 미묘하다. 인간은 설치류보다 수용체가 훨씬 적다. 하지만 우리는 여전히 400개가량의 제대로 기능하는 수용체를 갖고 있다. 그러나 코끼리는 반대다. 코끼리는 제대로 기능하는 후각 수용체가 약 2,000개다(그리고 망가진 게 약 2,000개다). 코끼리가 수 킬로미터 떨어진 곳의 '물 냄새'를 맡을 수 있다는 이야기는 오래전부터 있었지만, 이런 유전적 풍부함을 발견한 건 놀라웠다. 이 사실을 발견한 연구진은 코끼리 후각의 무서움을 보여주는 몇 가지 사례를 제시했다. 공격적인 분위기의 수컷 코끼리는 눈 뒤에 있는 분비샘에서 신호 물질을 방출한다. 그리고 아프리카코끼리는 30마리까지의 가족 구성원을 냄새로 구분할 수 있다. 또한, 두 부족 사람들의 차이를 냄새로 알 수 있어 코끼리를 창으로 찌르려고 하는 사람들과 근처에서 평화롭게 농사짓는 사람들을 구분할 수 있다.

냄새는 아주 사회적인 감각이면서 소리와 마찬가지로 밤에 좋은 감각이다. 코가 땅에 가까운 동물에게도 — 코끼리보다는 설치류 같은 소형 포유류에게 — 유용하다. 음파와 광자의 성질이 청각과 시각을 규정하듯이 후각 기능은 냄새 분자의 특징에 따라 정해진다. 보는 것과 듣는 것은 실시간으로 흘러가 버리는 — 생기자마자 곧 사라지는 — 신호에 의지한다. 반면 냄새는 그보다 훨씬 느린 감각이다. 냄새 물질은 훨씬 오랜 시간에 걸쳐 원천에서 퍼져 나온다.

냄새가 아주 오래된 형질인 것처럼 동물 사이에서 냄새로 신호를 주고받는 일도 오래되었다. 피부에 분비샘이 있는 포유류는 그 일에 매우 적합하다. 젖과 땀뿐만 아니라 냄새 물질도 포유류 피부에서 나오는 필수 분비물이다. 취샘scent gland은 코끼리의 눈에만 있는 게 아니다. 식충동물의 옆구리, 대다수 육식동물의 항문, 그리고 비버의 향낭(이번에도 항문 근처다)에도 있다. 후자에서 나오는 물질은 사람이 쓰는 향수에 쓰인다. 호랑꼬리여우원숭이 수컷은 암컷의 눈에 들기 위해 '냄새 싸움'을 벌이며 경쟁한다. 각 수컷은 두 분비샘에서 나오는 물질 — 손목에 있는 분비샘에서 나오는 물기 많은 것과 어깨 분비샘에서 나오는 '갈색 치약 같은 물질' — 을 꼬리에 묻혀 싸움을 준비한다. 그리고 어느 한쪽이 물러날 때까지 서로 꼬리를 흔들거나 튕긴다. 그러나 이 장면을 연구한 사람들은 냄새를 맡을 수 없었다고 보고했다. 설치류의 초음파 대화처럼 냄새도 같은 종끼리의 은밀한 대화 가능성을 열어준다.

사람의 좋은 후각은 포유류의 유산이다. 막판에 조금 약해진 건 더 나은 시각으로 전환하면서 치른 대가이거나, 어쩌면 나무 위의 영장류에게는 냄새가 그다지 유용하지 않았기 때문일지도 모른다. 하지만 잠재적인 번식 상대의 향이 의식적으로 또는 무의식적으로 여전히 중요하게 작용한다는 증거는 많다. 이것은 튼튼한 자손을 낳는 면역 체계의 호환성과 관련이 있을 수도 있다. 실제로 인간이 별나게 겨드랑이와 사타구니에 체모를 유지하고 있는 게 중요한 후각 신호를 날리는 데 도움이 되기 때문이라는 이론도 있다.

촉각

쥐에게 냄새가 중요하지만, 바쁘게 사방으로 주둥이를 씰룩거리는 쥐는 단지 냄새만 맡고 있는 게 아니다. 쥐의 수염 또한 다량의 감각 정보를 만들어내고 있다. 누군가의 표현을 빌리자면, "인간에게 눈은 '영혼의 창문'일지 모르지만, 수염은 설치류의 내면을 들여다보는 더 나은 통로가 된다." 포유류의 감각에 관한 요약을 마치기 전에 간단히 촉각, 특히 포유류의 가장 뚜렷한 부속물인 '털이 매개하는 촉각'에 관해 알아보자.

촉각은 또 하나의 오래된 감각이다. 모든 유기체는 몸에 가해지는 압력을 느낀다. 포유류의 피부는 다양한 유형으로 분화한 촉각 수용체로 덮여 있다. 그리고 모든 기계적 변위 감지 장치 중에서 가장 민감한 건 털 끝을 감싸고 있는 것들이다. 귀에 있는 유모세포의 돌출부와 마찬가지로 털은 움직임을 감지하는 유용한 지렛대 역할을 한다. 설치류와 다른 포유류의 수염은 탐색용 촉각을 위한 구조의 잠재력을 가장 잘 활용하고 있는 사례다. 종종걸음으로 움직이는 쥐는 수염으로 방향을 잡고 물체를 인식하며, 수염을 사회적 교환에 이용한다. 수염에는 다른 털보다 신경이 훨씬 더 밀집해 있고, 수염의 패턴은 쥐의 뇌에 있는 '배럴barrel 피질' — 수염 하나마다 신경이 한 배럴씩 있다 — 이라는 영역에 완벽하게 지도로 그려져 있다. 이런 구성이 어두운 밤에 아주 유용하리라는 건 말할 필요도 없다. 이는 특히 많은 설치류가 사는 지하 굴속의 완벽한 어둠 속에서 훨씬 더 가치가 있다.

고도로 분화한 '촉각용 털'은 대개 포유류의 얼굴에만 있지만, 어떤 동물들에게는 폭넓게 퍼져 있는 경우도 있다. 박쥐의 날개나 매너티의 몸 전체와 같은 경우가 그렇다. 이를 염두에 두고 우리는 1972년 폴 매더슨이 털이 단열재가 아니라 감각 기관에서 기원했다고 주장한 내용으로 다시 돌아간다. 매더슨의 논문은 털이 없는 상태에서 내온성에 유용한 털가죽을 입은 상태에 이르기 위해 — 성 조지 미바트가 건널 수 없다고 생각했던 간극을 넘으려면 — 어쩌면 털이 처음에는 촉각을 보조하기 위해서 진화했다가 그 뒤에 수가 늘어나며 온몸을 덮었을 수도 있었을 것이라 주장했다. 이 경우 더 작은 돌출부가 감각용 지렛대로 유용했을 것이다. 그리고 이 이점은 털의 초기 발생을 이끌었을 수 있다. 드문드문 있더라도 털이 있을 때의 유용성은 명백했을 것이다. 이 모형은 복잡한 형질이 진화하는 동안 기능의 변화가 일어났다는 것을 다시 한 번 시사한다. 단열, 따라서 내온성은 세상을 좀 더 완전하게 감지할 수 있다는 유용성에서 태어났을지도 모른다.

다른 세상들

네 살짜리였던 나는 숲속에 선 채로 방금 들은 소리를 낸 게 무엇인지 보려고 필사적으로 눈을 돌렸다. 주변을 보기 위해 내 눈에 모든 신경을 집중했다. 이제 나는 숲속에 서서 사슴처럼 위엄 있는 생물을 본다는 게 얼마나 운이 좋은 일인지를 내 아이들에게 알려주려고 노력하고 있다. 이제는 내가 '쉿!' 할 차례다. 그리고 물론 여전히 사람을 보는 게 가장 중요한 일이다. 하지만 이제 나는 내 주위 환경을 더욱 잘 이해하고 있다. 짙은 숲은 밤과 마찬가지로 시각에 불친절하다. 너무 많은 광자가 나무에 가로막혀 내 망막에 도달하지 못한다. 너무 많은 동물이 주변 환경에 잘 녹아들어가는 털가죽을 갖도록 진화했다. 나는 여전히 사슴을 거의 보지 못한다. 그런 동물은 계속해서 귀를 쫑긋 세우고 코를 꿈틀거리며 공기 중의 정보를 탐색해 나무줄기와 이파리 사이로 움직이는 신호를 찾는다. 그리고 여전히 내가 사슴을 보고 사슴이 나를 보기 전에 도망친다.

새 소리는 들리지만, 나는 내가 어떤 포유류의 대화를 놓치고 있는 건

지 궁금하다. 그리고 숲에서 별다른 냄새를 맡을 수 없다는 데 놀란다. 나는 개들이 앞선 방문자의 경로를 따라가며 킁킁거리는 모습을 보고, 과연 저 개들이 — 혹은 사슴이나 오소리, 여우, 토끼 — 누가 지나갔는지 정확히 알고 있는지 궁금해한다.

인간의 청력이나 후각을 너무 깎아내려서는 안 된다. 그건 좋다. 심지어 뛰어나다. 아주 튼실한 포유류의 유산이다. 또한, 우리의 시각을 너무 띄워서도 안 된다. 우리가 뇌의 상당한 힘을 이 감각의 입력을 처리하는 데 할애하고 있지만, 새나 다른 동물은 훨씬 더 잘 볼 수 있다.[10] 가장 중요한 건 우리 중 누구도 우리의 감각이 세상을 있는 그대로 우리에게 제공한다고 생각해서는 안 된다는 점이다. 우리의 감각은 우리의 생존에 적절한 내용만 신경계에 제공할 뿐이다. 다르게 생각하는 건 마치 어린아이가 밤에 활동하는 건 몇몇 동물에 불과하다고 믿는 것처럼 순진한 일이다.

10) 과학적으로 말해서, 현미경과 망원경의 중요성, 그리고 아주 작은 것과 아주 큰 것을 보는 게 세상을 더 잘 이해하는 데 얼마나 핵심적이었는지를 생각해 보는 건 아주 흥미롭다.

12장

다층 구조의 두뇌 퍼즐

"아무리 멍청한 포유류라고 해도 그 뇌는 엄청나게 커진 것이다." 앨프리드 로머Alfred Romer는 1933년 이렇게 썼다. "성장은 원래 후각을 담당했던 작은 구조인 대뇌 반구에서 거의 모두 이루어졌다. 이곳에서 정신 발달이라는 면에서 포유류를 다른 어떤 척추동물 집단보다 위에 올려놓은 고차원의 두뇌 중추가 생겨났다."

20세기 전반에 온 것을 환영한다. 로머는 척추동물의 권위자였고, 『사람과 척추동물』이라는 저서에서 위와 같은 말을 남겼다. 가장 멍청한 포유류라고 해도 다른 어떤 척추동물보다 훨씬 똑똑하다는 생각은 상당히 대단하다(그리고 로머는 무척추동물에 관해서는 별 생각도 하지 않았을 것이다). 당시에는 이것이 보편적인 세계관이었고, 포유류의 여명기가 인지 능력의 엄청난 도약이 이루어진 시기라고 당연하게 생각했다. 포유류는 호모 사피엔스에서 절정에 이르게 되는 지적인 발전의 경로에서 큰 진전을 이루고 있었다. 가장 지적인 종의 한 구성원이 포유류를 특별하게 만드는 것들에 관한 책을 쓸 때 아주 멋진 클라이맥스가 될 관념이 분명하다. 하지만 그게 사실일까?

불행히도, 아니다. 그렇지 않다. 그건 철 지난 오만이다. 1933년 이후로 상황은 매우 복잡해졌다. 그리고 뇌는 어느 모로 보나 복잡하다.

확실한 건 포유류의 뇌가 엄청나게 크다는 점이다. 몸집이 비슷한 파충류의 뇌와 비교하면 포유류 뇌의 크기가 6~10배 크다. 그리고 일반적으로 뇌가 크면 그만큼 더 영리하다. 하지만 몸집대비 뇌의 크기를 생각하면 — 크기가 서로 다른 여러 동물을 공정하게 비교하려면 반드시 이렇게 해야 한다 — 새의 뇌도 비슷하게 커졌다는 사실을 알 수 있다.

대부분의 포유류는 커다란 대뇌 반구 — 사람의 뇌에서 보이는 주름진 회색 물질 — 때문에 뇌가 크다는 것도 대체로 사실이다. 그러나 앞으로 살펴보겠지만, 이는 포유류의 뇌가 애초에 어떻게 커졌는지를 완전히 알려주지 못한다. 그리고 대뇌 반구는 원래는 냄새와 관련 있었다가 단순히 크기가 커진 구조가 아니다.

그러나 포유류 대다수의 대뇌 반구는 다른 곳에 전혀 없는 신경 조직으로 이루어져 있다는 점은 흥미롭다. 그리고 이 신경 조직은 포유류에게만 적용되기에, 이 조직의 기원이야말로 진화 신경과학의 심장부에 있는 것이라 할 수 있다. 문제는 포유류의 대뇌가 정말로 새로운 유형의 '상위 두뇌 중추'를 포함하고 있는지 아닌지다. 그리고 만약 그렇다면, 그 중추의 성질은 무엇이냐는 것이다.

포유류가 '정신 발달 측면에서 다른 어떤 척추동물보다 월등하다'는 말은 오늘날에는 아주 교만하게 들린다. 포유류는 영리하다. 이건 당연한 소리다. 포유류라는 존재의 핵심적인 측면이다. 하지만 모든 포유류가 털가죽을 두른 천재는 아니다. 그리고 비포유류 동물의 지능을 더욱 세심하게 살펴볼수록 상황은 더욱 미묘해진다.

다윈은 결국 인간 감정과 행동의 선례가 다른 동물에게서 어떻게 나타나는지를 길게 논의했다. 하지만 『종의 기원』에서는 뇌에 관한 내용을 거의 뺐다. 음악을 만들고, 시를 쓰고, 예술품을 창작하고, 과학을 하고, 신을 두려워하는 사람의 마음이 단지 성능이 좋아진 원숭이 뇌의 산물에 불과하다는 자신의 믿음에 관심이 쏠리게 하지 않으면서 진화론을 주장하고 싶었던 모양이다. 도대체 유인원 무리에게서 어떻게 빅토리아 시대의 지성이 나올 수 있었을까? 그리고 다윈과 동시대를 살았던 인물들 — 디킨스와 도스토예프스키, 엘리엇에서 브라우닝과 휘트먼, 브람스와 리스트, 마네와 휘슬러에 이르기까지 — 의 업적은 정말로 동물의 생존과 번식이라는 껍데기를 벗어나는 과정에서 생겨난 것에 불과할까?

다윈은 생물학이 목적 없는 과정이라는 점을 이해했다. 하지만 진화는 점점 더 널리 받아들여지면서, 흔히 인간이라는 걸작을 향해 점점 더 나은 유기체를 만들어 내는 '발전', 혹은, 심지어는 그런 목적이 있는 과정으로 받아들여졌다. 이런 관점은 흘러간 — 인간의 태반이 태반 진화의 정점이라는 생각은 (상당히) 빨리 터무니없는 관점이 되었다 — 이야기지만, 진화 신경과학에 아주 긴 그림자를 드리웠다.

단지 인간의 지적 그리고 예술적인 성취 때문만에 이러한 논의가 뒤틀리게 된 것은 아니었다. 19세기 중반이면 이미 지구 전체에 10억 명이 넘는 사람이 살고 있었고, 이런 풍부함의 원인을 뇌가 아닌 다른 것에서 찾기란 어려웠다. 기술과 산업, 농업, 뛰어난 일상생활의 문제 해결력을 보유한 인간은 수많은 서식지를 개척했고, 운명의 지배자가 된 게 분명해 보였다. 인간은 지적이었고, 지성은 인간에게 큰 도움이 되었다. 영리함이 고도로 효율적인 진화의 전략이며, (허영심 넘치게도) 고차원의 인지 능력이 진화가 항상 목표로 삼아왔던 목표라고 보는 건 어렵지 않았다.

신경해부학은 다윈이 죽은 1882년 이후에야 번성하기 시작했다. 초기 유럽의 연구자들은 폭넓은 포유류와 비포유류의 두개골 내용물을 조사했다. 일부 연구자는 뇌 안쪽 세포의 미세 배열을 밝히려고 했고, 어떤 연구자는 장기의 전체적인 해부학적 구조를 조사했다. 곧 이런 연구는 척추동물 뇌의 뒷부분과 중간 부분이 놀랍도록 비슷하다는 사실을 드러냈다. 어류와 양서류, 파충류, 조류, 포유류의 척수와 뇌간, 후뇌는 차이점보다는 유사성이 뚜렷하다. 진화론적 용어로 말하자면, 분기divergence가 아니라 보전conservation이다.

뇌의 가장 뒤쪽은 앞쪽에 비해 기능이 단조로운 편이다. 예를 들어, 뇌간은 호흡과 심장 박동을 조절한다. 깊숙한 곳에 있는 다른 중추는 에너지 균형이나 잠들기, 깨기와 같은 고대의 기능을 수행한다. 동물의 여러 감각 입력은 뇌의 가운데와 뒷부분으로 들어가지만, 맨 뒤 쪽 중추에서 일으키는 행동은 정해져 있고 본능적이다.

더 나아가 다양한 척추동물의 중뇌와 그곳에 붙어 있는 소뇌는 흥미로울 정도의 변이를 보여준다. 하지만 실질적인 진화가 이루어진 건 앞쪽에서다. 게다가 척추동물의 뇌를 어류에서 양서류, 파충류, 포유류에 이르는 가상의 등급에 따라 일렬로 늘어놓으면, 전뇌가 점점 커지는 모습을 분명히 볼 수 있다.

1908년 독일의 신경해부학자 루드비히 에딩거Ludwig Edinger는 이렇게 썼다. "마침내 포유류에 이르러 우리는 반사와 본능이 연계적이고 지적인 행동에 종속되기를 기대할 수 있을 정도로 큰 대뇌피질을 지닌 뇌를 만났다." 더욱 고등한 — 말 그대로이면서 비유적으로 — 포유류 전뇌의 중추들이 더 발전한 정보 처리 능력을 갖추고 있으며, 하등 동물의 후뇌 중추들의 기능을 가져왔다는 이야기다. 하등 동물이 본능적으로 하는 행동을 포유류는 생각해서 한다. 게다가 만약 포유류를 똑바로 줄 세운다면, 피질의 점진적인 축적이 인간을 향해 올라갈수록 커지는 뇌도 설명할 수 있었다.

그러던 1909년 네덜란드 신경해부학자 아리언스 카퍼르스Ariëns Kappers가 신경해부학 사전에 수많은 내용을 추가했다. 이 용어들은 순서대로 새로운 부위가 추가되면서 이 선형적인 등급에 따라 뇌가 점점 복잡해졌다는 개념을 담으려는 시도의 결과물이었다. 다양한 척추동물 분류에 걸쳐 뇌의 영역에 해당 구조의 명백한 나이를 나타내는 전치사가 붙었다. 많은 어류와 파충류, 조류의 뇌 구조 이름 앞에는 '오래된'과 '가장 오래된'을 뜻하는 '원-Archi-'과 '고-palaeo-'가 붙었다.[1] 그리고 포유류의 대뇌 피질은 '신피질'이라는 이름을 받았다.

피질cortex은 조직의 외곽 층으로, 라틴어로 나무껍질을 뜻하는 단어에서 유래했다. 신피질은 포유류의 종류에 따라 두께가 0.5mm에서 3mm에 이르는 얇은 신경 조직이며, 뇌의 바깥쪽에 놓여 있다. 인간 지성의 상징인 인간의 두뇌를 덮고 있는 복잡하게 주름진 천 모양의 회색 물질의 대부분은 신피질로 이루어져 있지만, 뇌의 가장 앞쪽에서부터 자라난다.

---

1) 그러나 '원-'과 '고-'는 잘못 쓰였다. '원-'이 가장 오래되었다는 뜻이고, '고-'가 오래되었다는 뜻이어야 한다.

사람 신피질의 특징인 구겨진 모양은 두개골 안에 더 많은 양을 집어넣기 위해 생긴 것이다. 인간 뇌의 75퍼센트 이상은 신피질로 이루어져 있다. 그러나 모든 포유류가 피질이 매우 커진 건 아니다. 고슴도치와 텐렉, 주머니쥐의 피질은 뇌 위에 작은 뚜껑 같은 형태로만 있다. 그리고 여러 포유류의 피질은 사람처럼 한정된 공간을 아끼기 위해 굴곡진 모습을 보여주지만, 수많은 종은 완전히 매끈하다. 단공류의 피질은 분명히 포유류의 것이지만, 오리너구리의 피질은 매끈하고, 가시두더지는 온통 계곡과 능선으로 덮여 있다.

제대로 된 착색제와 꽤 괜찮은 현미경으로 잘라낸 신피질을 보면 — 신피질의 속내를 이해하기 시작하려면 반드시 해야 하는 일이다 — 마치 종이를 차곡차곡 쌓은 것처럼 뇌의 표면과 평행한 여섯 개의 층으로 이루어진 구조라는 사실을 알 수 있다. 각 층에는 고유한 유형의 뉴런이 제각기 특징적인 밀도로 담겨 있으며, 특정 방식으로 서로 그리고 다른 뇌의 영역과도 연결되어 있다. 그리고 포유류 외의 동물에서는 전혀 보이지 않는 게 이 여섯 층 구조다. 이 구조의 기원에 관한 설명이 필요한 상황이다.

하지만 일단 포유류 뇌의 조금 더 다루기 쉬운 특징부터 이야기하기 시작하려 한다. 바로 크기다.

쥐라기 스파크

신경과학의 역사에서 프란츠 요제프 갈Franz Joseph Gall만큼 욕을 먹는 인물도 없다. 19세기 초 갈은 골상학phrenology을 만들었다. 사람 두개골의 융기부를 조사해 그로부터 그 밑에 있는 뇌의 크기를 추측할 수 있고, 따라서 사람의 정신적인 속성까지 알 수 있다는 주장이었다. 이건 순전히 터무니없는 소리였지만, 갈은 조금 더 공로를 인정받아야 할 만한 사람이다. 그는 대뇌피질이 인간의 사고에 있어 중심성을 확립한다는 점과, 피질의 서로 다른 부위가 각각 다른 인지 기능을 수행한다고 주장했다. 다윈은 자신의 이론이 받아들여지기까지 힘겹게 노력했지만, 갈의 이론은 너무나도 물질주의적이고 반종교적이라 받아들여졌기에 1805년 오스트리아에서 추방당했다.

두개골이 밖으로 튀어나온 모양을 갖고 뇌의 모양을 알 수 있다는 아이디어는 바보 같아 보일지 몰라도 기저에 깔린 이론은 그렇지 않다. 갈은 뇌의 어떤 부분이 클수록 그곳의 기능은 더욱 고도로 발달했다고 말했고, 본질적으로 말하자면 그 말은 옳다. 골상학을 변호할 수 없는 건 사실이지만, 두개골 내부의 요철을 연구하는 건 포유류 뇌의 진화 시기를 이해하는 데 핵심적이다.

두개골 화석의 내부를 석고로 떠서 조사하면 한때 그 안에 담겨 있던 기관에 관해 놀라울 정도로 풍부한 정보를 알 수 있다. 두개골을 통해 가장 확실하게는 그 화석 주인의 뇌 전체 크기를 알 수 있다. 또한, 뇌의 주름과 조직이 남긴 자국으로 각 부위의 상대적인 크기를 짐작할 수도 있다. 적어도 포유류와 조류처럼 뇌가 두개골을 가득 채우는 경우에는 그렇다. 안타깝게도, 포유류 원형의 뇌는 대부분 오늘날 파충류와 양서류의 뇌처럼 두개골 안에 있는 연골 조직에 둘러싸여 있었다.

포유류의 뇌가 정확히 언제 커지기 시작했는지를 알아내려면 초기 포유류와 그 직계 조상의 두개골 자료가 필요하다. 그러나 시간을 거슬러 올라갈수록 쓸 만한 두개골은 드물어진다. 그리고 2억 2,000만 년 된 귀중한 화석 머리를 열어서 석고로 채우라고 선뜻 빌려줄 사람은 아무도 없다. 그러나, 다행히 이제는 엑스선을 이용해 화석화된 두개골의 내부 형태를 알아낼 수 있다. 그리고 2011년 텍사스대학교의 팀 로우Tim Rowe의 연구진은 그렇게 해서 포유류 뇌의 팽창을 그래프로 그릴 수 있었다.

2억 6,000만 년 된 견치류의 화석은 뇌가 작은 관 모양이었다는 사실을 드러냈다. 전뇌는 "좁고 특색이 없으며", 중뇌는 포유류와 달리 피질에 덮여 있지 않았다. 이들에 대한 로우의 의견은 시큰둥했다. "현생 후손과 비교할 때 초기 견치류는 저해상도 후각과 형편없는 시력, 예민하지 못한 청력, 조악한 촉각, 세밀하지 못한 운동 조절 능력을 갖추고 있었다. 감각-운동 협응 기능이 차지하는 뇌의 영역은 거의 없다시피했다."

다음은 모르가누코돈이다. 웨일스 어느 지방에서 2억 500만 년 된 이빨과 뼈가 발견되면서 처음 알려진 흔한 초기 포유류다.[2] 나는 모르가누코돈과 하드로코디움을 포유류라고 부른다. 로우는 중국에서 나온 놀라울 정도로 완전한 두개골 화석을 이용해 모르가누코돈의 지적 능력을 평가했다. 10cm 정도인 몸을 지닌 이 초기 포유류의 뇌는 비슷한 크기의 견치류의 뇌보다 약 50퍼센트 컸다. 현대 포유류만한 크기는 아니지만, 가까워지는 중이었다.

2) 둘은 모두 명확한 턱 관절을 갖고 있다. 현생 포유류의 마지막 공통 조상의 후손을 포유류로 보는 견해를 지지하는 로우는 이 둘을 포유형류라고 부른다.

아주 흥미롭게도 이 동물의 두개골 모양은 뇌 전체가 균일하게 팽창하지 않았다는 사실을 알려주었다. 가장 극적으로 팽창한 곳은 냄새를 처리하는 구조였다. 후구(후각 신호가 지나가는 첫 번째 정거장)와 후각 피질(두 번째 기항지)이 모두 훨씬 더 컸다. 게다가 이제 중뇌가 피질에 덮여 있었다. 이 영역은 오늘날 촉각 정보와 관련이 있는 곳이다. 그리고 주로 운동 조정에 관여하는 소뇌 역시 커져 있었다.

하드로코디움은 모르가누코돈보다 1,000만 년 뒤에 살았으며, 덩치가 작았다. 몸길이가 3cm 정도로, 손가락 반쪽 위에 올려둘 만한 족제비처럼 생겼다. 현생 포유류의 뇌 크기 범위의 아래쪽 끝에 위치한 하드로코디움의 상대적인 뇌 크기는 또 다른 '맥동'을 시사한다. 이번에도 소뇌가 더 커졌고, 후각 영역이 팽창했다.

동물이 뇌의 일부를 할당하는 기능을 보면 무엇이 그 동물에게 중요한지 알 수 있다. 더 나은 후각과 촉각에 더 높은 수준의 감각-운동 협응 기능이 포유류 뇌의 초기 팽창을 이끌었다는 사실은 우리가 다른 분석 방법으로 초기 포유류에 관해 알아낸 사실과 잘 맞아떨어진다. 이 야행성 동물은 이 두 가지 '야간 감각'에 크게 의존했으며, 연약하고 작은 생물이었다.

청력과 관련된 뇌 영역은 모르가누코돈과 하드로코디움 모두 커지지 않았다. 모르가누코돈의 경우 포유류의 중이뼈가 아직 턱의 일부였다. 그런데 흥미롭게도 하드로코디움은 분명한 포유류의 중이가 존재했다. 하지만 내이는 아직 정교하게 발달하지 않았다.

이 두 동물은 거의 확실하게 털이 있었고, 털에서 들어오는 감각 입력이 — 적어도 부분적으로는 — 모르가누코돈에서 볼 수 있는 체성감각피질의 팽창을 이끌었을지도 모른다. 물론 털의 존재는 이들이 완전히 내온성이었다는 사실도 알려준다. 뇌는 에너지를 많이 사용한다. 기관의 크기로 볼 때 오로지 온혈인 조류만이 두뇌 능력에서 포유류에 맞먹는다. 두개골 화석 연대기를 따르자면, 내온성의 초기 단계는 뇌 크기의 상당한 증가를 동반하지 않았으며, 뇌 크기의 변화는 단열과 관련된 내온성의 두 번째 맥동과 관련이 있었음을 시사한다.

초기 포유류가 아주 작았다는 사실과 오늘날 내온성 때문에 땃쥐가 끊임없이 먹이를 찾아 헤매야 한다는 사실을 알고 있는 우리는, 2억 년 전의 포유류가 더 나은 감각과 정밀한 움직임의 덕을 보면서도 똑같이 끊임없이 먹을 것을 찾는 모습을 그릴 수 있다.

사실 옛날 사람들은 더 커진 뇌가 내온성이 진화하게 된 주요 원동력이라고 주장했다. 오늘날에는 점점 커지는 뇌가 내온성을 유지하는 되먹임 고리에 일조했을 가능성이 더 크다고 보고 있다. 즉, 더 많은 에너지를 얻을 수 있어서 뇌가 커졌고, 더 커진 뇌는 더 많은 에너지를 얻을 수 있게 해주었다는 것이다.

좀 더 최근에 화석화된 포유류의 두개골에 관한 초기 연구 결과, 포유류의 뇌는 공룡이 사라진 뒤부터 수천만 년 동안 평균적으로 계속 커지고 있었음을 알 수 있었다. 이런 경향은 내가 금세 포기했던, 점점 높아지는 지적 능력의 등급을 뒷받침하는 것처럼 들릴지도 모른다. 그러나 포유류 기계도의 다양한 가지를 살펴보면, 뇌는 서로 다른 속도로 커졌다. 영장류와 고래류의 경우에 가장 커졌다. 몸 크기에 대한 비율로 보면, 인간의 뇌가 가장 크다. 하지만 많은 대형 포유류는 우리보다 회백질이 더 많다. 향유고래는 동물을 통틀어 회백질이 가장 많다. 우리의 다섯 배 이상으로, 그 무게가 거의 8kg이다.

많은 포유류 혈통에게 있어 전반적인 뇌의 성장은 신피질의 팽창 때문에 일어난 것이 아니다. 앞서 언급했듯이 수많은 포유류 목에는 여전히 그런 피질이 아주 작게만 있는 동물이 있다. 커다란 뇌나 넓은 피질은 이익이 될 때만 진화하는 모양이다.

현생 포유류의 피질 가변성 이야기로 다시 돌아가겠지만, 신피질이 어디서 왔는지에 관한 문제에 다가가는 지금 내가 짚고 넘어가야 할 게 있다. 후각 피질 — 후각 피질의 팽창은 뇌의 초기 확장에 일조했다 — 은 여섯 층이 아니라 단 세 층으로 이루어져 있다. 그건 신피질 구조가 아니다. 소뇌 역시 그렇지 않다는 사실을 생각하면, 포유류의 초기 뇌 팽창은 신피질이 주도한 사건이 아니었다.

그렇긴 하지만, 모르가누코돈의 중뇌는 촉각 입력을 처리하는 피질로 덮여 있었다. 그건 아마 여섯 층이었을 것이다. 뉴런이 서로 다른 개수의 층으로 쌓여 있다는 사실의 중요성을 우리가 이해하려면, 뇌가 어떻게 작동하는지를 조금 이해할 필요가 있다.

회로도

탐정물에는 — 적어도 내가 본 TV 드라마에서는 — 돈을 따라가야 한다는 격언이 있다. 신경과학에서는 축삭돌기를 따라가야 한다. 축삭돌기는 뉴런이 다른 뉴런과 접촉하기 위해 밖으로 내뻗는 전선이다. 활동전위라 부르는 순간적인 전기 스파이크는 축삭돌기를 따라 이동하며, 바로 이 패턴 속에 A에서 B로 이동하는 정보가 있다.

B에서 스파이크가 일어나며 축삭돌기 끝에서 신경전달물질이 나오게 한다. 이 물질은 이어져 있는 다음 뉴런이 더 많은 스파이크를 일으킬 가능성을 높이거나 낮춘다. 어떤 뉴런이 다른 어떤 뉴런과 연결되어 있는지를 알면 신경계의 회로도를 그릴 수 있고, 이를 이용해 신경계가 정보를 처리하는 방법을 추측할 수 있다. 현재 더욱 정교한 뇌 지도를 그리기 위해 엄청난 시간과 노력, 돈을 들이고 있는 이유다.

이런 회로 중 가장 단순한 유형이 반사궁reflex arc이다. 여러분이 뜨겁게 타오르는 물체에 손을 댔다고 해보자. 손이 닿으면, 자기도 모르게 손을 뒤로 뺀다. 팔꿈치를 단단히 오므리고, 손은 가슴팍에 와 있다. 내가 '자기도 모르게'라고 말한 건 이 반응의 속도를 말하기 위해서가 아니다. 실제로 그렇기 때문이다. 이 반사 행동은 뇌와 무관하게 일어난다. 신호는 손을 이미 치운 뒤에야 뇌에 도착해 '아야!'하고 소리치게 만든다.

여러분이 손을 다시 끌어당긴 건 감각 뉴런 -> 사이 뉴런interneuron -> 운동 뉴런으로 이루어진 단방향성 3단계 회로 덕분이다(그림 12.1을 참조). 감각 뉴런의 축삭돌기는 손가락 끝에서 척수까지 이어지며, 여기서 사이 뉴런을 만난다. 만약 뜨거운 열의 충격이 이 감각 뉴런의 축삭돌기를 따라 활동 전위를 보내면, 신경전달물질이 나와 사이 뉴런을 흥분시킨다. 그리면 이번에는 사이 뉴런이 스파이크를 일으키며 화학적으로 운동 뉴런을 자극한다. 운동 뉴런의 축삭돌기는 척수에서 나와 여러분의 팔과 손에 있는 근육으로 이어진다. 이 축삭돌기를 따라 이동하는 스파이크는

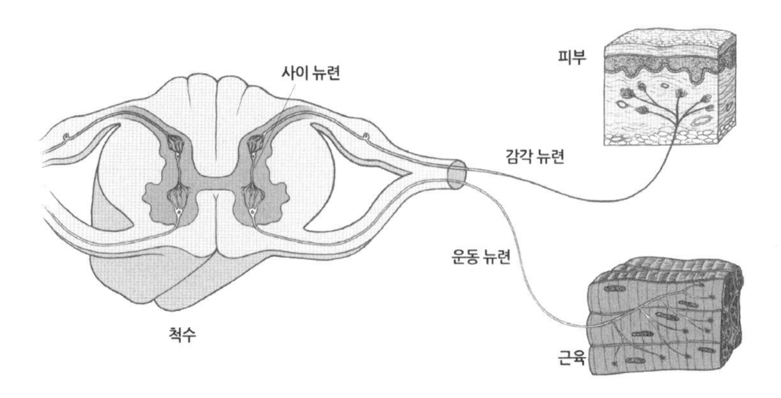

그림 12.1 자연에서 가장 단순한 뉴런 회로인 반사궁.

신경전달물질의 분비를 촉진해 근육이 수축하게 만들고, 여러분은 손을 잽싸게 뒤로 빼게 된다.

많은 동물은 전적으로, 혹은 대체로 일상적으로 접하는 자극에 대한 정해진 반사 반응에 따라 행동한다. 신피질은 당연히 이 회로보다 훨씬 더 복잡하다. 그래도 몇 가지 짚고 넘어가도록 하자. 첫째, 신경과학자는 뉴런의 스파이크 패턴을 이용해 뇌가 정보를 부호화하는 방법을 조사한다. 앞서 말한 감각 축삭돌기의 경우 건드린 물체가 더 뜨거울수록 더 많이 발화한다. 따라서 온도는 발화 속도로 명백하게 나타난다. 한편 기능적으로, 활동전위 사이의 간격이 더욱 촘촘하면 사이 뉴런이 더 빨리 흥분한다.

둘째, 이 간단한 회로는 신경계의 핵심 기능 중 하나를 잘 보여준다. 몸 전체에 걸친 뉴런의 네트워크가 없다면, 열 센서가 있는 손가락도 뜨거운 물체에 국부적인 반응밖에 보일 수 없을 것이다. 손가락 근육은 수축할 수 있을지도 모른다. 하지만 감각 뉴런이 '손가락이 뜨겁다!'는 신호를 중추신경계에 보내면서 훨씬 더 효율적이고 광범위한 반응이 일어난다. 다양한 근육이 협응하며 수축하는 덕분에 팔 전체가 더욱 복잡한 동작으로 회피할 수 있다. 신경계는 아주 구체적인 입력을 받아 유기체 전체 차원에서 적절한 반응을 지시한다. 마찬가지로 누는 강가에서 크로커다일을 보면 온몸을 뒤로 던진다. 눈만 깜빡이고 있는 게 아니다.

셋째, 회로에 몇 가지 요소를 추가하면 기능이 어떻게 바뀔지 상상해 볼 수 있다. 예를 들어, 뇌에서 척수의 사이 뉴런까지 축삭돌기가 이어져 있다고 생각해 보자. 그리고 이 축삭돌기는 사이 뉴런을 억제할 수 있다. 이런 요소가 추가되면 뇌가 아주 뜨거운 것을 집어서 옮기는 게 이익이 된다고 판단한 경우처럼, 필요할 경우 반사를 '꺼버릴' 수 있다. 따라서 추가 회로는 회로의 유연성을 높이며, 그 결과 동물은 상황에 따라 여러 가지 행동을 할 수 있다.

그리고 넷째, 8장에서 변화를 초래하는 부모됨의 힘과 호르몬이 어떻게 행동을 바꾸는지에 관해 이야기했던 게 기억나는지? 호르몬 수용체, 그리고 다른 신경활성 물질의 수용체는 뉴런이 활동하는 방식을 좀 더 미묘하게 바꾼다. 만약 어떤 동물이 위험을 감지한다면, 으레 아드레날린을 급격히 방출한다. 아드레날린은 직접적으로 반사를 활성화하지 않는다. 하지만 이 호르몬이 특정 뉴런의 수용체에 작용한다면, 그 뉴런이 다른 뉴런으로부터 발화하라는 메시지를 받았을 때 발화를 많이 하거나 쉽게 하도록 만들 수 있다. 가령 아드레날린에 푹 젖은 사이 뉴런은 평소와 달리 감각 뉴런 다섯 개의 활동전위가 아니라 세 개의 활동전위에 반응해 발화할 수도 있다. 따라서 매복 공격을 경계하고 있는 중이라면, 한 입 크게 물리기 전에 조금만 닿아도 펄쩍 뛰어서 도망칠 수 있는 것이다. 또는 경계심 많은 누가 물에 떠 있는 게 크로커다일인지 아닌지 확실히 판단하기 전에 통나무만 보고도 깜짝 놀랄 수 있다.

뉴런 단 세 개로 이루어진 이 반사궁 회로에서 여러분은 1)정보 코딩, 2)단순한 자극에 복잡하고 이로운 반응을 보이는 동물, 3)동일한 자극에 대한 대안적 행동을 위한 기반(회로에 추가된 네 번째 접점과 함께), 4)호르몬 상태가 동물의 행동을 바꾸는 방식을 볼 수 있다. 이것들은 신경계가 유용한 이유 중 일부다. 그리고 뇌가 곧 어떻게 아주 복잡해질지를 보여준다.

신피질에 다가가기 위해, 척수에 '손가락이 뜨겁다!'는 신호를 전달하는 감각 축삭돌기는 단순히 반사만 일으키는 데 그치지 않는다. 척추를 따라 뇌로 정보를 중계하는 뉴런도 활성화시킨다. 그렇게 이동하는 스파이크는 여러분이 다쳤다는 사실을 알게 해준다.[3]

---

3) 나는 여러분이 왜 아프다고 느끼는지 알지 못한다. 나는 여기서 의도적으로 '의식'이라는 단어를 언급하지 않았다. 신경생물학적인 관점에서도, 진화론적인 관점에서도, 의식은 분명히 매혹적이고 설명이 필요한 현상이다. 이 현상은 신경과학 전반에 어른거린다. 하지만 여러분은 내가 이야기하는 모든 내용 — 뉴런, 활동전위, 시냅스, 정보 부호화 — 을 공부하고 생물학적으로 완벽하게 의미 있는 객관적인 용어로 논의할 수 있다. 동시에 우리가 이런 사건을 경험하게 하는 수수께끼 같은 정신적 현상을 신경계가 만들어 낸다는 이야기는 할 필요가 전혀 없다. 그러니까, 맞다. 우리는 화상을 입으면 아프다고 느끼지만, 신경과학이라는 물리적인 분석은 의식이 존재하지 않는다고 해도 완벽히 유효하다. 현업 신경과학자는 보통 이 문제를 어떻게 다룰까? 보통은 — 적어도 직업적으로는 — 의식을 무시한다. 그리고 안타깝지만, 나도 지금 그렇게 똑같이 하고 있다.

신호가 뇌로 가면 흥미로운 일이 벌어진다. '손가락이 뜨겁다'는 정보는 다른 감각계에서 들어온 정보와 동시에 도착한다. 그러면 이런 입력은 한데 묶인다. 눈에서는 뜨거운 물체에 관한 시각 정보가 들어오며, 그게 커다란 금속 상자 같은 물체 위에 있는 파란 불꽃 같은 것 위에 놓여 있었음을 알려준다. 반사궁은 뜨거움에만 반응했지만, 뇌의 회로 속에서는 여러 감각 정보가 상호작용한다. 축삭돌기와 축삭돌기가 전달하는 스파이크를 따라가면, 시각과 신체의 정보가 처음에는 단일 감각 전용 신피질 영역으로 갔다가 이후에 서로 다른 영역에서 충돌하며 '냄비가 뜨거웠다'는 고차원적 사고가 현실화하는 모습을 볼 수 있다. 이런 통합이 일어나는 영역을 '연합령association area'이라고 부르며, 이 영역 역시 신피질에 있다.

신피질은 감각 정보의 패턴도 감지한다. 시각과 우리가 시각을 통해 인지할 수 있는 풍부한 세부 모습을 생각해 보라. 눈을 뜨자마자 여러 뇌 영역에서 이루어진 이미지 생성 흔적이 전혀 없는 풍경이 곧바로 펼쳐진다는 건 놀라운 일이다. 하지만 우리처럼 좋은 시각을 가지려면 대량의 연산을 수행하는 넓은 뉴런 영역이 필요하다. 수많은 뇌 회로가 광자의 산란이 일으키는 망막 활동으로부터 서로 다른 요소를 뽑아 낸 뒤 서로 이어 붙인다. 인간의 뇌에는 색과 움직임을 처리하고, 깊이를 헤아리고, 모서리를 감지하는 별도의 피질 영역과 뉴런이 있다. 그리고 뇌는 입력 내용에 일관성을 부여한다. 실제로 존재하는 건 모양이 제각각인 시커먼 형체가 망막에 비친 일련의 이미지지만, 뇌는 우리 시야에서 날아가는 까마귀 한 마리를 추적할 수 있다. 뇌에 추가된 영역은 더 유연한 행동과 흘러가는 감각 정보의 더욱 정교한 해석이 가능할 수 있게 해주었다.

마지막으로 뇌는 동물이 과거로부터 배울 수 있도록 경험한 일을 기억한다. 포유류의 뇌에서는 해마 — 파충류의 뇌에도 명백히 이에 상당하는 부위가 있다 — 라는 부위가 사건의 기억을 만들고 저장하는 데 핵심적인 역할을 한다. 운이 좀 따른다면, 불 위에 있던 뜨거운 냄비를 집었던 일을 기억하고 실수를 되풀이하지 않을 것이다.

8장에서 논의했던 사회적 학습은 인간에 이르러 정점에 달했다. 사회적 학습이란 동물이 주변에서 그러지 말라는 소리를 들으면 뜨거운 냄비를 집는 위험한 일을 하지 않으며 사촌이 포식자에게 잡히는 꼴을 보면 더 이상 포식자와 시시덕거리지 않는다는 뜻이다. 이것은 남의 행동이 초래한 결과가 개체가 앞으로 할 행동을 바꾸어 놓을 수 있어야 가능한 복잡한 현상이다. 따라서 더 많은 회로와 더 많은 연산이 필요하다. 우리 인간은 "불 위에 냄비 만지지 마!"라는 말을 듣고 그 말에 담긴 추상적인 개념을 처리하며, 그 충고를 기억하고 실제 세계의 물체와 연관 지어 미래의 행동을 규정한다. 물론, 호기심이 넘친다면, 조심스럽게 냄비 근처로 손을 뻗어 끓는 물이 담긴 냄비의 열기를 느낄 수도 있다. 하지만 쉽게 손으로 만지지는 않을 것이다.

다양한 행동을 할 수 있고 어떤 상황에 가장 적절한 행동을 고를 수 있는 신경계는 동물을 반응이 좋고 유연한 유기체로 만들어준다. 아주 상세하게 외부 세계를 인지하고 광자나 음파의 복잡한 흐름을 더 잘 이해하는 신경계는 동물이 더욱 폭넓은 신호에 반응할 수 있게 해준다. 그리고 신경계가 학습할 수 있다면, 유기체는 오래 살수록 환경에 더 잘 적응할 수 있을지도 모른다. 분명히 그럴 것이다. 자연선택이 무작위한 유전 변화의 산물을 걸러내 주변 환경에서 가장 잘 살아가는 유기체를 보존했다면, 발달한 신경계의 진화는 환경에 스스로 적응할 수 있는 유기체를 만들어냈다. 이러한 유기체는 오랜 세월에 걸쳐서가 아니라 몇 시간, 몇 분, 몇 초만에 적응할 수 있다.

신피질 회로

19세기 말에 몇몇 염료가 염색체에 관한 우리의 이해를 바꾸어 놓았던 것처럼, 같은 시기에 새로운 염색 기법은 바르셀로나의 산티아고 라몬 이 카할Santiago Ramón Y Cajal과 같은 선구적인 신경과학자가 뇌의 미세 조직을 해독할 수 있게 해주었다. 한 혁명적인 착색제는 얇은 뇌 조각에 있는 수천 개의 뉴런 중에서 무작위로 소수만 물들였지만, 그 얼마 안 되는 세포를 완벽하게 골라내 주었다. 그 결과 뉴런의 멋진 형태가 전부 드러났다. 한 방향으로 뻗어나가는 축삭돌기와 나뭇가지처럼 갈라져 있는 수상돌기 — 축삭돌기로부터 입력을 받기 위해 뉴런의 세포체에서 뻗어 나와 있는 가지들 — 의 모습이 보였다. 그리고 이를 면밀히 살펴본 카할은 축삭돌기와 수상돌기 사이에 좁은 틈이 있다는 사실을 알아냈다. 바로 시냅스였다. 오늘날 우리가 알고 있듯이, 이 미세한 틈으로 신경전달물질이 퍼져나간다.[4)]

---

4) 박물관에서 펼쳐져 있는 공책 앞에서 놀란 채로 서 있는 경험 중에서 내가 두 번째로 몹시 좋아하는 건 바로 카할의 손수 그린 놀라운 뉴런 그림을 본 순간이었다.

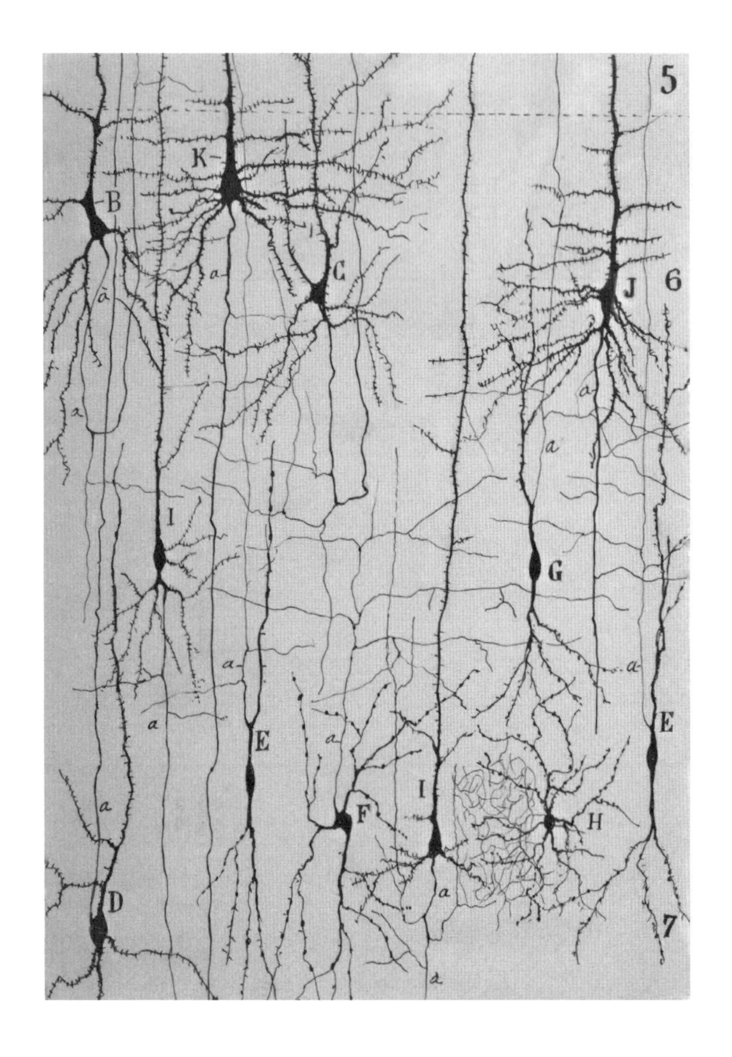

그림 12.2 1887년부터 산티아고 라몬 이 카할은 뇌의 미세 구조를 정교하게 그렸다. 여기에 있는 건 1904년에 그린 피질 뉴런의 배열이다. 출처: Science History Images/Alamy Stock Photo.

빅토리아 시대 말에 찾은 또 다른 염료는 뉴런의 세포체를 자주색으로 물들였는데, 모든 뉴런을 물들여서 신피질의 층을 드러내는 데 결정적인 역할을 했다. 연구자들이 신피질에 여섯 층이 있다는 데 동의하기까지는 다소 시간이 걸렸는데, 어느 정도는 피질의 여러 영역이 미세 조직에서 차이를 보였기 때문이다. 1909년에 들어 독일의 해부학자 코르비니안 브로트만Korbinian Brodmann이 이런 변이성을 확인하고 마침내 결실을 맺을 수 있었다. 브로트만은 인간의 신피질 전체를 살펴보고 서로 다른 곳에 있는 층의 성질을 정확히 설명했다. 특정 영역에서 층은 변동을 보였는데, 상대적인 두께, 하위 층으로 나뉘는지의 여부, 구성하는 뉴런의 정확한 배치를 기준으로 움직였다.

브로트만은 인간에게서 모두 합해 약 50군데 영역을 세어 '대뇌피질 지도'를 만들었다. 만약 신피질을 뇌의 표면에서 떼어내 평평하게 펼쳐 놓는다고 상상하면, 여러 작은 행정구역으로 나뉘어 있는 한 나라의 지도와 비슷할 것이다(그림 12.3 참조). 브로트만은 그런 영역을 '뇌의 장기'라고 불렀으며, 각 영역에는 제각기 다른 기능이 있다고 주장했다. 갈보다 한 세기 뒤에 활동했던 브로트만은 대뇌피질의 특정 영역을 다치면 특정 인지 기능이 영향을 받는다는 사실을 보여준 신경과학자들의 연구를 가리켜 보일 수 있었다. 브로트만은 세포 조직의 변이가 각 영역의 기능을 조정하는 고유한 연산을 수행하는 데 필요한 역할을 한다고 주장했다. 그 논문은 이제 고전이 되었다. 그렇지만 브로트만이 설명한 여러 영역에서 피질은 주제에 따라 변주곡을 내놓는 듯한 모습을 보였다. 마치 신피질 전체를 특징짓는 여섯 층에 만들어진 기본 — 혹은 표준 — 회로

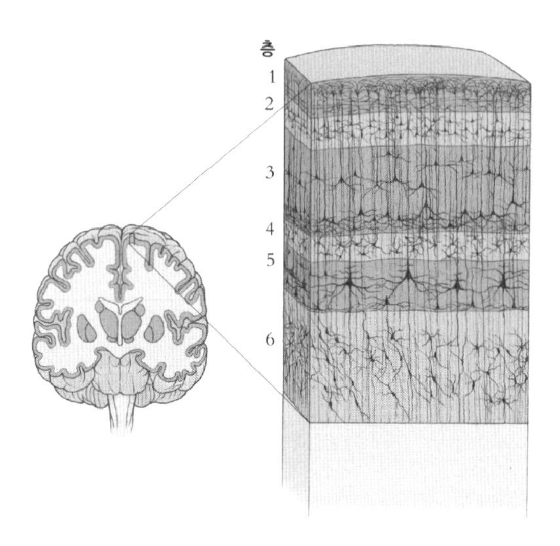

그림 12.3 포유류의 대뇌피질은 뚜렷하게 6층으로 나뉘어 있다.

를 바탕으로 자연이 미묘하게 즉흥 연주를 하고 있는 것처럼.

1층은 신피질의 가장 바깥쪽 층으로, 뉴런 세포체가 거의 없다. 대신 축삭돌기가 이 층을 통과하며 다른 층에 있는 뉴런의 수상돌기 위쪽과 접촉한다. 이 아래에는 2층과 3층이 있다(항상 6층이라고 이야기하지만, 2층과 3층을 나누는 건 열정적인 사람들이나 하는 일이고 보통 이 두 층은 하나로 뭉쳐 있다). 2·3층에는 신피질 회로의 중심부에 있는 뉴런이 있다. 그리고 4층에서는 좀 더 적은 수의 뉴런이 시상thalamus이라는 영역의 축삭돌기로부터 정보를 입력받는다. 시상은 대뇌피질에 가장 많은 감각 정보를 전달하는 부위다. 5층과 6층에는 수는 적어도 더 큰 뉴런이 있고, 이들의 축삭돌기는 피질을 빠져나간다.

이런 층 사이의 전형적인 연결과 특정 층이 각 피질 영역을 넘어 뇌와 연결되는 방식은 신피질을 통해 정보가 흐르는 근본적인 경로가 있다는 뜻이다. 대뇌피질에 있는 수많은 연결의 실체는 복잡하지만, 요점은 신피질의 층이 시상의 입력이 4층 -> 2·3층 -> 5층과 6층 -> 출력 대상인 뇌의 다른 영역(출력 대상의 성질은 해당하는 영역에 따라 달라진다)으로 이어지는 가변적이지만 기본적인 회로를 구성한다는 사실이다.[5)]

일단 이 회로를 이해하고 나면, 서로 다른 피질 영역의 구성 차이를 이해하는 것이 더 쉬워진다. 예를 들어, 일차 시각피질은 눈에서 오는 정보를 받기 위해 4층이 훨씬 커졌고, 일차 운동피질 — 여기의 축삭돌기가 근육의 움직임을 일으킨다 — 은 4층에 거의 없다시피 하지만 5층이 크다.

만약 이게 기본 회로라면, 우리는 마침내 물을 수 있다. 신피질은 어디서 왔을까? 간단히 답하자면 확실히 아는 사람이 없다는 게 되겠지만, 두 가지 주요 이론을 알아보도록 하자.

신피질의 새로움

뇌를 생각하면, 우리는 포유류가 양막류 가계도의 우리 쪽 가지에서 유일하게 살아남은 존재라는, 즉 파충류와 포유류 사이에 아무것도 없다

---

5) 내가 이야기한 뉴런은 모두 흥분성 뉴런으로, 여기서 나온 스파이크와 신경전달물질은 다음 뉴런을 활성화한다. 그러나 흥분성 뉴런 사이에는 여러 가지 억제성 뉴런이 흩어져 있다. 이 뉴런의 신경전달물질은 활성을 떨어뜨리는 작용을 한다. 이들은 정보를 걸러내고, 간질 발작에서 볼 수 있는 것과 같은 폭주를 제한하고, 활성 시기를 제어하는 데 핵심적이다.

는 사실 때문에 생기는 문제로 돌아가게 된다. 특히 신피질처럼 오리너구리와 가시두더지에게서도 완전한 모습을 찾아볼 수 있는 포유류의 형질일 경우에는 더 어려운 문제가 된다. 엄밀히 말해, 우리가 신피질에 관해 말할 수 있는 최선의 답은 그게 포유류와 파충류의 마지막 공통조상이 살았던 시기와 단공류와 수아강이 갈라진 시기 사이에 진화했다는 것이다. 만약 모르가누코돈의 중뇌 위에 신피질이 있었다면, 우리는 신피질의 탄생 시기를 3억 1,000만 년 전에서 2억 500만 년 전 사이로 좁힐 수 있었을 것이다.

신피질이 무엇으로부터 진화했는지를 알아내기 위해 — 정확히 어떤 땀샘이 젖샘으로 바뀌었는지를 알아내는 것과 똑같다 — 우리가 쓸 수 있는 최선의 방법은 다른 현생 양막류의 뇌를 보고 조상이 어떤 상태였을지를 추측하는 것이다. 그리고 거기서부터 신피질이 어떻게 진화했을지 가설을 세워야 한다. 새의 커다란 뇌는 분명히 자신만의 고유한 방식으로 커지고 변했다. 하지만 어쩌면 다른 파충류의 뇌는 더 오래된 뇌와 비슷할지도 모른다. 예를 들어, 거북의 대뇌피질은 세 가지 유형으로 이루어져 있으며, 각각은 비교적 단순하다. 뇌 바깥쪽에는 포유류의 것과 아주 비슷한 후각피질이 있다. 여기에도 세 층이 있으며, 가운데 층에만 흥분성 뉴런이 풍부하다. 전뇌의 중앙에는 포유류의 해마에 상응하는 것으로 여겨지는 또 다른 단순한 피질이 하나 있다. 이 역시 기억 형성 기능을 담당하는 단일 뉴런 층 위아래에 다른 두 층이 접하고 있는 형태다. 그리고 거북 뇌의 맨 위에는 작은 모자 같은 등쪽 피질이 있는데, 마찬가지로 흥분성 뉴런의 한 층과 그 안에 흩어져 있는 소수의 억제성 뉴런으로 이루어져 있다. 이곳은 시각과 체성감각 정보를 처리한다.

이제 피질이 덜 발달한 포유류 식구 중 하나인 고슴도치나 주머니쥐를 보면, 후각피질과 신피질, 해마의 배열이 이 기본적인 배치와 크게 다르지 않다. 신피질의 기원에 관한 이론 1번은 파충류의 등쪽 피질이 신피질로 변하면서 단일 뉴런 층이 서서히 늘어났다는 것이다.

파충류의 등쪽 피질에 있는 단일한 흥분성 뉴런 집단은 입력 층과 출력 층 역할을 모두 한다. 똑같은 뉴런이 시상에서 정보를 받고, 축삭돌기를 따라 스파이크를 피질 밖으로 돌려보낸다는 뜻이다. 정보가 윙- 하고 돌아갈 실질적인 회로가 없는 셈이다. 따라서 여기서 시작된 신피질의 진화는 여러 가지 일을 하는 뉴런 하나를 네다섯 개의 전문 뉴런이 있는 회로로 대체하는 과정이다. 일반 가정부 한 명 대신 전문 청소부, 집사, 요리사, 하녀를 고용하는 것과 비슷하다. 점차 회로에 더 많은 요소가 추가될 때마다 피질의 역할은 나뉘게 되었다. 그리고 앞서 이야기했듯이 더 많은 세포와 시냅스를 추가하면서 더 많은 연산을 수행할 가능성도 높아졌을 것이다.

파충류의 등쪽 피질과 신피질 사이의 중간 피질을 발견한 사람은 없기 때문에 각 층이 차례로 생겨난 순서와 시기는 추측의 영역에 있다. 등에 돛이 있던 디메트로돈은 뉴런이 두 층 — 하나는 입력을 받고, 하나는 출력을 내보내는 — 이었을까? 수궁류의 피질 회로는 3층이었을까? 아무도 모른다.

3층짜리 피질과 6층까지 피질을 비교해 보면 흥분성 뉴런과 근처의 억제성 뉴런 사이의 상호 작용이 두 유형에서 서로 비슷하다는 것을 알 수 있다. 이것은 새로운 뉴런을 통합하는 과정의 기본적인 틀이 될 수 있다. 포유류의 경우 새로운 뉴런을 만드는 발생 과정이 길어지면서 더 많은 뉴런을 만들어 내고, 잇따라 태어나는 뉴런의 세대가 조금씩 다른 형태로 생산 라인에서 튀어나와 4층 또는 2·3층의 전문적인 뉴런이 생겨난다고 한다.

파충류의 피질과 신피질 사이의 또 다른 분명한 차이점 하나는 시상에서 나오는 축삭돌기의 방향이다. 파충류는 축삭돌기가 뇌 표면과 평행하며, 많은 피질 뉴런과 접촉한다. 반면 포유류는 피질 기저부에서 올라가며 더 적은 뉴런과 더 강력하게 접촉한다. 따라서 감각 해상도가 높아진다.

등쪽 피질은 파충류의 눈과 촉각 수용체에서 온 정보만 — 청각은 피질하subcortical 감각으로 남아있다 — 처리하므로, 브로트만의 설명에 따르면, 일단 발판을 마련한 신피질의 팽창은 각각 새로운 기능을 담당하는 새로운 영역의 발달을 수반했다.

이 과정을 보면 포유류의 조상은 마치 새로운 뇌 회로인 신피질 마이크로회로를 개발한 전기공학자나 컴퓨터와 같다. 하지만 두 번째 이론에서는 전혀 그렇지 않다. 창조적인 건축가에 좀 더 가깝다.

신피질의 별로 안 새로움

애나 칼라브레지Ana Calabrese는 통계학 연구실에서 신경과학 박사학위를 마쳤다. 20세기 중반 진화생물학이 그랬던 것처럼, 오늘날에는 뇌의 기능을 수학 방정식으로 나타내는 일이 점점 많아지고 있다. 칼라브레지는 뉴런이 감각 입력에 어떻게 반응하는지를 나타내는 컴퓨터 모형을 만드는 데 관심이 있었다. 그런 모형은 으레 이미 알고 있는 입력의 집합과 알고 있는 뉴런 반응의 집합으로 시작한 뒤 서로 다른 뉴런이 특징적인 방식으로 발화하도록 신경 회로가 무슨 일을 하는지 알아내려고 — 컴퓨터과학적인 관점에서 — 한다.

그런 모형을 만들기만 해도 보통은 박사학위를 받을 수 있다. 하지만 칼라브레지는 실제 뉴런으로부터 모든 데이터를 연구하기로 결심했다. 그러기 위해 컬럼비아대학교의 모닝사이드 하이트 캠퍼스 건너편에 있는 연구실로 갔다. 그곳은 제브라 핀치의 노랫소리를 연구하는 곳이었다. 그곳의 사라 울리Sarah Woolley 교수와 함께 칼라브레지는 핀치 뇌의 서로 다른 세 영역에 작은 전극 배열을 삽입하고, 핀치의 노랫소리를 구성하는 소리와 비슷한 소리에 823개의 뉴런이 각각 보이는 반응을 기록했다. 칼라브레지와 울리 교수는 새의 뇌가 어떻게 진화했는지가 아니라 어떻게 작동하는지에 관심이 있었다.

그 결과로 나온 방대한 데이터를 조사해 새의 뇌 다양한 부분에 있는 뉴런이 서로 다른 시각에 서로 다른 방식으로 발화했다는 사실을 알아낸 칼라브레지는 학회에서 분석 결과를 발표했다. 그곳에서 그 관찰 결과를 가장 진지하게 받아들인 사람은 새 전문가가 아니라 포유류 신피질의 전문가였다. 유니버시티칼리지 런던의 켄 해리스Ken Harris는 칼라브레지가 분류한 조류 뉴런 발화의 거의 모든 유형에 대해서 포유류의 대뇌피질 역시 똑같은 방식으로 스파이크를 일으키는 뉴런 하위 유형이 있다는 사실을 알아챘다.

해리스는 울리와 칼라브레지가 논문을 출판할 때 자신이 첨부용 해설을 쓰겠다고 제안했다. 2015년에 나온 논문에서 해리스는 조류 뇌의 세 영역을 포유류 대뇌피질의 각 층과 명시적으로 비교했다. 조류 뇌는 포유류 뇌처럼 작동하면 안 된다. 층으로 나뉘어 있는 포유류의 대뇌피질과 달리 조류의 전뇌는 덩어리진 핵이 모인 것으로, 해부학적 구조가 완전히 다르다. 하지만 해리스는 조류의 'L2 영역'이 포유류의 4층 뉴런과 유사하게 먼저 발화하며 비슷한 방식으로 정보를 부호화한다고 강조했다. 포유류와 조류 모두에서 이 두 영역은 각각 시상에서 나오는 축삭돌기의 첫 번째 목적지다. 그리고 조류의 다른 핵에 있는 뉴런은 2·3층 뉴런과 비슷하게 작동했다. 이 두 구조물의 뉴런은 나중에 좀 더 복잡한 방식으로 발화했다. 하지만 이번에도 그 유사성은 두드러졌다. 마지막으로, 비록 해리스가 제시한 네 가지 기준 중에서 앞선 사례처럼 네 가지 모두가 아니라 세 가지만 부합하긴 했지만, 포유류의 5층 뉴런에 상응하는 뉴런이 조류 뇌의 'L3 영역'에 있었다. 결론은 분명했다. 겉보기에는 뇌가 서로 비슷하지 않은, 먼 친척 사이인 이 두 동물의 뇌 회로는 작동하는 방식에서 놀라울 정도로 비슷했다. 해리스는 다음과 같이 썼다. "만약 어떤 표준 대뇌피질 마이크로회로가 있다면, 그리고 이 회로가 정말로 조류와 포유류에게 똑같이 있다면, 그건 3억 년 이상 전에 살았던 포유류와 조류의 마지막 공통조상에서 이 회로가 작동하고 있었다는 뜻이다."

그러나 이 급진적인 아이디어는 새로운 게 아니었다. 해리스와 칼라브레지, 울리는 이 새로운 관찰 결과가 거의 반 세기 전부터 있었던 이론을 뒷받침한다는 사실을 알아챘다. 1960년대에 미국의 신경생물학자 하비 카르텐Harvey Karten은 모든 사람이 덩어리진 조류의 뇌와 층층이 쌓인 포유류의 뇌가 실제보다 많이 다르다고 오해하고 있다고 주장했다.

카르텐이 조류 뇌의 작동법을 조사하기로 결심했을 당시에는 새가 멍청하다는 평판을 얻고 있었다. 20세기 초 다양한 척추동물의 뇌를 조사한 결과도 새에게 호의적이지 않았다. 새의 전뇌에 층이 아닌 핵이 있다는 사실은 언제나 큰 문제였다.

핵은 원시적인 뇌를 나타내는 존재로 여겨졌다. 포유류의 신피질 아래에 있는 신경 섬유 줄무늬가 있는 덩어리를 닮았는데, 바로 우리가 선조체라고 부르는 부위다. 예로부터 선조체는 의도적이고 지적인 대뇌피질과 달리 단순하고 정해진 행동 패턴과 관련이 있는 부위라고 여겼다. 겉으로 드러나는 유사성으로 보자면, 체급을 감안할 때 새의 뇌가 포유류와 같은 수준으로 커졌다고 해도 새의 전뇌는 포유류의 전뇌보다 훨씬 더 경직된 행동만을 일으킬 수 있는 비대해진 선조체에 불과하다고 판단할 수 있다. 1970년대에 이르러서야 앨프리드 로머Alfred Romer가 새가 정신적 능력이 떨어지는 깃털 달린 자동인형이라는 관념을 거부했다.

그러나 카르텐은 새의 낮은 인지 능력에 관한 핵심 관념이 도전 받고 있던 시기에 조류 연구에 합류했다. 그리고 그런 관념을 무너뜨리고 조류의 뇌에 관한 새로운 개념을 구축하는 데 기여하게 된다.

포유류의 선조체는 단지 핵과 줄무늬만 있는 게 아니라 특유의 신경전달물질과 효소도 있으며, 뇌의 다른 영역과 아주 명확하게 연결되어 있다. 이 모든 건 겉보기보다는 훨씬 더 구체적으로 선조체를 알아볼 수 있게 해준다. 연구자들이 조류에서 이런 선조체의 특징을 찾기 시작했을 때 전뇌 전체에 불이 들어오지는 않았다. 그 대신 전뇌의 한 작은 영역이 포유류의 선조체와 닮았다는 사실을 알아냈다. 사실 전뇌에서 선조체 비슷한 부분과 비슷하지 않은 부분의 비율은 놀라울 정도로 포유류와 비슷했다. 그러면 여기서 자연스럽게 의문이 떠오른다. 조류 전뇌의 나머지 부분은 무슨 일을 할까?

카르텐은 뇌의 연결을 지도로 만들고 회로를 그리는 방식으로 접근했다. 감각계에서 시작해 청각, 시각, 체성감각 정보가 움직이는 경로를 신중하게 따라가 보았다. 체계적으로, 눈과 귀, 척수에서 출발한 정보가 한 중계소에서 다음 중계소를 거치며 조류의 뇌에서 이동하는 경로를 추적했다. 카르텐은 새로운 경로를 찾아낼 때마다 아주 마음이 들떴었지만, 그것을 메릴랜드의 월터 리드 육군 연구소의 동료들에게 보여줄 때마다 "포유류와 완전히 똑같잖아!"라는 대꾸를 들었다고 이야기하곤 한다.

마침내 카르텐은 조류와 포유류의 뇌 회로 사이의 수많은 유사점을 확인하고 1969년 두 회로가 단순히 비슷한 데 그치는 게 아니라 똑같다는 이론을 주장했다. 새와 포유류의 인지는 3억 1,000만 년 넘게 보존된 공통의 기본 회로를 바탕으로 작동한다는 것이었다.

카르텐은 캘리포니아의 현대식 주택과 뉴욕의 좁고 높은 집을 비교하는 것과 같다고 말한다. 둘은 겉으로는 완전히 달라 보여도 거주자에게 부엌과 침실, 화장실, 거실을 제공한다는 점에서 같다. 서로 소통하는 뉴런이라는 기본적인 요소는 동일하다. 다만 배열이 완전히 다를 뿐이다. 이 모형에 따르면, 포유류와 조류 혈통이 오랫동안 독자적인 역사를 지니게 되면서 서로 아주 다른 뇌가 발달했지만, 그 핵심 회로는 그대로다.

해리스의 말처럼 덩어리진 새의 뇌와 층층이 쌓인 포유류의 뇌의 바탕인 핵심 회로는 마지막 공통 조상에게도 있었다. 1969년에 그 이론은 우상 파괴적인 비주류였다. 카르텐은 "방귀처럼 지나갔다"고 말한다.

그 이유는 알 만하다. 새가 깃털 달린 멍청이라는 일반적인 인식은 그대로였고, 사람들은 이제 간신히 새의 전뇌가 커다란 선조체가 아니라는 점을 이해하기 시작하고 있었다. 그런데 갑자기 새의 뇌가 포유류의 훌륭한 신피질과 똑같이 작동한다고 하는 사람이 나타난 것이다. 카르텐은 흔히 조류의 뇌를 포유류라는 틀에 억지로 끼워 넣으려는 사람 취급을 받았다. 하지만 카르텐 자신은 그저 데이터를 가지고 이야기했을 뿐이라고 말한다.

이후 카르텐은 망막에 있는 다양한 세포를 분류하는 연구에 착수했다. 시각 경로를 이해하는 게 관심사였다. 하지만 간간이 이 진화 연구도 업데이트했다. 하지만 일반적으로 카르텐의 이론은 '사실이라면 흥미로움(조금 많이 나갔음)'이라고 적인 상자 안에 담긴 채 진화신경생물학의 변두리에 머물고 있었다. 대부분은 신피질이 파충류의 등쪽 피질에서 생겨났다고 받아들이고만 있었다.

그러나 칼라브레지의 연구는 카르텐의 가설에 새로운 활력을 불어넣은 최근 연구 중 하나였다. 현재 샌디에이고에 살고 있는 카르텐은 2010년 닭의 뇌를 관찰한 결과 이전에 관찰했던 그 어느 때보다 포유류 대뇌피질의 정밀한 조직과 더욱 유사한 회로가 있었다는 내용의 연구 결과를 발표했다. 카르텐이 던지는 핵심 메시지는 신경계 사이의 상동성을 찾으려면 뉴런과 회로 수준에서 살펴봐야 한다는 것이다. 층이나 덩어리의 — 혹은 다른 구성의 — 배열은 부차적이다.

조류와 포유류 뇌 사이의 유사성은 핵심 회로가 공통조상으로부터 물려받은 것임을 시사한다. 그러나 이를 설명할 수 있는 대안으로는 새와 포유류가 뉴런의 연산을 수행하는 방법이 겹치도록 수렴진화했다는 게 있다. 하지만 이 가능성에 반하는 가장 강력한 주장은 발생 과정에서 포유류의 특정 대뇌피질 뉴런을 식별하는 유전자 표지가 성체의 뇌에서 동등한 기능을 하게 될 미성숙한 새의 뉴런에 의해서도 발현된다는 최근 연구에서 나온다. 이는 공통의 기원이 남긴 분자적 잔해로 추정하고 있다. 2018년에 나온 연구들은 이미 알려져 있던 포유류와 조류의 뉴런 사이의 유사성을 더욱 넓혔으며, 이런 유사성을 도마뱀과 거북, 앨리게이터의 뉴런까지 넓힐 수 있다는 사실을 보였다. 이렇게 점점 많아지는 데이터 덕분에 이제 연구자들은 어떤 유전자가 양막류의 마지막 공통조상에서 뉴런의 발생을 이끌었는지 추정할 수 있다.

왜 포유류의 조상은 이 회로를 층층이 쌓인 대뇌피질 안에서 구성했고 조류는 덩어리진 뇌를 갖게 된 건지는 아직 답을 찾아내지 못한 문제다. 그리고 포유류의 조상이 정확히 어떻게 옛 회로 구조를 층으로 재구성했는지는 이 가설의 가장 큰 과제다. 카르텐이 옳으려면, 신피질의 발달에 관한 지배적인 이론이 틀려야만 한다. 하지만 카르텐은 몇몇 연구에서 실제로 자신의 이론이 타당하며 피질 생성 이론을 수정해야 한다는 사실을 뜻하는 뉴런 이동의 대안적인 형태를 관찰했다고 생각한다.

이 문제를 포함한 이런저런 이유로 많은 사람은 카르텐의 이론이 틀렸다고 생각한다. 그런 사람들이 보기에 이 이론에는 여전히 뭔가 구린 냄새가 난다. 다른 주된 반대 이유로는 조류에서 이런 회로를 포함한 핵으로 발달하는 태아 조직을 포유류에서도 확인할 수 있는데, 포유류에서는 신피질과 아주 거리가 먼 뇌의 작은 부위로 발달한다는 사실이 있다. 이런 관점을 어떻게 조화시킬 수 있냐고 물으면 완고한 실험주의자인 카르텐은 간단히 답한다. "조화시키려 하지 말고 데이터를 더 모으시오." 2018년에 발표된 분자생물학 연구에 카르텐은 기뻤을 것이다.

카르텐의 가설에서 가장 눈길을 끄는 요소는 새와 포유류가 3억 1,000만 년 전보다 앞서 발명된 핵심 운영체계를 사용한다는 점이다. 진화가 양막류 전체에 걸쳐 볼 수 있는 회로를 언제 만들어냈는지를 이해하려면 파충류와 양서류, 어류의 뇌 회로의 특징을 더 많이 파악해야 한다. 카르텐은 이런 유기체에서 도발적인 발견이 이루어지고 있으며, 이제 이런 신경계를 단순한 것으로, 포유류와 조류의 것과 완전히 다른 것으로 치부해서는 안 된다고 말한다. 예를 들어, 칠성장어 — 초기의 '가장 단순한' 척추동물을 대표하며, 4억 5,000만 년 전에 유악어류(턱이 있는 어류)로부터 갈라져 왔다 — 에 관한 최근 연구는 이들의 선조체는 적어도 포유류의 것과 놀라울 정도로 비슷하다. 그리고 어류의 뇌에 관한 연구는 신경해부학자에게 흥미롭고 새로운 통찰을 제공하고 있다. 만약 카르텐이 옳다면, 동물이 유연하게 행동할 수 있도록 진화한 바로 그 신경 네트워크는 핵심적인 특징에 있어 놀랍도록 보수적이다.

진화의 시간을 되돌려보면 엄청난 질문이 쏟아진다는 사실을 카르텐도 인정한다. "이 모든 이야기의 기원은 무엇인가? 실제로 언제 시작된 일인가? 그건 흥미로운 과제다. 생각해 볼 만한 흥미로운 문제다. 이건 답을 지닌 과제가 아니다. 답을 얻을 때마다 더 많은 질문이 생겨나는 과제다."

뇌의 진화는 다른 모든 진화와 마찬가지로 동물이 불확실한 세상에서 더 잘 살아남을 수 있게 해준 변화에 의해 이루어졌다. 우리가 신피질을 활용해 그 기원을 이해하려고 노력하는 건 도대체 얼마나 대단한 특권일까.

다시 본 커다란 뇌

애나 칼라브레지의 연구를 검토한 켄 해리스는 끄트머리에 다음과 같이 썼다. "어쩌면 지능은 그렇게 어려운 재주가 아닐지도 모른다. 이론상 고도의 인지 능력을 가능하게 할 수 있는 기본 회로는 수억 년 전에 진화했지만 그 편익이 늘어난 머리의 크기, 발생에 걸리는 시간, 에너지 사용량이라는 비용을 실제로 능가할 수 있게 되어서야 이 목적에 맞게 적응했을 뿐일지도 모른다." 앨프리드 로머가 1933년에 보였던 의기양양함과는 사뭇 떨어져 있는 말이다.

머리가 커지고 발생 기간이 늘어나며 대량의 칼로리와 산소를 소모한다는 점에서 고차원적인 지능을 갖춘 뇌에는 상당한 비용이 따른다. 따라서 동물이 더 뛰어난 지능을 갖추도록 진화할 것이냐는 비용과 편익의 문제가 된다. 그런 맞바꾸기를 설명할 때 흔히 나오는 사례가 멍게의 생애다. 유충 상태일 때의 멍게는 꼬리와 눈, 신경계를 갖고 바다를 헤엄쳐 다니는 올챙이와 같다. 하지만 성체가 되면 해저에 뿌리를 내리고 지나가는 플랑크톤을 먹고 산다. 지능이 거의 필요하지 않은 삶이다. 멍게는 어디서 성체의 삶을 보낼지 선택하고 나면 변태를 겪으며 눈과 신경계까지 소화해 버린다!

뇌는 특정한 생물학적 맥락에서 진화한다. 어쩌면 새가 교향곡을 쓰지 못한 건 하늘을 날려면 뇌가 커질 수 없었기 때문일 수 있다. 아니면, 마주 보는 엄지손가락이 없기 때문일 수도 있다. 영장류의 솜씨 좋은 손(과 발)은 세상을 섬세하게 조작해 생각을 행동으로 바꿀 수 있게 해주었다. 그러나 돌고래와 고래의 커다란 뇌, 그리고 의심의 여지없는 이들의 지능은 환경을 다루고 바꾸기에 훨씬 더 제약이 큰 몸에서 진화했다.

현대의 행동신경학자 — 동물의 인지 능력을 추론한다 — 들이 마침내 깨달은 건 우리가 동물의 지능을 이해하고자 한다면 다양한 동물의 행동에 공감하며 세심하게 관찰하고 실험해야 한다는 사실이다.

새의 뇌에 관한 우리의 생각은 이들의 지능을 더 인정하게 되면서 바뀌었다. 아이린 페퍼버그Irene Pepperberg는 오랫동안 알렉스라는 이름의 앵무새와 이야기하면서 시간을 보낸다는 이유로 괴짜로 여겨졌다. 물론 앵무새는 말을 할 수 있다. 하지만 이런 동물은 그저 사람의 행동을 따라할 뿐이라고 생각했다. 그러나 페퍼버그는 진지한 관찰 끝에 알렉스가 자신이 이해할 수 있는 어휘를 개발했고, 색깔 개념을 이해하며, 간단한 산수를 할 수 있다는 사실을 보였다. 까마귀 역시 간단한 도구를 이용할 수 있다. 그리고 일본에서는 까마귀가 자동차를 이용해 견과류를 깨기도 한다. 견과류를 횡단보도 위에 떨어뜨린 뒤 자동차가 지나가게 둔다. 그리고 신호등이 빨간불이 되면 재빨리 내려가 먹는다.

설치류의 행동에 관한 연구는 대부분 굶은 쥐와 생쥐를 대상으로 한다. 미로를 통과하거나 간단한 지능 테스트를 받으면 먹이를 보상으로 준다. 1960년대에 누군가 앨리게이터를 대상으로 이런 실험을 시도했을 때는 앨리게이터가 멍청하다는 결론이 나왔다. 하지만 우리는 이미 앨리게이터의 가장 가까운 친척인 크로커다일이 얼마나 드물게 먹는지 이야기한 바 있다. 재주를 부리는 보상으로 먹이 대신 쉴 때 온도를 선택할 수 있게 하자 앨리게이터는 요구받은 과제를 충분히 해낼 수 있다는 사실을 보였다.

최근 수십 년 사이에 신경과학은 다양한 유기체를 조사하는 연구에서 물러났다. 이제 연구는 대부분 인간의 뇌를 이해하는 데 중점을 두고 설치류와 영장류에 초점을 맞추고 있다. 쥐에서 원숭이, 인간으로 이어지는 선형 척도라는 낡은 가정은 나태할 정도로 암시적으로 느껴질 수 있다. 사실 일반적인 실험 종은 '모델 유기체'라고 불리며, 그 종 자체로 보기보다는 고유한 진화 과정의 산물로 본다. 그러나 최근 일부 연구자(흔히 실험실에서 보통 볼 수 없는 종을 연구하는 이들)는 더욱 강력한 진화적 관점을 요구하고 나섰다. 이들의 주장은 바람직해 보인다. 다양한 유기체를 살펴본다는 건 뇌가 얼마나 다른지, 무엇이 필수적인지, 진화가 각각 다른 종에게 이익이 되도록 인지 기능과 행동을 비틀기 위해 어떤 요소를 수정했는지를 살펴보는 일과 같다.

마지막으로, 지능에 대한 보상이 지금의 70억 인류의 존재라고 보인다면, 우리도 한 번 이상 멸종의 위기에서 비틀거린 적이 있다는 사실을 염두에 두길 바란다. 고작 7만 년 전에 살아있는 사람의 수는 1만 명이 넘지 않았을지도 모른다. 농경의 출현과 기초 기술 — 발명에는 오랜 시간이 걸렸지만, 일단 등장하면 사회적으로 전파가 가능했다 — 의 발전이 있고서야 호모 사피엔스는 전 세계로 퍼질 수 있었다. 그러고도 한참이 지나서야 인간은 신경과학 연구소를 만들 정도로 편안하고 아는 것도 많아지게 되었다.

다시 본 신피질

1909년 브로트만이 드넓은 인간의 대뇌피질 안에 여러 영역이 있다는 사실을 알아낸 건 신경과학에서 중대한 통찰 중 하나다. 신피질의 정확한 기원과 무관하게 브로트만의 연구는 여러 포유류 혈통이 뛰어들었던 수많은 다양한 인지적 모험을 신피질이 뒷받침할 수 있었던 비밀을 쥐고 있을 가능성이 크다.

오늘날에는 브로트만이 관찰한 피질 층의 변이를 표준 신피질 회로가 각 영역에서 어떻게 특화되는지를 알려주는 것으로 해석한다. 보존되어 있는 회로의 구성 요소는 언제나 알아볼 수 있다.그러나 그 정확한 배열은 서로 뚜렷한 차이를 보여 뇌의 진화가 각 영역에서 이 회로를 독립적으로 업데이트한다는 사실을 시사한다. 해리스는 — 시카고 노스웨스턴대학교의 고든 셰퍼드Gordon Shepherd와 함께 — 이런 피질 영역을 '연속 상동체serial homolog'라고 불렀다. 손가락에 빗대어 이야기할 수 있을지도 모른다. 다섯 손가락은 똑같은 구조의 변이가 분명하지만, 각각은 고유하다. 그리고 이들의 상보성 덕분에 손은 성공할 수 있다.

또한, 각 영역은 어느 정도 자율성이 있어서 다른 피질 영역 또는 피질 아래의 대상과 자체적으로 외부 연결을 형성할 수 있다. 내부 구조와 외부 연결성이라는 두 가지 측면이 결합해 각 피질 영역은 특정 작업을 수행하는 고유한 기능 단위가 된다. 그리고 매혹적이게도, 그 작업은 감각(어떤 형태든) 정보를 해독하는 일에서 신체의 근육을 제어하거나 우리가 '생각'이라고 부르는 좀 더 추상적인 인지 기능을 매개하는 일에 이르기까지 다양하다.

테네시 반더빌트대학교의 존 카스Jon Kaas는 이렇게 말한다. "피질 영역은 피질로 할 수 있는 일을 늘려주는 환상적인 방법이다. 놀랍도록 유연한 두뇌를 만드는 데 도움이 된다."

카스는 서로 다른 포유류 종이 생활 양식을 반영한 피질 영역을 얼마나 다양하게 갖고 있는지 광범위하게 조사했다. 이런 조사는 '이익에 따라 다양화할 수 있는 보존된 구조'라는 개념을 강화한다. 예를 들어, 박쥐의 작은 피질에서는 이들이 반향정위에 이용하는 주파수의 소리가 맞추어진 청각 영역이 두드러진다. 설치류의 청각 피질은 자기들끼리 부르는 고주파수 소리를 다루는 영역이 크고, 오리너구리의 부리는 전기 감각을 담당하는 피질 영역에 정보를 입력한다. 지하에 살아 눈이 거의 보이지 않는 포유류의 경우에는 시각피질이 아주 작은 잔해만 남아있을 정도로 퇴화했다. 이런 적응성은 포유류의 다른 혁신을 불러일으켰다. 엄청나게 다양한 수유 체계를 갖도록 진화한 젖샘과 낙타와 북극토끼, 피그미땃쥐, 대왕고래를 유지하는 내온성 생리의 발달처럼 포유류는 신피질에서도 대단히 유연한 무언가를 만들어냈다.

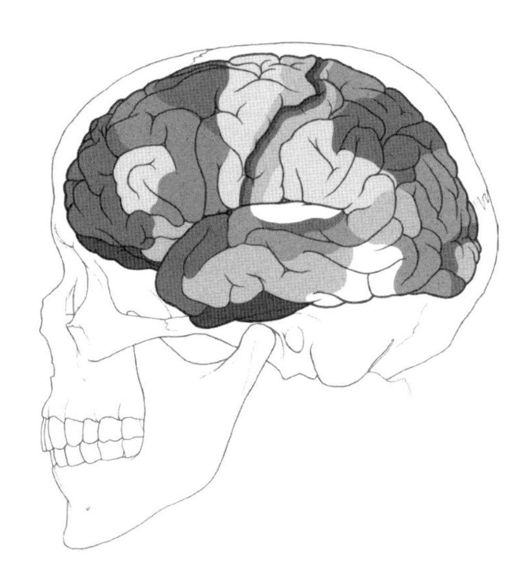

그림 12.4 포유류의 대뇌피질은 해부학적으로 뚜렷하게 여러 영역으로 나뉘어 있으며, 각 영역은 서로 다른 기능을 수행한다.

카스는 최초의 포유류에게 뚜렷한 피질 영역이 몇 개나 있었느냐는 질문도 던졌다. 단공류, 유대류와 태반류의 네 가지 주요 갈래를 대표하는 뇌를 비교하고 대부분의 포유류에게 공통적인 영역을 집중적으로 살펴본 결과, 카스는 초기 포유류에게 20개 이하의 영역이 있었다고 추정했다. 초기 피질에서는 체성감각 영역이 컸다고 생각했고, 그건 로우의 화석과도 일치했다. 그리고 모든 현생 포유류에게는 시각, 청각피질에다가 근육으로부터 오는 정보를 처리해 팔다리가 공간 어디에 있는지를 알게 해주는 영역도 있다. 최초의 포유류에게는 아마 감각 영역에서 오는 정보를 통합하는 연합령도 있었을 것이다.

흥미롭게도, 카스는 초기 포유류에게 전용 운동피질이 없었다고 주장한다. 그 대신 수의근으로 가는 출력이 감각 영역에서 직접 나왔다는 것이다. 모두가 동의하는 건 아니지만 카스는 유대류 대부분에게 여전히 특정 운동피질이 없으며, 그런 구조는 태반류와 관련된 혁신이라고 말한다. 이 영역의 등장이 가져온 기능적 결과를 보려면 주머니쥐와 쥐의 움직임 차이를 얼마나 자세히 조사해야 할까?

뇌의 양쪽에 있는 두 운동 영역 — 각각은 반대편 몸에 있는 근육을 제어한다 — 을 성공적으로 조정하는 능력은 태반류의 또 다른 고유한 혁신 — 왼쪽 피질과 오른쪽 피질을 연결하는 축삭돌기의 고속도로인 뇌량 — 이 진화할 수 있는 원동력이었다고 여겨져 왔다. 포유류 뇌의 다른 많은 뚜렷한 특징은 피질 아래 영역이 신피질 영역에 점점 더 광범위하게 연결된 결과다.

따라서 20개가량의 영역으로 이루어진 — 아마도 1제곱센티미터쯤 될 — 대뇌피질이 포유류 뇌 진화의 출발점이었다. 대부분의 혈통에서 뇌는 커졌다. 하지만 땃쥐의 작은 뇌에는 일반적인 영역이 모두 들어가기에 충분한 공간이 없다. 특정 크기보다 작은 피질 영역은 뉴런의 화력이 작아서 작동하지 못한다. 그래서 땃쥐는 필수적인 영역이 작동할 수 있도록 몇몇 불필요한 영역을 버렸다.

반대로 신피질이 커지면 두 가지 일이 벌어질 수 있다. 각 영역이 그에 비례해 커지거나 더 많은 영역이 나타나는 것이다. 반향정위나 전기 감지 같은 틈새 수요를 충족하기 위해 새로운 영역이 나타날 수도 있지만, 더 정교한 연산을 수행하게 될 수도 있다. 카스는 이렇게 말한다. "다수의 영역은 순차 처리를 가능하게 한다. 마치 컴퓨터처럼 수많은 단계를 거치며 일을 처리하면 놀라운 결과를 내놓을 수 있다. 간단한 연산을 하고 그것을 계속 반복해 보라. 그러면 굉장한 결과가 나온다. 그래서 인간의 뇌가 그렇게 놀라운 것이다."

현재 우리는 브로트만이 인간의 대뇌피질을 다소 과소평가했다는 사실을 알고 있다. 우리의 피질 영역은 50개가 아니라 200개 정도다. 많은 사람은 여기에 인간 지능의 열쇠가 있다고 생각한다. 시각을 예로 들어보자. 감각 입력이 한 영역에 도착하고, 그 영역은 입력을 처리한다. 그리고 결과는 다른 영역으로 넘어가 그곳에서 더 많은 작업이 이루어진다. 시각 인지에 할당된 인간의 피질 영역은 방대하며, 그곳은 망막이 초기 중계소에 전달한 정보로부터 여러 가지 특징을 뽑아내는 서로 다른 처리 장치의 집합체다.

게다가 인간의 뇌는 연합령 — 여러 피질 영역에서 온 정보가 섞이는 곳 — 이 큰데, 뇌의 가장 앞쪽에서 특히 그렇다. 전전두피질은 피질 전 영역에서 받은 정보를 통합한다. 놀랍게도, 이 영역은 20대가 될 때까지 완전히 성숙하지 않는다. 이제 부모가 된 지 6년째가 된 나는, 큰딸이 읽기와 쓰기, 그리고 놀이터에서 벌어지는 사회생활과 씨름하는 모습을 보고, 기하급수적으로 늘어나는 작은딸의 어휘를 들으며, 우리가 이 기관이 성숙하는 과정의 아주 일부만을 지났다는 사실을 깨닫는다.

얼마 전 한 겨울날, 나는 런던의 흐린 하늘 아래의 한 공원에서 점심을 먹으려고 앉았다가 벌거벗은 나무 위에 있는 다람쥐 한 마리에게 시선을 빼앗겼다. 다람쥐는 마치 단단한 땅을 뛰어넘듯이 나무 위를 가로질렀다.

큰 가지에서 작은 가지로, 작은 가지에서 잔가지로, 한 나무에서 다른 나무로. 다람쥐의 동료 중 한 마리가 재빨리 나무를 타고 내려온 뒤 나는 그게 견과류 같은 것 하나를 앞발에 들고 한동안 씹는 모습을 지켜보았다. 녀석은 잠시 멈추더니 똑바로 서서 위험을 탐색하고는 재빨리 나무를 타고 위로 다시 올라가 버렸다.

나무 위를 훌쩍 뛰어다니는 다람쥐의 뇌는 얼마나 많은 정보를 처리해야 할까. 움직임을 얼마나 우아하고 완벽하게 제어하는지. 나와는 얼마나 다른지.

다람쥐가 나무를 오르고, 먹고, 주위를 살펴보고, 뛰고, 머리 위에서 거의 날아다니는 듯한 모습을 보고 있자니 다람쥐의 삶이 요구하는 바에 따라 뇌가 생겨났다는 게 명백해 보였다. 다람쥐의 뇌는 다람쥐의 몸을 위해 일한다. 우리 인간은 이 관점을 거꾸로 뒤집어 몸이 뇌의 하인이라고 생각하니 얼마나 웃기는 일일까.

13장

포유류의 삶

크리스티나와 나는 이사벨라가 태어난 지 1년 동안의 기록을 담은 앨범을 만들었다. 그렇게 즐거운 책은 또 없을 것이다. 생기와 성장과 사랑이 바로 여기 있다. 하지만 여기에는 보이지 않는 의미가 있다. 유심히 보면 초반에 크리스티나의 어머니 옆에서 이사벨라를 안고 환하게 웃는 남자가 다시 등장하지 않는다는 사실을 눈치챌 수 있다. 그리고 왜 나의 어머니와 남동생은 우리 가족이 처음으로 뉴욕에 갔을 때만 등장하는지 의문을 가질 수도 있다. 만약 그렇다면, 나중에 아기를 높이 들어 올리며 의기양양해 하던 나의 아버지를 더 잘 이해할 수 있을지도 모른다.

그해 우리가 격렬한 감정의 소용돌이를 겪은 신생아집중치료실을 떠난 뒤에도 질병과 회복은 양쪽 집안에서 끊임없이 우리를 압박했다. 남동생이 처음으로 삼촌이 되고 어머니가 할머니가 되었을 때 나의 아버지는 화학 요법을 받고 회복 중이었다. 그해 여름 우리가 영국에 있을 때 크리스티나의 양아버지는 코마 상태였다. 11월에 우리가 찾아갔을 때는 장례식을 위해서였다.

그해 내내 우리는 계속 되물었다. 신생아집중치료실에서 겪은 것으로 충분하지 않나? 우리는 모두 그곳에서 가능성과 연약함, 사망률이라는 망령에 관해 충분히 배우고도 남았다고 간절히 기원했다. 하지만, 그렇지 않은 모양이었다.

지금 아버지는 회복했다. 손주들과 놀아줄 때 가장 행복하다. 우리 아이들은 나의 아버지와 크리스티나의 어머니가 각각 질병과 사별로부터 회복하는 데 본질적인 존재였다.

만약 엉뚱한 곳으로 날아온 축구공이 내 포유류 고유의 어떤 부위를 맞추지 않았다면, 이 책은 존재하지 않았을 것이다. 6,600만 년 전에 운석이 멕시코만에 떨어지지 않았어도 이 책은 존재하지 않았을 것이다. 삶은 있음직하지 않은 사건에 달려 있다. 하지만 아버지가 되어서야 비로소 모습을 갖추었다. 처음에 포유로서의 내 존재란 깊이 생각해 봐야 할 상당히 임의적인 생물학적 정체성으로 느껴졌다. 엄마의 가슴에 매달려 있는 아이의 모습에서 시선을 뗄 수 없었던 또 다른 남성의 결과물인 것이다. 그때까지만 해도 나는 육아가 이 이야기에서 얼마나 중요한 위치를 차지할지, 혹은 어미의 돌봄이 포유류의 삶에 얼마나 본질적인지 전혀 모르고 있었다. 내가 그런 측면에 휩쓸렸던 걸까? 어쩌면 조금은 그럴지도 모른다. 다른 사람이라면 포유류라는 존재에 관해 생각할 때 포유류 신장의 정교함에 훨씬 더 많은 시간을 들일지도 모른다. 포유류 이빨의 놀라움에 관한 학술서도 한가득 있다…. 구미가 당긴다면, 그런 이야기를 찾아볼 수 있을 것이다.

이제 와 돌이켜 생각하면 내 눈에는 탄생이라는 아이디어가 완전히 스며든 프로젝트가 보인다. 각 장은 어떻게 새로운 형질이 태어났고, 그와 함께 어떤 새로운 가능성이 생겼는지를 다룬다. 나는 새로운 지식과 새로운 아이디어의 탄생에도 끌렸다. 생물학은 어떻게 해당 주제를 더 잘 이해하게 되었을까? 그리고 당연히 핵심 관심사는 포유류라는 집단, 고유한 동물 유형의 탄생이 되었다.

하지만 진화에 관해 어떤 설명을 하더라도 죽음은 모든 페이지에 도사리고 있다. 식물군과 동물군은 조금씩 달라져가는 생식세포계열에 의해 변화한다. 부패하게 되어 있는 몸보다도 죽음과 탄생의 비율이 중요하다. 반룡류, 수궁류, 견치류, 포유형류로 이어지는 과정은 탄생이면서 동시에 멸종이라 할 수 있다. 이 차례를 살펴보던 내게 끊임없이 떠오르던 생각은 정말 아슬아슬했다는 사실이다. 고생물학자가 어깨 관절이나 이빨 모양, 턱뼈 형태 등의 점증적인 변화에 관해 고심하다 보면 그 모든 게 얼마나 중요한지, 자연선택이 — 매우 긴 시간에 걸쳐 — 굉장히 작은 차이에 얼마나 민감한지를 알 수 있다. 생존과 멸종은 그야말로 종이 한 장 차이다. 만약 곤충의 내장을 꺼내는 속도에 따라 이빨 모양이 달라질 수 있다면, 만약 초창기의 젖이 어느 동물 혈통에게서 조금 더 풍부하게 나왔다면, 만약 더 작거나 높은 소리를 조금 더 잘 듣는 귀가 모든 차이를 만들었다면.

또한, 이 프로젝트를 시작할 때 나는 내가 우월한 동물을 대놓고 찬양하는 일에 뛰어들었다는 느낌을 받았다. 포유류를 정의하는 일회성 특징을 설명하면서 나는 내가 무엇이 포유류를 더 뛰어나게 만들었는지 알 수 있다고 생각했다. 이런 관념은 공룡 이후의 시기를 '포유류의 시대'라고 부르는 사람들로부터 튼튼한 지지를 받고 있는 듯하다.

그러나 나는 여전히 포유류 생리의 독창성에 감탄하고 있다. 하지만 일부분을 들여다본다고 해서 항상 예상했던 고유성이나 우월성이 나오는 건 아니다. 포유류 외에도 태생이 많다는 사실은 명백한 사례고, 포유류와 조류의 많은 형질이 평행 진화했다는 사실은 끊이지 않는 주제였다. 포유류의 뚜렷한 이소골(중이에 있는 세 개의 작은 뼈)은 아름다우면 독특하지만, 다른 동물 역시 제각기 뛰어난 청력이 발달했다. 수유 역시 뚜렷한 특징이지만, 몇몇 새는 우유를 수확하고 피부에서 새끼가 먹을 수 있는 점액을 분비하는 물고기도 있다. 포유류라는 집단이 세상에서 가장 똑똑하다는 관념은 이제 별로 똑똑한 생각이 아니다.

우리가 포유류의 시대를 살고 있다는 생각조차 진화가 본래 호모 사피엔스라는 더 높은 이상을 향해 전진하는 것이라고 보았던 과거로 돌아가는 느낌이 든다. 공룡이 떠난 뒤로 후손인 조류는 폭넓게 번성했다. 사촌인 파충류도 살아남았고, 종의 수는 포유류의 두 배에 이른다. 바다에서는 2만 6,000종이 넘는 조기어류가 헤엄쳐 다니고 있다. 100만 종이 넘는 곤충도 있으며, 수십만 종의 다른 무척추동물 역시 존재한다. 세상에는 수많은 환경이 있어 생활양식이 매우 다른 미생물과 동식물의 터전이 되고 있다. 포유류는 살아가는 방법에 대한 유일한 대답이 아니다. 포유류가 흥미로운 건 그게 더 낫기 때문이 아니라 우리가 포유류이기 때문이다.[1]

사람은 유일하게 제한된 환경을 무시한다. 우리의 두뇌는 우리가 이 행성 전체에 퍼져 살 수 있게 해주었다. 우리는 농사를 짓고, 사냥하고, 소비하는데, 낭비가 아주 심하다. 내가 이 글을 쓰는 몇 주 동안 치타 개체수

1) 이것은 수궁류가 단궁류를 대체했고, 또 견치류로 대체되었으며, 견치류는 포유류의 성공에 희생되었음을 이야기하는 것이다. 견치류는 포유류와 같은 생태계적인 위치를 차지하기 위해 서로 경쟁하였으며, 이들 주변에는 다른 척추동물들이 살고 있었다.

가 급속히 줄어들고 있고, 기린은 이제 취약 단계로 생각해야 하며, 영장류의 60%가 멸종 위기에 몰려 있다는 보고가 있었다. 수많은 영장류의 불안정성에 관한 이런 냉혹한 보고는 새로 발견한 영장류 종에 관한 기분 좋은 보고를 얼마나 조심스럽게 읽어야 하는지도 알려준다. 신종은 흔히 사람이 활동 영역을 이런 동물의 서식지 더 깊은 곳까지 더 파괴적으로 확장해 나가는 과정에서 발견된다. 치타와 기린, 그리고 우리의 가장 가까운 친척 대부분은 이미 아슬아슬하게 버티고 있는 놀라울 정도로 많은 종의 대열에 합류하고 있다. 미래에 포유류를 공부하는 학생이 『세계의 포유류 종』과 같은 책의 제 10판을 탁자 위에 탁 놓았는데 그 책이 얇다고 생각하면 가슴이 아프다.

그 책에는 지난 500년간 살았던 포유류가 담겨 있으니 아마 당분간 얇아지지는 않을 것이다. 왜냐하면 500년은 지질학적인 규모에서 볼 때 찰나에 불과하고, 어쩌면, 아마 어쩌면, 멸종을 두려워하는 종들이 우리 눈에 띄지 않고 살고 있을 수도 있기 때문이다. 1962년 러시아의 포경선 한 척이 본 게 스텔러바다소 몇 마리였을지도 모른다. 스텔러바다소는 처음 발견된 지 불과 27년 만인 1768년에 유럽의 사냥꾼에 의해 멸종했던 동물이다. 뉴질랜드에서 발견된 박쥐 한 종이 멸종했다고는 아무도 주장하지 않지만, 난파선을 타고 쥐들이 들어온 1960년대 이후로는 한 번도 보이지 않았다. 2009년에 마이크로 포착한 소리가 그 박쥐였을지도 모른다. 하지만 희망만으로는 가장 영리하고 가장 이기적인 포유류인 우리가 이 지구에 끼치는 냉혹한 영향을 되돌릴 수 없다.

나는, 포유류

어느 한 종의 상실이 매우 비극적인 건 모든 종이 오래되었기 때문이다. 유기체는 계속 쌓이는 존재다.

'나는, 네발짐승'.

'나는, 양막류'.

그리고 '나는, 단궁류'.

'나는, 수궁류'.

'나는, 견치류'.

'나는, 포유류'.

그리고 마침내 '나는, 태반류'.

이게 이 책에서 하는 이야기다. 생물학적 정체성이 겹겹이 쌓인 러시아 인형에 관한 이야기.

비록 조심성은 없지만 똑똑한 우리 인간 쪽으로 한 걸음 더 가까이 가보자. 분자유전학에서 포유류의 계통을 샅샅이 조사한 결과 그다음으로 나오는 건 '나는, 영장상목'이다. 9장에서 우리는 거기까지 이야기했다. 나는 내가 이 중에서 가장 눈길을 끄는 제목(원서 제목인 "나는, 포유류"를 뜻함)을 뽑았다고 자신한다.

그다음 역사적인 분기의 순간은 영장상목이 토끼류와 설치류 — 합쳐서 설치동물 — 의 조상과 영장동물의 조상으로 나뉜 것이다. 영장동물은 영장류 — 『세계의 포유류 종』에는 376종의 여우원숭이, 안경원숭이, 원숭이, 유인원이 실려 있다 — 와 박쥐원숭이 2종, 나무땃쥐 20종 정도로 이루어져 있다. 나무땃쥐는 이름만 그럴 뿐 땃쥐는 아니다. 그리고 일부는 땅 위에 산다. 박쥐원숭이는 날아다니는 여우원숭이로도 불리지만, 여우원숭이가 아니고 날지도 못한다. 하지만 실제로 여우원숭이와 닮았고, 앞다리와 뒷다리를 잇는 피부막으로 나무 사이를 활강한다.

나무는 영장동물을 한데 묶어준다. 이 집단의 시작은 나무에 살며 곤충을 잡아먹는 작은 야행성 동물로, 대부분은 현존하는 나무땃쥐와 많이 닮았다. 이들의 후손 중 소수만이 나무에서 내려왔다.

최초의 영장류는 5,500만 년 된 바위에서 모습을 드러냈다.[2] 이들에게서 두 가지 아주 중요한 형질이 진화했는데, 머리 앞쪽에 자리한 눈과 쥘 수 있는 손발이었다. 앞쪽을 바라보는 두 시야가 상당히 겹치는 눈은 3차원 시각의 발달을 가능하게 했다. 양쪽 입력을 비교해 풍부한 깊이감을 끌어내는 두뇌도. 나무 사이를 돌아다니며 사는 삶에는 유용한 형질이다. 물론 사냥을 위해 깊이를 판단해야만 하는 포식자에게서도 찾아볼 수 있다. 나무에 사는 다른 많은 동물과 달리 영장류는 줄기 근처나 아래쪽 가지에 머무르지 않고, 위쪽 우듬지의 깊숙한 곳에 산다. 그곳에는 풍부한 과일과 새싹, 곤충이 있다. 2017년의 연구결과에 의하면, 특히 과일의 영양학적 가치가 영장류의 큰 뇌가 진화하도록 도왔을지도 모른다. 시각이 고도로 발달한 동물이라고 하면 으레 짐작할 수 있듯이 영장류는 주로 낮

2) 당연히 그 기원은 분자적 나이보다 훨씬 더 오래되었을 것이다.

에 활동한다. 그리고 모든 원숭이와 유인원, 그리고 인간은 — 올빼미원숭이라는 창의적인 이름이 붙은 예외를 빼면 — 주행성이다.[3)]

움켜쥘 수 있는 영장류의 손과 발은 손가락과 발가락에 아귀힘을 키우고 촉감을 높여주는 특별한 살이 있다. 그리고 갈고리가 아닌 손발톱이 있다. 다만 많은 여우원숭이와 안경원숭이, 그리고 몇몇 원숭이는 털고르기에 쓸 수 있도록 한 손가락에는 갈고리발톱을 남겨두고 있다. 무게중심은 이동에 주로 쓰이는 뒷다리 쪽으로 옮겨가 독특한 방식의 걸음걸이를 갖게 되었다.

전반적으로 영장류의 방산은 나무 위에서의 움직임과 시각을 탐구하는 과정이라고 할 수 있다. 이런 생활 방식은 중대한 신경의 변화로 이어졌다. 두개골 화석을 보면 아주 초기의 영장류라고 해도 몸에 비해 뇌가 크다는 사실을 알 수 있다. 주로 시각 정보를 처리하는 영역이 커지면서 뇌가 팽창한 것이다. 이 기관을 제대로 이해하기 위해 정밀한 조사를 해보니 몇 가지 추가적인 특수성이 드러났다. 뇌가 큰 대부분의 포유류는 뉴런 자체가 더 크고 더 넓게 퍼져 있는 반면, 영장류의 뉴런은 크기가 같고 똑같이 높은 밀도로 놓여 있다. 즉, 영장류의 뇌는 클수록 뉴런이 더 많다는 뜻이다. 게다가 영장류의 시상 — 대부분의 감각 입력이 가장 먼저 거쳐 가는 주요 부위 — 에는 시각 입력과 신체 감각 둘 다를 담당하는 독특한 처리 중추가 있다.

3) 대부분의 포유류는 밤에 활동하며, 눈이 작다. 이는 다른 감각에 훨씬 더 많이 의존한다는 사실을 시사한다. 반면, 올빼미원숭이와 야행성 여우원숭이는 눈이 크다.

그러나 역시 가장 흥미로운 건 대뇌피질이다. 영장류의 시각피질은 클 뿐만 아니라 정의 가능한 하위 영역으로 세분화되어 있다. 특정 영역은 날카로운 시각과 섬세한 움직임을 결합해 눈으로 보며 움직이는 기능을 돕는다. 영장류는 손에서 오는 상세한 감각 정보를 받는 피질 영역과 움직일 계획을 세우는 명백히 고유한 영역이 크게 진화했다. 마지막으로, 영장류에게는 커다란 전전두피질이 있다. 뇌의 앞에 있는 영역으로, 여러 가지 정보를 종합하고 분석하는 곳이다. 피질 지도가 상세히 밝혀진 포유류의 수는 얼마 되지 않지만, 그럼에도 불구하고 영장류는 다른 포유류보다 기능적으로 분화된 영역이 훨씬 더 많아 보인다.

일직선으로 올라갈수록 점점 더 똑똑한 영장류가 나온다는 이야기를 하고 싶은 건 아니다. 영리한 포유류는 포유류 가계도의 다양한 가지에서 나타났으며, 영장류라고 해서 모두 나무 위의 아인슈타인인 건 아니다. 하지만 이런 수많은 뇌의 변화가 우리 인간이 익숙하게 여기는 특유의 지성에 필수적이었던 건 분명하다.

영장류의 삶에 있어 또 다른 일반적인 특징은 느리다는 점이다. 영장류는 비교적 오래 살고, 성적으로 늦게 성숙하며, 보통 새끼를 한 번에 한 마리만 낳는다. 새끼의 임신 기간은 길고, 일반적으로 잘 발달한 채로 태어나 느리게 성장하는 삶을 이어간다.

마지막으로, 영장류는 아주 사회적인 경향이 있다. 대부분은 무리 지어 살며 복잡한 상호작용을 맺는다. 전부 익숙하게 들리는 소리다. 그렇지 않은가?

3,000만 년에서 2,500만 년 전에 영장류 가문에서 유인원이 나타났다.

그리고 어느 날, 아마도 한 600만 년쯤 전에 유인원 일부가 뒷다리만으로 이동하기 시작했다. 뒷다리로 일어선 어떤 특정 혈통은 마침내 — 나무에서 배운 모든 것을 가지고 — 사바나로 진출했다. 전신을 뒤덮은 털은 잉여가 되었고, 어린 시절은 더욱 더 길어졌다. 그리고 뇌는 전례가 없던 수준으로 자라나…. 잠깐! 그건 책을 한 권 더 써야 한다. 그러나 이렇게 인간이 될 동물들은 자신을 포유류로 만든 형질을 하나도 잃지 않았다. 오히려 똑바로 선 우리 지적인 인간들은 포유류를 정의하는 형질에 의존해 살고 있다.

나는, 포유류

처음에 포유류에 관한 내 과업은 포유류를 정의하는 형질이 놀라울 정도로 적응력이 뛰어나다는 이야기가 될 줄 알았다. 젖은 이미 무겁게 태어난 두건물범 새끼의 몸무게가 4일 만에 4배가 되게 만들 수 있다. 젖은 새끼 돼지 열 마리를 키울 수도 있고, 오랑우탄과 하나뿐인 자식이 6년 동안 유대감을 쌓는 기반이 되기도 한다. 내온성 덕분에 곰은 북극에서도 살 수 있고, 낙타는 드넓은 사막을 가로지를 수 있다. 포유류의 이빨은 풀과 씨앗, 곤충을 갈아 영양분을 끄집어 내고, 가젤 고기를 조각 낼 수 있다. 포유류의 뇌는 소나로 먹이를 쫓는 식충 동물이 날아다니게 할 수 있고, 혹등고래가 1만 6,000킬로미터나 이수할 수 있게 해수며, 비교적 난순한 고슴도치의 삶을 이끈다. 아, 바흐의 첼로 모음곡을 탄생시키기도 하고 진화론을 고안하기도 한다. 이 모든 건 사실이다. 이런 형질의 순응성은 심오하며, 포유류가 광범위하고 다양한 곳에 분포한다는 데는 의심의 여지가 없다. 하지만 나는 그게 포유류에게만 해당하는 것인지 확신하기 어렵다. 어쨌거나 세상에 백만 종이 넘는 곤충이 있는 만큼 곤충의 각 부위는 눈부실 정도로 적응해 있을 게 분명하다. 그보다 중요한 건 개별 특성의 조합이다.

이 책의 가장 자연스러운 구성은 각 장이 포유류의 몸 어느 한 부분을 다루게 하는 것이었다. 이런 린네식 접근법은 포유류의 정의를 찾아볼 때으레 접하게 되는 내용 — 털과 젖샘이 있는 온혈 척추동물 — 과 결이 맞을 뿐만 아니라 대학을 학과로 나누고, 병원을 특정 부위를 치료하는 데 특화된 병동으로 분리하는 것과도 일맥상통했다. 생물학자들은 오랫동안 유기체를 구성 부분으로 나누는 방식으로 연구해 왔다.

하지만 나는 책을 시작하기도 전에 그러면 각 장이 제각기 떨어져 있게 된다는 사실을 깨달았다. 음낭의 기원은 자율적인 정자 생산의 생물학 안에 놓이지 않게 된다. 대부분의 포유류 수컷이 생식세포를 안전한 배 바깥에서 만드는지를 설명하려면, 포유류가 내온성이 된, 또는 새로운 이동 방식으로부터 이득을 얻은 방식을 고려해야만 한다. 수유 역시 포유류 조상의 변화에 묶여 있는 형질이다. 조상들의 알은 점점 더 작아지고 따뜻해지면서, 말라붙거나 발산되는 열에 기생해 에너지를 얻는 미생물에게 침범당할 위험을 안게 됐다.

포유류는 확실히 점점 더 온혈동물이 되어갔음이 분명하다. 하지만 여기 내온성으로 가던 길을 가로막았던 장애물 두 사례가 있다. 점점 체온이 높아지는 동물 혈통 하나를 상상해 보자. 그리고 이들이 그럴 수 있는 모든 생리적 기능을 갖추었다고 해보자. 고에너지 생활 방식과 관련된 모든 기능을 말이다. 강한 심장과 폐, 턱, 날씬한 팔다리, 정교한 이빨. 그런데, 이런! 알은 거기에 대처할 수가 없다. 알은 말라붙고, 미생물이 우글거린다. 음, 그게 내온성의 문제가 될 줄은 몰랐다. 자연선택으로 약간 젖 같은 분비물이 진화하면서 문제가 풀린다. 그리고 1억 년 뒤 몸은 여전히 점점 더 따뜻해지고 있고, 이들은 그 어느 때보다 더 민첩한 구조를 갖추고 뛰어다니기 시작한다. 그런데, 이런! 이번에는 정자 생산이 문제가 된다. 그게 장애물이 될 거라고 누가 생각했겠는가? 신체 부위 또는 생리적 과정 사이의 연관성은 쉽게 예측할 수 있는 게 아니다.

그래서 초반에 나는 A3 용지 한 장을 펼쳐 놓고 조잡하게 이 연결 관계를 그려보았다. 계속 그려나갈수록 선을 더 많이 그어야 했다. 중이뼈는 조상의 턱뼈였다. 먹는 것과 듣는 것 사이에 선을 하나 그려야 했다. 새로 생긴 귀는 커다래진 뇌에 정보를 전달했고, 뇌는 막대한 에너지를 소모했다. 선 더 긋기. 특이하게 생긴 이빨은 턱뼈와 턱뼈를 적절히 움직이는 근육 조직이 없으면 쓸모가 없다. 작은 삼각형 하나 그리기. 어떤 형질이든 그것 하나만 떨어뜨려 놓는 건 불가능했다. 내 생각대로 어느 장 하나도 외로운 섬이 될 수는 없었다.

이런 그림을 그린 게 나뿐이라고 생각하지는 않았다. 하지만 포유류 생물학에 관한 톰 켐프Tom Kemp의 도해를 처음 접했을 때는 여전히 기묘한 인식의 충격을 느꼈다. 켐프의 그림에는 30개의 서로 다른 연결점이 복잡한 그물처럼 연결되어 있었다. 그와 비교해 내 그림은 어린애가 그린 것 같았다.

맞다. 개별적인 형질을 의미 있게 정의하고 따로 떼어서 연구하는 건 가능하다. 하지만 그런 접근법이 모든 형질이 더욱 커다란 전체의 일부라는 사실을 보지 못하게 만들어서는 안 된다. 그리고 생존하고 번식해야 하는 건 포유류, 어류, 나무, 또는 세균 등의 유기체 전체다.

몸의 서로 다른 부위 사이에서 벌어지는 기능적 상호작용은 어떤 유형이든 유기체의 진화를 이해하는 데 핵심적이다. 상호작용은 상호의존성을 만든다. 그러므로 어떤 한 가지 속성도 — 어떤 '핵심적인 혁신'도 — 한 유기체 집단을 정의하는 데 충분할 수는 없다.

그렇게 생각하면, 이 작업을 처음 시작했을 때 가졌던 또 다른 기대감이 떠오른다. 나는 포유류의 삶을 정의하는 요점으로 한 가지 형질이 나타날 것이라고 생각했다. 역사적으로 가장 유력했던 건 세 가지다. 내온성, 지능, 수유. 그중에서 나는 변화를 일으킬 수 있는 수유의 힘에 가장 마음을 사로잡혔음을 고백한다. 그런데 급진적인 혁신이 새로운 삶의 방식을 열어준다는 데는 논쟁의 여지가 없지만, 켐프가 한 작업의 요점은, 예를 들어, 수유가 고립되어 진화하지 않았다는 사실이다.

성 조지 미바트는 젖샘처럼 정교한 기관이 어떻게 진화할 수 있는지에 관심이 있었다. 이 질문에 답하려면, 유전과 발생에 관한 아주 상세한 분석이 필요했다. 하지만 이 재구성을 일으키는 동물은 땀샘을 젖 분배장치로 바꾸는 기술뿐만 아니라 아주 많은 먹이를 모으고 남는 에너지를 나중에 유제품으로 바꿀 수 있는 형태로 저장하는 능력까지 갖춘 녀석이어야 했다. 애초에 먼저 알을 돌보는 종류여야 했다. 이렇게 여러 가지 적응이 동시에 이루어지지 않았다면, 수유는 불가능했다.

수유가 여러 요소에 의존하는 것과 마찬가지로, 어미가 열량을 새끼에게 물려주는 순간 수유는 또 다른 상호작용의 그물망 안으로 들어간다. 젖을 생산하는 것에는 굉장히 큰 수고가 들지만, 다 자란 턱에 딱 맞물리게 들어있는 이빨을 가질 수 있는 동물을 진화시킴으로써 수유는 에너지를 모으는 일을 더욱 효율적으로 만들었다. 그 여분의 에너지는 더 큰 뇌를 유지할 수 있게 해주고, 이는 더 훌륭한 사냥꾼이나 재빠르고 영리하게 도망치는 초식동물을 낳는다. 이런 뇌는 턱이 커지면서 예민해진 귀에서 들어오는 정보를 더욱 정교하게 처리할 수 있다. 이와 같은 순환과 복잡한 상호의존성은 얼마든지 더 찾을 수 있다. 그저 형질 하나를 보고 "이거야! 이게 핵심이야!"라고 말할 수는 없는 것이다.

몇몇 주요한 발명 덕에 진화에서 중대한 도약을 이루었다고 주장하는 것은 내가 둘째 마리아나에게 캔버스와 붓, 물감을 주고는 반 고흐의 <해바라기>를 그려낼 것이라고 바라는 것과 다를 바가 없다. 내 딸은 그만한 것을 아직 해낼 수 없다. 대신 우리는 딸에게 적절한 수준의 재료를 가져다주고 그 발달 과정에 가능한 만큼 그 역량을 펼칠 수 있도록 한다. 이를 통해 마리아나의 감수성과 근육 조절력은 서로에게 영향을 주며 조금씩 나아질 것이다.

켐프의 표현을 빌자면, "하나하나의 과정과 구조가 유기체의 구성에 필수적인 부분이기 때문에 포유류의 어떤 적응이나 혁신도 단 하나의 핵심 요소라고 할 수 없다."

그러면 복잡한 유기체의 진화는 어떻게 설명해야 할까? 켐프는 '상관적 진행'을 이야기한다. 상관적 진행의 정수는 우리가 내온성의 진화에 관한 켐프의 견해를 다룰 때 접했다. 복잡한 유기체의 어떤 한 형질이 아주 조금만 변해도 다른 어느 곳에서 상보적인 변화가 일어나야 한다.

켐프는 유기체를 사람들이 서로 손을 잡고 나란히 서서 앞으로 걸어가는 모습에 즐겨 비유한다. 한 명 한 명은 개별적인 형질이고, 줄이 살아갈 수 있는 존재로 남으려면 — 동물이 살아서 기능할 수 있으려면 — 맞잡은 손이 어디서도 끊어져서는 안 된다. 이빨을 상징하는 여자아이가 어느 지점에서 한 발짝 앞으로 나갈 수 있다. 하지만 줄 전체가 움직이려면, 턱을 나타내는 남자가 한 걸음 앞으로 나가야 이빨 아가씨가 전진할 수 있다.

켐프가 말하는 또 다른 요점은 기능적 상호작용이 고정되어 있지 않다는 것이다. 내가 다루었던 난자의 건강과 내온성을 방해하는 정자 형성이라는 사례는 일시적인 상호작용이다. 잠깐만 손을 맞잡은 셈이다. 일단 음낭이 생긴 뒤로 내온성 문제는 고환과 거리가 멀어졌다. 그리고 일단 태생이 진화한 뒤로 아마 내온성은 태아 발달을 방해하는 게 아니라 도움이 되었을 것이다. 유기체의 현재 특성이 그것의 가능성을 정의하고, 어떻게 어디로 진화할지를 정의한다.

현재 켐프는 공식적으로 연구에서 은퇴했지만, 계속 글을 쓰고 있다. 매력적이고 박식한 분이며, 나는 옥스퍼드의 세인트 존스 칼리지에서 만나자마자 라틴어 이름을 잘 기억하지 못한다고 고백했던 일을 후회한다. 점심을 먹으며, 켐프는 학부생들에게 모든 포유류 생리가 엄지발가락의 이익을 위해 진화했다는 주장을 펼치며 '핵심적인 혁신'이라는 개념을 일축할 수 있었다고 설명한다.

점심을 먹은 뒤 나는 켐프에게 포유류의 정의를 말해줄 수 있냐고 묻는다. 켐프는 1982년에 발표한 자신의 첫 번째 거미줄 같은 도해를 기억하고 있다. 도해 가운데 켐프는 '항상성'이라는 단어를 놓았다. 그리고 그 주변에 세 가지 주요 마디점을 그렸다. '체온 조절', '공간 제어', '화학 조절'.

일정한 상태를 유지한다는 뜻의 항상성은 1926년에 월터 캐넌Walter Cannon이 만든 용어다. 하지만 개념 자체는 1865년에 이미 프랑스 생물학자 클로드 베르나르Claude Bernard가 내부 환경의 영속성이 자유로운 생명체의 조건이라고 설명했다. 따라서 항상성은 모든 생명체에 적용할 수 있다. 모든 유기체는 바깥세상의 무작위한 질서에 맞서 내부의 국지적인 질서를 유지한다. 하지만 켐프는 항상성을 유지하는 능력이 조류와 포유류라는 두 동물 집단에서 절정에 도달했다고 보고 있다.

네발짐승이 조상이 살던 수중 세계에서 나왔을 때 물 기반의 생화학에 기초한 내부 환경을 유지해야 한다는 건 막대한 과제였다. 몸의 가장자리에 있는 세포는 공기와 만났다. 부력이 있는 물이라는 매질은 사라졌다. 주변 온도는 하루에도 또는 계절에 따라 급격히 요동칠 수 있었다. 적응을 위해 수많은 변화가 일어나면서 최초의 육상동물은 1억 년이 넘는 시간에 걸쳐 최초의 포유류가 되었다. 그건 각각의 변화가 유용했다는 뜻이다. 포유류는 일정한 체온을 유지하고, 고르지 않은 지형을 효율적으로 다닐 수 있으며, 그에 맞게 내부 화학적 상태를 유지한다. 포유류가 개발한 전략은 새로 태어난 동물의 역량을 한참 뛰어넘으며, 따라서 포유류의 모든 세대는 다음 세대를 안내하는 역할을 한다. 사실상 자궁은 어미가 자신의 생리학 일정성을 발달 중인 어린 아기에게 확장시키는 수단으로 볼 수 있다. 그가 저장한 지방과 아이가 태어난 뒤의 수유 과정은 어린 포유동물을 잠재적으로 불규칙한 식사로부터 보호하는 수단이 된다.

고래와 해우, 물범이 수중 생활로 되돌아간 건 어쩌면 역설적인 일이다. 하지만 그런 다양한 서식지에서 살아갈 수 있다는 건 이 핵심적인 계획의 적응성을 잘 보여주는 것이기도 하다.

항상성에 관한 강조와 자유로운 생명에 관한 베르나르의 언급을 생각하면 나는 1950년대 나온 J. Z. 영 Young 의 유명한 저서 『척추동물의 삶』의 한 구절이 떠오른다. "낙타와 거기에 탄 사람이 몸에 지닌 물은 어쩌면 사방 수 킬로미터의 공기와 모래에 있는 물보다 많을지도 모른다. 이것은 포유류의 가장 특징적인 성질 중 하나인 '불가능성'의 극단적인 사례일 뿐이다."

대화 내내 켐프는 유쾌했지만 진지했다. 오래 전에 빈 두 커피잔 옆에 앉은 채로 대화가 막바지에 이를 때에야 나는 켐프가 뒤로 기대며 몸을 쭉 펴는 모습을 볼 수 있었다. 켐프는 웃으며 이렇게 말했다. "포유류는 놀라운 존재 같아."

후기

나는 1인 과학기관이나 마찬가지인 한 과학자를 찾아 다운하우스 — 찰스 다윈이 1842년부터 1882년 세상을 떠날 때까지 살았던 켄트의 전원 주택 같은 집 — 에 도착했다. 다윈은 이곳에 차린 가정 내 실험실에서 책을 쓰고 실험했다. 청명하고 푸른 가을날이다.

다운하우스의 1층은 다윈의 물건 진품과 복제품을 조합해 다윈이 살았던 당시의 모습을 재현해 놓았다. 위층의 방들은 — 하루가 끝날 때마다 엠마 다윈이 남편에게 소설을 읽어 주었다는 사실을 알 수 있게 되는 복원한 부부 침실을 제외하면 — 비교적 통상적인 박물관이 되어 있다. 관람객은 여기서부터 관람을 시작하는 게 좋다고 한다. 첫 번째 침실에 가면 짧은 영상이 반복되어 나오고 있다. 몇몇 사람들의 얼굴이 화면에 나와 다윈이 가정적인 남자였다는 말을 하고 있다. 심지어 한 명은 연구보다 가족이 우선이었다고 이야기한다.

갈라파고스에 관한 방을 지나 다시 영국으로 돌아온다. 수많은 과학 유물 중에 가족이 한 말이 달려 있는 것들이 있다. 다윈의 아들 프랜시스는 아버지의 책상이 "단순함, 임시변통, 기묘함 같은 분위기"를 풍겼다고 말한다. 이게 내가 원하는 내용이다. 천재를 들여다보는 것. 얼마 지나지 않아 신기한 다윈 가족의 시가 나온다.

편지를 쓰자, 편지를 쓰자
좋은 조언은 우리를 더 낫게 만든다
아버지, 어머니, 자매, 형제
우리 모두 서로 조언하자

다음으로 방에는 아이들이 사진이 전시된 방이 나온다. 창문 밖으로 보이는 오래된 뽕나무 — 아직도 있지만, 버팀목으로 받쳐 놓았다 — 잎이 드리우는 그림자가 하얀 바닥 위에서 춤추던 장면을 회상하는 손녀의 말이 적혀 있다. 엠마와 다윈은 자식을 열 명 두었고, 그중 일곱 명이 어른으로 자랐다. 둘은 아기 때 죽었고, 애니는 열 살에 죽었다. 모퉁이에는 계단에 걸린 오래된 나무 미끄럼틀이 있다. 이 미끄럼틀은 두 세대에 걸쳐 아이들을 즐겁게 해주었다.

안방에 서서 나는 다윈이 아침이면 바라보았을 영국의 시골 풍경을 눈에 담는다. 다윈이 지구를 일주하며 목격했을 수많은 풍경 중에서 이게 가장 자주 보았던 부드러운 풍경이었을 거라고 생각하니 기분이 묘하다. 계단을 내려가며 나는 바로 그의 서재로 갈지, 보이는 방마다 방문하고 마지막으로 서재를 방문할지를 고민했다.

시작은 화실이다. 엠마 다윈이 저녁마다 가족에게 피아노 연주를 들려주었다는 오디오 안내가 들린다. 방은 크지만, 친근해 보인다. 어울리지 않는 가구가 놓여 있고, 보드게임이 여기저기 흩어져 있다. 다윈은 지렁이가 담긴 병을 피아노 근처나 위에 놓고 지렁이가 소리를 듣거나 진동을 느낄 수 있는지 관찰하곤 했다. 으레 알고 있듯이, 다윈은 냉담하거나 엄격한 빅토리아 시대의 아버지가 아니었다. 하지만 바로 여기, 다윈의 집에서만 여러분은 다윈 가족의 일상적인 삶에 부드럽고 천천히 빠져들 수 있다. 공기 중에 아이들의 변화무쌍함, 활발한 일고여덟 아이들의 부산함, 가족들 사이를 지나가는 다정함의 흔적이 남아있는 것 같다.

다윈의 서재는 — 『종의 기원』과 그 뒤를 잇는 학술서들을 쓴 곳이다 — 이 집 한가운데 있는 정사각형 방이다. 다윈의 개인 현미경에 빛을 비추었을 창문 옆에 서서 책장과 책상, 쌓여 있는 잡동사니를 보고 있으니 기분이 좋다. 하지만 이제 상상으로 장면을 재구성한다. 조용한 시간은 조금밖에 없었을 것이다. 다윈의 강렬한 사유는 아이들의 관심 때문에 툭하면 중단되었을 것이고, 작업은 가족이 내는 끊임없는 소리를 배경으로 이루어졌을 것이다.

나는 점심을 먹으러 카페 한구석에 앉아 가져온 책을 꺼낸다. 다윈의 편지와 회고록을 프랜시스 다윈의 회상과 함께 모아 놓은 책이다. 나는 곧바로 다윈 아들의 추억 속으로 빠져든다. 프랜시스는 다윈이 흥미로운 식물을 찾아 그 지역의 꽃이 어떻게 수정되는지를 알아내곤 했던 어느 휴일을 시작으로 이렇게 썼다. "아버지는 이런 여름휴가에 가족 모두가 강하게 느낄 수 있는 매력을 부여하는 힘이 있었다."

하지만 프랜시스는 곧 아버지의 끈질긴 건강 문제로 넘어간다. 거기서 애니를 잃은 일까지. 10살이었던 애니의 죽음이 다윈을 황폐하게 했다는 사실은 유명하며, 으레 이 때문에 다윈의 기독교 신념이 마지막 흔적까지 무너졌다고 한다. 그렇기에 이는 어떤 효과를 발휘했다는 식으로 이야기되곤 한다. 신이 없는 우주가 신심이 깊은 사람을 무시한 탓에 마침내 다윈이 오랫동안 간직해 왔던 혁명적인 이론을 자유롭게 발표할 수 있었다는 것이다.

프랜시스는 애니가 죽은 지 며칠 되지 않아 다윈이 기억이 희미해지지 않도록 쓴 글을 길게 인용한다.

> 애니의 몸 구석구석에서는 즐거움과 활기가 뿜어 나왔고, 움직임 하나하나가 탄력 있고 생기와 활기로 가득했다. 애니를 보고 있자면 기쁘고 즐거웠다…. 우리가 모래길을 걸을 때면, 비록 내 걸음이 빨랐어도 애니는 몹시 우아하게 발끝으로 빙글 돌며 나보다 앞서가곤 했다. 사랑스러운 얼굴은 언제나 달콤한 웃음으로 빛나고 있었다…. 마지막으로 짧게 병을 앓을 때 애니의 행동은 그저 천사와 같았다…. 내가 물을 좀 주자 애니는 "정말 감사합니다"라고 말했다. 그리고 내가 기억하기로는 이게 애니의 사랑스러운 입술이 내게 마지막으로 한 소중한 말이었다. 우리는 가정의 기쁨, 그리고 우리 노년의 위안을 잃었다. 애니는 우리가 얼마나 자기를 사랑했는지 분명히 알았을 것이다. 아아, 우리가 여전히 그리고 앞으로도 영원히 그 사랑스럽고 즐거운 얼굴을 얼마나 깊이, 얼마나 다정하게, 사랑한다는 사실을 애니가 지금도 알 수만 있다면!

뉴욕의 자연사박물관에서 다윈의 획기적인 기록을 보던 나는 애니의 죽음에 마음이 끌렸지만, 더욱 위대한 과학 서사에 휩쓸렸다. 지금 나는 앉은 채로 160년 된 고통에 빠져들며 생각한다. 다윈, 당신이 딸과 함께 할 수 있었다면 좋았을 텐데요. 다른 모든 건 우리가 기다릴 수 있었을 겁니다.[1)]

애니가 발끝으로 몸을 돌리며 걷던 모래길은 다윈의 '사색로'로, 다운 하우스의 뒤편에 있는 작은 숲 주위로 자갈과 모래가 깔린 둘레길이다. 다윈은 거의 평생 동안 하루에 세 번씩 이 길을 걸었는데, 매번 다섯 바퀴씩 돌아 1마일을 걸었다. 바퀴 수를 세기 위해 모래길의 첫 번째 모퉁이에 부싯돌을 쌓아 두고, 한 바퀴 걸을 때마다 돌을 하나씩 발로 차서 옆으로 치웠다. 나는 전부터 여기 오면 반드시 이 길을 걸어보겠다고 마음먹고 있었다.

다윈이 다양한 식물을 조사했던 온실과 온갖 채소를 비교했던 텃밭을 지나 가까이 가자 오디오 가이드가 모래길 역시 고독한 명상의 장소는 아니었다고 설명한다. 다윈이 산책하는 동안 가운데에서는 아이들이 놀았다. 때로는 아버지가 더 오래 걷도록 발로 차낸 부싯돌을 대신해 돌을 새로 갖다 놓기도 했다.

1) 최근 과학사학자 존 반 와이히John van Wyhe와 마그 폴른Mark Pallen은 애니의 죽음이 다윈의 신앙심에 최후의 일격을 날렸다는 널리 퍼진 생각에 심각한 의문을 제기했다. 이들이 확인한 바로 이 이론은 다윈이 죽은 지 한 세기가 지난 뒤에야 생겨났으며, 추측과 아주 간접적인 증거에 근거하고 있었다. 어찌어찌하여 이 이론은 대중의 상상력을 사로잡았지만, 반 와이히와 폴른은 다윈이 그보다 훨씬 먼저 — 아마도 애니가 태어나기 전에 — 이성적인 판단으로 기독교에서 벗어났다는 설득력 있는 증거를 제시했다. 두 사람도 애니의 죽음으로 다윈이 겪은 고통을 의심하지는 않는다.

지금 나는 홀로 숲속에 있다. 땅은 낙엽으로 덮여 있고, 여기저기 흩어진 너도밤나무 열매가 발에 밟힌다. 썩어가는 나무가 살아있는 것들에 기대어 있다. 호랑가시나무의 진하고 뚜렷한 초록색이 주변의 가을빛을 배경으로 빛난다. 나무와 관목, 양치류, 지피식물이 서로 툭툭 건드린다. 각자가 생존하기 위해, 다음 세대를 낳기 위해 이익을 취하려고 하는 게 너무나 분명하다. 어린 나무가 오래된 나무를 뚫고 올라가는 게 얼마나 드문 일인지 알고 있던 다윈도 이 씨앗들을 — 새로운 자손을 낳기 위해 수천 번이나 계속된 나무들의 시도를 — 밟고 다녔을 것이다. 다윈이 설명하고자 했던 모든 게 여기 있었다.

다람쥐 두 마리가 내게 합류한다. 물론 회색다람쥐다. 다윈이 여기서 다람쥐를 관찰한 적이 있는지 나중에 알아봐야겠다고 생각한다. 회색다람쥐가 영국에 들어온 건 1870년대가 되어서였다. 하지만 다운하우스에 붉은다람쥐는 있었을까? 결국 나는 프랜시스의 회상을 다시 찾아보고 다윈이 이곳에서 조용히 기어다니거나 죽은 듯이 선 채로 '새와 동물'을 찾아보았다는 사실을 알게 되었다. 그리고 한 번은 "어떤 어린 다람쥐가 다윈의 등과 다리를 타고 올라오는 동안 나무에서 어미가 괴로워하는 소리를 냈다."는 사실도.

나는 가만히 이 회색다람쥐 한 쌍을 바라본다. 이들은 내게 거의 신경을 쓰지 않는다. 그런데 한 마리가 물러나면서 다른 한 마리가 잠시 멈추더니, 어쩌면 지나가듯이 나를 쳐다본다. 꼬리는 마치 물음표처럼 생겼다. 우리가 바싹 마른 사막 한가운데서 사람을 태운 낙타인 건 아니지만, 어딘가 있을 법하지 않은 한 쌍 같은 느낌이 든다. 주위 환경과 무관하게 끊임없이 타오르는 신진대사의 용광로 둘. 길이의 역사를 알 수 없는 무작위한 종착점 둘. 그리고 나는 우리가 이 숲의 생명 중에서 얼마나 작은 일부를 차지하는지, 포유류보다 얼마나 더 많은 식물이 있는지를 생각해 본다. 우리 둘은 얼마나 사치스러운 존재인지.

다람쥐와 나는 자연이 이제껏 만들어 낸 가장 영민하고 호기심이 끊이지 않는 지성 중 하나가 자연 그 자체로 관심을 돌려 왜 모든 것이 지금처럼 되었는지를 설명하는 이론을 만들어낸 공간에 서 있다. 다람쥐가 사라진다. 꼬리가 호를 그리며 움직이는 몸을 그대로 따라간다. 털 달린 m자 모양의 몸이 나무를 향해 뛰어간다. 조금도 멈추거나 생각하는 일 없이 다람쥐는 평평한 땅에서 수직으로 솟은 나무줄기 위로 옮겨간다.

다람쥐는 나무를 올라가더니 사라진다. 그리고 나는 문득 감사하는 마음이 넘치는 것을 느낀다. 내가 여기 온 건 정말 행운이다. 나는 한 바퀴 더 걷기로 마음먹는다.

2018년의 포유류

이 책이 처음 나오고 6개월 뒤, 어느 맑은 일요일 봄날이었다. 나는 모닝커피 한 모금을 마시고 벤치에 앉아서 오래된 영국의 삼림지대를 바라보고 있었다. 봄 안에서도 초봄에서 늦봄으로 바뀌는 계절 변화가 일어나고 있는 게 보였다. 블루벨이 아직 숲 바닥을 덮고 있었지만, 이제 마법은 사라지고 녹황색 이파리들이 미안하다는 듯이 씨앗이 담긴 머리를 밀어올리고 있었다. 그 날은 봄이 펼쳐지는 모습을 보려면, 너무나 연약하고 너무나 순수해서 오래 가지 못할 것 같은 갓 피어난 연두색 잎이 어른 거리는 나무 위를 올려다보아야 했다.

잎사귀 대부분은 부산스러운 서어나무와 자작나무에서 돋아나고 있었다. 이 활발한 어린잎들은 주변 모든 게 먼저 시작하더라도 괜찮다는 듯 느긋하게 잠에서 깨어나고 있는 두 나이든 떡갈나무 아래에서 빛을 찾아 분주하게 움직였다. 다른 곳에서는 관목과 덤불, 풀이 떠들썩하게 잎을 틔워내고 있었다. 모든 게 자라나려고 했다. 햇빛이 비치면, 초록이 경쟁하듯 자랐다.

겨울을 뚫고 간간이 흐르던 시내를 나무 기둥에 묶인 채 축 늘어진 철사가 가로지르고 있다. 경계를 표시하는 용도다. 우리 땅(내 장모님의 땅)과 그들 — 이 숲의 대부분을 점유하고 있는 무대 밖의 지배자 — 의 땅을 나누어 놓은 것인데, 그날따라 어처구니없어 보였다. 나는 숲의 주민들이 그것을 어떻게 생각할지 궁금했다. 오소리를 곤란하게 만들기에는 너무 높았고, 사슴에게 심각한 장애물이 되기에는 너무 낮았다. 새에게는 그저 앉을 수 있는 곳에 불과했다. 아마 동물들은 아무 신경도 쓰지 않을 것이다. 그럼에도 인간이 이 장소를 소유했다는 사실을 금속이 알려주고 있었다.

호모 사피엔스가 소유라는 개념을 처음으로 떠올린 건 아니다. 많은 종이 자기 영역을 표시하고 유지한다. 그리고 철사가 일주일마다 와서 나무에 다리를 걸쳐 놓는 이름 모를 지배자보다 낫다는 데는 의심의 여지가 없다. 내가 터무니없게 느낀 건 이 땅에 대한 땅 주인의 얼마 되지도 않을 애착이었다. 여기 와 보기는 할까? 그 사람에게 이곳은 어떤 의미일까?

바로 그때 움직임이 보였다. 내 왼쪽, 철사 조금 너머에서 블루벨이 흔들리고 있다. 다람쥐일 거라고 생각했는데, 내 눈에 띈 건 여우였다. 아니 새끼 여우 한 마리, 아니 두 마리였다. 잠깐…, 세 마리! 정말인가? 아니, 다시 제대로 세어 보자. 하나, 둘, 셋, 넷, 아니, 저건 어미고, 다시 넷, 다섯…. 설마? 정말이다. 여섯! 말도 안 돼. 하지만 사실이었다. 나는 다시 세어 보았다. 새끼 여섯 마리와 어미. 맙소사!

서어나무들 사이에서 새끼 여섯 마리는 불룩한 곳에 누워 먼 곳을 바라보는 어미 주위를 맴돌며 놀았다. 마치 성장하는 포유류에게 놀이 활동이 중요하다는 사실을 광고하기라도 하듯이 새끼들은 어떤 물체를 굶기도 하고, 펄쩍 뛰기도 하고, 구르기도 하며 놀았다. 그리고 놀이가 사회적인 행동일 수도, 개인적인 행동일 수도 있다는 사실을 일깨워주듯이 네 마리는 각자 혼자서 놀았고, 두 마리는 함께 놀았다.

어미의 존재가 새로 태어난 동물이 여러 가지 기술을 익히는 데 어떻게 도움이 되는지를 바라보던 나는 이어지는 포유류 세대의 필수적인 연대가 어떻게 이 책의 핵심 주제로 떠올랐는지를 상기했다.

게다가 나는 내 딸들이 이 장면을 보면 얼마나 즐거워할지 생각하지 않을 수 없었다. 하지만 내가 일어서면 여우들은 도망칠 게 분명했다. 설령 그때는 도망치지 않아도 아이들이 다가오면 분명히 그럴 터였다. 그러나 나는 살금살금 빠져나와 이사벨라와 마리아나를 숲 가장자리로 데려오는 데 성공했다. 크리스티나와 장모님은 그 뒤에서 지켜보았다. 다섯 식구가 일곱 식구를 바라보며 봄과 생명과 거기서 나오는 활력에 기분이 고양되었다.

***

2018년에 과학자들은 '포유류'라는 키워드가 달린 연구를 25만 개 이상 발표했다. 세대 사이의 상호작용은 북아메리카 무스와 큰뿔양이 나이 많은 개체로부터 이주 경로를 배우는 방법에 관한 연구에 잘 나타났다. 독일 연구진은 땃쥐의 뇌가 겨울에 수축했다가 봄에 다시 자란다는 사실을 보였다. 운영 비용을 줄이기 위해서일 게 분명하다. 케임브리지대학교 연구진은 실험실에서 태반과 비슷한 것을 키웠다.

한편 히말라야 마멋과 코알라의 유전체 전체를 해독한 결과 포유류가 어떻게 아주 높은 고도에서 살 수 있는지 혹은 유칼립투스 잎만 먹고 살 수 있는지에 관한 통찰을 얻을 수 있었다. 코알라는 다른 포유류보다 맛 수용체가 더 많아 식물의 독성을 잘 감지할 수 있는 게 분명하다. 아마 그래서 괜찮은 유칼립투스 잎을 구분할 수 있을 것이다. 마찬가지로 그쪽 동네에 사는 웜뱃이 어떻게 네모난 똥을 싸는지도 알아냈다. 웜뱃은 똥 무더기를 이용해 서로 신호를 주고받는데, 똥 모양이 네모나야 쌓을 때 더욱 안정적일 것이다. 웜뱃 창자의 마지막 8퍼센트는 부위별로 탄성이 제각각이라 교묘하게 똥을 이런 모양으로 만들 수 있다는 사실이 드러났다. 그리고 마지막으로 똥 이야기를 한 번 더 하자면, 알래스카에서는 과일을 먹는 곰이 주로 씨앗을 퍼뜨리고 다니며, 그 결과 많은 소형 포유류가 곰이 배설하는 영양가 풍부한 진미를 얻기 위해 모여든다는 사실이 밝혀졌다.

포유류의 고유함을 훼손하는 연구를 살펴보자면, 독일과 이탈리아 연구진은 소말리아 장님물고기가 — 땅속의 완벽한 어둠 속에서 헤엄치며 사는 동물이다 — 자외선 손상으로부터 DNA를 보호하는 분자 시스템을 잃었다는 사실을 알아냈다. 그건 태반류가 오랜 야행성 생활 동안 잃었던 것과 같은 시스템이다. 중국에서는 개미를 흉내 내는 몇몇 거미가 — 그냥 하는 소리가 아니라 정말 개미와 판박이다 — 수유와 놀라울 정도로 비슷한 행위를 한다는 사실을 발견했다. 새끼에게 영양가 있는 분비물을 먹이는 것이다. 단지 젖꼭지가 아니라 알을 낳는 구멍을 통해서일 뿐이다. 아아, 생명이란!

하지만, 죽음 또한 만만치 않다. 내가 여름에 본 여우는 영국 포유류협회에 따르면 현재 영국 제도에 서식하는 것으로 추정되는 35만 7,000마리 중 일곱 마리였다. 이번 여름 이 협회는 영국의 야생에서 사는 육상 포유류 58종 모두의 개체수 규모, 서식 범위, 시간적 추세 및 미래 전망을 평가한 보고서를 발행했다. 시간적 추세는 1995년에 있었던 마지막 조사 때의 개체수 규모와 올해의 결과를 비교해 판단했다.

물쥐와 들고양이, 곰쥐, 그리고 몇몇 박쥐는 모두 이 지역에서 절멸위급종이며, 귀여운 고슴도치를 비롯한 다른 많은 종 역시 급격하게 감소 중이다.

조사 결과가 나오자 한 기자가 포유류에 대한 이미지 문제가 있는 게 아니냐고 물었다. 탐조 활동의 인기에 비해 어디를 봐도 탐포유류를 하는 사람은 없지 않느냐는 것이다. 탐포유류라는 말 자체도 어색하다. 물론 모두가 그건 사실이 아니라고 말했다. 하지만, 아무도 제대로 된 반박을 내놓지는 못했다. 훗날 나는 영국에서 가장 흔한 포유류 세 종류를 — 들쥐와 두더지, 북숲쥐로 거의 사람 수만큼 많다 — 야생에서 본 적이 한 번도 없다는 사실을 깨달았다.

가능한 한 사람과 다른 동물의 눈에 띄지 않는 채로 살아가는 포유류의 생활 방식은 이 보고서가 다른 특징적인 속성 하나를 갖게 했다. 바로 높은 불확실성이다. 포유류 협회는 영국에 피그미땃쥐가 630만 마리 있다고 파악했지만, 흔히 99만 9,000마리 정도로 적을 수도 3,890만 마리 정도로 많을 수도 있다고 한다. 물윗수염박쥐의 추정 개체수는 103만 마리로 괜찮은 수준이었지만, 실제로는 아주 훌륭한 444만에서 절망적인 2만 7,000천 마리 사이 어딘가에 있다(박쥐의 문제는 방금 포유류 한 마리가 날아갔다고 알려줄 사람은 많지만, 그게 어떤 종인지 알아낼 수 있는 사람이 거의 없다는 점이다). 나는 이런 수수께끼가 오늘날 이렇게 사람이 많이 사는 섬에서도 포유류가 진정한 야생성을 갖고 있을 수 있다는 사실을 암시한다는 점에서 어느 정도 마음에 든다. 하지만 우리와 함께 살고 있는 포유류의 운명을 진정으로 알고자 한다면 더 나은 방법과 더 높은 정확도가 필요하다.

불확실성은 지구에 사는 모든 생명체의 질량을 계산하려고 했던 이스라엘과 캘리포니아의 연구에도 있다. 이 연구는 다윈의 정원에서 내게 떠올랐던 생각, 이 세상에 식물이 포유류보다 훨씬 많을지도 모른다는 추정을 확인해 주었다. 세계적으로, 야생 포유류 1g당 식물 65kg이 있다. 즉, 식물 1톤당 포유류는 고작 14g밖에 없다는 소리다.

식물은 지구 생명체 총중량의 82퍼센트를 차지한다. 그 뒤로 세균(약 13퍼센트)과 균류가 있고, 고세균과 원생생물 같은 다른 단세포 생물이 뒤따른다. 동물은 꼴찌에서 두 번째로, 오직 바이러스보다만 앞에 놓인다. 포유류가 차지하는 비율이 고작 동물의 10퍼센트, 모든 생물의 0.03퍼센트에 불과하다고 하는데, 실제로 지구에는 바이러스보다 포유류가 더 적다.

만약 이 수치가 놀랍다면, 그건 생태적 균형의 현실이 놀랍기 때문이다. 하지만 오늘날 포유류의 중량이 분포하고 있는 양상이 놀라운 건 인간이 특별하기 때문이다. 포유류의 갈래에 튀어나와 있는 조그만 가지 하나에 불과한 호모 사피엔스는 이제 포유류 전체 바이오매스의 약 3분의 1을 차지한다. 그리고 주로 소와 돼지인 가축 포유류까지 합하면 우리는 포유류 전체 바이오매스의 96퍼센트에 달한다. 야생에서 살아가는 전 세계 5,500종의 포유류를 모두 합한 중량도 인간과 우리가 기르는 가축의 24분의 1에 불과하다.

저자들은 이런 결론을 끌어내는 게 학술적으로 어려운 과제이며 역사적인 추세를 유추하는 건 더욱 어렵다고 말했지만, 현대인의 도래 이후 야생 포유류의 총중량이 약 83퍼센트 감소했다고 추정한 연구 결과를 인용하고 있다.

또 다른 2018년의 연구에 따르면, 인간이 주변에 있을 때 가장 취약한 것은 대형 포유류다. 미국 여러 대학의 연구진은 호모 사피엔스와 우리의 직계 조상이 존재한 이후의 포유류 화석 기록을 연구해 포유류의 몸집과 멸종 확률 사이의 관계를 끌어냈다. 그 결과 지난 12만 5,000년 동안 몸집이 큰 포유류일수록 몰락할 가능성이 컸다. 6,500만 년 이전에는 그렇지 않았다는 게 분명했으므로, 이런 변화는 호미닌이 활동한 결과인 게 거의 확실하다.

장엄한 뼈로 사람들이 자연사박물관을 찾게 — 그리고 그런 괴수가 언제 어디서 어떻게 살았을지 상상하게 — 만드는 거대한 나무늘보, 거대한 사슴, 소만한 아르마딜로, 매머드는 모두 경외감과 학살을 향한 집단적 욕구가 우리 안에서 결합한 결과의 희생양이었다(올해 나온 또 다른 연구에는 거대나무늘보의 발자국 안에서 고대인의 발자국을 발견한 내용이 담겨 있는데, 우리 인간이 먹이를 추적했다는 화석 기록이다). 저자들은 현재 추세로 단 200년 뒤만 내다본다고 해도 코끼리와 코뿔소, 하마, 기린을 비롯한 대형 육상 포유류가 아직 남아 있으리라는 징후를 볼 수 없을 것이라고 예측하며, 그때쯤이면 살아남은 가장 큰 육상 포유류는 소가 될 것이라고 시사했다.

인간은 포유류의 평균 크기를 작게 만들고 있을 뿐만 아니라 더욱 야행성이 되도록 몰아가고 있다. UC 버클리 연구진이 오늘날의 포유류가 활동하는 시기를 조사한 결과에 따르면 사람 주위에 사는 포유류는 사람을 피하기 위해 사람이 잠을 자든 다른 일을 하든 집으로 돌아간 뒤에야 나온다. 이 관찰 결과는 일반적으로 포유류가 사람을 피해 멀리 떨어진 곳으로 이동한다는 오래전부터 알고 있던 사실에 덧붙일 수 있다.

저자들은 인간을 '슈퍼포식자'로 보는 게 가장 적합하다고 말했다. 수가 많고 많은 종에게 끔찍한 동물이다. 우리의 존재는 야생 포유류가 항상 경계하게 만들며, 끊임없이 스트레스 호르몬을 분비하게 해 오랜 시간을 과잉 각성 상태로 보내게 한다. 심지어 인간이 무기를 지니고 있지 않을 때도 그렇다. 이런 식으로 산다는 건 포유류가 먹고 번식하는 등의 기본적인 생존 행동에 소홀해진다는 뜻이다. 이 연구의 저자들은 밤에 더 많이 활동하는 게 훌륭한 대책이 될 수 있을지 의구심을 나타냈다. 원래 주행성인 동물이 이미 야행성으로 적응한 동물 사이에서 살아가는 게 힘들다는 것이다.

폭압적인 적에 점령당한 낮을 피해 밤에 살아가는 작은 생명체 포유류…. 어디서 많이 들어본 이야기 같지 않은가? 단 한 종에 불과한 우리 인간은 공룡이 가했던 억압적인 효과와 비슷한 영향을 우리 친척인 포유류에게 전 세계적으로 끼치고 있다.

게다가 우리 인간은 공룡보다 훨씬 더 빠르다. 지질학적 기준으로 볼 때 12만 5,000년 동안 쌓인 피해는 대단하지 않을지 몰라도 지난 40~50년 사이에 벌어진 일의 영향은 소행성 충돌과 맞먹는다. 2018년 10월 세계자연기금은 연 2회 발생하는 「지구생명보고서」에서 모든 척추동물의 평균 종 수가 1970년보다 60퍼센트 줄어들었다고 밝혔다. 이에 앞서 2017년 독일에서 나온 보고서의 "포유류는 진기하지 않다" 항목에 따르면 지난 27년 동안 곤충의 수는 75퍼센트 줄어들었다.

****

다음번에 장모님을 방문했을 때 나는 여우 새끼들을 다시 보았다. 하지만 그다음 번에 찾아갔을 때는 숲 가장자리에서 아무리 어슬렁거렸어도 볼 수가 없었다.

두 달 뒤, 여름에 산책을 나가는데 장모님은 전등을 끄면서 무심코 "이거 끄고 지구를 지키자."라고 말했다.

"지구를 지켜요?" 이사벨라 어리둥절한 표정으로 나를 바라보았다. 여섯 살짜리 아이의 머리로는 이해할 수 없는 말이었다. 전 세계처럼 커다랗고 모든 것을 품고 있는 존재를 어떻게 구한다는 걸까? 그리고 애초에 전등 끄기 같은 사소한 일이 그와 무슨 관계가 있을까?

데이비드 아텐보로의 <블루 플래닛2> 방영 이후 플라스틱을 적게 쓰자는 이야기가 있을 때도 이런 논쟁이 있었다. 그리고 나는 바로 그날 점심 때 평범한 한 끼 식사를 하는 데 내가 얼마나 많은 플라스틱 쓰레기를 만들었는지를 깨닫고 경악했다.

"토끼를 생각해보렴." 나는 말했다. "토끼는 자기가 사는 데서 자라는 풀을 먹고 살아. 그리고 근처에 있는 웅덩이와 냇가에서 물을 마셔."

"네…." 이사벨라는 대답했다. 그게 지구와 무슨 관련이 있는지 잘 모르겠는게 분명했다.

"자, 그리고 토끼는 자기가 사는 데서 응아를 해. 쉬야도 거기서 하고. 그러니까 토끼는 지구에서 아무것도 가져가지 않는 거야. 그냥 물하고 먹이만 빌려가서 먹고 자라는 거야. 나중에 토끼가 죽으면, 여우나 까마귀가 토끼를 먹어. 남는 건 구더기 같은 벌레가 먹고. 오랫동안 토끼는 뼈까지 썩게 되지. 토끼는 아무 흔적도 남기지 않고 살다 가는 거야."

나는 이것을 쓰레기가 널린 내 삶의 궤적과 비교하려고 했지만, 아이는 이미 흥미를 잃었다. 이사벨라는 고슴도치를 보려고 달려갔고, 나는 혼자 그날 하루 만에 내가 여지껏 살았던 야생 토끼 전체보다 분해되지 않는 쓰레기를 더 많이 만들었다는 사실을 조용히 숙고했다.

중간에 그만둬도 미련은 없었다. 어차피 여섯 살짜리 아이의 어깨에 지우기에는 다소 무거운 짐으로 느껴졌기 때문이다. 무슨 이야기를 더 할 수 있었겠는가? 가령, 이렇게? "그러니까 얘야, 동물들이 죽어가고 있고, 기후 변화는 지금의 인간 문명에 재앙을 가져올 거야. 그리고 너희 세대의 임무는 — 사실 우리의 임무이긴 하지만 아빠에게는 남은 시간이 별로 없으니까 — 가능한 한 탄소 중립을 유지해서 지구를 구하고 자연 생태계 파괴를 그만두어야 해. 21세기를 사는 너희들이 주로 듣는 이야기가 '우리는 모든 것을 가질 수 있어'겠지만, 이건 꼭 필요한 일이야. 그러니 내가 꼭 갖고 싶어 하는 그 허접한 플라스틱 장난감부터 사지 말도록 하자. 네가 질리고 나면 그 장난감은 돌고래의 목구멍을 막을 테니까 말이야."

어떤 아이에게도 이건 불공평한 일이다. 하지만 이런 개념이 우리 어른들 사이에서도 깊게 뿌리내리지 못한 듯 보이기 때문에 아이들도 일부는 내면화할 필요가 있을지도 모른다.

영국 포유류협회의 조사, 척추동물에 관한 세계자연기금의 평가보고서, 27년 동안 곤충을 직접 조사한 독일 곤충학자들의 세세한 연구, 그리고 그 외의 온갖 자료를 읽은 나는 이 글을 쓰면서도 여전히 한편으로는 '그렇게 나쁜 상황은 아니지 않을까?' 하는 생각을 한다.

추정, 백분율, 수치, 다른 뉴스…, 이 중 아무것도 완전히 꿰뚫어보지는 못한다. 자연을 설명하는 데이터와 생명의 회복력에 관한 내 직감 사이에는 괴리가 있다. 하지만 나는 그 여우 새끼들을 떠올린다. 그리고 우리가 이번 여름에 본 수십 마리의 물개는 또 어떤가? 지금 내 창문 밖으로 보이는 푸르름. 길 건너 공원에 사는 토끼, 다람쥐, 까치, 오리와 거위. 아, 그리고, 거기서 쥐도 보았다. 한 번은 사슴도….

<블루 플래닛>의 성공은 시청자에게 비닐봉지에 갇힌 거북과 플라스틱 이쑤시개를 삼키고 죽은 신천옹의 모습을 보여준 데 있다. 우리는 손

에 든 비닐봉지가 동물을 압박하고 질식시킬 수 있다는 사실을 이해한다. 어쩌면 다큐멘터리는 모두 이래야 하는지도 모른다. 오랑우탄이 얼마나 똑똑한지를 알려주고, 평탄하게 밀린 숲에서 수컷 한 마리가 혼자서 맨손으로 불도저를 밀어내려고 하는 영상을 보여주는 것이다.

야생동물을 관찰하는 사람들은 매스미디어가 개체 수가 80퍼센트나 줄어들었다는 비참한 사실을 보도하는 데는 관심이 없다고 불평한다. 중국의 강돌고래처럼 어느 한 종이 멸종했다고 발표할 때나 나타나 그동안 우리가 무엇을 했는지 묻는 기사를 쏟아낸다는 것이다. 이미 늦었는데 말이다.

생물학자와 환경보존론자는 지금 이 시기를 지구의 여섯 번째 대절멸이라고 표현한다. 그런데 대절멸이라고 하면 6,600만 년 전에 공룡을 쓸어버렸던 대절멸이나 2억 5,200만 년 전의 페름기-트라이아스기 대량절멸처럼 온 세상이 독성 가스에 휩싸이거나 화산이 불을 뿜거나 소행성이 충돌하는 모습을 떠올린다. 지구는 시체로 뒤덮이고, 대기에는 죽음의 냄새가 가득하다. 지금은 전혀 그렇지 않다. 제대로 이해하는 데 실패했기 때문이다. 대량절멸은 어떤 모습일까? 바로 지금과 같은 모습일 수 있다. 어리석은 풍요의 향연 같은 모습.

우리가 앞선 다섯 번의 절멸이 어떻게 일어났는지 이해하려고 노력하는 것처럼 어느 날 누군가 혹은 무엇인가가 이 절멸의 역사에 관해 쓸 것이다. 이들은 앞서 살았던 한 종, 역사상 가장 영리했던 종, 영리해서 녹조처럼 번져나갔던 종의 행동을 판단할 것이다. 이들이 뭐라고 할지는 불확실하다. 우리는 계속 성장하며 독성 녹조처럼 우리 주위를 모조리 집어삼키고 오염시킬 것인가? 아니면 좀 덜 파괴적으로 살아갈 방법을 찾을 것인가?

나는 전 세계 바이오매스 연구와 인간이 야생 포유류의 83퍼센트를 없애버렸다는 내용을 담은 보도에 달린 온라인 댓글을 종종 떠올린다. “적자생존. 우리가 지배하고 다른 동물이 죽어 없어지는 건 우리가 더 잘 적응했기 때문이다. … 그만 징징거려!”

그리고 이번 가을 한 친구가 플라스틱 쓰레기가 바다에 끼치는 영향에 관한 토론에 패널로 나갔던 일에 관해서도 생각하곤 한다. 나는 플라스틱 찬성론자가 별로 없을 테니 걱정할 필요 없다고 이야기했다. 하지만 이틀 뒤 친구는 내게 플라스틱 쓰레기를 관리하자는 생각에 관해 청중이 50대 50이었다고 말했다. “나는 사람들이 내게 이래라저래라 할 때 정말 열 받아요!”라고 마이크에 대고 외친 청중도 있었다고 했다.

나? 음, 나는 플라스틱 사용을 줄였다. 뭐든 가능하다면 퇴비로 만들고, 재활용을 더 열심히 하고, 쓰레기통의 내용물을 보며 좀 더 후회한다. 오랑우탄이 불도저와 씨름하는 모습을 보며 눈물을 흘린다. 고기를 덜 먹으려고 노력하는 편이지만, 햄버거 한 개쯤은 괜찮겠지 하기도 한다. 비행기는 전보다 덜 타지만, 2019년에는 뉴욕으로 돌아갈 일을 고대하고 있다. 한 번 타는 건데 뭐. 나 하나쯤이야. 생활은 해야지. 어쩌구, 어쩌구…. 훨씬 더 할 수도 있었는데.

이런 갈등과 도덕적 투쟁, 양심의 위기는 미래의 역사가에게 보이지 않을 것이다. 먼발치에서 바라보는 사람이라면 호모 사피엔스가 알면서도, 일부러 원해서 미친 듯한 속도로 생물종을 죽여 없애고 있다고 결론 내릴 수밖에 없다.

**

12월이 되면 나는 모닝 커피를 들고 숲이 마주 보이는 벤치로 돌아와 간간이 강하게 불어오는 쌀쌀하고 축축한 바람을 맞으며 몸을 웅크린다. '집안으로 들어가!'라고 말하는 날씨다. 이제 초록색은 보기 어렵다. 물론 이끼와 약간의 관목, 간간이 양치식물이 있지만, 갈색의 핼쑥한 경치다. 갈색의 벌거벗은 풍경. 떡갈나무 두 그루가 굳건히 서 있는 반면, 자작나무와 서어나무는 바람에 따라 구부러지고 물결친다. 햇빛을 쫓는 길고 앙상한 줄기 위에서 작은 수관이 흔들거린다. 들판에 옮겨 심으면 외설적으로 보일 것이다.

모든 것이 멈춰 있다. 태양을 도는 지구의 궤도는 이 세상의 DNA에 쓰여 있다. 나무는 좋은 날이 올 때까지 불모의 시간을 그저 견디고 기다려야 할 때가 있다고 말한다. "왜 잠을 자지 않는 거야?"라고 나무가 묻는다. 고슴도치는 잔다. 겨울잠쥐도 잔다. 박쥐도 웅크리고 겨울을 난다. 다시 좋은 시절이 올 거야. 쉬고 있으렴. 블루벨이 깨워줄 거야.

나는 여우 새끼들이 놀던 곳으로 걸어간다. 나뭇잎으로 가득 찬 굴 입구가 여우를 떠올리게 해주는 전부다. 다른 흔적은 없다. 여우는 아무 흔적도 남기지 않았다. 다음 봄에 여우를 더 많이 볼 수 있게 되기를 나는 정말로 바란다.

이곳의 시간은 돌고 도는 것 같다. 숲의 도랑은 다시 개울이 되고, 움푹 파인 땅에는 웅덩이가 다시 생길 것이다. 겨울은 으레 할 일을 하고, 1, 2월이 되면 여우가 블루벨이 처음 필 때쯤 새끼가 태어난다는 사실을 어떻게 해서인지 알고 서로 짝을 찾게 될 것이다…. 산다는 건 그런 것이다.

그렇지 않은가? 생명은 다시 돌아와 햇빛을 받기 위해 경주한다. 오로지 시간만 순환하지 않는다. 시간은 오로지 앞으로만 갈 뿐이다. 장담할 수 있는 건 아무것도 없다.

2018년 12월, 이스트서식스에서

참고문헌

서장

Wilson, D. E., Reeder, D. M. (eds) (2005). *Mammal Species of the World: A Taxonomic and Geographic Reference* (3rd edition). Johns Hopkins University Press.

1장

Chance, M. R. A. (1996). Reason for externalization of the testis of mammals. *Journal of Zoology* , 239: 691–695.

Kleisner, J., Ivell, R., Flegr, J. (2010). The evolutionary history of testicular externalization and the origin of the scrotum. *Journal of Biosciences*, 35: 27–37.

Lovegrove, B. G. (2014). Cool sperm: why some placental mammals have a scrotum. *Journal of Evolutionary Biology*, 27: 801–814.

Moore, C. R. (1926). The biology of the mammalian testis and scrotum. *Quarterly Review of Biology*, 1: 4–50.

Sharma, V., Lehmann, T., Stuckas, H., Funke, L., Hiller, M. (2018). Loss of RXFP2 and INSL3 genes in Afrotheria shows that testicular descent is the ancestral condition in placental mammals. *PLoS Biology*, 16: e2005293.

2장

Burrell, H. (1927). *The Platypus: Its Discovery, Zoological Position, Form and Characteristics, Habits, Life History etc*. Angus & Robertson (Sydney).

Darwin, C. R. (1845). *Journal of Researches into the Natural History and Geology of the Countries Visited During the Voyage of HMS 'Beagle' Round the World*. John Murray.

Griffiths, M. (1978). *The Biology of the Monotremes*. Academic Press.

Hall, B. K. (1999). The paradoxical platypus. *Bioscience*, 49: 211-218.

Scheich, H., et al. (1986). Electroreception and electrolocation in platypus. *Nature*, 319: 401-402.

3장

Harper, P. S. (2008). *A Short History of Medical Genetics*. Oxford University Press.

Josso, N. (2008). Professor Alfred Jost: the builder of modern sex differentiation. *Sexual Development*, 2: 55-63.

Morgan, G. J. (1998). Emile Zuckerkandl, Linus Pauling, and the molecular evolutionary clock, 1959 - 1965. *Journal of the History of Biology*, 31: 155-178.

Rens, W., et al. (2004). Resolution and evolution of the duck-billed platypus karyotype with an X1Y1X2Y2X3Y3X4Y4X5Y5 male sex chromosome constitution. *Proceedings of the National Academy of Sciences of the USA*, 101: 16257-16261.

Sinclair, A. H., et al. (1990). A gene from the human sex-determining region encodes a protein with homology to a conserved DNA-binding motif. *Nature*, 346: 240-244.

Sutton, E., et al. (2010). Identifi cation of SOX3 as an XX male sex reversal gene in mice and humans. *Journal of Clinical Investigation*, 121: 328-341.

Wallis, M. C., Waters, P. D., Graves, J. A. (2008). Sex determination in mammals - before and after the evolution of SRY. *Cellular and Molecular Life Sciences*, 65: 3182-3195.

4장

Ah-King, M., Barron, A. B., Herberstein, M. E. (2014). Genital evolution: why are females still understudied? *PLoS Biology* , 12: e1001851.

Laurin, M. (2010). *How Vertebrates Left the Water*. University of California Press.

Pough, F. H., Janis, C. M., Heiser, J. B. (2013). *Vertebrate Life* (9th edition). Pearson.

Sanger, T. L., Gredler, M. L., Cohn, M. J. (2015). Resurrecting embryos of the tuatara, *Sphenodon punctatus*, to resolve vertebrate phallus evolution. *Biology Letters*, 11: 20150694.

Shubin, N. H., Daeschler, E. B., Jenkins, F. A. Jr. (2006). The pectoral fin of *Tiktaalik roseae* and the origin of the tetrapod limb. *Nature*, 440: 764–771.

Tschopp, P., et al. (2014). A relative shift in cloacal location repositions external genitalia in amniote evolution. *Nature*, 516: 391–394.

Wagner, G. P., Lynch, V. J. (2005). Molecular evolution of evolutionary novelties: the vagina and uterus of therian mammals. *Journal of Experimental Zoology*. Part B, *Molecular and Developmental Evolution*, 304: 580–592.

5장

Carroll, S. B. (2005). Endless Forms Most Beautiful: *The New Science of Evo Devo and the Making of the Animal Kingdom*. Weidenfeld.

Hartman, C. G. (1920). Studies in the development of the opossum *Didelphys virginiana* L. V. The phenomena of parturition. *Anatomical Record*, 19: 251–261.

Nowak, R. M. (2005). *Walker's Marsupials of the World*. Johns Hopkins University Press.

Tyndale-Biscoe, H., Renfree, M. (1987). *Reproductive Physiology of Marsupials*. Cambridge University Press.

Wagner, G. P. (2014). *Homology, Genes, and Evolutionary Innovation*. Princeton University Press.

Weismann, A. (1881). *The Duration of Life*.

6장

Burton, G. J., Fowden, A. L. (2015). The placenta: a multifaceted, transient organ. *Philosophical Transactions of the Royal Society B, Biological Sciences*, 370: 20140066.

Furness, A. I., et al. (2015). Reproductive mode and the shifting arenas of evolutionary conflict. *Annals of the New York Academy of Sciences*, 1360: 75-100.

Haig, D. (1993). Genetic conflicts in human pregnancy. *Quarterly Review of Biology* , 68: 495-532.

Haig, D. (2015). Q & A. *Current Biology*, 25: R700-702.

Janzen, F. J., Warner, D. A. (2009). Parent - offspring conflict and selection on egg size in turtles. *Journal of Evolutionary Biology*, 22: 2222-2230.

Moore, W. (2005). The Knife Man: *Blood, Body-snatching and the Birth of Modern Surgery*. Bantam.

Pijnenborg, R., Vercruysse, L. (2004). Thomas Huxley and the rat placenta in the early debates on evolution. *Placenta*, 25: 233-237.

Pijnenborg, R., Vercruysse, L. (2013). A. A. W. Hubrecht and the naming of the trophoblast. *Placenta*, 34: 314-319.

Trivers, R. (1974). Parent - offspring conflict. *American Zoologist*, 14: 249-264.

7장

Blackburn, D. G., Hayssen, V., Murphy, C. J. (1989). The origins of lactation and the evolution of milk: a review with new hypotheses. *Mammal Review*, 19: 1-26.

Daly, M. (1979). Why don't male mammals lactate? *Journal of Theoretical Biology*, 78: 325-345.

Francis, C. M., et al. (1994). Lactation in male fruit bats. *Nature*, 367: 691-692.

Lefèvre, C. M., Sharp, J. A., Nicholas, K. R. (2010). Evolution of lactation: ancient origin and extreme adaptations of the lactation system. *Annual Review of Genomics and Human Genetics*, 11: 219-238.

Oftedal, O. T. (2012). The evolution of milk secretion and its ancient origins. *Animal*, 6: 355 – 368.

Pond, C. M. (1977). The significance of lactation in the evolution of mammals. *Evolution*, 31: 177–199.

Schiebinger, L. (1993). Why mammals are called mammals: gender politics in eighteenth-century natural history. *American Historical Review*, 98: 382–411.

Vorbach, C., Capecchi, M. R., Penninger, J. M. (2006). Evolution of the mammary gland from the innate immune system? *Bioessays*, 28: 606–616.

8장

Broad, K. D., Curley, J. P., Keverne, E. B. (2006). Mother-infant bonding and the evolution of mammalian social relationships. *Philosophical Transactions of the Royal Society B, Biological Sciences*, 361: 2199–2214.

Clutton-Brock, T. H. (1991). *The Evolution of Parental Care*. Princeton University Press.

Graham, K. L., Burghardt, G. M. (2010). Current perspectives on the biological study of play: signs of progress. *Quarterly Review of Biology*, 85: 393–418.

Lukas, D., Clutton-Brock, T. H. (2013). The evolution of social monogamy in mammals. *Science*, 341: 526–530.

Numan, M. (2007). Motivational systems and the neural circuitry of maternal behavior in the rat. *Developmental Psychobiology*, 49: 12–21.

Pedersen, C. A., Prange, A. J. Jr. (1979). Induction of maternal behavior in virgin rats after intracerebroventricular administration of oxytocin. *Proceedings of the National Academy of Sciences of the USA*, 76: 6661–6665.

Rilling, J. K., Young, L. J. (2014). The biology of mammalian parenting and its effect on offspring social development. *Science*, 345: 771–776.

Spinka, M., Newberry, R. C., Bekoff, M. (2001). Mammalian play: training for the unexpected. *Quarterly Review of Biology*, 76: 141–168.

Zohar, O., Terkel, J. (1991). Acquistion of pine cone stripping behaviour in black rats (Rattus rattus). *International Journal of Comparative Psychology*, 5(1): 1–6.

9장

Archibald, J. D. (2012). Darwin's two competing phylogenetic trees: marsupials as ancestors or sister taxa? *Archives of Natural History*, 39: 217–233.

Close, R. A., et al. (2015). Evidence for a mid-Jurassic adaptive radiation in mammals. *Current Biology*, 25: 2137–2142.

Foley, N. M., Springer, M. S., Teeling, E. C. (2016). Mammal madness: is the mammal tree of life not yet resolved? *Philosophical Transactions of the Royal Society B, Biological Sciences*, 371: 20150140.

Goswami, A. (2012). A dating success story: genomes and fossils converge on placental mammal origins. *EvoDevo*, 3: 18.

Hillenius, W. J. (1992). The evolution of nasal turbinates and mammalian endothermy. *Paleobiology*, 18: 17–29.

Kemp, T. S. (2005). *The Origin and Evolution of Mammals*. Oxford University Press.

Luo, Z-X. (2007). Transformation and diversifi cation in early mammal evolution. *Nature*, 450: 1011–1019.

Madsen, O., et al. (2001). Parallel adaptive radiations in two major clades of placental mammals. *Nature*, 409: 610–614.

Murphy, W. J., et al. (2001). Molecular phylogenetics and the origins of placental mammals. *Nature*, 409: 614–618.

Novacek, M. J. (1992). Mammalian phylogeny: shaking the tree. *Nature*, 356: 121–125.

Simpson, G. G. (1945). The principles of classifi cation and a classifi cation of mammals. *Bulletin of the American Museum of Natural History*, 85: 1–350.

Springer, M. S., et al. (1997). Endemic African mammals shake the phylogenetic tree. *Nature*, 388: 61–64.

Ungar, P. S. (2014). Teeth: *A Very Short Introduction*. Oxford University Press.

10장

Bennett, A. F. (1991). The evolution of activity capacity. *Journal of Experimental Biology*, 160: 1–23.

Bennett, A. F, Ruben, J. A. (1979). Endothermy and activity in vertebrates. *Science*, 206: 649–654.

Dhouailly, D. (2009). A new scenario for the evolutionary origin of hair, feather, and avian scales. *Journal of Anatomy*, 214: 587–606.

Farmer, C. G. (2000). Parental care: the key to understanding endothermy and other convergent features in birds and mammals. *American Naturalist*, 155: 326–334.

Hayes, J. P., Garland, T. Jr. (1995). The evolution of endothermy: testing the aerobic capacity model. *Evolution*, 49: 836 – 847.

Huttenlocker, A., Farmer C. G. (2017). Bone microvasculature tracks red blood cell size diminution in Triassic mammal and dinosaur forerunners. *Current Biology*, 27: 48–54.

Kemp, T. S. (2006). The origin of mammalian endothermy: a paradigm for the evolution of complex biological structure. *Zoological Journal of the Linnean Society*, 147: 473–488.

Koteja, P. (2000). Energy assimilation, parental care and the evolution of endothermy. *Proceedings of the Royal Society B, Biological Sciences*, 267: 479–484.

Koteja, P. (2004). The evolution of concepts on the evolution of endothermy in birds and mammals. *Physiological and Biochemical Zoology*, 77: 104–1050.

Lovegrove, B. G. (2016). A phenology of the evolution of endothermy in birds and mammals. *Biological Reviews*, 92: 1213–1240.

Maderson, P. F. A. (1972). When? Why? And how? Some speculations on the evolution of the vertebrate integument. *American Zoologist*, 12: 159–171.

McNab, B. K. (1978). The evolution of homeothermy in the phylogeny of mammals. *American Naturalist*, 112: 1–21.

Stenn, K. S., Zheng, Y., Parimoo, S. (2008). Phylogeny of the hair follicle: the sebogenic hypothesis. *Journal of Investigative Dermatology*, 128: 1576–1578.

11장

Allin, E. F. (1975). Evolution of the mammalian middle ear. *Journal of Morphology*, 147: 403–437.

Benni, J. J., et al. (2014). Biogeography of time partitioning in mammals. *Proceedings of the National Academy of Sciences of the USA*, 111: 13727–13732.

Buck, L., Axel, R. (1991). A novel multigene family may encode odorant receptors: a molecular basis for odor recognition. *Cell*, 65: 175–187.

Gerkema, M. P., et al. (2013). The nocturnal bottleneck and the evolution of activity patterns in mammals. *Proceedings of the Royal Society B, Biological Sciences*, 280: 20130508.

Heesy, C. P., Hall, M. I. (2010). The nocturnal bottleneck and the evolution of mammalian vision. *Brain, Behavior and Evolution*, 75: 195–203.

Niimura, Y., Nei, M. (2007). Extensive gains and losses of olfactory receptor genes in mammalian evolution. *PLoS ONE*, 2: e708.

Niimura, Y., Matsui, A., Touhara, K. (2014). Extreme expansion of the olfactory receptor gene repertoire in African elephants and evolutionary dynamics of orthologous gene groups in 13 placental mammals. *Genome Research*, 24: 1485–1496.

Svoboda, K., Sofroniew, N. J. (2015). Whisking. *Current Biology*, 25: R137–140.

Takechi, M., Kuratani, S. (2010). History of studies on mammalian middle ear evolution: a comparative morphological and developmental biology perspective. *Journal of Experimental Zoology. Part B, Molecular and Developmental Evolution*, 314: 417–433.

12장

Briscoe, S.D., Ragsdale, C.W. (2018). Homology, neocortex, and the evolution of developmental mechanisms. *Science*, 362: 190–193.

Calabrese, A., Woolley, S. M. (2015). Coding principles of the canonical cortical microcircuit in the avian brain. *Proceedings of the National Academy of Sciences of the USA*, 112: 3517–3522.

Dugas-Ford, J., Rowell, J. J., Ragsdale, C. W. (2012). Cell-type homologies and the origins of the neocortex. *Proceedings of the National Academy of Sciences of the USA*, 109: 16974-16979.

Harris, K. D. (2015). Cortical computation in mammals and birds. *Proceedings of the National Academy of Sciences of the USA*, 112: 3184-3185.

Harris, K. D., Shepherd, G. M. (2015). The neocortical circuit: themes and variations. *Nature Neuroscience*, 18: 170-181.

Kaas, J. H. (2011). Neocortex in early mammals and its subsequent variations. *Annals of the New York Academy of Sciences*, 1225: 28-36.

Karten, H. J. (1969). The organization of the avian telencephalon and some speculations on the phylogeny of the amniote telencephalon. *Annals of the New York Academy of Sciences*, 167: 164-179.

Karten, H. J. (2015). Vertebrate brains and evolutionary connectomics: on the origins of the mammalian 'neocortex'. *Philosophical Transactions of the Royal Society B, Biological Sciences*, 370: 20150060.

Northcutt, R. G. (2002). Understanding vertebrate brain evolution. *Integrative and Comparative Biology*, 42: 743-756.

Romer, A. S. (1933). *Man and the Vertebrates*. University of Chicago Press.

Rowe, T. B., Macrini, T. E., Luo, Z. X. (2011). Fossil evidence on origin of the mammalian brain. *Science*, 332: 955-957.

Striedter, G. F. (2004). *Brain Evolution*. Sinauer.

13장

Darwin, C., ed. Darwin, F. (1958). *Selected Letters on Evolution and Origin of Species (With an Autobiographical Chapter)*. Dover Publications.

Estrada, A., et al. (2017). Impending extinction crisis of the world's primates: why primates matter. *Science Advances*, 3: e1600946.

Kaas, J. H. (2013). The evolution of brains from early mammals to humans. *Wiley Interdisciplinary Reviews: Cognitive Sciences*, 4: 33-45.

Kemp, T. S. (2016). The Origin of Higher Taxa: *Palaeobiological, Developmental and Ecological Perspectives*. Oxford University Press and University of Chicago Press.

Martin, R. D. (2012). Primates. *Current Biology*, 22: R785–790.

Young, J. Z. (1950). *The Life of Vertebrates*. Oxford University Press.

Van Wyhe, J., Pallen, M. J. (2012) The 'Annie hypothesis': did the death of his daughter cause Darwin to 'give up Christianity'? *Centaurus* 54; 105–123.

초판 1쇄 인쇄 2024년 5월 10일
초판 1쇄 발행 2024년 5월 21일

지은이 리암 드류
옮긴이 고호관
펴낸곳 ㈜엠아이디미디어
펴낸이 최종현
기획 김동출
편집 최종현
교정 최종현 유정훈
마케팅 유정훈
지원 윤석우
디자인 무모한 스튜디오

주소 서울특별시 마포구 신촌로 162, 1202호
전화 (02) 704-3448 팩스 02) 6351-3448
이메일 mid@bookmid.com 홈페이지 www.bookmid.com
등록 제2011-000250호
ISBN 979-11-93828-01-4 (03470)